# 高等数学习题全解（下册）

主　编　陈丽娟　耿　雪　王　欣
副主编　刘玉香　张　蕾　王丽莎　郭　英

北京理工大学出版社
BEIJING INSTITUTE OF TECHNOLOGY PRESS

## 内 容 简 介

本书是根据同济大学数学系编写的《高等数学》（第七版下册）而编写的解题指导配套用书，主要内容包括向量代数与空间解析几何、多元函数微分法及其应用、重积分、曲线积分与曲面积分和无穷级数。本书共分两部分，第一部分是习题全解，第二部分是试卷选编。本书知识点讲解全面，题目分析清晰明了。每章的提高题目选取了大量考研真题和数学竞赛真题，让读者在同步学习中达到考研的备考水平，具有较高的出版价值。

本书结构完整、布局合理、习题解答清楚明了，既可作为修习此门课程的在校大学生的习题解答参考书，也可作为全国硕士研究生统一招生考试和全国大学生数学竞赛的辅导用书，还可作为讲授此门课程的大学教师的参考资料。

**版权专有　侵权必究**

**图书在版编目（CIP）数据**

高等数学习题全解. 下册 / 陈丽娟，耿雪，王欣主编. --北京：北京理工大学出版社，2022.2
ISBN 978-7-5763-0924-9

Ⅰ. ①高… Ⅱ. ①陈… ②耿… ③王… Ⅲ. ①高等数学-高等学校-题解 Ⅳ. ①O13-44

中国版本图书馆 CIP 数据核字（2022）第 023973 号

出版发行 / 北京理工大学出版社有限责任公司
社　　址 / 北京市海淀区中关村南大街5号
邮　　编 / 100081
电　　话 / （010）68914775（总编室）
　　　　　（010）82562903（教材售后服务热线）
　　　　　（010）68944723（其他图书服务热线）
网　　址 / http：//www.bitpress.com.cn
经　　销 / 全国各地新华书店
印　　刷 / 涿州市新华印刷有限公司
开　　本 / 787毫米×1092毫米　1/16
印　　张 / 14　　　　　　　　　　　　　　责任编辑 / 孟祥雪
字　　数 / 329千字　　　　　　　　　　　　文案编辑 / 孟祥雪
版　　次 / 2022年2月第1版　2022年2月第1次印刷　责任校对 / 刘亚男
定　　价 / 42.00元　　　　　　　　　　　　责任印制 / 李志强

**图书出现印装质量问题，请拨打售后服务热线，本社负责调换**

# 前　言

《高等数学》是非数学专业开设的一门专业基础必修课。作为一门基础学科，高等数学不仅是学好其他专业课程的前提和保障，还是很多后续课程的基础和工具，在许多学科领域里都有着重要的应用。本书是同济大学数学系编写的《高等数学》（第七版下册）的配套用书，是以指导学生理解概念、掌握基本解题为目的编写。

本书内容按照《高等数学》（第七版下册）的章节顺序设计，包括向量代数与空间解析几何、多元函数微分法及其应用、重积分、曲线积分与曲面积分和无穷级数。书中内容由两部分组成。第一部分是《高等数学》（第七版下册）的习题全解，每一章由以下四部分构成。

（1）主要内容：对每章涉及的基本内容用思维导图进行系统的梳理。

（2）习题详解：该部分对《高等数学》（第七版下册）中的所有习题给出了详细的解答。针对部分习题，本书还给出了一题多解，以培养读者的分析能力和发散思维的能力。

（3）提高题目：编写了一些历年考研和数学竞赛中涉及的具有参考意义的题目，目的是给愿意多学一些、多练一些的学生及准备考研和参加数学竞赛的读者提供一些自学材料，也为教师在复习、考试等环节的命题工作提供一些参考资料。

（4）章自测题：精选有代表性、测试价值高的题目，以此检测和巩固学生所学知识，达到提高应试水平的目的。

第二部分是《高等数学》试卷选编，精选了四套试卷，并提供了试题的参考答案，以二维码的形式出现。

本书知识点讲解全面，题目分析清晰明了，在对知识点进行归纳的同时，也在每章的提高题目部分选取大量考研真题和数学竞赛真题，让读者在同步学习中达到考研的备考水平。其中课本打星号的题目、章自测题答案及最后四套试卷的答案均以二维码的形式出现。

本书由陈丽娟、耿雪、王欣担任主编，其中第八章由刘玉香和王丽莎编写，第九章由王欣和王丽莎编写，第十章由耿雪和王丽莎编写，第十一章由郭英编写，第十二章由张蕾和陈丽娟编写；第二部分试卷选编由陈丽娟编写；最后全书由陈丽娟统一整理定稿。在本书编写过程中，得到了青岛理工大学教务处、理学院领导和同事的关心和帮助。同时也感谢北京理工大学出版社给予的大力支持，在此表示衷心的谢意。

由于编者的水平有限，若书中有不足之处，敬请读者批评指正。

编　者
2021 年 8 月

# 目 录

## 第一部分 《高等数学》（第七版下册）习题全解

### 第八章 向量代数与空间解析几何 ········································· (3)
    一、主要内容 ····················································································· (3)
    二、习题讲解 ····················································································· (3)
    三、提高题目 ···················································································· (29)
    四、章自测题（章自测题的解析请扫二维码查看） ··································· (31)

### 第九章 多元函数微分法及其应用 ······································· (32)
    一、主要内容 ··················································································· (32)
    二、习题讲解 ··················································································· (32)
    三、提高题目 ··················································································· (62)
    四、章自测题（章自测题的解析请扫二维码查看） ··································· (72)

### 第十章 重积分 ······································································· (74)
    一、主要内容 ··················································································· (74)
    二、习题讲解 ··················································································· (74)
    三、提高题目 ·················································································· (111)
    四、章自测题（章自测题的解析请扫二维码查看） ·································· (121)

### 第十一章 曲线积分与曲面积分 ·········································· (123)
    一、主要内容 ·················································································· (123)
    二、习题讲解 ·················································································· (124)
    三、提高题目 ·················································································· (152)
    四、章自测题（章自测题的解析请扫二维码查看） ·································· (162)

### 第十二章 无穷级数 ······························································· (164)
    一、主要内容 ·················································································· (164)
    二、习题讲解 ·················································································· (165)

三、提高题目 ……………………………………………………………………（196）

四、章自测题（章自测题的解析请扫二维码查看） ……………………………（207）

## 第二部分　《高等数学》试卷选编

《高等数学》（下）试卷（一） ………………………………………………………（211）

《高等数学》（下）试卷（二） ………………………………………………………（213）

《高等数学》（下）试卷（三） ………………………………………………………（215）

《高等数学》（下）试卷（四） ………………………………………………………（217）

# 第一部分

《高等数学》(第七版下册) 习题全解

# 向量代数与空间解析几何

## 一、主要内容

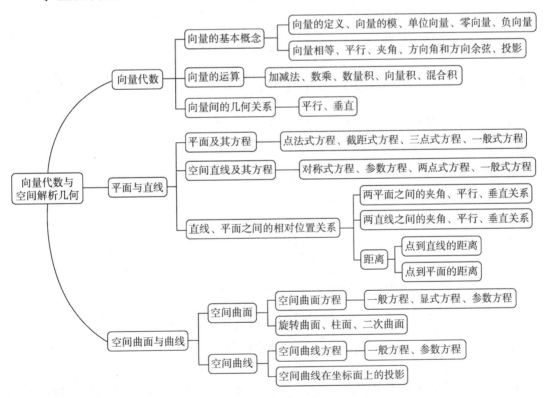

## 二、习题讲解

### 习题 8-1　解答　向量及其线性运算

1. 设 $u = a - b + 2c$，$v = -a + 3b - c$. 试用 $a$、$b$、$c$ 表示 $2u - 3v$.

**解** $2u - 3v = 2(a - b + 2c) - 3(-a + 3b - c) = 5a - 11b + 7c$.

2. 如果平面上一个四边形的对角线互相平分, 试用向量证明它是平行四边形.

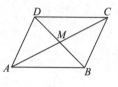

图 8-1

**证** 如图 8-1 所示, 设四边形 $ABCD$ 中 $AC$ 与 $BD$ 交于点 $M$, 已知 $\overrightarrow{AM} = \overrightarrow{MC}, \overrightarrow{DM} = \overrightarrow{MB}$. 故 $\overrightarrow{AB} = \overrightarrow{AM} + \overrightarrow{MB} = \overrightarrow{DM} + \overrightarrow{MC} = \overrightarrow{DC}$.
即 $\overrightarrow{AB} \parallel \overrightarrow{DC}$ 且 $|\overrightarrow{AB}| = |\overrightarrow{DC}|$.

因此四边形 $ABCD$ 是平行四边形.

3. 把 $\triangle ABC$ 的 $BC$ 边五等分, 设分点依次为 $D_1、D_2、D_3、D_4$, 再把各分点与点 $A$ 连接. 试以 $\overrightarrow{AB} = c$、$\overrightarrow{BC} = a$ 表示向量 $\overrightarrow{D_1 A}、\overrightarrow{D_2 A}、\overrightarrow{D_3 A}$ 和 $\overrightarrow{D_4 A}$.

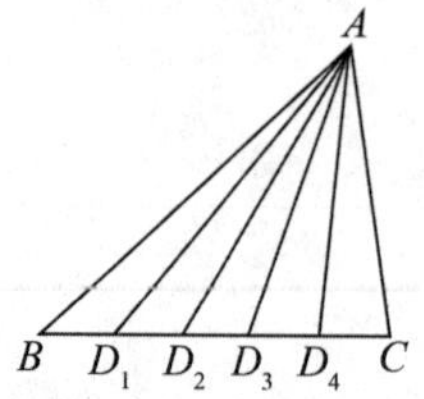

**解** 如图 8-2 所示, 根据题意可得

$$\overrightarrow{BD_1} = \overrightarrow{D_1 D_2} = \overrightarrow{D_2 D_3} = \overrightarrow{D_3 D_4} = \overrightarrow{D_4 C} = \frac{1}{5}a.$$

图 8-2

因此, $\overrightarrow{D_1 A} = \overrightarrow{D_1 B} + \overrightarrow{BA} = -(\overrightarrow{BD_1} + \overrightarrow{AB}) = -c - \frac{1}{5}a$,

$$\overrightarrow{D_2 A} = \overrightarrow{D_2 D_1} + \overrightarrow{D_1 A} = -\overrightarrow{D_1 D_2} + \overrightarrow{D_1 A} = -c - \frac{2}{5}a,$$

$$\overrightarrow{D_3 A} = \overrightarrow{D_3 D_2} + \overrightarrow{D_2 A} = -\overrightarrow{D_2 D_3} + \overrightarrow{D_2 A} = -c - \frac{3}{5}a,$$

$$\overrightarrow{D_4 A} = \overrightarrow{D_4 D_3} + \overrightarrow{D_3 A} = -\overrightarrow{D_3 D_4} + \overrightarrow{D_3 A} = -c - \frac{4}{5}a.$$

4. 已知两点 $M_1(0, 1, 2)$ 和 $M_2(1, -1, 0)$. 试用坐标表示式表示向量 $\overrightarrow{M_1 M_2}$ 及 $-2\overrightarrow{M_1 M_2}$.

**解** $\overrightarrow{M_1 M_2} = \overrightarrow{OM_2} - \overrightarrow{OM_1} = (1, -1, 0) - (0, 1, 2) = (1, -2, -2)$,

$-2\overrightarrow{M_1 M_2} = -2(1, -2, -2) = (-2, 4, 4)$.

5. 求平行于向量 $a = (6, 7, -6)$ 的单位向量.

**解** 因向量 $a = (6, 7, -6)$ 的单位向量为

$$e = \frac{a}{|a|} = \frac{(6, 7, -6)}{\sqrt{6^2 + 7^2 + (-6)^2}} = \left(\frac{6}{11}, \frac{7}{11}, -\frac{6}{11}\right),$$

故平行于向量 $a = (6, 7, -6)$ 的单位向量为 $\pm\left(\frac{6}{11}, \frac{7}{11}, -\frac{6}{11}\right)$.

6. 在空间直角坐标系中, 指出下列各点在哪个卦限.

$A(1, -2, 3), B(2, 3, -4), C(2, -3, -4), D(-2, -3, 1)$.

**解** 在空间直角坐标系中,含有 $x$ 轴, $y$ 轴及 $z$ 轴正半轴的那个卦限称为第一卦限,其他第二、三、四卦限在 $xOy$ 坐标面的上方,按逆时针确定. 第五至第八卦限在 $xOy$ 坐标面的下方,第一卦限之下的是第五卦限,按逆时针确定第六、七、八卦限.

所以 点 $A$ 在第四卦限, 点 $B$ 在第五卦限, 点 $C$ 在第八卦限, 点 $D$ 在第三卦限.

7. 在坐标面上和在坐标轴上的点的坐标各有什么特征? 指出下列各点的位置:

$A(3, 4, 0)$, $B(0, 4, 3)$, $C(3, 0, 0)$, $D(0, -1, 0)$.

**解** 在坐标面上的点的坐标，其特征是表示坐标的三个有序数中至少有一个为零，如 $xOy$ 坐标面上的点的坐标为 $(x_0, y_0, 0)$，$yOz$ 坐标面上的点的坐标为 $(0, y_0, z_0)$，$xOz$ 坐标面上的点的坐标为 $(x_0, 0, z_0)$.

在坐标轴上的点的坐标，其特征是表示坐标的三个有序数中至少有两个为零，如 $x$ 轴上的点的坐标为 $(x_0, 0, 0)$，$y$ 轴上的点的坐标为 $(0, y_0, 0)$，$z$ 轴上的点的坐标为 $(0, 0, z_0)$.

点 $A$ 在 $xOy$ 坐标面上，点 $B$ 在 $yOz$ 坐标面上，点 $C$ 在 $x$ 轴上，点 $D$ 在 $y$ 轴上.

8. 求点 $(a, b, c)$ 关于 (1) 各坐标面; (2) 各坐标轴; (3) 坐标原点的对称点的坐标.

**解** (1) 点 $(a, b, c)$ 关于 $xOy$ 坐标面对称的点的坐标为 $(a, b, -c)$; 点 $(a, b, c)$ 关于 $yOz$ 坐标面对称的点的坐标为 $(-a, b, c)$; 点 $(a, b, c)$ 关于 $xOz$ 坐标面对称的点的坐标为 $(a, -b, c)$.

(2) 点 $(a, b, c)$ 关于 $x$ 轴对称的点的坐标 $(a, -b, -c)$; 点 $(a, b, c)$ 关于 $y$ 轴对称的点的坐标为 $(-a, b, -c)$; 点 $(a, b, c)$ 关于 $z$ 轴对称的点的坐标为 $(-a, -b, c)$.

(3) 点 $(a, b, c)$ 关于坐标原点对称的点的坐标为 $(-a, -b, -c)$.

9. 自点 $P_0(x_0, y_0, z_0)$ 分别作各坐标面和坐标轴的垂线，写出各垂足的坐标.

**解** 设空间直角坐标系如图8-3所示，根据题意，$P_0F$ 为点 $P_0$ 关于 $xOz$ 坐标面的垂线，垂足 $F$ 的坐标为 $(x_0, 0, z_0)$; $P_0E$ 为点 $P_0$ 关于 $yOz$ 坐标面的垂线，垂足 $E$ 的坐标为 $(0, y_0, z_0)$; $P_0D$ 为点 $P_0$ 关于 $xOy$ 坐标面的垂线，垂足 $D$ 的坐标为 $(x_0, y_0, 0)$.

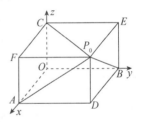

$P_0A$ 为点 $P_0$ 关于 $x$ 轴的垂线，垂足 $A$ 的坐标为 $(x_0, 0, 0)$; $P_0B$ 为点 $P_0$ 关于 $y$ 轴的垂线，垂足 $B$ 的坐标为 $(0, y_0, 0)$; $P_0C$ 为点 $P_0$ 关于 $z$ 轴的垂线，垂足 $C$ 的坐标为 $(0, 0, z_0)$.

图 8-3

10. 过点 $P_0(x_0, y_0, z_0)$ 分别作平行于 $z$ 轴的直线和平行于 $xOy$ 面的平面，问: 在它们上面的点的坐标各有什么特点?

**解** 过点 $P_0(x_0, y_0, z_0)$ 且平行于 $z$ 轴的直线，其上面的点的坐标的特点是它们的横坐标都为 $x_0$，纵坐标都为 $y_0$.

而过点 $P_0(x_0, y_0, z_0)$ 且平行于 $xOy$ 面的平面，其上面点的坐标是它们的竖坐标都为 $z_0$.

11. 一边长为 $a$ 的正方体放置在 $xOy$ 面上，其底面的中心在坐标原点，底面的顶点在 $x$ 轴和 $y$ 轴上，求它各顶点的坐标.

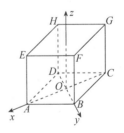

图 8-4

**解** 如图8-4所示，因为底面的对角线 $AC$ 的长为 $\sqrt{2}a$，所以立方体各顶点的坐标分别为

$$A\left(\frac{\sqrt{2}}{2}a, 0, 0\right), B\left(0, \frac{\sqrt{2}}{2}a, 0\right), C\left(-\frac{\sqrt{2}}{2}a, 0, 0\right),$$
$$D\left(0, -\frac{\sqrt{2}}{2}a, 0\right), E\left(\frac{\sqrt{2}}{2}a, 0, a\right), F\left(0, \frac{\sqrt{2}}{2}a, a\right),$$
$$G\left(-\frac{\sqrt{2}}{2}a, 0, a\right), H\left(0, -\frac{\sqrt{2}}{2}a, a\right).$$

**12.** 求点 $M(4, -3, 5)$ 到各坐标轴的距离.

**解** 点 $M(4, -3, 5)$ 到 $x$ 轴的距离就是点 $(4, 3, 5)$ 与点 $(4, 0, 0)$ 之间的距离，即

$$d_x = \sqrt{(-3)^2 + 5^2} = \sqrt{34};$$

点 $M(4, -3, 5)$ 到 $y$ 轴的距离就是点 $(4, -3, 5)$ 与点 $(0, -3, 0)$ 之间的距离，即

$$d_y = \sqrt{4^2 + 5^2} = \sqrt{41};$$

点 $M(4, -3, 5)$ 到 $z$ 轴的距离就是点 $(4, -3, 5)$ 与点 $(0, 0, 5)$ 之间的距离，即

$$d_z = \sqrt{4^2 + (-3)^2} = 5.$$

**13.** 在 $yOz$ 面上，求与三点 $A(3, 1, 2)$、$B(4, -2, -2)$ 和 $C(0, 5, 1)$ 等距离的点.

**解** 设在 $yOz$ 面上所求的点为 $P(0, y, z)$. 点 $P$ 与 $A$、$B$、$C$ 的距离的平方分别为

$$|\overrightarrow{PA}|^2 = 3^2 + (y-1)^2 + (z-2)^2, \quad |\overrightarrow{PB}|^2 = 4^2 + (y+2)^2 + (z+2)^2,$$
$$|\overrightarrow{PC}|^2 = (y-5)^2 + (z-1)^2.$$

由题意知点 $P$ 与三点 $A$、$B$、$C$ 等距离，即 $|\overrightarrow{PA}|^2 = |\overrightarrow{PB}|^2 = |\overrightarrow{PC}|^2$.

因此 $\begin{cases} 3^2 + (y-1)^2 + (z-2)^2 = (y-5)^2 + (z-1)^2, \\ 4^2 + (y+2)^2 + (z+2)^2 = (y-5)^2 + (z-1)^2. \end{cases}$

解之得 $y = 1$，$z = -2$，故所求点为 $(0, 1, -2)$.

**14.** 试证明以三点 $A(4, 1, 9)$、$B(10, -1, 6)$、$C(2, 4, 3)$ 为顶点的三角形是等腰直角三角形.

**证** 由 $|\overrightarrow{AB}| = \sqrt{(10-4)^2 + (-1-1)^2 + (6-9)^2} = 7$，

$$|\overrightarrow{AC}| = \sqrt{(2-4)^2 + (4-1)^2 + (3-9)^2} = 7,$$
$$|\overrightarrow{BC}| = \sqrt{(2-10)^2 + (4+1)^2 + (3-6)^2} = 7\sqrt{2},$$

知 $|\overrightarrow{BC}|^2 = |\overrightarrow{AB}|^2 + |\overrightarrow{AC}|^2$，$|\overrightarrow{AB}| = |\overrightarrow{AC}|$. 因此 $\triangle ABC$ 是等腰直角三角形.

**15.** 设已知两点 $M_1(4, \sqrt{2}, 1)$ 和 $M_2(3, 0, 2)$，计算向量 $\overrightarrow{M_1 M_2}$ 的模、方向余弦和方向角.

**解** 向量 $\overrightarrow{M_1 M_2} = (3-4, 0-\sqrt{2}, 2-1) = (-1, -\sqrt{2}, 1)$，

其模为 $|\overrightarrow{M_1 M_2}| = \sqrt{(-1)^2 + (-\sqrt{2})^2 + 1^2} = 2;$

其方向余弦分别为：$\cos\alpha = -\dfrac{1}{2}$，$\cos\beta = -\dfrac{\sqrt{2}}{2}$，$\cos\gamma = \dfrac{1}{2}$；

其方向角分别为：$\alpha = \dfrac{2\pi}{3}$，$\beta = \dfrac{3\pi}{4}$，$\gamma = \dfrac{\pi}{3}$.

**16.** 设向量的方向余弦分别满足 (1) $\cos\alpha = 0$；(2) $\cos\beta = 1$；(3) $\cos\alpha = \cos\beta = 0$，问这些向量与坐标轴或坐标面的关系如何？

**解** (1) 当 $\cos\alpha = 0$ 时，$\alpha = \dfrac{\pi}{2}$，故向量垂直于 $x$ 轴，或者说是平行于 $yOz$ 面；

(2) 当 $\cos\beta = 1$ 时，$\beta = 0$，故向量的方向与 $y$ 轴的正向一致，垂直于 $xOz$ 面；

(3) 当 $\cos\alpha = \cos\beta = 0$ 时，$\alpha = \beta = \dfrac{\pi}{2}$，故向量垂直于 $x$ 轴和 $y$ 轴，即平行于 $z$ 轴，垂直

于 $xOy$ 面.

17. 设向量 $r$ 的模是 4，它与 $u$ 轴的夹角是 $\frac{\pi}{3}$，求 $r$ 在 $u$ 轴上的投影.

**解** 由投影的定义可知 $\text{Prj}_u r = |r|\cos\theta = 2$.

18. 一向量的终点在点 $B(2, -1, 7)$，它在 $x$ 轴、$y$ 轴和 $z$ 轴上的投影依次为 4、$-4$ 和 7. 求这向量的起点 $A$ 的坐标.

**解** 设起点 $A$ 的坐标为 $(x, y, z)$，则 $\overrightarrow{AB} = (2-x, -1-y, 7-z)$. 由题意可得

$$\begin{cases} 2 - x = 4, \\ -1 - y = -4, \\ 7 - z = 7, \end{cases}$$

解得 $x = -2$，$y = 3$，$z = 0$. 故这向量的起点 $A$ 的坐标为 $(-2, 3, 0)$.

19. 设 $m = 3i + 5j + 8k$，$n = 2i - 4j - 7k$ 和 $p = 5i + j - 4k$，求向量 $a = 4m + 3n - p$ 在 $x$ 轴上的投影及在 $y$ 轴上的分向量.

**解** 因为 $a = 4m + 3n - p = 4(3i + 5j + 8k) + 3(2i - 4j - 7k) - (5i + j - 4k)$
$= 13i + 7j + 15k$,

故向量 $a = 4m + 3n - p$ 在 $x$ 轴上的投影为 13，在 $y$ 轴上的分向量为 $7j$.

**习题 8-2  解答  数量积  向量积  *混合积**

1. 设 $a = 3i - j - 2k$，$b = i + 2j - k$，求：

(1) $a \cdot b$ 及 $a \times b$；(2) $(-2a) \cdot 3b$ 及 $a \times 2b$；(3) $a$、$b$ 的夹角的余弦.

**解** (1) $a \cdot b = (3, -1, -2) \cdot (1, 2, -1) = 3 \times 1 + (-1) \times 2 + (-2) \times (-1) = 3$,

$$a \times b = \begin{vmatrix} i & j & k \\ 3 & -1 & -2 \\ 1 & 2 & -1 \end{vmatrix} = \left( \begin{vmatrix} -1 & -2 \\ 2 & -1 \end{vmatrix}, -\begin{vmatrix} 3 & -2 \\ 1 & -1 \end{vmatrix}, \begin{vmatrix} 3 & -1 \\ 1 & 2 \end{vmatrix} \right) = (5, 1, 7);$$

(2) $(-2a) \cdot 3b = -6(a \cdot b) = -18$，$a \times 2b = 2a \times b = (10, 2, 14)$;

(3) $\cos(\widehat{a, b}) = \dfrac{a \cdot b}{|a||b|} = \dfrac{3}{\sqrt{3^2 + (-1)^2 + (-2)^2}\sqrt{1^2 + 2^2 + (-1)^2}} = \dfrac{3}{2\sqrt{21}}$.

2. 设 $a$、$b$、$c$ 为单位向量，且满足 $a + b + c = 0$，求 $a \cdot b + b \cdot c + c \cdot a$.

**解** 因 $2(a \cdot b + b \cdot c + c \cdot a) = a \cdot (b + c) + b \cdot (a + c) + c \cdot (a + b)$.

由 $a + b + c = 0$ 可得 $b + c = -a$，$a + c = -b$，$a + b = -c$，且 $a$、$b$、$c$ 为单位向量，则

$$a \cdot b + b \cdot c + c \cdot a = \frac{1}{2}[a \cdot (b + c) + b \cdot (a + c) + c \cdot (a + b)]$$

$$= -\frac{1}{2}(|a|^2 + |b|^2 + |c|^2) = -\frac{3}{2}.$$

3. 已知 $M_1(1, -1, 2)$、$M_2(3, 3, 1)$ 和 $M_3(3, 1, 3)$，求与 $\overrightarrow{M_1M_2}$、$\overrightarrow{M_2M_3}$ 同时垂直的单位向量.

**解** 因 $\overrightarrow{M_1M_2} = (3-1, 3+1, 1-2) = (2, 4, -1)$,

$\overrightarrow{M_2M_3} = (3-3, 1-3, 3-1) = (0, -2, 2)$,

则与 $\overrightarrow{M_1M_2}$、$\overrightarrow{M_2M_3}$ 同时垂直的向量 $\boldsymbol{n} = \overrightarrow{M_1M_2} \times \overrightarrow{M_2M_3} = \begin{vmatrix} \boldsymbol{i} & \boldsymbol{j} & \boldsymbol{k} \\ 2 & 4 & -1 \\ 0 & -2 & 2 \end{vmatrix} = 6\boldsymbol{i} - 4\boldsymbol{j} - 4\boldsymbol{k}$,

因此与 $\overrightarrow{M_1M_2}$、$\overrightarrow{M_2M_3}$ 同时垂直的单位向量为

$$\boldsymbol{e} = \pm \frac{\boldsymbol{n}}{|\boldsymbol{n}|} = \pm \frac{6\boldsymbol{i} - 4\boldsymbol{j} - 4\boldsymbol{k}}{\sqrt{6^2 + (-4)^2 + (-4)^2}} = \pm \frac{1}{\sqrt{17}}(3\boldsymbol{i} - 2\boldsymbol{j} - 2\boldsymbol{k}).$$

4. 设质量为 100 kg 的物体从点 $M_1(3, 1, 8)$ 沿直线移动到点 $M_2(1, 4, 2)$,计算重力所做的功(坐标系长度单位为 m,重力方向为 z 轴负方向).

**解** 因 $\boldsymbol{F} = (0, 0, -100 \times 9.8) = (0, 0, -980)$,

$$\boldsymbol{S} = \overrightarrow{M_1M_2} = (1 - 3, 4 - 1, 2 - 8) = (-2, 3, -6),$$

所以 $W = \boldsymbol{F} \cdot \boldsymbol{S} = (0, 0, -980) \cdot (-2, 3, -6) = 5\,880(\text{J})$.

5. 在杠杆上支点 $O$ 的一侧与点 $O$ 的距离为 $x_1$ 的点 $P_1$ 处有一与 $\overrightarrow{OP_1}$ 成角 $\theta_1$ 的力 $\boldsymbol{F}_1$ 作用着;在点 $O$ 的另一侧与点 $O$ 的距离为 $x_2$ 的点 $P_2$ 处,有一与 $\overrightarrow{OP_2}$ 成角 $\theta_2$ 的力 $\boldsymbol{F}_2$ 作用着(见图 8-5).问:$\theta_1$、$\theta_2$、$x_1$、$x_2$、$|\boldsymbol{F}_1|$、$|\boldsymbol{F}_2|$ 符合怎样的条件才能使杠杆保持平衡?

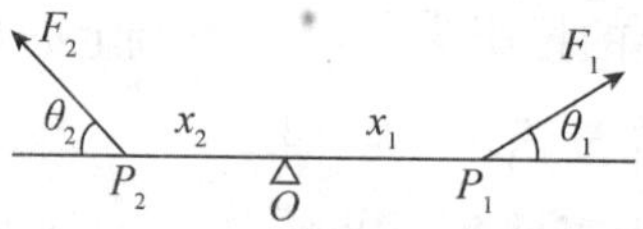

图 8-5

**解** 由 $\boldsymbol{F}_1 = (|\boldsymbol{F}_1|\cos\theta_1, |\boldsymbol{F}_1|\sin\theta_1, 0)$,$\boldsymbol{F}_2 = (-|\boldsymbol{F}_2|\cos\theta_2, |\boldsymbol{F}_2|\sin\theta_2, 0)$,$\overrightarrow{OP_1} = (x_1, 0, 0)$,$\overrightarrow{OP_2} = (-x_2, 0, 0)$,由杠杆原理,杠杆保持平衡的条件是力矩的代数和为零,由对力矩正负的规定可知使杠杆保持平衡的条件为

$$\overrightarrow{OP_1} \times \boldsymbol{F}_1 + \overrightarrow{OP_2} \times \boldsymbol{F}_2 = \boldsymbol{0},$$

即 $(0, 0, x_1|\boldsymbol{F}_1|\sin\theta_1 - x_2|\boldsymbol{F}_2|\sin\theta_2) = \boldsymbol{0}$,亦即 $x_1|\boldsymbol{F}_1|\sin\theta_1 = x_2|\boldsymbol{F}_2|\sin\theta_2$.

6. 求向量 $\boldsymbol{a} = (4, -3, 4)$ 在向量 $\boldsymbol{b} = (2, 2, 1)$ 上的投影.

**解** $\text{Prj}_{\boldsymbol{b}}\boldsymbol{a} = |\boldsymbol{a}|\cos(\widehat{\boldsymbol{a}, \boldsymbol{b}}) = |\boldsymbol{a}| \cdot \frac{\boldsymbol{a} \cdot \boldsymbol{b}}{|\boldsymbol{a}||\boldsymbol{b}|} = \frac{\boldsymbol{a} \cdot \boldsymbol{b}}{|\boldsymbol{b}|} = \frac{(4, -3, 4) \cdot (2, 2, 1)}{\sqrt{2^2 + 2^2 + 1^2}} = \frac{6}{3} = 2$.

7. 设 $\boldsymbol{a} = (3, 5, -2)$,$\boldsymbol{b} = (2, 1, 4)$,问:$\lambda$ 与 $\mu$ 有怎样的关系,能使得 $\lambda\boldsymbol{a} + \mu\boldsymbol{b}$ 与 z 轴垂直?

**解** 因 $\lambda\boldsymbol{a} + \mu\boldsymbol{b} = (3\lambda + 2\mu, 5\lambda + \mu, -2\lambda + 4\mu)$,若使 $\lambda\boldsymbol{a} + \mu\boldsymbol{b}$ 与 z 轴垂直,则有

$$(\lambda\boldsymbol{a} + \mu\boldsymbol{b}) \cdot \boldsymbol{k} = 0,$$

即 $-2\lambda + 4\mu = 0$. 因此当 $\lambda = 2\mu$ 时,向量 $\lambda\boldsymbol{a} + \mu\boldsymbol{b}$ 与 z 轴垂直.

8. 试用向量证明直径所对的圆周角是直角.

**证** 如图 8-6 所示,设 $AB$ 是圆 $O$ 的直径,点 $C$ 在圆周上,则 $\overrightarrow{OB} = -\overrightarrow{OA}$,$|\overrightarrow{OC}| = |\overrightarrow{OA}|$.

因为 $\overrightarrow{AC} \cdot \overrightarrow{BC} = (\overrightarrow{OC} - \overrightarrow{OA}) \cdot (\overrightarrow{OC} - \overrightarrow{OB})$

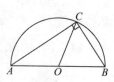

图 8-6

$$= (\overrightarrow{OC} - \overrightarrow{OA}) \cdot (\overrightarrow{OC} + \overrightarrow{OA})$$
$$= |\overrightarrow{OC}|^2 - |\overrightarrow{OA}|^2 = 0,$$

所以 $\overrightarrow{AC} \perp \overrightarrow{BC}$，即 $\angle ACB$ 是直角．

9. 已知向量 $\boldsymbol{a} = 2\boldsymbol{i} - 3\boldsymbol{j} + \boldsymbol{k}$，$\boldsymbol{b} = \boldsymbol{i} - \boldsymbol{j} + 3\boldsymbol{k}$ 和 $\boldsymbol{c} = \boldsymbol{i} - 2\boldsymbol{j}$，计算：

(1) $(\boldsymbol{a} \cdot \boldsymbol{b})\boldsymbol{c} - (\boldsymbol{a} \cdot \boldsymbol{c})\boldsymbol{b}$；(2) $(\boldsymbol{a} + \boldsymbol{b}) \times (\boldsymbol{b} + \boldsymbol{c})$；(3) $(\boldsymbol{a} \times \boldsymbol{b}) \cdot \boldsymbol{c}$．

**解** (1) 因为 $\boldsymbol{a} \cdot \boldsymbol{b} = (2, -3, 1) \cdot (1, -1, 3) = 2 + 3 + 3 = 8$，

$$\boldsymbol{a} \cdot \boldsymbol{c} = (2, -3, 1) \cdot (1, -2, 0) = 2 + 6 = 8,$$

则 $(\boldsymbol{a} \cdot \boldsymbol{b})\boldsymbol{c} - (\boldsymbol{a} \cdot \boldsymbol{c})\boldsymbol{b} = 8(\boldsymbol{c} - \boldsymbol{b}) = 8[(\boldsymbol{i} - 2\boldsymbol{j}) - (\boldsymbol{i} - \boldsymbol{j} + 3\boldsymbol{k})] = -8\boldsymbol{j} - 24\boldsymbol{k}$；

(2) 因为 $\boldsymbol{a} + \boldsymbol{b} = 2\boldsymbol{i} - 3\boldsymbol{j} + \boldsymbol{k} + (\boldsymbol{i} - \boldsymbol{j} + 3\boldsymbol{k}) = 3\boldsymbol{i} - 4\boldsymbol{j} + 4\boldsymbol{k}$，

$$\boldsymbol{b} + \boldsymbol{c} = \boldsymbol{i} - \boldsymbol{j} + 3\boldsymbol{k} + (\boldsymbol{i} - 2\boldsymbol{j}) = 2\boldsymbol{i} - 3\boldsymbol{j} + 3\boldsymbol{k},$$

所以 $(\boldsymbol{a} + \boldsymbol{b}) \times (\boldsymbol{b} + \boldsymbol{c}) = \begin{vmatrix} \boldsymbol{i} & \boldsymbol{j} & \boldsymbol{k} \\ 3 & -4 & 4 \\ 2 & -3 & 3 \end{vmatrix} = -\boldsymbol{j} - \boldsymbol{k}$；

(3) $(\boldsymbol{a} \times \boldsymbol{b}) \cdot \boldsymbol{c} = \begin{vmatrix} 2 & -3 & 1 \\ 1 & -1 & 3 \\ 1 & -2 & 0 \end{vmatrix} = 2$．

10. 已知 $\overrightarrow{OA} = \boldsymbol{i} + 3\boldsymbol{k}$，$\overrightarrow{OB} = \boldsymbol{j} + 3\boldsymbol{k}$，求 $\triangle OAB$ 的面积．

**解** 根据向量积的几何意义，$|\overrightarrow{OA} \times \overrightarrow{OB}|$ 表示以 $\overrightarrow{OA}$ 和 $\overrightarrow{OB}$ 为邻边的平行四边形的面积，于是 $\triangle OAB$ 的面积为 $S = \frac{1}{2}|\overrightarrow{OA} \times \overrightarrow{OB}|$．

又因 $\overrightarrow{OA} \times \overrightarrow{OB} = \begin{vmatrix} \boldsymbol{i} & \boldsymbol{j} & \boldsymbol{k} \\ 1 & 0 & 3 \\ 0 & 1 & 3 \end{vmatrix} = (-3, -3, 1)$，故 $\triangle OAB$ 的面积为

$$S = \frac{1}{2}|\overrightarrow{OA} \times \overrightarrow{OB}| = \frac{1}{2}\sqrt{(-3)^2 + (-3)^2 + 1^2} = \frac{\sqrt{19}}{2}.$$

11 二维码

11. 此处解析请扫二维码查看．

12. 试用向量证明不等式：
$$\sqrt{a_1^2 + a_2^2 + a_3^2}\sqrt{b_1^2 + b_2^2 + b_3^2} \geq |a_1b_1 + a_2b_2 + a_3b_3|,$$

其中 $a_1$，$a_2$，$a_3$，$b_1$，$b_2$，$b_3$ 为任意实数，并指出等号成立的条件．

**证** 设 $\boldsymbol{a} = (a_1, a_2, a_3)$，$\boldsymbol{b} = (b_1, b_2, b_3)$，则 $|\cos(\widehat{\boldsymbol{a}, \boldsymbol{b}})| = \left|\frac{\boldsymbol{a} \cdot \boldsymbol{b}}{|\boldsymbol{a}| \cdot |\boldsymbol{b}|}\right| \leq 1$．

即 $\sqrt{a_1^2 + a_2^2 + a_3^2} \cdot \sqrt{b_1^2 + b_2^2 + b_3^2} \geq |a_1b_1 + a_2b_2 + a_3b_3|$．

当 $\boldsymbol{a}$ 与 $\boldsymbol{b}$ 平行时，$a_1$，$a_2$，$a_3$ 与 $b_1$，$b_2$，$b_3$ 对应成比例，即 $\frac{a_1}{b_1} = \frac{a_2}{b_2} = \frac{a_3}{b_3}$，等号成立．

### 习题 8-3 解答 平面及其方程

1. 求过点 $(3, 0, -1)$ 且与平面 $3x - 7y + 5z - 12 = 0$ 平行的平面方程．

**解** 因所求平面与平面 $3x - 7y + 5z - 12 = 0$ 平行，所以可设所求平面的法线向量为 $\boldsymbol{n} = (3, -7, 5)$，因此根据平面的点法式方程可知所求平面方程为

$$3(x-3)-7(y-0)+5(z+1)=0,$$
即 $3x-7y+5z-4=0.$

2. 求过点 $M_0(2,9,-6)$ 且与连接坐标原点及点 $M_0$ 的线段 $OM_0$ 垂直的平面方程.

**解** 因所求平面与线段 $OM_0$ 垂直，所以不妨假设所求平面的法线向量为 $\boldsymbol{n}=\overrightarrow{OM_0}=(2,9,-6)$，因此根据平面的点法式方程可知所求平面方程为
$$2(x-2)+9(y-9)-6(z+6)=0,$$
即 $2x+9y-6z-121=0.$

3. 求过 $M_1(1,1,-1)$、$M_2(-2,-2,2)$ 和 $M_3(1,-1,2)$ 三点的平面方程.

**解** 先找出该平面的法线向量 $\boldsymbol{n}$，由于向量 $\boldsymbol{n}$ 与向量 $\overrightarrow{M_1M_2}$、$\overrightarrow{M_1M_3}$ 都垂直，而 $\overrightarrow{M_1M_2}=(-2,-2,2)-(1,1,-1)=(-3,-3,3)$，$\overrightarrow{M_1M_3}=(1,-1,2)-(1,1,-1)=(0,-2,3)$，所以可取它们的向量积为法线向量 $\boldsymbol{n}$，即
$$\boldsymbol{n}=\overrightarrow{M_1M_2}\times\overrightarrow{M_1M_3}=\begin{vmatrix}\boldsymbol{i}&\boldsymbol{j}&\boldsymbol{k}\\-3&-3&3\\0&-2&3\end{vmatrix}=(-3,9,6).$$

根据平面的点法式方程可知所求平面的方程为 $-3(x-1)+9(y-1)+6(z+1)=0$，即
$$x-3y-2z=0.$$

4. 指出下列各平面的特殊位置，并画出各平面：

(1) $x=0$；  (2) $3y-1=0$；
(3) $2x-3y-6=0$；  (4) $x-\sqrt{3}y=0$；
(5) $y+z=1$；  (6) $x-2z=0$；
(7) $6x+5y-z=0.$

**解** (1) $x=0$ 表示 $yOz$ 坐标面；

(2) $3y-1=0$ 表示垂直于 $y$ 轴的平面，平行于 $xOz$ 坐标面，它通过 $y$ 轴上的点 $\left(0,\dfrac{1}{3},0\right)$；

(3) $2x-3y-6=0$ 表示平行于 $z$ 轴的平面，它在 $x$ 轴、$y$ 轴上的截距分别是 3 和 $-2$；

(4) $x-\sqrt{3}y=0$ 表示通过 $z$ 轴的平面，它在 $xOy$ 坐标面上投影直线的斜率为 $\dfrac{\sqrt{3}}{3}$；

(5) $y+z=1$ 表示平行于 $x$ 轴的平面，它在 $y$ 轴、$z$ 轴上的截距均为 1；

(6) $x-2z=0$ 表示通过 $y$ 轴的平面；

(7) $6x+5y-z=0$ 表示通过原点的平面.

其图形分别为：

(1)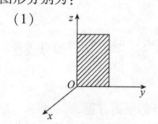

(2)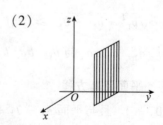

(3) 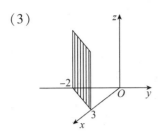   (4)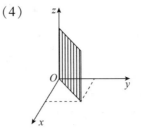

(5) 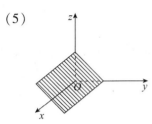   (6)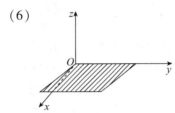

(7)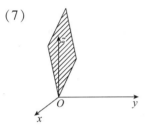

5. 求平面 $2x - 2y + z + 5 = 0$ 与各坐标面的夹角的余弦.

**解** 因平面的法线向量为 $\boldsymbol{n} = (2, -2, 1)$，则该平面与 $xOy$ 坐标面的夹角的余弦为

$$\cos\alpha = \cos(\boldsymbol{n}\,\widehat{,}\,\boldsymbol{k}) = \frac{|\boldsymbol{n}\cdot\boldsymbol{k}|}{|\boldsymbol{n}|\cdot|\boldsymbol{k}|} = \frac{1}{\sqrt{2^2 + (-2)^2 + 1^2}} = \frac{1}{3};$$

与 $xOz$ 坐标面的夹角的余弦为

$$\cos\beta = \cos(\boldsymbol{n}\,\widehat{,}\,\boldsymbol{j}) = \frac{|\boldsymbol{n}\cdot\boldsymbol{j}|}{|\boldsymbol{n}|\cdot|\boldsymbol{j}|} = \frac{2}{\sqrt{2^2 + (-2)^2 + 1^2}} = \frac{2}{3};$$

与 $yOz$ 坐标面的夹角的余弦为

$$\cos\gamma = \cos(\boldsymbol{n}\,\widehat{,}\,\boldsymbol{i}) = \frac{|\boldsymbol{n}\cdot\boldsymbol{i}|}{|\boldsymbol{n}|\cdot|\boldsymbol{i}|} = \frac{2}{\sqrt{2^2 + (-2)^2 + 1^2}} = \frac{2}{3}.$$

6. 一平面过点 $(1, 0, -1)$ 且平行于向量 $\boldsymbol{a} = (2, 1, 1)$ 和 $\boldsymbol{b} = (1, -1, 0)$，试求这平面方程.

**解** 因所求平面平行于向量 $\boldsymbol{a}$ 和 $\boldsymbol{b}$，则所求平面的法线向量垂直于向量 $\boldsymbol{a}$ 和 $\boldsymbol{b}$，故所求平面的法线向量可取为

$$\boldsymbol{n} = \boldsymbol{a} \times \boldsymbol{b} = \begin{vmatrix} \boldsymbol{i} & \boldsymbol{j} & \boldsymbol{k} \\ 2 & 1 & 1 \\ 1 & -1 & 0 \end{vmatrix} = (1, 1, -3).$$

因此所求平面的方程为 $(x - 1) + (y - 0) - 3(z + 1) = 0$，即 $x + y - 3z - 4 = 0$.

7. 求三平面 $x + 3y + z = 1$，$2x - y - z = 0$，$-x + 2y + 2z = 3$ 的交点.

**解** 联立三平面得到三元一次线性方程组

$$\begin{cases} x + 3y + z = 1, \\ 2x - y - z = 0, \\ -x + 2y + 2z = 3, \end{cases}$$

解此方程组可得 $x = 1$, $y = -1$, $z = 3$. 故三个平面的交点的坐标为 $(1, -1, 3)$.

8. 分别按下列条件求平面方程：

(1) 平行于 $xOz$ 面且经过点 $(2, -5, 3)$；

(2) 通过 $z$ 轴和点 $(-3, 1, -2)$；

(3) 平行于 $x$ 轴且经过两点 $(4, 0, -2)$ 和 $(5, 1, 7)$.

**解** (1) 因所求的平面平行于 $xOz$ 面, 故所求平面的法线向量可取为 $\boldsymbol{j} = (0, 1, 0)$, 于是所求的平面为 $0(x-2) + (y+5) + 0(z-3) = 0$, 即 $y = -5$.

(2) 因所求的平面通过 $z$ 轴, 故所求平面可设为 $Ax + By = 0$. 将点 $(-3, 1, -2)$ 代入在此平面方程中, 可得 $-3A + B = 0$, 即 $B = 3A$. 因此所求平面方程为 $Ax + 3Ay = 0$, 即 $x + 3y = 0$.

(3) 设所求平面的法线向量 $\boldsymbol{n}$. 因为所求平面平行于 $x$ 轴, 则 $\boldsymbol{n} \perp \boldsymbol{i}$. 又因所求平面经过点 $M_1(4, 0, -2)$ 和 $M_2(5, 1, 7)$, 所以 $\boldsymbol{n} \perp \overrightarrow{M_1 M_2}$. 而 $\overrightarrow{M_1 M_2} = (5, 1, 7) - (4, 0, -2) = (1, 1, 9)$, 因此所求平面的法线向量可取为

$$\boldsymbol{n} = \boldsymbol{i} \times \overrightarrow{M_1 M_2} = \begin{vmatrix} \boldsymbol{i} & \boldsymbol{j} & \boldsymbol{k} \\ 1 & 0 & 0 \\ 1 & 1 & 9 \end{vmatrix} = (0, -9, 1).$$

故所求平面的方程为 $0(x-4) - 9(y-0) + 1(z+2) = 0$, 即 $9y - z - 2 = 0$.

9. 求点 $(1, 2, 1)$ 到平面 $x + 2y + 2z - 10 = 0$ 的距离.

**解** 利用点 $(1, 2, 1)$ 到平面 $x + 2y + 2z - 10 = 0$ 的距离公式可得

$$d = \frac{|1 + 2 \times 2 + 2 \times 1 - 10|}{\sqrt{1^2 + 2^2 + 2^2}} = 1.$$

### 习题 8-4 解答 空间直线及其方程

1. 求过点 $(4, -1, 3)$ 且平行于直线 $\dfrac{x-3}{2} = \dfrac{y}{1} = \dfrac{z-1}{5}$ 的直线方程.

**解** 因所求直线与已知直线平行, 故可设所求直线的方向向量为 $\boldsymbol{s} = (2, 1, 5)$, 所以所求的直线方程为 $\dfrac{x-4}{2} = \dfrac{y+1}{1} = \dfrac{z-3}{5}$.

2. 求过两点 $M_1(3, -2, 1)$ 和 $M_2(-1, 0, 2)$ 的直线方程.

**解** 所求直线的方向向量可取为 $\boldsymbol{s} = \overrightarrow{M_1 M_2} = (-1, 0, 2) - (3, -2, 1) = (-4, 2, 1)$, 所以所求的直线方程为 $\dfrac{x-3}{-4} = \dfrac{y+2}{2} = \dfrac{z-1}{1}$.

3. 用对称式方程及参数方程表示直线 $\begin{cases} x - y + z = 1, \\ 2x + y + z = 4. \end{cases}$

**解** 因平面 $x - y + z = 1$ 和 $2x + y + z = 4$ 的法线向量分别为 $\boldsymbol{n}_1 = (1, -1, 1)$, $\boldsymbol{n}_2 = (2, 1, 1)$, 故所求直线的方向向量为 $\boldsymbol{s} = \boldsymbol{n}_1 \times \boldsymbol{n}_2 = \begin{vmatrix} \boldsymbol{i} & \boldsymbol{j} & \boldsymbol{k} \\ 1 & -1 & 1 \\ 2 & 1 & 1 \end{vmatrix} = (-2, 1, 3)$.

在方程组 $\begin{cases} x - y + z = 1, \\ 2x + y + z = 4 \end{cases}$ 中，令 $y = 0$，得 $\begin{cases} x + z = 1, \\ 2x + z = 4, \end{cases}$ 解此方程组可得 $x = 3$，$z = -2$. 于是点 $(3, 0, -2)$ 为所求直线上的点.

综上可知所求直线的对称式方程为 $\dfrac{x-3}{-2} = \dfrac{y}{1} = \dfrac{z+2}{3}$；

参数方程为 $x = 3 - 2t$，$y = t$，$z = -2 + 3t$.

4. 求过点 $(2, 0, -3)$ 且与直线 $\begin{cases} x - 2y + 4z - 7 = 0, \\ 3x + 5y - 2z + 1 = 0 \end{cases}$ 垂直的平面方程.

**解** 因所求平面与已知直线垂直，故平面的法线向量 $\boldsymbol{n}$ 可取为已知直线的方向向量，即

$$\boldsymbol{n} = \begin{vmatrix} \boldsymbol{i} & \boldsymbol{j} & \boldsymbol{k} \\ 1 & -2 & 4 \\ 3 & 5 & -2 \end{vmatrix} = (-16, 14, 11).$$

因此所求平面的方程为

$$-16(x - 2) + 14(y - 0) + 11(z + 3) = 0, \quad 即 -16x + 14y + 11z + 65 = 0.$$

5. 求直线 $\begin{cases} 5x - 3y + 3z - 9 = 0, \\ 3x - 2y + z - 1 = 0 \end{cases}$ 与直线 $\begin{cases} 2x + 2y - z + 23 = 0, \\ 3x + 8y + z - 18 = 0 \end{cases}$ 的夹角的余弦.

**解** 因两直线的方向向量分别为

$$\boldsymbol{s}_1 = \begin{vmatrix} \boldsymbol{i} & \boldsymbol{j} & \boldsymbol{k} \\ 5 & -3 & 3 \\ 3 & -2 & 1 \end{vmatrix} = (3, 4, -1), \quad \boldsymbol{s}_2 = \begin{vmatrix} \boldsymbol{i} & \boldsymbol{j} & \boldsymbol{k} \\ 2 & 2 & -1 \\ 3 & 8 & 1 \end{vmatrix} = (10, -5, 10),$$

则两直线之间的夹角的余弦为

$$\cos(\widehat{\boldsymbol{s}_1, \boldsymbol{s}_2}) = \dfrac{|\boldsymbol{s}_1 \cdot \boldsymbol{s}_2|}{|\boldsymbol{s}_1| \cdot |\boldsymbol{s}_2|} = \dfrac{|3 \times 10 + 4 \times (-5) + (-1) \times 10|}{\sqrt{3^2 + 4^2 + (-1)^2} \cdot \sqrt{10^2 + (-5)^2 + 10^2}} = 0.$$

6. 证明直线 $\begin{cases} x + 2y - z = 7, \\ -2x + y + z = 7 \end{cases}$ 与直线 $\begin{cases} 3x + 6y - 3z = 8, \\ 2x - y - z = 0 \end{cases}$ 平行.

**证** 因两直线的方向向量分别为

$$\boldsymbol{s}_1 = \begin{vmatrix} \boldsymbol{i} & \boldsymbol{j} & \boldsymbol{k} \\ 1 & 2 & -1 \\ -2 & 1 & 1 \end{vmatrix} = (3, 1, 5), \quad \boldsymbol{s}_2 = \begin{vmatrix} \boldsymbol{i} & \boldsymbol{j} & \boldsymbol{k} \\ 3 & 6 & -3 \\ 2 & -1 & -1 \end{vmatrix} = (-9, -3, -15),$$

又因 $\boldsymbol{s}_2 = -3\boldsymbol{s}_1$，所以这两个直线是平行的.

7. 求过点 $(0, 2, 4)$ 且与两平面 $x + 2z = 1$ 和 $y - 3z = 2$ 平行的直线方程.

**解** 记两平面的法线向量分别为 $\boldsymbol{n}_1 = (1, 0, 2)$，$\boldsymbol{n}_2 = (0, 1, -3)$. 因为所求直线与这两平面平行，因此所求直线的方向向量可取为

$$\boldsymbol{s} = \boldsymbol{n}_1 \times \boldsymbol{n}_2 = \begin{vmatrix} \boldsymbol{i} & \boldsymbol{j} & \boldsymbol{k} \\ 1 & 0 & 2 \\ 0 & 1 & -3 \end{vmatrix} = (-2, 3, 1),$$

故所求直线的方程为 $\dfrac{x}{-2} = \dfrac{y-2}{3} = \dfrac{z-4}{1}$.

8. 求过点 $(3, 1, -2)$ 且通过直线 $\dfrac{x-4}{5} = \dfrac{y+3}{2} = \dfrac{z}{1}$ 的平面方程.

**解** 利用平面束方程,则通过已知直线 $\dfrac{x-4}{5} = \dfrac{y+3}{2} = \dfrac{z}{1}$ 的平面束方程为
$$x - 5z - 4 + \lambda(y - 2z + 3) = 0.$$

又因平面通过点 $(3, 1, -2)$,故将此点代入到平面束方程可求得 $\lambda = -\dfrac{9}{8}$. 因此所求的平面方程为 $x - 5z - 4 - \dfrac{9}{8}(y - 2z + 3) = 0$,即 $8x - 9y - 22z - 59 = 0$.

9. 求直线 $\begin{cases} x + y + 3z = 0, \\ x - y - z = 0 \end{cases}$ 与平面 $x - y - z + 1 = 0$ 的夹角.

**解** 已知直线的方向向量为
$$s = (1, 1, 3) \times (1, -1, -1) = \begin{vmatrix} i & j & k \\ 1 & 1 & 3 \\ 1 & -1 & -1 \end{vmatrix} = (2, 4, -2),$$

已知平面的法线向量为 $n = (1, -1, -1)$,而 $s \cdot n = 0$,所以 $s \perp n$,从而直线 $\begin{cases} x + y + 3z = 0, \\ x - y - z = 0 \end{cases}$ 与平面 $x - y - z + 1 = 0$ 的夹角为 0.

10. 试确定下列各组中的直线和平面间的关系:

(1) $\dfrac{x+3}{-2} = \dfrac{y+4}{-7} = \dfrac{z}{3}$ 和 $4x - 2y - 2z = 3$;

(2) $\dfrac{x}{3} = \dfrac{y}{-2} = \dfrac{z}{7}$ 和 $3x - 2y + 7z = 8$;

(3) $\dfrac{x-2}{3} = \dfrac{y+2}{1} = \dfrac{z-3}{-4}$ 和 $x + y + z = 3$.

**解** (1) 因已知直线的方向向量为 $s = (-2, -7, 3)$,已知平面的法线向量为 $n = (4, -2, -2)$,则 $\sin\varphi = \cos(\widehat{s, n}) = \dfrac{|s \cdot n|}{|s||n|} = 0$,即 $\varphi = 0$. 因此所给直线与所给平面平行.

又因为直线上的点 $(-3, -4, 0)$ 不满足平面方程 $4x - 2y - 2z = 3$,所以所给直线不在所给平面上.

综上,所给直线不在所给平面上且与所给平面平行;

(2) 因 $s = (3, -2, 7)$,$n = (3, -2, 7)$,则 $s = n$,故所给直线与所给平面垂直;

(3) 因 $s = (3, 1, -4)$,$n = (1, 1, 1)$,则 $\sin\varphi = \cos(\widehat{s, n}) = \dfrac{|s \cdot n|}{|s||n|} = 0$,即 $\varphi = 0$. 因此所给直线与所给平面平行.

又因点 $(2, -2, 3)$ 满足平面方程 $x + y + z = 3$,所以所给直线在所给平面上.

11. 求过点 $(1, 2, 1)$ 而与两直线 $\begin{cases} x + 2y - z + 1 = 0, \\ x - y + z - 1 = 0 \end{cases}$ 和 $\begin{cases} 2x - y + z = 0, \\ x - y + z = 0 \end{cases}$ 平行的平面的方程.

**解** 因两直线的方向向量分别为
$$s_1 = \begin{vmatrix} i & j & k \\ 1 & 2 & -1 \\ 1 & -1 & 1 \end{vmatrix} = (1, -2, -3),\ s_2 = \begin{vmatrix} i & j & k \\ 2 & -1 & 1 \\ 1 & -1 & 1 \end{vmatrix} = (0, -1, -1),$$

因此所求平面的法线向量可取为 $\boldsymbol{n} = \boldsymbol{s}_1 \times \boldsymbol{s}_2 = \begin{vmatrix} \boldsymbol{i} & \boldsymbol{j} & \boldsymbol{k} \\ 1 & -2 & -3 \\ 0 & -1 & -1 \end{vmatrix} = (-1, 1, -1)$.

故所求平面的方程为 $-(x-1) + (y-2) - (z-1) = 0$，即 $x - y + z = 0$.

12. 求点 $(-1, 2, 0)$ 在平面 $x + 2y - z + 1 = 0$ 上的投影.

**解** 过点 $(-1, 2, 0)$ 且垂直于已知平面的直线方程为 $\dfrac{x+1}{1} = \dfrac{y-2}{2} = \dfrac{z}{-1}$，将此直线方程化为参数方程 $\begin{cases} x = -1 + t, \\ y = 2 + 2t, \\ z = -t \end{cases}$ 代入平面方程 $x + 2y - z + 1 = 0$ 中得

$$-1 + t + 2(2 + 2t) - (-t) + 1 = 0,$$

整理得 $t = -\dfrac{2}{3}$. 再将 $t = -\dfrac{2}{3}$ 代入直线的参数方程，得 $x = -\dfrac{5}{3}$, $y = \dfrac{2}{3}$, $z = \dfrac{2}{3}$. 于是点 $(-1, 2, 0)$ 在平面 $x + 2y - z + 1 = 0$ 上的投影为 $\left(-\dfrac{5}{3}, \dfrac{2}{3}, \dfrac{2}{3}\right)$.

13. 求点 $P(3, -1, 2)$ 到直线 $\begin{cases} x + y - z + 1 = 0, \\ 2x - y + z - 4 = 0 \end{cases}$ 的距离.

**解** 因已知直线的方向向量为 $\boldsymbol{s} = \begin{vmatrix} \boldsymbol{i} & \boldsymbol{j} & \boldsymbol{k} \\ 1 & 1 & -1 \\ 2 & -1 & 1 \end{vmatrix} = (0, -3, -3)$. 又因过点 $P(3, -1, 2)$ 且与已知直线垂直的平面的方程为

$$-3(y+1) - 3(z-2) = 0, \quad \text{即 } y + z - 1 = 0.$$

解线性方程组 $\begin{cases} x + y - z + 1 = 0, \\ 2x - y + z - 4 = 0, \\ y + z - 1 = 0 \end{cases}$ 可得 $x = 1$, $y = -\dfrac{1}{2}$, $z = \dfrac{3}{2}$, 则点 $\left(1, -\dfrac{1}{2}, \dfrac{3}{2}\right)$ 为已知直线和平面 $y + z - 1 = 0$ 的交点.

因此点 $P(3, -1, 2)$ 到直线 $\begin{cases} x + y - z + 1 = 0, \\ 2x - y + z - 4 = 0 \end{cases}$ 的距离就是点 $P(3, -1, 2)$ 与点 $\left(1, -\dfrac{1}{2}, \dfrac{3}{2}\right)$ 间的距离，即

$$d = \sqrt{(3-1)^2 + \left(-1 + \dfrac{1}{2}\right)^2 + \left(2 - \dfrac{3}{2}\right)^2} = \dfrac{3}{2}\sqrt{2}.$$

14. 设 $M_0$ 是直线 $L$ 外一点，$M$ 是直线 $L$ 上任意一点，且直线的方向向量为 $\boldsymbol{s}$，试证：点 $M_0$ 到直线 $L$ 的距离

$$d = \dfrac{|\overrightarrow{M_0 M} \times \boldsymbol{s}|}{|\boldsymbol{s}|}.$$

**证** 如图 8-7 所示，点 $M_0$ 到直线 $L$ 的距离为 $d$，$\varphi$ 为向量 $\overrightarrow{M_0 M}$ 与已知直线 $L$ 的方向向量 $\boldsymbol{s}$ 的夹角.

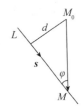

图 8-7

因此 $d = |\overrightarrow{M_0M}| \cdot |\sin\varphi| = \dfrac{|\overrightarrow{M_0M} \times \boldsymbol{s}|}{|\boldsymbol{s}|}$.

15. 求直线 $\begin{cases} 2x - 4y + z = 0, \\ 3x - y - 2z - 9 = 0 \end{cases}$ 在平面 $4x - y + z = 1$ 上的投影直线的方程.

**解** 所求的投影直线为过直线 $\begin{cases} 2x - 4y + z = 0, \\ 3x - y - 2z - 9 = 0 \end{cases}$ 且垂直于已知平面 $4x - y + z = 1$ 的平面与已知平面 $4x - y + z = 1$ 的交线.

下面求过直线 $\begin{cases} 2x - 4y + z = 0, \\ 3x - y - 2z - 9 = 0 \end{cases}$ 且垂直于已知平面 $4x - y + z = 1$ 的平面方程.

因通过已知直线的平面束方程为

$2x - 4y + z + \lambda(3x - y - 2z - 9) = 0$，即 $(2 + 3\lambda)x - (4 + \lambda)y + (1 - 2\lambda)z - 9\lambda = 0$.

又因所求的平面与已知平面 $4x - y + z = 1$ 垂直，则有

$$4 \cdot (2 + 3\lambda) + (-1) \cdot (-4 - \lambda) + 1 \cdot (1 - 2\lambda) = 0,$$

解得 $\lambda = -\dfrac{13}{11}$. 将 $\lambda = -\dfrac{13}{11}$ 代入平面束方程中得 $17x + 31y - 37z - 117 = 0$.

因此投影直线的方程为 $\begin{cases} 4x - y + z = 1, \\ 17x + 31y - 37z - 117 = 0. \end{cases}$

16. 画出下列各平面所围成的立体的图形：

(1) $x = 0$, $y = 0$, $z = 0$, $x = 2$, $y = 1$, $3x + 4y + 2z - 12 = 0$;

(2) $x = 0$, $z = 0$, $x = 1$, $y = 2$, $z = \dfrac{y}{4}$.

**解** (1)　　　　　　　　　　　　　　　(2)

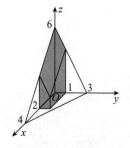
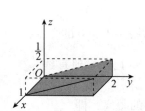

**习题 8-5 解答　曲面及其方程**

1. 一球面过原点及 $A(4, 0, 0)$、$B(1, 3, 0)$ 和 $C(0, 0, -4)$ 三点，求球面的方程及球心的坐标和半径.

**解** 设所求球面的方程为 $(x - a)^2 + (y - b)^2 + (z - c)^2 = R^2$.

将原点及 $A(4, 0, 0)$、$B(1, 3, 0)$、$C(0, 0, -4)$ 坐标代入上式可得

$$\begin{cases} a^2 + b^2 + c^2 = R^2, \\ (4 - a)^2 + b^2 + c^2 = R^2, \\ (1 - a)^2 + (3 - b)^2 + c^2 = R^2, \\ a^2 + b^2 + (-4 - c)^2 = R^2, \end{cases}$$

解得 $a = 2$，$b = 1$，$c = -2$，$R = 3$. 因此所求球面的方程为

$$(x-2)^2 + (y-1)^2 + (z+2)^2 = 9,$$
其中球心的坐标为 $(2, 1, -2)$，半径为 $3$.

2. 建立以点 $(1, 3, -2)$ 为球心，且通过坐标原点的球面方程.

**解** 由题意知以点 $(1, 3, -2)$ 为球心，且通过坐标原点的球面半径为
$$R = \sqrt{1^2 + 3^2 + (-2)^2} = \sqrt{14},$$
则所求的球面方程为 $(x-1)^2 + (y-3)^2 + (z+2)^2 = 14$，即
$$x^2 + y^2 + z^2 - 2x - 6y + 4z = 0.$$

3. 方程 $x^2 + y^2 + z^2 - 2x + 4y + 2z = 0$ 表示什么曲面？

**解** 由已知方程配方可得 $(x-1)^2 + (y+2)^2 + (z+1)^2 = 6$，所以该方程表示为以 $(1, -2, -1)$ 为球心，半径为 $\sqrt{6}$ 的球面.

4. 求与坐标原点 $O$ 及点 $(2, 3, 4)$ 的距离之比为 $1:2$ 的点的全体所组成的曲面的方程，它表示怎样的曲面？

**解** 设 $M(x, y, z)$ 为曲面上的任意一点，由题意可得
$$\frac{\sqrt{x^2 + y^2 + z^2}}{\sqrt{(x-2)^2 + (y-3)^2 + (z-4)^2}} = \frac{1}{2},$$
整理得 $\left(x + \dfrac{2}{3}\right)^2 + (y+1)^2 + \left(z + \dfrac{4}{3}\right)^2 = \dfrac{116}{9}$，所以它表示以点 $\left(-\dfrac{2}{3}, -1, -\dfrac{4}{3}\right)$ 为球心，以 $\dfrac{2}{3}\sqrt{29}$ 为半径的球面.

5. 将 $xOz$ 坐标面上的抛物线 $z^2 = 5x$ 绕 $x$ 轴旋转一周，求所生成的旋转曲面的方程.

**解** 将方程中的 $z$ 替换成 $\pm\sqrt{y^2 + z^2}$，得旋转曲面的方程 $y^2 + z^2 = 5x$.

6. 将 $xOz$ 坐标面上的圆 $x^2 + z^2 = 9$ 绕 $z$ 轴旋转一周，求所生成的旋转曲面的方程.

**解** 将方程中的 $x$ 替换成 $\pm\sqrt{x^2 + y^2}$，得旋转曲面的方程 $x^2 + y^2 + z^2 = 9$.

7. 将 $xOy$ 坐标面上的双曲线 $4x^2 - 9y^2 = 36$ 分别绕 $x$ 轴及 $y$ 轴旋转一周，求所生成的旋转曲面的方程.

**解** 将双曲线方程中的 $y$ 替换成 $\pm\sqrt{y^2 + z^2}$，即得绕 $x$ 轴旋转一周所生成的旋转曲面的方程
$$4x^2 - 9(y^2 + z^2) = 36.$$
将双曲线方程中的 $x$ 替换成 $\pm\sqrt{x^2 + z^2}$，即得绕 $y$ 轴旋转一周所生成的旋转曲面的方程
$$4(x^2 + z^2) - 9y^2 = 36.$$

8. 画出下列各方程所表示的曲面：

(1) $\left(x - \dfrac{a}{2}\right)^2 + y^2 = \left(\dfrac{a}{2}\right)^2$；

(2) $-\dfrac{x^2}{4} + \dfrac{y^2}{9} = 1$；

(3) $\dfrac{x^2}{9} + \dfrac{z^2}{4} = 1$；

(4) $y^2 - z = 0$；

(5) $z = 2 - x^2$.

**解** (1)

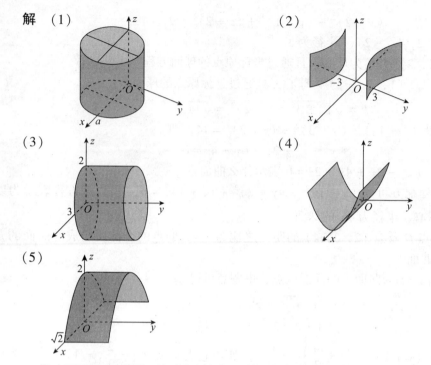

9. 指出下列方程在平面解析几何中和在空间解析几何中分别表示什么图形:

(1) $x = 2$;  (2) $y = x + 1$;
(3) $x^2 + y^2 = 4$;  (4) $x^2 - y^2 = 1$.

**解** (1) 在平面解析几何中, $x = 2$ 表示平行于 $y$ 轴的一条直线; 在空间解析几何中, $x = 2$ 表示一个平行于 $yOz$ 面的平面;

(2) 在平面解析几何中, $y = x + 1$ 表示一条斜率是 1, 在 $y$ 轴上的截距是 1 的直线; 在空间解析几何中, $y = x + 1$ 表示一个平行于 $z$ 轴的平面;

(3) 在平面解析几何中, $x^2 + y^2 = 4$ 表示中心在原点, 半径是 2 的圆; 在空间解析几何中, $x^2 + y^2 = 4$ 表示母线平行于 $z$ 轴, 准线为 $\begin{cases} x^2 + y^2 = 4, \\ z = 0 \end{cases}$ 的圆柱面;

(4) 在平面解析几何中, $x^2 - y^2 = 1$ 表示双曲线; 在空间解析几何中, $x^2 - y^2 = 1$ 表示母线平行于 $z$ 轴, 准线为 $\begin{cases} x^2 - y^2 = 1, \\ z = 0 \end{cases}$ 的双曲柱面.

10. 说明下列旋转曲面是怎样形成的:

(1) $\dfrac{x^2}{4} + \dfrac{y^2}{9} + \dfrac{z^2}{9} = 1$;  (2) $x^2 - \dfrac{y^2}{4} + z^2 = 1$;
(3) $x^2 - y^2 - z^2 = 1$;  (4) $(z - a)^2 = x^2 + y^2$.

**解** (1) $\dfrac{x^2}{4} + \dfrac{y^2}{9} + \dfrac{z^2}{9} = 1$ 是 $xOy$ 面上的椭圆 $\dfrac{x^2}{4} + \dfrac{y^2}{9} = 1$ 绕 $x$ 轴旋转一周而形成的旋转曲面, 或是 $xOz$ 面上的椭圆 $\dfrac{x^2}{4} + \dfrac{z^2}{9} = 1$ 绕 $x$ 轴旋转一周而形成的旋转曲面;

(2) $x^2 - \dfrac{y^2}{4} + z^2 = 1$ 是 $xOy$ 面上的双曲线 $x^2 - \dfrac{y^2}{4} = 1$ 绕 $y$ 轴旋转一周而形成的旋转曲面,

或是 $yOz$ 面上的双曲线 $z^2 - \dfrac{y^2}{4} = 1$ 绕 $y$ 轴旋转一周而形成的旋转曲面；

(3) $x^2 - y^2 - z^2 = 1$ 是 $xOy$ 面上的双曲线 $x^2 - y^2 = 1$ 绕 $x$ 轴旋转一周而形成的旋转曲面，或是 $xOz$ 面上的双曲线 $x^2 - z^2 = 1$ 绕 $x$ 轴旋转一周而形成的旋转曲面；

(4) $(z-a)^2 = x^2 + y^2$ 是 $xOz$ 面上的直线 $z = x + a$ 或者 $z = -x + a$ 绕 $z$ 轴旋转一周而形成的旋转曲面，或是 $yOz$ 面上的直线 $z = y + a$ 或者 $z = -y + a$ 绕 $z$ 轴旋转一周而形成的旋转曲面.

11. 画出下列方程所表示的曲面：

(1) $4x^2 + y^2 - z^2 = 4$；  (2) $x^2 - y^2 - 4z^2 = 4$；

(3) $\dfrac{z}{3} = \dfrac{x^2}{4} + \dfrac{y^2}{9}$.

**解** (1)

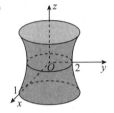

(2)

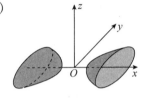

(3)

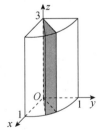

12. 画出下列各曲面所围立体的图形：

(1) $z = 0$，$z = 3$，$x - y = 0$，$x - \sqrt{3} y = 0$，$x^2 + y^2 = 1$（在第一卦限内）；

(2) $x = 0$，$y = 0$，$z = 0$，$x^2 + y^2 = R^2$，$y^2 + z^2 = R^2$（在第一卦限内）.

**解** (1)

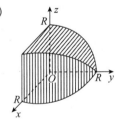

(2)

## 习题 8-6 解答  空间曲线及其方程

1. 画出下列曲线在第一卦限内的图形：

(1) $\begin{cases} x = 1, \\ y = 2; \end{cases}$

(2) $\begin{cases} z = \sqrt{4 - x^2 - y^2}, \\ x - y = 0; \end{cases}$

(3) $\begin{cases} x^2 + y^2 = a^2, \\ x^2 + z^2 = a^2. \end{cases}$

**解** (1)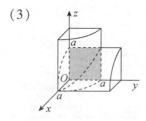

(2)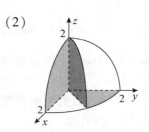

(3)

2. 指出下列方程组在平面解析几何中与在空间解析几何中分别表示什么图形:

(1) $\begin{cases} y = 5x + 1, \\ y = 2x - 3; \end{cases}$

(2) $\begin{cases} \dfrac{x^2}{4} + \dfrac{y^2}{9} = 1, \\ y = 3. \end{cases}$

**解** (1) 在平面解析几何中,$\begin{cases} y = 5x + 1, \\ y = 2x - 3 \end{cases}$ 表示直线 $y = 5x + 1$ 与 $y = 2x - 3$ 的交点 $\left(-\dfrac{4}{3}, -\dfrac{17}{3}\right)$;在空间解析几何中,$\begin{cases} y = 5x + 1, \\ y = 2x - 3 \end{cases}$ 表示平面 $y = 5x + 1$ 与 $y = 2x - 3$ 的交线,并且平行于 $z$ 轴的空间直线;

(2) 在平面解析几何中,$\begin{cases} \dfrac{x^2}{4} + \dfrac{y^2}{9} = 1, \\ y = 3 \end{cases}$ 表示椭圆 $\dfrac{x^2}{4} + \dfrac{y^2}{9} = 1$ 与其切线 $y = 3$ 的交点 $(0, 3)$;在空间解析几何中,$\begin{cases} \dfrac{x^2}{4} + \dfrac{y^2}{9} = 1, \\ y = 3 \end{cases}$ 表示椭圆柱面 $\dfrac{x^2}{4} + \dfrac{y^2}{9} = 1$ 与其切平面 $y = 3$ 的交线,即空间直线.

3. 分别求母线平行于 $x$ 轴及 $y$ 轴而且通过曲线 $\begin{cases} 2x^2 + y^2 + z^2 = 16, \\ x^2 + z^2 - y^2 = 0 \end{cases}$ 的柱面方程.

**解** 把方程组 $\begin{cases} 2x^2 + y^2 + z^2 = 16, \\ x^2 + z^2 - y^2 = 0 \end{cases}$ 中的 $x$ 消去,得 $3y^2 - z^2 = 16$,则 $3y^2 - z^2 = 16$ 就是母线平行于 $x$ 轴且通过已知曲线的柱面方程.

把方程组 $\begin{cases} 2x^2 + y^2 + z^2 = 16, \\ x^2 + z^2 - y^2 = 0 \end{cases}$ 中的 $y$ 消去,得方程 $3x^2 + 2z^2 = 16$,则 $3x^2 + 2z^2 = 16$ 就是母线平行于 $y$ 轴且通过已知曲线的柱面方程.

4. 求球面 $x^2 + y^2 + z^2 = 9$ 与平面 $x + z = 1$ 的交线在 $xOy$ 面上的投影的方程.

**解** 将方程组 $\begin{cases} x^2 + y^2 + z^2 = 9, \\ x + z = 1 \end{cases}$ 中的 $z$ 消去,得方程 $2x^2 + y^2 - 2x = 8$,该方程表示母线平行于 $z$ 轴,准线为球面 $x^2 + y^2 + z^2 = 9$ 与平面 $x + z = 1$ 的交线的柱面方程,故所求的投影

方程为 $\begin{cases} 2x^2 - 2x + y^2 = 8, \\ z = 0. \end{cases}$

5. 将下列曲线的一般方程化为参数方程:

(1) $\begin{cases} x^2 + y^2 + z^2 = 9, \\ y = x; \end{cases}$ (2) $\begin{cases} (x-1)^2 + y^2 + (z+1)^2 = 4, \\ z = 0. \end{cases}$

**解** (1) 将 $y = x$ 代入 $x^2 + y^2 + z^2 = 9$ 得 $2x^2 + z^2 = 9$,即 $\dfrac{x^2}{\left(\dfrac{3}{\sqrt{2}}\right)^2} + \dfrac{z^2}{3^2} = 1$.

令 $x = \dfrac{3}{\sqrt{2}}\cos t$,则 $z = 3\sin t$,故所求参数方程为

$$\begin{cases} x = \dfrac{3}{\sqrt{2}}\cos t, \\ y = \dfrac{3}{\sqrt{2}}\cos t, \quad (0 \leqslant t \leqslant 2\pi); \\ z = 3\sin t \end{cases}$$

(2) 将 $z = 0$ 代入 $(x-1)^2 + y^2 + (z+1)^2 = 4$,得 $(x-1)^2 + y^2 = 3$.

令 $x = 1 + \sqrt{3}\cos t$,则 $y = \sqrt{3}\sin t$,于是所求参数方程为

$$\begin{cases} x = 1 + \sqrt{3}\cos t, \\ y = \sqrt{3}\sin t, \quad (0 \leqslant t \leqslant 2\pi). \\ z = 0 \end{cases}$$

6. 求螺旋线 $\begin{cases} x = a\cos\theta, \\ y = a\sin\theta, \\ z = b\theta \end{cases}$ 在三个坐标面上的投影曲线的直角坐标方程.

**解** 由前两个方程得 $x^2 + y^2 = a^2$,于是螺旋线在 $xOy$ 面上的投影曲线的直角坐标方程为 $\begin{cases} x^2 + y^2 = a^2, \\ z = 0; \end{cases}$

由第三个方程得 $\theta = \dfrac{z}{b}$,代入第一个方程得 $\dfrac{x}{a} = \cos\dfrac{z}{b}$,即 $z = b\arccos\dfrac{x}{a}$,于是螺旋线

在 $xOz$ 面上的投影曲线的直角坐标方程为 $\begin{cases} z = b\arccos\dfrac{x}{a}, \\ y = 0; \end{cases}$

由第三个方程得 $\theta = \dfrac{z}{b}$,代入第二个方程得 $\dfrac{y}{a} = \sin\dfrac{z}{b}$,即 $z = b\arcsin\dfrac{y}{a}$,于是螺旋线

在 $yOz$ 面上的投影曲线的直角坐标方程为 $\begin{cases} z = b\arcsin\dfrac{y}{a}, \\ x = 0. \end{cases}$

7. 求上半球 $0 \leqslant z \leqslant \sqrt{a^2 - x^2 - y^2}$ 与圆柱体 $x^2 + y^2 \leqslant ax$ ($a > 0$) 的公共部分在 $xOy$ 面和 $xOz$ 面上的投影.

**解** 如图 8-8 所示,上半球 $0 \leqslant z \leqslant \sqrt{a^2 - x^2 - y^2}$ 与圆柱体

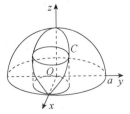

图 8-8

$x^2 + y^2 \leq ax$ 的公共部分在 $xOy$ 面上的投影为 $\begin{cases} x^2 + y^2 \leq ax, \\ z = 0. \end{cases}$

将方程组 $\begin{cases} z = \sqrt{a^2 - x^2 - y^2}, \\ x^2 + y^2 = ax \end{cases}$ 中的 $y$ 消去,得方程 $z = \sqrt{a^2 - ax}$,故所求立体在 $xOz$ 面上的投影为 $\begin{cases} 0 \leq z \leq \sqrt{a^2 - ax} \ (0 \leq x \leq a), \\ y = 0, \end{cases}$ 即由 $x$ 轴,$z$ 轴及曲线 $z = \sqrt{a^2 - ax}$ 所围成的区域.

8. 求旋转抛物面 $z = x^2 + y^2 (0 \leq z \leq 4)$ 在三坐标面上的投影.

**解** 将 $z = 4$ 代入方程 $z = x^2 + y^2$ 中得 $x^2 + y^2 = 4$,所以旋转抛物面 $z = x^2 + y^2 (0 \leq z \leq 4)$ 在 $xOy$ 面上的投影为 $\begin{cases} x^2 + y^2 \leq 4, \\ z = 0. \end{cases}$

将 $x = 0$ 代入方程 $z = x^2 + y^2$ 中得 $z = y^2$,所以旋转抛物面 $z = x^2 + y^2 (0 \leq z \leq 4)$ 在 $yOz$ 面上的投影为由 $z = y^2$ 及 $z = 4$ 所围成的区域,即 $\begin{cases} y^2 \leq z \leq 4, \\ x = 0. \end{cases}$

将 $y = 0$ 代入方程 $z = x^2 + y^2$ 中得 $z = x^2$,所以旋转抛物面 $z = x^2 + y^2 (0 \leq z \leq 4)$ 在 $xOz$ 面上的投影为由 $z = x^2$ 及 $z = 4$ 所围成的区域,即 $\begin{cases} x^2 \leq z \leq 4, \\ y = 0. \end{cases}$

**总习题八 解答**

1. 填空题.

(1) 设在坐标系 $[O; \boldsymbol{i}, \boldsymbol{j}, \boldsymbol{k}]$ 中点 $A$ 和点 $M$ 的坐标依次为 $(x_0, y_0, z_0)$ 和 $(x, y, z)$,则在 $[A; \boldsymbol{i}, \boldsymbol{j}, \boldsymbol{k}]$ 坐标系中,点 $M$ 的坐标为_____,向量 $\overrightarrow{OM}$ 的坐标为_____;

(2) 设数 $\lambda_1$、$\lambda_2$、$\lambda_3$ 不全为 0,使 $\lambda_1 \boldsymbol{a} + \lambda_2 \boldsymbol{b} + \lambda_3 \boldsymbol{c} = \boldsymbol{0}$,则 $\boldsymbol{a}$、$\boldsymbol{b}$、$\boldsymbol{c}$ 三个向量是_____的;

(3) 设 $\boldsymbol{a} = (2, 1, 2)$,$\boldsymbol{b} = (4, -1, 10)$,$\boldsymbol{c} = \boldsymbol{b} - \lambda \boldsymbol{a}$,且 $\boldsymbol{a} \perp \boldsymbol{c}$,则 $\lambda =$ _____;

(4) 设 $|\boldsymbol{a}| = 3$,$|\boldsymbol{b}| = 4$,$|\boldsymbol{c}| = 5$,且满足 $\boldsymbol{a} + \boldsymbol{b} + \boldsymbol{c} = \boldsymbol{0}$,则 $|\boldsymbol{a} \times \boldsymbol{b} + \boldsymbol{b} \times \boldsymbol{c} + \boldsymbol{c} \times \boldsymbol{a}| =$ _____.

**解** (1) 点 $M$ 的坐标为 $(x_0 - x, y_0 - y, z_0 - z)$,向量 $\overrightarrow{OM}$ 的坐标为 $(x, y, z)$;提示:自由向量与起点无关,它在某一向量上的投影不会因起点的位置的不同而改变.

(2) 由 $[(\lambda_1 \boldsymbol{a} + \lambda_2 \boldsymbol{b} + \lambda_3 \boldsymbol{c}) \times \boldsymbol{b}] \cdot \boldsymbol{c} = 0$ 得 $(\boldsymbol{a} \times \boldsymbol{b}) \cdot \boldsymbol{c} = 0$,即 $\boldsymbol{a}$、$\boldsymbol{b}$、$\boldsymbol{c}$ 三个向量是共面的.

(3) 因为 $\boldsymbol{a} \perp \boldsymbol{c}$,所以 $\boldsymbol{a} \cdot \boldsymbol{c} = 0$.

又因为 $\boldsymbol{a} \cdot \boldsymbol{c} = \boldsymbol{a} \cdot (\boldsymbol{b} - \lambda \boldsymbol{a}) = \boldsymbol{a} \cdot \boldsymbol{b} - \lambda |\boldsymbol{a}|^2 = 27 - 9\lambda$,所以 $\lambda = 3$.

(4) 由 $(\boldsymbol{a} + \boldsymbol{b} + \boldsymbol{c}) \times \boldsymbol{b} = \boldsymbol{0}$ 可知 $\boldsymbol{a} \times \boldsymbol{b} + \boldsymbol{c} \times \boldsymbol{b} = \boldsymbol{0}$,即 $\boldsymbol{a} \times \boldsymbol{b} = \boldsymbol{b} \times \boldsymbol{c}$;

由 $(\boldsymbol{a} + \boldsymbol{b} + \boldsymbol{c}) \times \boldsymbol{a} = \boldsymbol{0}$ 可知 $\boldsymbol{b} \times \boldsymbol{a} + \boldsymbol{c} \times \boldsymbol{a} = \boldsymbol{0}$,即 $\boldsymbol{a} \times \boldsymbol{b} = \boldsymbol{c} \times \boldsymbol{a}$.

又因为 $\boldsymbol{a} + \boldsymbol{b} + \boldsymbol{c} = \boldsymbol{0}$,且 $|\boldsymbol{a}|^2 + |\boldsymbol{b}|^2 = |\boldsymbol{c}|^2$,所以以向量 $\boldsymbol{a}$、$\boldsymbol{b}$、$\boldsymbol{c}$ 为边的三角形为直角三角形,且 $\boldsymbol{a} \perp \boldsymbol{b}$. 综上,$|\boldsymbol{a} \times \boldsymbol{b} + \boldsymbol{b} \times \boldsymbol{c} + \boldsymbol{c} \times \boldsymbol{a}| = 3|\boldsymbol{a} \times \boldsymbol{b}| = 3|\boldsymbol{a}||\boldsymbol{b}|\sin(\widehat{\boldsymbol{a}, \boldsymbol{b}}) = 36$.

2. 下列两题中给出了四个结论，从中选出一个正确的结论：

（1）设直线 $L$ 的方程为 $\begin{cases} x - y + z = 1, \\ 2x + y + z = 4, \end{cases}$ 则 $L$ 的参数方程为（    ）；

(A) $\begin{cases} x = 1 - 2t, \\ y = 1 + t, \\ z = 1 + 3t \end{cases}$    (B) $\begin{cases} x = 1 - 2t, \\ y = -1 + t, \\ z = 1 + 3t \end{cases}$    (C) $\begin{cases} x = 1 - 2t, \\ y = 1 - t, \\ z = 1 + 3t \end{cases}$    (D) $\begin{cases} x = 1 - 2t, \\ y = -1 - t, \\ z = 1 + 3t \end{cases}$

（2）下列结论中，错误的是（    ）．

(A) $z + 2x^2 + y^2 = 0$ 表示椭圆抛物面   (B) $x^2 + 2y^2 = 1 + 3z^2$ 表示双叶双曲面
(C) $x^2 + y^2 - (z-1)^2 = 0$ 表示圆锥面   (D) $y^2 = 5x$ 表示抛物柱面

**解** （1）因直线 $L$ 的方向向量为 $s = \begin{vmatrix} i & j & k \\ 1 & -1 & 1 \\ 2 & 1 & 1 \end{vmatrix} = (-2, 1, 3)$，且经过点 $(1, 1, 1)$，所以所求直线的参数方程为 $\begin{cases} x = 1 - 2t, \\ y = 1 + t, \\ z = 1 + 3t, \end{cases}$ 即选（A）；

（2）选（B）. 因为 $x^2 + 2y^2 = 1 + 3z^2$ 表示单叶双曲面．

3. 在 $y$ 轴上求与点 $A(1, -3, 7)$ 和点 $B(5, 7, -5)$ 等距离的点．

**解** 根据题意，设所求的点为 $M(0, y, 0)$，则有
$$1^2 + (y+3)^2 + 7^2 = 5^2 + (y-7)^2 + 5^2,$$
整理得 $y = 2$，所以所求的点为 $M(0, 2, 0)$．

4. 已知 $\triangle ABC$ 的顶点为 $A(3, 2, -1)$、$B(5, -4, 7)$ 和 $C(-1, 1, 2)$，求从顶点 $C$ 所引中线的长度．

**解** 由题意知，线段 $AB$ 的中点的坐标为 $\left(\dfrac{3+5}{2}, \dfrac{2-4}{2}, \dfrac{-1+7}{2}\right) = (4, -1, 3)$，从而顶点 $C$ 所引中线的长度为
$$d = \sqrt{(4+1)^2 + (-1-1)^2 + (3-2)^2} = \sqrt{30}.$$

5. 设 $\triangle ABC$ 的三边 $\overrightarrow{BC} = \boldsymbol{a}$、$\overrightarrow{CA} = \boldsymbol{b}$、$\overrightarrow{AB} = \boldsymbol{c}$，三边中点依次为 $D$、$E$、$F$，试用向量 $\boldsymbol{a}$、$\boldsymbol{b}$、$\boldsymbol{c}$ 表示 $\overrightarrow{AD}$、$\overrightarrow{BE}$、$\overrightarrow{CF}$，并证明 $\overrightarrow{AD} + \overrightarrow{BE} + \overrightarrow{CF} = \boldsymbol{0}$．

**解** 如图 8-9 所示，$D$、$E$、$F$ 分别为 $BC$、$CA$、$AB$ 的中点，因此
$$\overrightarrow{AD} = \overrightarrow{AB} + \overrightarrow{BD} = \boldsymbol{c} + \frac{1}{2}\boldsymbol{a}, \quad \overrightarrow{BE} = \overrightarrow{BC} + \overrightarrow{CE} = \boldsymbol{a} + \frac{1}{2}\boldsymbol{b}, \quad \overrightarrow{CF} = \overrightarrow{CA} + \overrightarrow{AF} = \boldsymbol{b} + \frac{1}{2}\boldsymbol{c}.$$

故 $\overrightarrow{AD} + \overrightarrow{BE} + \overrightarrow{CF} = \boldsymbol{c} + \dfrac{1}{2}\boldsymbol{a} + \boldsymbol{a} + \dfrac{1}{2}\boldsymbol{b} + \boldsymbol{b} + \dfrac{1}{2}\boldsymbol{c} = \dfrac{3}{2}(\boldsymbol{a} + \boldsymbol{b} + \boldsymbol{c}) = \boldsymbol{0}.$

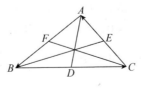

图 8-9

**6.** 试用向量证明三角形两边中点的连线平行于第三边,且其长度等于第三边长度的一半.

**证** 如图 8-10 所示,设 $D$、$E$ 分别为 $AB$、$AC$ 的中点,则有
$$\overrightarrow{DE} = \overrightarrow{AE} - \overrightarrow{AD} = \frac{1}{2}(\overrightarrow{AC} - \overrightarrow{AB}),$$
$$\overrightarrow{BC} = \overrightarrow{BA} + \overrightarrow{AC} = \overrightarrow{AC} - \overrightarrow{AB},$$

所以 $\overrightarrow{BC} = 2\overrightarrow{DE}$. 从而 $\overrightarrow{BC} /\!/ \overrightarrow{DE}$,且 $|\overrightarrow{DE}| = \frac{1}{2}|\overrightarrow{BC}|$.

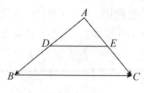

图 8-10

**7.** 设 $|\boldsymbol{a}+\boldsymbol{b}| = |\boldsymbol{a}-\boldsymbol{b}|$,$\boldsymbol{a} = (3, -5, 8)$,$\boldsymbol{b} = (-1, 1, z)$,求 $z$.

**解** $\boldsymbol{a} + \boldsymbol{b} = (3, -5, 8) + (-1, 1, z) = (2, -4, z+8)$,
$\boldsymbol{a} - \boldsymbol{b} = (3, -5, 8) - (-1, 1, z) = (4, -6, 8-z)$,

因为 $|\boldsymbol{a}+\boldsymbol{b}| = |\boldsymbol{a}-\boldsymbol{b}|$,所以 $\sqrt{2^2 + (-4)^2 + (8+z)^2} = \sqrt{4^2 + (-6)^2 + (8-z)^2}$,
解得 $z = 1$.

**8.** 设 $|\boldsymbol{a}| = \sqrt{3}$,$|\boldsymbol{b}| = 1$,$(\boldsymbol{a},\widehat{\ }\boldsymbol{b}) = \frac{\pi}{6}$,求向量 $\boldsymbol{a}+\boldsymbol{b}$ 与 $\boldsymbol{a}-\boldsymbol{b}$ 的夹角.

**解** 因 $|\boldsymbol{a}+\boldsymbol{b}|^2 = |\boldsymbol{a}|^2 + |\boldsymbol{b}|^2 + 2\boldsymbol{a}\cdot\boldsymbol{b} = |\boldsymbol{a}|^2 + |\boldsymbol{b}|^2 + 2|\boldsymbol{a}||\boldsymbol{b}|\cos(\boldsymbol{a},\widehat{\ }\boldsymbol{b})$
$$= 3 + 1 + 2\sqrt{3}\cos\frac{\pi}{6} = 7,$$

$|\boldsymbol{a}-\boldsymbol{b}|^2 = |\boldsymbol{a}|^2 + |\boldsymbol{b}|^2 - 2\boldsymbol{a}\cdot\boldsymbol{b} = |\boldsymbol{a}|^2 + |\boldsymbol{b}|^2 - 2|\boldsymbol{a}||\boldsymbol{b}|\cos(\boldsymbol{a},\widehat{\ }\boldsymbol{b})$
$$= 3 + 1 - 2\sqrt{3}\cos\frac{\pi}{6} = 1.$$

故 $\cos(\boldsymbol{a}+\boldsymbol{b},\widehat{\ }\boldsymbol{a}-\boldsymbol{b}) = \dfrac{(\boldsymbol{a}+\boldsymbol{b})\cdot(\boldsymbol{a}-\boldsymbol{b})}{|\boldsymbol{a}+\boldsymbol{b}|\cdot|\boldsymbol{a}-\boldsymbol{b}|} = \dfrac{|\boldsymbol{a}|^2 - |\boldsymbol{b}|^2}{|\boldsymbol{a}+\boldsymbol{b}|\cdot|\boldsymbol{a}-\boldsymbol{b}|} = \dfrac{3-1}{\sqrt{7}\cdot 1} = \dfrac{2}{\sqrt{7}}$.

所以 $(\boldsymbol{a}+\boldsymbol{b},\widehat{\ }\boldsymbol{a}-\boldsymbol{b}) = \arccos\dfrac{2}{\sqrt{7}}$.

**9.** 设 $\boldsymbol{a}+3\boldsymbol{b} \perp 7\boldsymbol{a}-5\boldsymbol{b}$,$\boldsymbol{a}-4\boldsymbol{b} \perp 7\boldsymbol{a}-2\boldsymbol{b}$,求 $(\boldsymbol{a},\widehat{\ }\boldsymbol{b})$.

**解** 由 $\boldsymbol{a}+3\boldsymbol{b} \perp 7\boldsymbol{a}-5\boldsymbol{b}$ 可得 $(\boldsymbol{a}+3\boldsymbol{b})\cdot(7\boldsymbol{a}-5\boldsymbol{b}) = 0$,
由 $\boldsymbol{a}-4\boldsymbol{b} \perp 7\boldsymbol{a}-2\boldsymbol{b}$ 可得 $(\boldsymbol{a}-4\boldsymbol{b})\cdot(7\boldsymbol{a}-2\boldsymbol{b}) = 0$,
整理得:$7|\boldsymbol{a}|^2 + 16\boldsymbol{a}\cdot\boldsymbol{b} - 15|\boldsymbol{b}|^2 = 0$,$7|\boldsymbol{a}|^2 - 30\boldsymbol{a}\cdot\boldsymbol{b} + 8|\boldsymbol{b}|^2 = 0$,
两式相减可得 $46\boldsymbol{a}\cdot\boldsymbol{b} - 23|\boldsymbol{b}|^2 = 0$,即 $\boldsymbol{a}\cdot\boldsymbol{b} = \frac{1}{2}|\boldsymbol{b}|^2$,第一式的 8 倍加上第二式的 15 倍得
$161|\boldsymbol{a}|^2 - 322\boldsymbol{a}\cdot\boldsymbol{b} = 0$,即 $\boldsymbol{a}\cdot\boldsymbol{b} = \frac{1}{2}|\boldsymbol{a}|^2$,得 $|\boldsymbol{a}| = |\boldsymbol{b}|$,从而 $\cos(\boldsymbol{a},\widehat{\ }\boldsymbol{b}) = \dfrac{\boldsymbol{a}\cdot\boldsymbol{b}}{|\boldsymbol{a}|\cdot|\boldsymbol{b}|} = \dfrac{1}{2}$.

所以 $(a,\hat{\ }b) = \dfrac{\pi}{3}$.

10. 设 $a = (2, -1, -2)$，$b = (1, 1, z)$，问：$z$ 为何值时 $(a,\hat{\ }b)$ 最小？并求出此最小值.

**解** 因 $\cos(a,\hat{\ }b) = \dfrac{a \cdot b}{|a| \cdot |b|} = \dfrac{1-2z}{3\sqrt{2+z^2}}$，故设函数 $f(z) = \dfrac{1-2z}{3\sqrt{2+z^2}}$，则

$$f'(z) = \dfrac{1}{3} \cdot \dfrac{-2\sqrt{2+z^2} - (1-2z)\dfrac{z}{\sqrt{2+z^2}}}{2+z^2} = \dfrac{-4-z}{3(2+z^2)^{\frac{3}{2}}}.$$

令 $f'(z) = 0$，有 $z = -4$，且 $z > -4$ 时, $f'(z) < 0$，$z < -4$ 时, $f'(z) > 0$，所以 $z = -4$ 是函数 $f(z)$ 最大值点.

又因 $\cos(a,\hat{\ }b)$ 在 $0 \leq (a,\hat{\ }b) \leq \dfrac{\pi}{2}$ 时是单调递减函数，因此当 $f(z)$ 取最大值时，$(a,\hat{\ }b)$ 最小，即当 $z = -4$ 时，向量 $a$, $b$ 的夹角最小，且由 $\cos(a,\hat{\ }b) = \dfrac{\sqrt{2}}{2}$ 可知

$$(a,\hat{\ }b)_{\min} = \arccos\dfrac{\sqrt{2}}{2} = \dfrac{\pi}{4}.$$

11. 设 $|a| = 4$，$|b| = 3$，$(a,\hat{\ }b) = \dfrac{\pi}{6}$，求以 $a + 2b$ 和 $a - 3b$ 为边的平行四边形的面积.

**解** 根据向量积的几何意义可知以 $a + 2b$ 和 $a - 3b$ 为边的平行四边形的面积为
$$S = |(a+2b) \times (a-3b)| = |-3a \times b + 2b \times a| = 5|a \times b|$$
$$= 5|a||b||\sin(a,\hat{\ }b)| = 30.$$

12. 设 $a = (2, -3, 1)$，$b = (1, -2, 3)$，$c = (2, 1, 2)$，向量 $r$ 满足 $r \perp a$，$r \perp b$，$\text{Prj}_c r = 14$，求 $r$.

**解** 不妨设向量 $r = (x, y, z)$.

由 $r \perp a$ 可得 $r \cdot a = 0$，即 $2x - 3y + z = 0$.

由 $r \perp b$ 可得 $r \cdot b = 0$，即 $x - 2y + 3z = 0$.

由 $\text{Prj}_c r = 14$ 可得 $\dfrac{r \cdot c}{|c|} = 14$，即 $2x + y + 2z = 42$.

联立上述三个三元一次线性方程可得 $x = 14$，$y = 10$，$z = 2$，即 $r = (14, 10, 2)$.

13. 设 $a = (-1, 3, 2)$，$b = (2, -3, -4)$，$c = (-3, 12, 6)$，证明三向量 $a$、$b$、$c$ 共面，并用 $a$ 和 $b$ 表示 $c$.

**证** 因向量 $a$、$b$、$c$ 共面的充分必要条件是 $(a \times b) \cdot c = 0$. 又因

$$(a \times b) \cdot c = \begin{vmatrix} -1 & 3 & 2 \\ 2 & -3 & -4 \\ -3 & 12 & 6 \end{vmatrix} = 0,$$

所以三向量 $a$、$b$、$c$ 共面，设 $c = \lambda a + \mu b$，则有
$$(-3, 12, 6) = \lambda(-1, 3, 2) + \mu(2, -3, -4) = (-\lambda + 2\mu, 3\lambda - 3\mu, 2\lambda - 4\mu),$$

即有方程组 $\begin{cases} -\lambda + 2\mu = -3, \\ 3\lambda - 3\mu = 12, \\ 2\lambda - 4\mu = 6, \end{cases}$ 解得 $\lambda = 5, \mu = 1$，故 $c = 5a + b$.

14. 已知动点 $M(x, y, z)$ 到 $xOy$ 平面的距离与点 $M$ 到点 $(1, -1, 2)$ 的距离相等，求点 $M$ 的轨迹方程.

**解** 根据题意，有

$$|z| = \sqrt{(x-1)^2 + (y+1)^2 + (z-2)^2} \text{ 或 } z^2 = (x-1)^2 + (y+1)^2 + (z-2)^2,$$

化简得 $(x-1)^2 + (y+1)^2 - 4(z-1) = 0$，即点 $M$ 的轨迹方程.

15. 指出下列旋转曲面的一条母线和旋转轴：

(1) $z = 2(x^2 + y^2)$；    (2) $\dfrac{x^2}{36} + \dfrac{y^2}{9} + \dfrac{z^2}{36} = 1$；

(3) $z^2 = 3(x^2 + y^2)$；    (4) $x^2 - \dfrac{y^2}{4} - \dfrac{z^2}{4} = 1$.

**解** (1) 旋转曲面的一条母线为 $xOz$ 面上的曲线 $z = 2x^2$，旋转轴为 $z$ 轴；

(2) 旋转曲面的一条母线为 $yOz$ 面上的曲线 $\dfrac{y^2}{9} + \dfrac{z^2}{36} = 1$，旋转轴为 $y$ 轴；

(3) 旋转曲面的一条母线为 $xOz$ 面上的曲线 $z = \sqrt{3}x$，旋转轴为 $z$ 轴；

(4) 旋转曲面的一条母线为 $xOz$ 面上的曲线 $x^2 - \dfrac{z^2}{4} = 1$，旋转轴为 $x$ 轴.

16. 求通过点 $A(3, 0, 0)$ 和 $B(0, 0, 1)$ 且与 $xOy$ 面成 $\dfrac{\pi}{3}$ 角的平面的方程.

**解** 设所求的平面方程为 $\dfrac{x}{a} + \dfrac{y}{b} + \dfrac{z}{c} = 1$.

由于平面通过点 $A(3, 0, 0)$ 和 $B(0, 0, 1)$，则 $a = 3, c = 1$，所以平面方程为

$$\dfrac{x}{3} + \dfrac{y}{b} + z = 1.$$

因此平面的法线向量为 $\boldsymbol{n} = \left(\dfrac{1}{3}, \dfrac{1}{b}, 1\right)$.

又因 $xOy$ 面的法线向量为 $\boldsymbol{k} = (0, 0, 1)$. 由于所求平面与 $xOy$ 面的夹角是 $\dfrac{\pi}{3}$，则由

$$\cos \dfrac{\pi}{3} = \dfrac{\boldsymbol{n} \cdot \boldsymbol{k}}{|\boldsymbol{n}||\boldsymbol{k}|} = \dfrac{1}{\sqrt{\dfrac{1}{9} + \dfrac{1}{b^2} + 1}},$$

可得 $b = \pm \dfrac{3}{\sqrt{26}}$. 于是所求的平面的方程为 $\dfrac{x}{3} + \dfrac{\sqrt{26}y}{3} + z = 1$ 或 $\dfrac{x}{3} - \dfrac{\sqrt{26}y}{3} + z = 1$，即 $x + \sqrt{26}y + 3z = 3$ 或 $x - \sqrt{26}y + 3z = 3$.

17. 设一平面垂直于平面 $z = 0$，并通过从点 $(1, -1, 1)$ 到直线 $\begin{cases} y - z + 1 = 0, \\ x = 0 \end{cases}$ 的垂线，求此平面的方程.

**解** 直线 $\begin{cases} y - z + 1 = 0, \\ x = 0 \end{cases}$ 的方向向量为 $\boldsymbol{s} = (0, 1, -1) \times (1, 0, 0) = (0, -1, -1)$.

作过点 $(1, -1, 1)$ 且以 $s = (0, -1, -1)$ 为法线向量的平面方程为
$$-(y+1) - (z-1) = 0,$$
即 $y + z = 0$.

因此, 平面 $y + z = 0$ 和直线 $\begin{cases} y - z + 1 = 0, \\ x = 0 \end{cases}$ 的交点即为点 $(1, -1, 1)$ 到直线 $\begin{cases} y - z + 1 = 0, \\ x = 0 \end{cases}$ 的垂足. 解方程组 $\begin{cases} y - z + 1 = 0, \\ x = 0, \\ y + z = 0, \end{cases}$ 可得垂足为 $\left(0, -\dfrac{1}{2}, \dfrac{1}{2}\right)$.

因为所求的平面垂直于平面 $z = 0$, 则设所求平面为 $Ax + By + D = 0$. 因所求平面通过点 $(1, -1, 1)$ 和垂足 $\left(0, \dfrac{1}{2}, -\dfrac{1}{2}\right)$, 则有
$$\begin{cases} A - B + D = 0, \\ -\dfrac{1}{2} B + D = 0, \end{cases}$$
解得 $A = D$, $B = 2D$. 所以所求的平面方程为 $Dx + 2Dy + D = 0$, 即 $x + 2y + 1 = 0$.

18. 求过点 $(-1, 0, 4)$, 且平行于平面 $3x - 4y + z - 10 = 0$, 又与直线 $\dfrac{x+1}{1} = \dfrac{y-3}{1} = \dfrac{z}{2}$ 相交的直线的方程.

**解** 过点 $(-1, 0, 4)$, 且平行于平面 $3x - 4y + z - 10 = 0$ 平面的方程为
$$3(x+1) - 4y + z - 4 = 0,$$
即 $3x - 4y + z - 1 = 0$.

将直线 $\dfrac{x+1}{1} = \dfrac{y-3}{1} = \dfrac{z}{2}$ 化为参数方程 $x = -1 + t$, $y = 3 + t$, $z = 2t$, 代入平面方程 $3x - 4y + z - 1 = 0$ 中, 得 $3(-1 + t) - 4(3 + t) + 2t - 1 = 0$. 解上述方程, 得 $t = 16$.

于是平面 $3x - 4y + z - 1 = 0$ 与直线 $\dfrac{x+1}{1} = \dfrac{y-3}{1} = \dfrac{z}{2}$ 的交点的坐标为 $(15, 19, 32)$, 这也是所求直线与已知直线的交点的坐标.

因此, 所求直线的方向向量为 $s = (15, 19, 32) - (-1, 0, 4) = (16, 19, 28)$, 因此, 所求直线的方程为 $\dfrac{x+1}{16} = \dfrac{y}{19} = \dfrac{z-4}{28}$.

19. 已知点 $A(1, 0, 0)$ 及点 $B(0, 2, 1)$, 试在 $z$ 轴上求一点 $C$, 使 $\triangle ABC$ 的面积最小.

**解** 设所求的点为 $C(0, 0, z)$, 则 $\overrightarrow{AC} = (-1, 0, z)$, $\overrightarrow{BC} = (0, -2, z-1)$.

因为 $\overrightarrow{AC} \times \overrightarrow{BC} = \begin{vmatrix} i & j & k \\ -1 & 0 & z \\ 0 & -2 & z-1 \end{vmatrix} = (2z, z-1, 2)$, 所以 $\triangle ABC$ 的面积为
$$S = \dfrac{1}{2} |\overrightarrow{AC} \times \overrightarrow{BC}| = \dfrac{1}{2} \sqrt{4z^2 + (z-1)^2 + 4}.$$

令 $\dfrac{dS}{dz} = \dfrac{1}{4} \cdot \dfrac{8z + 2(z-1)}{\sqrt{4z^2 + (z-1)^2 + 4}} = 0$, 解得 $z = \dfrac{1}{5}$, 又因当 $z > \dfrac{1}{5}$ 时, $\dfrac{dS}{dz} > 0$; 当 $z < \dfrac{1}{5}$

时，$\dfrac{\mathrm{d}S}{\mathrm{d}z} < 0$. 故当 $z = \dfrac{1}{5}$ 时，$\triangle ABC$ 的面积取到最小值，所以所求点为 $C\left(0,\ 0,\ \dfrac{1}{5}\right)$.

20. 求曲线 $\begin{cases} z = 2 - x^2 - y^2, \\ z = (x-1)^2 + (y-1)^2 \end{cases}$ 在三个坐标面上的投影曲线的方程.

**解** 在 $\begin{cases} z = 2 - x^2 - y^2, \\ z = (x-1)^2 + (y-1)^2 \end{cases}$ 中消去 $z$，可得 $(x-1)^2 + (y-1)^2 = 2 - x^2 - y^2$，即

$$x^2 + y^2 = x + y,$$

故在 $xOy$ 面上的投影曲线方程为 $\begin{cases} x^2 + y^2 = x + y, \\ z = 0. \end{cases}$

在 $\begin{cases} z = 2 - x^2 - y^2, \\ z = (x-1)^2 + (y-1)^2 \end{cases}$ 中消去 $y$，可得 $z = (x-1)^2 + (\pm\sqrt{2 - x^2 - z} - 1)^2$，即

$$2x^2 + 2xz + z^2 - 4x - 3z + 2 = 0,$$

故在 $xOz$ 面上的投影曲线方程为 $\begin{cases} 2x^2 + 2xz + z^2 - 4x - 3z + 2 = 0, \\ y = 0. \end{cases}$

在 $\begin{cases} z = 2 - x^2 - y^2, \\ z = (x-1)^2 + (y-1)^2 \end{cases}$ 中消去 $x$，可得 $z = (\pm\sqrt{2 - y^2 - z} - 1)^2 + (y-1)^2$，即

$$2y^2 + 2yz + z^2 - 4y - 3z + 2 = 0,$$

故在 $yOz$ 面上的投影曲线方程为 $\begin{cases} 2y^2 + 2yz + z^2 - 4y - 3z + 2 = 0, \\ x = 0. \end{cases}$

21. 求锥面 $z = \sqrt{x^2 + y^2}$ 与柱面 $z^2 = 2x$ 所围立体在三个坐标面上的投影.

**解** 在 $\begin{cases} z = \sqrt{x^2 + y^2}, \\ z^2 = 2x \end{cases}$ 中消去 $z$，可得 $2x = x^2 + y^2$，即 $(x-1)^2 + y^2 = 1$，故锥面和柱面的交线在 $xOy$ 面上的投影曲线方程为 $\begin{cases} (x-1)^2 + y^2 = 1, \\ z = 0, \end{cases}$ 所以立体在 $xOy$ 面上的投影为

$$\begin{cases} (x-1)^2 + y^2 \leqslant 1, \\ z = 0. \end{cases}$$

而锥面与柱面交线在 $yOz$ 面上的投影曲线方程为 $\begin{cases} z = \sqrt{\left(\dfrac{1}{2}z^2\right)^2 + y^2}, \\ x = 0, \end{cases}$ 即

$\begin{cases} \left(\dfrac{z^2}{2} - 1\right)^2 + y^2 = 1, \\ x = 0, \end{cases}$ 所以立体在 $yOz$ 面上的投影为 $\begin{cases} \left(\dfrac{z^2}{2} - 1\right)^2 + y^2 \leqslant 1,\ z \geqslant 0, \\ x = 0. \end{cases}$

锥面 $z = \sqrt{x^2 + y^2}$ 和柱面 $z^2 = 2x$ 与平面 $y = 0$ 的交线分别为 $\begin{cases} z = |x|, \\ y = 0 \end{cases}$ 和 $\begin{cases} z = \sqrt{2x}, \\ y = 0, \end{cases}$ 所以立体在 $xOz$ 面上的投影为 $\begin{cases} x \leqslant z \leqslant \sqrt{2x}, \\ y = 0. \end{cases}$

22. 画出下列各曲面所围立体的图形:

（1）抛物柱面 $2y^2 = x$，平面 $z = 0$ 及 $\dfrac{x}{4} + \dfrac{y}{2} + \dfrac{z}{2} = 1$；

（2）抛物柱面 $x^2 = 1 - z$，平面 $y = 0$，$z = 0$ 及 $x + y = 1$；

（3）圆锥面 $z = \sqrt{x^2 + y^2}$ 及旋转抛物面 $z = 2 - x^2 - y^2$；

（4）旋转抛物面 $x^2 + y^2 = z$，柱面 $y^2 = x$，平面 $z = 0$ 及 $x = 1$.

（1） 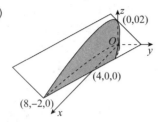 （2）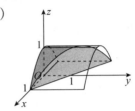

（3） 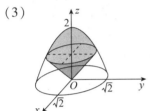    （4）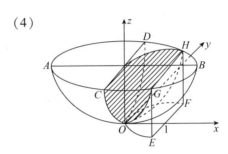

## 三、提高题目

1. （2009 数一）椭球面 $S_1$ 是椭圆 $\dfrac{x^2}{4} + \dfrac{y^2}{3} = 1$ 绕 $x$ 轴旋转而成，圆锥面 $S_2$ 是过点 $(4, 0)$ 且与椭圆 $\dfrac{x^2}{4} + \dfrac{y^2}{3} = 1$ 相切的直线绕 $x$ 轴旋转而成.

（1）求 $S_1$ 及 $S_2$ 的方程；

（2）求 $S_1$ 及 $S_2$ 之间的立体体积.

【解析】（1）$S_1$ 的方程为 $\dfrac{x^2}{4} + \dfrac{y^2 + z^2}{3} = 1$. 过点 $(4, 0)$ 且与椭圆 $\dfrac{x^2}{4} + \dfrac{y^2}{3} = 1$ 相切的直线方程为 $y = \pm\left(\dfrac{1}{2}x - 2\right)$，切点为 $\left(1, \pm\dfrac{3}{2}\right)$，所以 $S_2$ 的方程为 $y^2 + z^2 = \left(\dfrac{1}{2}x - 2\right)^2$；

（2）$S_1$ 及 $S_2$ 之间的体积等于一个底面半径为 $\dfrac{3}{2}$，高为 $3$ 的锥体体积 $\dfrac{9}{4}\pi$ 与部分椭球体体积 $V$ 之差，其中 $V = \dfrac{3}{4}\pi \int_1^2 (4 - x^2)\,\mathrm{d}x = \dfrac{5}{4}\pi$. 因此所求体积为 $\dfrac{9}{4}\pi - \dfrac{5}{4}\pi = \pi$.

2. （2012 非数学预赛）求通过直线 $L: \begin{cases} 2x + y - 3z + 2 = 0, \\ 5x + 5y - 4z + 3 = 0 \end{cases}$ 的两个相互垂直的平面 $\pi_1$ 和 $\pi_2$，使其中一个平面过点 $(4, -3, 1)$.

【解析】过直线 $L$ 的平面束为 $\lambda(2x + y - 3z + 2) + \mu(5x + 5y - 4z + 3) = 0$，即
$$(2\lambda + 5\mu)x + (\lambda + 5\mu)y - (3\lambda + 4\mu)z + 2\lambda + 3\mu = 0,$$
若平面 $\pi_1$ 过点 $(4, -3, 1)$，代入得 $\lambda + \mu = 0$，即 $\mu = -\lambda$，从而 $\pi_1$ 的方程为
$$3x + 4y - z + 1 = 0.$$

若平面束中的平面 $\pi_1$ 与 $\pi_2$ 垂直,则 $3(2\lambda + 5\mu) + 4(\lambda + 5\mu) + (3\lambda + 4\mu) = 0$,解得 $\lambda = -3\mu$,从而平面 $\pi_2$ 的方程为 $x - 2y - 5z + 3 = 0$.

3. (2018 非数学决赛)设一平面过原点和点 $(6, -3, 2)$,且与平面 $4x - y + 2z = 8$ 垂直,则此平面方程为_____.

【答案】$2x + 2y - 3z = 0$.

【解析】设平面的法向量为 $\boldsymbol{n} = (A, B, C)$,平面方程为 $Ax + By + Cz + D = 0$,因为平面经过原点,所以 $D = 0$. 平面法向量垂直于向量 $(6, -3, 2)$ 和向量 $(4, -1, 2)$,利用向量积,得 $\boldsymbol{n} = \begin{vmatrix} \boldsymbol{i} & \boldsymbol{j} & \boldsymbol{k} \\ 6 & -3 & 2 \\ 4 & -1 & 2 \end{vmatrix} = -2(2, 2, -3)$,因此平面方程为 $2x + 2y - 3z = 0$.

4. 设一向量与三个坐标平面的夹角分别是 $\theta, \varphi, \psi$. 试证 $\cos^2\theta + \cos^2\varphi + \cos^2\psi = 2$.

【解析】设 $\boldsymbol{a} = (a_x, a_y, a_z)$,$\theta, \varphi, \psi$ 分别为 $\boldsymbol{a}$ 与 $xOy$ 面,$yOz$ 面,$zOx$ 面的夹角,则

$$\cos\theta = \frac{\sqrt{a_x^2 + a_y^2}}{\sqrt{a_x^2 + a_y^2 + a_z^2}}, \quad \cos\varphi = \frac{\sqrt{a_y^2 + a_z^2}}{\sqrt{a_x^2 + a_y^2 + a_z^2}}, \quad \cos\psi = \frac{\sqrt{a_x^2 + a_z^2}}{\sqrt{a_x^2 + a_y^2 + a_z^2}}.$$

所以 $\cos^2\theta + \cos^2\varphi + \cos^2\psi = \dfrac{2(a_x^2 + a_y^2 + a_z^2)}{a_x^2 + a_y^2 + a_z^2} = 2$.

5. 曲线 $\begin{cases} \dfrac{x^2}{a^2} + \dfrac{y^2}{b^2} = 1, \\ Ax + By + Cz = 0 \end{cases}$ $(C \neq 0)$ 所围平面区域 $D$ 的面积为_____.

【答案】$\dfrac{\pi ab}{|C|}\sqrt{A^2 + B^2 + C^2}$.

【解析】$Ax + By + Cz = 0$ 的法向量的方向余弦为

$$\cos\alpha = \frac{A}{\sqrt{A^2 + B^2 + C^2}}, \quad \cos\beta = \frac{B}{\sqrt{A^2 + B^2 + C^2}}, \quad \cos\gamma = \frac{C}{\sqrt{A^2 + B^2 + C^2}}.$$

平面区域 $D$ 在 $xOy$ 平面上的投影为椭圆 $\dfrac{x^2}{a^2} + \dfrac{y^2}{b^2} \leq 1$,其面积为 $\pi ab$,所以 $D$ 的面积为 $\dfrac{\pi ab}{|\cos\gamma|} = \dfrac{\pi ab}{|C|}\sqrt{A^2 + B^2 + C^2}$.

6. 已知直线 $l$ 过点 $M(1, -2, 0)$ 且与两条直线 $l_1: \begin{cases} 2x + z = 1, \\ x - y + 3z = 5 \end{cases}$ 和 $l_2: \begin{cases} x + 4y - 2 = 0, \\ z = 3 \end{cases}$ 垂直,则 $l$ 的方程为_____.

【答案】$\dfrac{x - 1}{2} = \dfrac{y + 2}{8} = \dfrac{z}{-19}$.

【解析】直线 $l_1$ 的方向向量 $\boldsymbol{s}_1 = (2, 0, 1) \times (1, -1, 3) = (1, -5, -2)$,直线 $l_2$ 的方向向量 $\boldsymbol{s}_2 = (1, 4, 0) \times (0, 0, 1) = (4, -1, 0)$. 直线 $l$ 的方向向量为

$$\boldsymbol{s} = \boldsymbol{s}_1 \times \boldsymbol{s}_2 = (1, -5, -2) \times (4, -1, 0) = -(2, 8, -19),$$

因此,所求直线 $l$ 的方程为 $\dfrac{x - 1}{2} = \dfrac{y + 2}{8} = \dfrac{z}{-19}$.

7. 点 $(2, 1, 0)$ 到平面 $3x + 4y + 5z = 0$ 的距离 $d = $_____.

【答案】$\sqrt{2}$.

【解析】$d = \dfrac{|3\times 2 + 4\times 1 + 5\times 0|}{\sqrt{3^2+4^2+5^2}} = \dfrac{10}{5\sqrt{2}} = \sqrt{2}$.

8. 点 $(2,1,-1)$ 关于平面 $x-y+2z=5$ 的对称点的坐标为_____.

【答案】$(4,-1,3)$.

【解析】设点 $A(2,1,-1)$ 关于平面 $x-y+2z=5$ 的对称点为 $B$，$AB$ 与平面的交点记为 $Q$，直线的方向向量等于该平面的法向量 $(1,-1,2)$. 所以直线 $AB$ 的参数方程为
$$x=2+t,\ y=1-t,\ z=-1+2t,$$
代入平面方程得 $2+t-1+t-2+4t=5$，解得 $t=1$. 于是点 $Q$ 的坐标为 $(3,0,1)$，因 $Q$ 是 $A$，$B$ 的中点，所以 $B$ 的坐标为 $(2\times 3-2,\ 2\times 0-1,\ 2\times 1-(-1))=(4,-1,3)$.

### 四、章自测题（章自测题的解析请扫二维码查看）

第八章自测题二维码

1. 填空题.

(1) 直线 $L:\dfrac{x-1}{-1}=\dfrac{y}{4}=\dfrac{z+3}{-1}$ 和平面 $\Pi:2x-2y-z+5=0$ 的夹角为_____.

(2) 点 $M(2,1,1)$ 到平面 $\Pi:2x+y+2z-10=0$ 的距离为_____.

(3) 设 $|\boldsymbol{a}|=2$，$|\boldsymbol{b}|=4$，且 $\boldsymbol{a}\cdot\boldsymbol{b}=-4\sqrt{2}$，则 $|\boldsymbol{a}\times\boldsymbol{b}|=$_____.

(4) 过点 $(2,0,3)$ 且与直线 $\begin{cases}2x+3y+6z-1=0,\\ 2x-3y+2z+7=0\end{cases}$ 垂直的平面方程为_____.

(5) 曲线 $\begin{cases}x^2+y^2+z^2=9,\\ x+y+z=1\end{cases}$ 在 $xOy$ 面上的投影曲线为_____.

2. 设向量 $\boldsymbol{a}=(1,-4,1)$，$\boldsymbol{b}=(2,1,-2)$，求：

(1) 向量 $\boldsymbol{a}$，$\boldsymbol{b}$ 的模；      (2) 与 $\boldsymbol{a}$ 平行的单位向量；

(3) $\text{Prj}_{\boldsymbol{b}}\boldsymbol{a}$，$\text{Prj}_{\boldsymbol{a}}\boldsymbol{b}$.

3. 求过点 $(-1,0,4)$ 且平行于平面 $3x-4y+z-1=0$，又与直线 $\begin{cases}x+y-z-2=0,\\ 2x-4y+z+14=0\end{cases}$ 相交的直线的方程.

4. 一平面通过两平面 $x-y+z-2=0$ 和 $3x-y+z-5=0$ 的交线，且通过点 $(1,3,2)$，求此平面的方程.

5. 求两平行直线 $L_1:\dfrac{x-1}{2}=\dfrac{y+1}{-2}=\dfrac{z-3}{1}$ 与直线 $L_2:\dfrac{x-2}{2}=\dfrac{y-1}{-2}=\dfrac{z+1}{1}$ 之间的距离.

6. 已知两直线 $L_1:\dfrac{x}{2}=\dfrac{y-3}{-3}=\dfrac{z+4}{m}$ 和 $L_2:\dfrac{x+1}{3}=\dfrac{y-2}{1}=\dfrac{z+2}{-4}$ 相交，求 $m$ 以及由 $L_1$，$L_2$ 确定的平面方程.

7. 求直线 $\begin{cases}2x-4y-z=0,\\ 3x-y-2z-9=0\end{cases}$ 在平面 $4x-y+z-1=0$ 上的投影直线的方程.

8. 将 $xOy$ 坐标面上的椭圆 $\dfrac{x^2}{4}+\dfrac{y^2}{9}=1$ 分别绕 $x$ 轴及 $y$ 轴旋转一周，求所生成的旋转曲面的方程.

# 第九章

# 多元函数微分法及其应用

## 一、主要内容

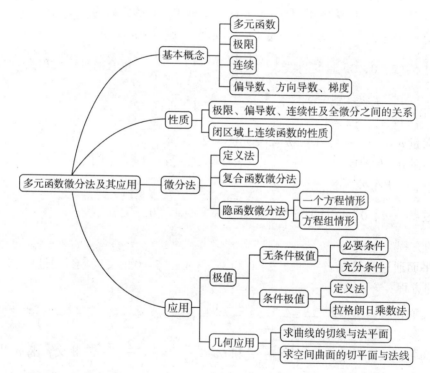

## 二、习题讲解

### 习题 9-1 解答 多元函数的基本概念

1. 判定下列平面点集中哪些是开集、闭集、区域、有界集、无界集,并分别指出它们的聚点所成的点集(称为导集)和边界.

(1) $\{(x, y) \mid x \neq 0, y \neq 0\}$;

(2) $\{(x, y) \mid 1 < x^2 + y^2 \leq 4\}$;

(3) $\{(x, y) \mid y > x^2\}$;

(4) $\{(x, y) \mid x^2 + (y-1)^2 \geq 1\} \cap \{(x, y) \mid x^2 + (y-2)^2 \leq 4\}$.

**解** (1) 集合是开集，无界集；导集是 $\mathbf{R}^2$，边界是 $\{(x, y) \mid x = 0 \text{ 或 } y = 0\}$；

(2) 集合既非开集，又非闭集，是有界集；导集是 $\{(x, y) \mid 1 \leq x^2 + y^2 \leq 4\}$，边界是 $\{(x, y) \mid x^2 + y^2 = 1\} \cup \{(x, y) \mid x^2 + y^2 = 4\}$；

(3) 集合是开集，区域，无界集；导集是 $\{(x, y) \mid y \geq x^2\}$，边界是 $\{(x, y) \mid y = x^2\}$；

(4) 集合是闭集，有界集；导集是集合本身，边界是
$$\{(x, y) \mid x^2 + (y-1)^2 = 1\} \cup \{(x, y) \mid x^2 + (y-2)^2 = 4\}.$$

2. 已知函数 $f(x, y) = x^2 + y^2 - xy\tan\dfrac{x}{y}$，试求 $f(tx, ty)$.

**解** $f(tx, ty) = (tx)^2 + (ty)^2 - (tx)(ty)\tan\dfrac{tx}{ty} = t^2\left(x^2 + y^2 - xy\tan\dfrac{x}{y}\right) = t^2 f(x, y)$.

3. 试证函数 $F(x, y) = \ln x \cdot \ln y$ 满足关系式
$$F(xy, uv) = F(x, u) + F(x, v) + F(y, u) + F(y, v).$$

**证** $F(xy, uv) = \ln(xy) \cdot \ln(uv) = (\ln x + \ln y)(\ln u + \ln v)$
$$= \ln x \cdot \ln u + \ln x \cdot \ln v + \ln y \cdot \ln u + \ln y \cdot \ln v$$
$$= F(x, u) + F(x, v) + F(y, u) + F(y, v).$$

4. 已知函数 $f(u, v, \omega) = u^\omega + \omega^{u+v}$，试求 $f(x+y, x-y, xy)$.

**解** $f(x+y, x-y, xy) = (x+y)^{xy} + (xy)^{(x+y)+(x-y)} = (x+y)^{xy} + (xy)^{2x}$.

5. 求下列各函数的定义域：

(1) $z = \ln(y^2 - 2x + 1)$；　　　　(2) $z = \dfrac{1}{\sqrt{x+y}} + \dfrac{1}{\sqrt{x-y}}$；

(3) $z = \sqrt{x - \sqrt{y}}$；　　　　(4) $z = \ln(y - x) + \dfrac{\sqrt{x}}{\sqrt{1 - x^2 - y^2}}$；

(5) $u = \sqrt{R^2 - x^2 - y^2 - z^2} + \dfrac{1}{\sqrt{x^2 + y^2 + z^2 - r^2}}$ $(R > r > 0)$；

(6) $u = \arccos\dfrac{z}{\sqrt{x^2 + y^2}}$.

**解** (1) $\{(x, y) \mid y^2 - 2x + 1 > 0\}$；

(2) $\{(x, y) \mid x + y > 0, x - y > 0\}$；

(3) $\{(x, y) \mid x \geq 0, y \geq 0, x^2 \geq y\}$；

(4) $\{(x, y) \mid y - x > 0, x \geq 0, x^2 + y^2 < 1\}$；

(5) $\{(x, y, z) \mid r^2 < x^2 + y^2 + z^2 \leq R^2\}$；

(6) $\{(x, y, z) \mid x^2 + y^2 - z^2 \geq 0, x^2 + y^2 \neq 0\}$.

**注** 求解多元函数的定义域与求一元函数类似，先写出构成该函数的各个简单函数的定义域，再求出表示这些定义域的集合的交集，即得所求定义域.

6. 求下列各极限:

(1) $\lim\limits_{(x,y)\to(0,1)} \dfrac{1-xy}{x^2+y^2}$;

(2) $\lim\limits_{(x,y)\to(1,0)} \dfrac{\ln(x+e^y)}{\sqrt{x^2+y^2}}$;

(3) $\lim\limits_{(x,y)\to(0,0)} \dfrac{2-\sqrt{xy+4}}{xy}$;

(4) $\lim\limits_{(x,y)\to(0,0)} \dfrac{xy}{\sqrt{2-e^{xy}}-1}$;

(5) $\lim\limits_{(x,y)\to(2,0)} \dfrac{\tan(xy)}{y}$;

(6) $\lim\limits_{(x,y)\to(0,0)} \dfrac{1-\cos(x^2+y^2)}{(x^2+y^2)e^{x^2y^2}}$.

**解** (1) $\lim\limits_{(x,y)\to(0,1)} \dfrac{1-xy}{x^2+y^2} = \dfrac{1-0}{0+1} = 1$;

(2) $\lim\limits_{(x,y)\to(1,0)} \dfrac{\ln(x+e^y)}{\sqrt{x^2+y^2}} = \dfrac{\ln(1+e^0)}{\sqrt{1+0}} = \ln 2$;

(3) $\lim\limits_{(x,y)\to(0,0)} \dfrac{2-\sqrt{xy+4}}{xy} = \lim\limits_{(x,y)\to(0,0)} \dfrac{4-(xy+4)}{xy(2+\sqrt{xy+4})} = \lim\limits_{(x,y)\to(0,0)} \dfrac{-1}{2+\sqrt{xy+4}} = -\dfrac{1}{4}$;

(4) $\lim\limits_{(x,y)\to(0,0)} \dfrac{xy}{\sqrt{2-e^{xy}}-1} = \lim\limits_{(x,y)\to(0,0)} \dfrac{xy}{1-e^{xy}} \cdot (\sqrt{2-e^{xy}}+1) = -2$;

(5) $\lim\limits_{(x,y)\to(2,0)} \dfrac{\tan(xy)}{y} = \lim\limits_{(x,y)\to(2,0)} \dfrac{\tan(xy)}{xy} \cdot x = 1 \cdot 2 = 2$;

(6) $\lim\limits_{(x,y)\to(0,0)} \dfrac{1-\cos(x^2+y^2)}{(x^2+y^2)e^{x^2y^2}} = \lim\limits_{(x,y)\to(0,0)} \dfrac{1-\cos(x^2+y^2)}{(x^2+y^2)^2} \cdot \dfrac{x^2+y^2}{e^{x^2y^2}} = \dfrac{1}{2} \cdot 0 = 0$.

7. 此处解析请扫二维码查看.

8. 函数 $z = \dfrac{y^2+2x}{y^2-2x}$ 在何处是间断的?

**解** 此函数的定义域是 $D = \{(x,y) \mid y^2 - 2x \neq 0\}$,曲线 $y^2 - 2x = 0$ 上各点均为 $D$ 的聚点,且函数在这些点处没有定义,因此曲线 $y^2 - 2x = 0$ 上各点均为函数的间断点.

7、9、10 二维码

9、10. 此处解析请扫二维码查看.

### 习题 9-2 解答 偏导数

1. 求下列函数的偏导数:

(1) $z = x^3 y - y^3 x$;

(2) $s = \dfrac{u^2+v^2}{uv}$;

(3) $z = \sqrt{\ln(xy)}$;

(4) $z = \sin(xy) + \cos^2(xy)$;

(5) $z = \ln\tan\dfrac{x}{y}$;

(6) $z = (1+xy)^y$;

(7) $u = x^{\frac{y}{z}}$;

(8) $u = \arctan(x-y)^z$.

**解** (1) $\dfrac{\partial z}{\partial x} = 3x^2 y - y^3$, $\dfrac{\partial z}{\partial y} = x^3 - 3y^2 x$;

(2) $\dfrac{\partial s}{\partial u} = \dfrac{\dfrac{\partial}{\partial u}(u^2+v^2) \cdot uv - (u^2+v^2) \cdot \dfrac{\partial}{\partial u}(uv)}{(uv)^2} = \dfrac{2u^2v - (u^2+v^2)v}{u^2v^2} = \dfrac{1}{v} - \dfrac{v}{u^2}$,

$\dfrac{\partial s}{\partial v} = \dfrac{\dfrac{\partial}{\partial v}(u^2+v^2) \cdot uv - (u^2+v^2) \cdot \dfrac{\partial}{\partial v}(uv)}{(uv)^2} = \dfrac{2uv^2 - (u^2+v^2)u}{u^2v^2} = \dfrac{1}{u} - \dfrac{u}{v^2}$;

(3) $\dfrac{\partial z}{\partial x} = \dfrac{1}{2} \cdot \dfrac{1}{\sqrt{\ln(xy)}} \cdot \dfrac{1}{xy} \cdot y = \dfrac{1}{2x\sqrt{\ln(xy)}}$, $\dfrac{\partial z}{\partial y} = \dfrac{1}{2} \cdot \dfrac{1}{\sqrt{\ln(xy)}} \cdot \dfrac{1}{xy} \cdot x = \dfrac{1}{2y\sqrt{\ln(xy)}}$;

(4) $\dfrac{\partial z}{\partial x} = y\cos(xy) + 2\cos(xy) \cdot [-\sin(xy)] \cdot y = y[\cos(xy) - \sin(2xy)]$,

$\dfrac{\partial z}{\partial y} = x\cos(xy) + 2\cos(xy) \cdot [-\sin(xy)] \cdot x = x[\cos(xy) - \sin(2xy)]$;

(5) $\dfrac{\partial z}{\partial x} = \cot\dfrac{x}{y} \cdot \sec^2\dfrac{x}{y} \cdot \dfrac{1}{y} = \dfrac{2}{y}\csc\dfrac{2x}{y}$, $\dfrac{\partial z}{\partial y} = \cot\dfrac{x}{y} \cdot \sec^2\dfrac{x}{y} \cdot \left(-\dfrac{x}{y^2}\right) = -\dfrac{2x}{y^2}\csc\dfrac{2x}{y}$;

(6) $\dfrac{\partial z}{\partial x} = y^2(1+xy)^{y-1}$, $\dfrac{\partial z}{\partial y} = \dfrac{\partial}{\partial y}[e^{y\ln(1+xy)}] = (1+xy)^y\left[\ln(1+xy) + \dfrac{xy}{1+xy}\right]$;

(7) $\dfrac{\partial u}{\partial x} = \dfrac{y}{z}x^{\frac{y}{z}-1}$, $\dfrac{\partial u}{\partial y} = \dfrac{1}{z}x^{\frac{y}{z}}\ln x$, $\dfrac{\partial u}{\partial z} = -\dfrac{y}{z^2}x^{\frac{y}{z}}\ln x$;

(8) $\dfrac{\partial u}{\partial x} = \dfrac{z(x-y)^{z-1}}{1+(x-y)^{2z}}$, $\dfrac{\partial u}{\partial y} = -\dfrac{z(x-y)^{z-1}}{1+(x-y)^{2z}}$, $\dfrac{\partial u}{\partial z} = \dfrac{(x-y)^z\ln(x-y)}{1+(x-y)^{2z}}$.

2. 设 $T = 2\pi\sqrt{\dfrac{l}{g}}$，求证 $l\dfrac{\partial T}{\partial l} + g\dfrac{\partial T}{\partial g} = 0$.

**证** 由于 $\dfrac{\partial T}{\partial l} = 2\pi \cdot \dfrac{1}{2\sqrt{\dfrac{l}{g}}} \cdot \dfrac{1}{g} = \dfrac{\pi}{\sqrt{gl}}$，$\dfrac{\partial T}{\partial g} = 2\pi \cdot \dfrac{1}{2\sqrt{\dfrac{l}{g}}} \cdot \left(-\dfrac{l}{g^2}\right) = -\dfrac{\pi\sqrt{l}}{g\sqrt{g}}$,

因此 $l\dfrac{\partial T}{\partial l} + g\dfrac{\partial T}{\partial g} = \pi\sqrt{\dfrac{l}{g}} - \pi\sqrt{\dfrac{l}{g}} = 0$.

3. 设 $z = e^{-\left(\frac{1}{x}+\frac{1}{y}\right)}$，求证 $x^2\dfrac{\partial z}{\partial x} + y^2\dfrac{\partial z}{\partial y} = 2z$.

**证** 由于 $\dfrac{\partial z}{\partial x} = \dfrac{1}{x^2}e^{-\left(\frac{1}{x}+\frac{1}{y}\right)}$，$\dfrac{\partial z}{\partial y} = \dfrac{1}{y^2}e^{-\left(\frac{1}{x}+\frac{1}{y}\right)}$，因此 $x^2\dfrac{\partial z}{\partial x} + y^2\dfrac{\partial z}{\partial y} = 2e^{-\left(\frac{1}{x}+\frac{1}{y}\right)} = 2z$.

4. 设 $f(x, y) = x + (y-1)\arcsin\sqrt{\dfrac{x}{y}}$，求 $f_x(x, 1)$.

**解** $f_x(x, y) = 1 + \dfrac{y-1}{\sqrt{1-\dfrac{x}{y}}} \cdot \dfrac{1}{2\sqrt{\dfrac{x}{y}}} \cdot \dfrac{1}{y}$，因此 $f_x(x, 1) = 1$.

5. 曲线 $\begin{cases} z = \dfrac{x^2+y^2}{4}, \\ y = 4 \end{cases}$ 在点 $(2, 4, 5)$ 处的切线对于 $x$ 轴的倾角是多少?

**解** 设 $z = f(x, y)$. 根据偏导数的几何意义，$f_x(2, 4)$ 就是曲线在点 $(2, 4, 5)$ 处的切

线对于 $x$ 轴的斜率,而 $f_x(2, 4) = \frac{1}{2}x\big|_{x=2} = 1$,即 $k = \tan\alpha = 1$,于是倾角 $\alpha = \frac{\pi}{4}$.

6. 求下列函数的 $\frac{\partial^2 z}{\partial x^2}$,$\frac{\partial^2 z}{\partial y^2}$ 和 $\frac{\partial^2 z}{\partial x \partial y}$:

(1) $z = x^4 + y^4 - 4x^2 y^2$;  (2) $z = \arctan \frac{y}{x}$;

(3) $z = y^x$.

**解** (1) $\frac{\partial z}{\partial x} = 4x^3 - 8xy^2$,$\frac{\partial^2 z}{\partial x^2} = 12x^2 - 8y^2$,$\frac{\partial z}{\partial y} = 4y^3 - 8x^2 y$,$\frac{\partial^2 z}{\partial y^2} = 12y^2 - 8x^2$,

$\frac{\partial^2 z}{\partial x \partial y} = \frac{\partial}{\partial y}(4x^3 - 8xy^2) = -16xy$;

(2) $\frac{\partial z}{\partial x} = \frac{1}{1+\left(\frac{y}{x}\right)^2} \cdot \left(-\frac{y}{x^2}\right) = -\frac{y}{x^2+y^2}$,$\frac{\partial^2 z}{\partial x^2} = \frac{2xy}{(x^2+y^2)^2}$,

$\frac{\partial z}{\partial y} = \frac{1}{1+\left(\frac{y}{x}\right)^2} \cdot \frac{1}{x} = \frac{x}{x^2+y^2}$,$\frac{\partial^2 z}{\partial y^2} = -\frac{2xy}{(x^2+y^2)^2}$,

$\frac{\partial^2 z}{\partial x \partial y} = \frac{\partial}{\partial y}\left(-\frac{y}{x^2+y^2}\right) = -\frac{(x^2+y^2) - y \cdot 2y}{(x^2+y^2)^2} = \frac{y^2 - x^2}{(x^2+y^2)^2}$;

(3) $\frac{\partial z}{\partial x} = y^x \ln y$,$\frac{\partial^2 z}{\partial x^2} = y^x \cdot \ln^2 y$,$\frac{\partial z}{\partial y} = xy^{x-1}$,$\frac{\partial^2 z}{\partial y^2} = x(x-1)y^{x-2}$,

$\frac{\partial^2 z}{\partial x \partial y} = \frac{\partial}{\partial y}(y^x \ln y) = y^{x-1}(1 + x\ln y)$.

7. 设 $f(x, y, z) = xy^2 + yz^2 + zx^2$,求 $f_{xx}(0, 0, 1)$,$f_{xz}(1, 0, 2)$,$f_{yz}(0, -1, 0)$ 及 $f_{zzx}(2, 0, 1)$.

**解** 由于 $f_x = y^2 + 2xz$,$f_{xx} = 2z$,$f_{xz} = 2x$,$f_y = z^2 + 2xy$,$f_{yz} = 2z$,$f_z = x^2 + 2yz$,$f_{zz} = 2y$,$f_{zzx} = 0$.

因此,$f_{xx}(0, 0, 1) = 2$,$f_{xz}(1, 0, 2) = 2$,$f_{yz}(0, -1, 0) = 0$,$f_{zzx}(2, 0, 1) = 0$.

8. 设 $z = x\ln(xy)$,求 $\frac{\partial^3 z}{\partial x^2 \partial y}$ 及 $\frac{\partial^3 z}{\partial x \partial y^2}$.

**解** $\frac{\partial z}{\partial x} = \ln(xy) + x \cdot \frac{y}{xy} = \ln(xy) + 1$,$\frac{\partial^2 z}{\partial x^2} = \frac{y}{xy} = \frac{1}{x}$,$\frac{\partial^3 z}{\partial x^2 \partial y} = 0$,$\frac{\partial^2 z}{\partial x \partial y} = \frac{x}{xy} = \frac{1}{y}$,

$\frac{\partial^3 z}{\partial x \partial y^2} = -\frac{1}{y^2}$.

9. 验证:

(1) $y = e^{-kn^2 t} \sin nx$ 满足 $\frac{\partial y}{\partial t} = k \frac{\partial^2 y}{\partial x^2}$;

(2) $r = \sqrt{x^2 + y^2 + z^2}$ 满足 $\frac{\partial^2 r}{\partial x^2} + \frac{\partial^2 r}{\partial y^2} + \frac{\partial^2 r}{\partial z^2} = \frac{2}{r}$.

**证** (1) $\frac{\partial y}{\partial t} = -kn^2 e^{-kn^2 t} \sin nx$,$\frac{\partial y}{\partial x} = ne^{-kn^2 t} \cos nx$,

$$\frac{\partial^2 y}{\partial x^2} = \frac{\partial}{\partial x}(ne^{-kn^2t}\cos nx) = -n^2 e^{-kn^2t}\sin nx.$$

因此 $\frac{\partial y}{\partial t} = k(-n^2 e^{-kn^2t}\sin nx) = k\frac{\partial^2 y}{\partial x^2}.$

(2) $\frac{\partial r}{\partial x} = \frac{x}{\sqrt{x^2+y^2+z^2}} = \frac{x}{r}, \quad \frac{\partial^2 r}{\partial x^2} = \frac{\partial}{\partial x}\left(\frac{x}{r}\right) = \frac{r - x\frac{\partial r}{\partial x}}{r^2} = \frac{r - \frac{x^2}{r}}{r^2} = \frac{r^2 - x^2}{r^3},$

由轮换对称性, $\frac{\partial^2 r}{\partial y^2} = \frac{r^2 - y^2}{r^3}, \frac{\partial^2 r}{\partial z^2} = \frac{r^2 - z^2}{r^3},$ 因此

$$\frac{\partial^2 r}{\partial x^2} + \frac{\partial^2 r}{\partial y^2} + \frac{\partial^2 r}{\partial z^2} = \frac{3r^2 - x^2 - y^2 - z^2}{r^3} = \frac{2r^2}{r^3} = \frac{2}{r}.$$

**习题 9-3 解答 全微分**

1. 求下列函数的全微分:

(1) $z = xy + \frac{x}{y};$ 　　　　　　　　(2) $z = e^{\frac{y}{x}};$

(3) $z = \frac{y}{\sqrt{x^2+y^2}};$ 　　　　　　　　(4) $u = x^{yz}.$

**解** (1) $\frac{\partial z}{\partial x} = y + \frac{1}{y}, \frac{\partial z}{\partial y} = x - \frac{x}{y^2},$ 因此 $dz = \frac{\partial z}{\partial x}dx + \frac{\partial z}{\partial y}dy = \left(y + \frac{1}{y}\right)dx + \left(x - \frac{x}{y^2}\right)dy;$

(2) $\frac{\partial z}{\partial x} = -\frac{y}{x^2}e^{\frac{y}{x}}, \frac{\partial z}{\partial y} = \frac{1}{x}e^{\frac{y}{x}},$ 因此 $dz = \frac{\partial z}{\partial x}dx + \frac{\partial z}{\partial y}dy = -\frac{1}{x^2}e^{\frac{y}{x}}(ydx - xdy);$

(3) $\frac{\partial z}{\partial x} = \frac{-y}{x^2+y^2} \cdot \frac{x}{\sqrt{x^2+y^2}} = \frac{-xy}{(x^2+y^2)^{\frac{3}{2}}},$

$\frac{\partial z}{\partial y} = \frac{\sqrt{x^2+y^2} - y \cdot \frac{y}{\sqrt{x^2+y^2}}}{x^2+y^2} = \frac{x^2}{(x^2+y^2)^{\frac{3}{2}}},$

因此 $dz = \frac{\partial z}{\partial x}dx + \frac{\partial z}{\partial y}dy = -\frac{x}{(x^2+y^2)^{\frac{3}{2}}}(ydx - xdy);$

(4) $\frac{\partial u}{\partial x} = yzx^{yz-1}, \frac{\partial u}{\partial y} = zx^{yz}\ln x, \frac{\partial u}{\partial z} = yx^{yz}\ln x,$ 因此

$$du = \frac{\partial u}{\partial x}dx + \frac{\partial u}{\partial y}dy + \frac{\partial u}{\partial z}dz = yzx^{yz-1}dx + zx^{yz}\ln x\,dy + yx^{yz}\ln x\,dz.$$

2. 求函数 $z = \ln(1 + x^2 + y^2)$ 当 $x = 1, y = 2$ 时的全微分.

**解** $\frac{\partial z}{\partial x} = \frac{2x}{1+x^2+y^2}, \frac{\partial z}{\partial y} = \frac{2y}{1+x^2+y^2}, \frac{\partial z}{\partial x}\bigg|_{\substack{x=1\\y=2}} = \frac{1}{3}, \frac{\partial z}{\partial y}\bigg|_{\substack{x=1\\y=2}} = \frac{2}{3},$ 因此,

$$dz\bigg|_{\substack{x=1\\y=2}} = \frac{1}{3}dx + \frac{2}{3}dy.$$

3. 求函数 $z = \frac{y}{x}$ 当 $x = 2, y = 1, \Delta x = 0.1, \Delta y = -0.2$ 时的全增量和全微分.

**解** $\Delta z = \dfrac{y+\Delta y}{x+\Delta x} - \dfrac{y}{x}$, $dz = -\dfrac{y}{x^2}\Delta x + \dfrac{1}{x}\Delta y$. 当 $x=2$，$y=1$，$\Delta x=0.1$，$\Delta y=-0.2$ 时，全增量 $\Delta z = \dfrac{1+(-0.2)}{2+0.1} - \dfrac{1}{2} \approx -0.119$，全微分 $dz = -\dfrac{1}{4}\cdot 0.1 + \dfrac{1}{2}\cdot(-0.2) = -0.125$.

4. 求函数 $z = e^{xy}$ 当 $x=1$，$y=1$，$\Delta x=0.15$，$\Delta y=0.1$ 时的全微分.

**解** $dz = \dfrac{\partial z}{\partial x}\Delta x + \dfrac{\partial z}{\partial y}\Delta y = ye^{xy}\Delta x + xe^{xy}\Delta y$. 当 $x=1$，$y=1$，$\Delta x=0.15$，$\Delta y=0.1$ 时，全微分 $dz = e\cdot 0.15 + e\cdot 0.1 = 0.25e$.

5. 考虑二元函数 $f(x,y)$ 的下面四条性质：

(1) $f(x,y)$ 在点 $(x_0,y_0)$ 连续；

(2) $f_x(x,y)$、$f_y(x,y)$ 在点 $(x_0,y_0)$ 连续；

(3) $f(x,y)$ 在点 $(x_0,y_0)$ 可微分；

(4) $f_x(x_0,y_0)$、$f_y(x_0,y_0)$ 存在.

若用 "$P \Rightarrow Q$" 表示可由性质 $P$ 推出性质 $Q$，则下列四个选项中正确的是（　　）.

(A) $(2) \Rightarrow (3) \Rightarrow (1)$      (B) $(3) \Rightarrow (2) \Rightarrow (1)$

(C) $(3) \Rightarrow (4) \Rightarrow (1)$      (D) $(3) \Rightarrow (1) \Rightarrow (4)$

**解** 由于二元函数偏导数存在且连续是二元函数可微分的充分条件，二元函数可微分必定可（偏）导，二元函数可微分必定连续，因此选项 (A) 正确.

选项 (B) 中 $(3) \not\Rightarrow (2)$，选项 (C) 中 $(4) \not\Rightarrow (1)$，选项 (D) 中 $(1) \not\Rightarrow (4)$.

6~13. 此处解析请扫二维码查看.

6~13 二维码

### 习题 9-4 解答　多元复合函数的求导法则

1. 设 $z = u^2 + v^2$，而 $u = x+y$，$v = x-y$，求 $\dfrac{\partial z}{\partial x}$，$\dfrac{\partial z}{\partial y}$.

**解** $\dfrac{\partial z}{\partial x} = \dfrac{\partial z}{\partial u}\cdot\dfrac{\partial u}{\partial x} + \dfrac{\partial z}{\partial v}\cdot\dfrac{\partial v}{\partial x} = 2u\cdot 1 + 2v\cdot 1 = 2(u+v) = 4x$,

$\dfrac{\partial z}{\partial y} = \dfrac{\partial z}{\partial u}\cdot\dfrac{\partial u}{\partial y} + \dfrac{\partial z}{\partial v}\cdot\dfrac{\partial v}{\partial y} = 2u\cdot 1 + 2v\cdot(-1) = 2(u-v) = 4y$.

2. 设 $z = u^2 \ln v$，而 $u = \dfrac{x}{y}$，$v = 3x-2y$，求 $\dfrac{\partial z}{\partial x}$，$\dfrac{\partial z}{\partial y}$.

**解** $\dfrac{\partial z}{\partial x} = \dfrac{\partial z}{\partial u}\cdot\dfrac{\partial u}{\partial x} + \dfrac{\partial z}{\partial v}\cdot\dfrac{\partial v}{\partial x} = 2u\ln v\cdot\dfrac{1}{y} + \dfrac{u^2}{v}\cdot 3 = \dfrac{2x}{y^2}\ln(3x-2y) + \dfrac{3x^2}{(3x-2y)y^2}$,

$\dfrac{\partial z}{\partial y} = \dfrac{\partial z}{\partial u}\cdot\dfrac{\partial u}{\partial y} + \dfrac{\partial z}{\partial v}\cdot\dfrac{\partial v}{\partial y} = 2u\ln v\cdot\left(-\dfrac{x}{y^2}\right) + \dfrac{u^2}{v}\cdot(-2) = -\dfrac{2x^2}{y^3}\ln(3x-2y) - \dfrac{2x^2}{(3x-2y)y^2}$.

3. 设 $z = e^{x-2y}$，而 $x = \sin t$，$y = t^3$，求 $\dfrac{dz}{dt}$.

**解** $\dfrac{dz}{dt} = \dfrac{\partial z}{\partial x}\cdot\dfrac{dx}{dt} + \dfrac{\partial z}{\partial y}\cdot\dfrac{dy}{dt} = e^{x-2y}\cos t + e^{x-2y}\cdot(-2)\cdot 3t^2$

$= e^{x-2y}(\cos t - 6t^2) = e^{\sin t - 2t^3}(\cos t - 6t^2)$.

4. 设 $z = \arcsin(x-y)$，而 $x = 3t$，$y = 4t^3$，求 $\dfrac{dz}{dt}$.

**解** $\dfrac{\mathrm{d}z}{\mathrm{d}t} = \dfrac{\partial z}{\partial x} \cdot \dfrac{\mathrm{d}x}{\mathrm{d}t} + \dfrac{\partial z}{\partial y} \cdot \dfrac{\mathrm{d}y}{\mathrm{d}t} = \dfrac{1}{\sqrt{1-(x-y)^2}} \cdot 3 + \dfrac{-1}{\sqrt{1-(x-y)^2}} \cdot 12t^2 = \dfrac{3(1-4t^2)}{\sqrt{1-(3t-4t^3)^2}}.$

5. 设 $z = \arctan(xy)$，而 $y = \mathrm{e}^x$，求 $\dfrac{\mathrm{d}z}{\mathrm{d}x}$.

**解** $\dfrac{\mathrm{d}z}{\mathrm{d}x} = \dfrac{\partial z}{\partial x} + \dfrac{\partial z}{\partial y} \cdot \dfrac{\mathrm{d}y}{\mathrm{d}x} = \dfrac{y}{1+x^2 y^2} + \dfrac{x}{1+x^2 y^2} \cdot \mathrm{e}^x = \dfrac{\mathrm{e}^x(1+x)}{1+x^2 \mathrm{e}^{2x}}.$

6. 设 $u = \dfrac{\mathrm{e}^{ax}(y-z)}{a^2+1}$，而 $y = a\sin x$，$z = \cos x$，求 $\dfrac{\mathrm{d}u}{\mathrm{d}x}$.

**解** $\dfrac{\mathrm{d}u}{\mathrm{d}x} = \dfrac{\partial u}{\partial x} + \dfrac{\partial u}{\partial y} \cdot \dfrac{\mathrm{d}y}{\mathrm{d}x} + \dfrac{\partial u}{\partial z} \cdot \dfrac{\mathrm{d}z}{\mathrm{d}x} = \dfrac{a\mathrm{e}^{ax}(y-z)}{a^2+1} + \dfrac{\mathrm{e}^{ax}}{a^2+1} \cdot a\cos x - \dfrac{\mathrm{e}^{ax}}{a^2+1} \cdot (-\sin x)$

$= \dfrac{\mathrm{e}^{ax}}{a^2+1}(a^2 \sin x - a\cos x + a\cos x + \sin x) = \mathrm{e}^{ax}\sin x.$

7. 设 $z = \arctan\dfrac{x}{y}$，而 $x = u+v$，$y = u-v$，验证 $\dfrac{\partial z}{\partial u} + \dfrac{\partial z}{\partial v} = \dfrac{u-v}{u^2+v^2}$.

**证** $\dfrac{\partial z}{\partial u} + \dfrac{\partial z}{\partial v} = \left( \dfrac{\partial z}{\partial x} \cdot \dfrac{\partial x}{\partial u} + \dfrac{\partial z}{\partial y} \cdot \dfrac{\partial y}{\partial u} \right) + \left( \dfrac{\partial z}{\partial x} \cdot \dfrac{\partial x}{\partial v} + \dfrac{\partial z}{\partial y} \cdot \dfrac{\partial y}{\partial v} \right)$

$= \dfrac{\frac{1}{y}}{1+\left(\frac{x}{y}\right)^2} \cdot 1 + \dfrac{-\frac{x}{y^2}}{1+\left(\frac{x}{y}\right)^2} \cdot 1 + \dfrac{\frac{1}{y}}{1+\left(\frac{x}{y}\right)^2} \cdot 1 + \dfrac{-\frac{x}{y^2}}{1+\left(\frac{x}{y}\right)^2} \cdot (-1)$

$= \dfrac{2y}{x^2+y^2} = \dfrac{u-v}{u^2+v^2}.$

8. 求下列函数的一阶偏导数（其中 $f$ 具有一阶连续偏导数）：

(1) $u = f(x^2 - y^2, \mathrm{e}^{xy})$；　　　　　(2) $u = f\left(\dfrac{x}{y}, \dfrac{y}{z}\right)$；

(3) $u = f(x, xy, xyz)$.

**解** (1) 将两个中间变量 $x^2 - y^2$，$\mathrm{e}^{xy}$ 依次编为 1，2 号，则

$\dfrac{\partial u}{\partial x} = f_1' \cdot \dfrac{\partial(x^2-y^2)}{\partial x} + f_2' \cdot \dfrac{\partial(\mathrm{e}^{xy})}{\partial x} = 2xf_1' + y\mathrm{e}^{xy}f_2',$

$\dfrac{\partial u}{\partial y} = f_1' \cdot \dfrac{\partial(x^2-y^2)}{\partial y} + f_2' \cdot \dfrac{\partial(\mathrm{e}^{xy})}{\partial y} = -2yf_1' + x\mathrm{e}^{xy}f_2'.$

(2) 将两个中间变量 $\dfrac{x}{y}$，$\dfrac{y}{z}$ 依次编为 1，2 号，则

$\dfrac{\partial u}{\partial x} = f_1' \cdot \dfrac{\partial}{\partial x}\left(\dfrac{x}{y}\right) = \dfrac{1}{y}f_1',$

$\dfrac{\partial u}{\partial y} = f_1' \cdot \dfrac{\partial}{\partial y}\left(\dfrac{x}{y}\right) + f_2' \cdot \dfrac{\partial}{\partial y}\left(\dfrac{y}{z}\right) = -\dfrac{x}{y^2}f_1' + \dfrac{1}{z}f_2',$

$\dfrac{\partial u}{\partial z} = f_2' \cdot \dfrac{\partial}{\partial z}\left(\dfrac{y}{z}\right) = -\dfrac{y}{z^2}f_2';$

(3) 将中间变量 $x$，$xy$，$xyz$ 依次编为 1，2，3 号，则

$\dfrac{\partial u}{\partial x} = f_1' \cdot 1 + f_2' \cdot y + f_3' \cdot yz = f_1' + yf_2' + yzf_3',\ \dfrac{\partial u}{\partial y} = f_2' \cdot x + f_3' \cdot xz = xf_2' + xzf_3',\ \dfrac{\partial u}{\partial z} = f_3' \cdot xy =$

$xyf_3'$.

9. 设 $z = xy + xF(u)$, 而 $u = \dfrac{y}{x}$, $F(u)$ 为可导函数, 证明 $x\dfrac{\partial z}{\partial x} + y\dfrac{\partial z}{\partial y} = z + xy$.

证 $x\dfrac{\partial z}{\partial x} + y\dfrac{\partial z}{\partial y} = x\left[y + F(u) + xF'(u)\dfrac{\partial u}{\partial x}\right] + y \cdot \left[x + xF'(u)\dfrac{\partial u}{\partial y}\right]$

$= x\left[y + F(u) - \dfrac{y}{x}F'(u)\right] + y \cdot [x + F'(u)] = xy + xF(u) + xy = z + xy$.

10. 设 $z = \dfrac{y}{f(x^2 - y^2)}$, 其中 $f(u)$ 为可导函数, 验证 $\dfrac{1}{x}\dfrac{\partial z}{\partial x} + \dfrac{1}{y}\dfrac{\partial z}{\partial y} = \dfrac{z}{y^2}$.

解 $\dfrac{\partial z}{\partial x} = \dfrac{-y \cdot f_u' \cdot 2x}{f^2(u)} = \dfrac{-2xyf_u'}{f^2(u)}$, $\dfrac{\partial z}{\partial y} = \dfrac{f(u) - y \cdot f_u' \cdot (-2y)}{f^2(u)} = \dfrac{1}{f(u)} + \dfrac{2y^2 f_u'}{f^2(u)}$, 所以,

$\dfrac{1}{x} \cdot \dfrac{\partial z}{\partial x} + \dfrac{1}{y} \cdot \dfrac{\partial z}{\partial y} = -\dfrac{2yf_u'}{f^2(u)} + \dfrac{2yf_u'}{f^2(u)} + \dfrac{1}{y} \cdot \dfrac{1}{f(u)} = \dfrac{1}{yf(u)} = \dfrac{z}{y^2}$.

11. 设 $z = f(x^2 + y^2)$, 其中 $f$ 具有二阶导数, 求 $\dfrac{\partial^2 z}{\partial x^2}$, $\dfrac{\partial^2 z}{\partial x \partial y}$, $\dfrac{\partial^2 z}{\partial y^2}$.

解 令 $u = x^2 + y^2$, 则 $z = f(u)$. 记 $f' = f'(u)$, $f'' = f''(u)$, 则

$\dfrac{\partial z}{\partial x} = f'(u) \cdot \dfrac{\partial u}{\partial x} = 2xf'$, $\dfrac{\partial z}{\partial y} = f'(u) \cdot \dfrac{\partial u}{\partial y} = 2yf'$, $\dfrac{\partial^2 z}{\partial x^2} = 2f' + 2xf'' \cdot \dfrac{\partial u}{\partial x} = 2f' + 4x^2 f''$,

$\dfrac{\partial^2 z}{\partial x \partial y} = 2xf'' \cdot \dfrac{\partial u}{\partial y} = 4xyf''$, $\dfrac{\partial^2 z}{\partial y^2} = 2f' + 2yf'' \cdot \dfrac{\partial u}{\partial y} = 2f' + 4y^2 f''$.

12、13. 此处解析请扫二维码查看.

12、13 二维码

### 习题 9-5 解答 隐函数的求导公式

1. 设 $\sin y + e^x - xy^2 = 0$, 求 $\dfrac{dy}{dx}$.

解 令 $F(x, y) = \sin y + e^x - xy^2$, 则 $F_x = e^x - y^2$, $F_y = \cos y - 2xy$.

当 $F_y \neq 0$ 时, $\dfrac{dy}{dx} = -\dfrac{F_x}{F_y} = -\dfrac{e^x - y^2}{\cos y - 2xy} = \dfrac{y^2 - e^x}{\cos y - 2xy}$.

2. 设 $\ln\sqrt{x^2 + y^2} = \arctan\dfrac{y}{x}$, 求 $\dfrac{dy}{dx}$.

解 令 $F(x, y) = \ln\sqrt{x^2 + y^2} - \arctan\dfrac{y}{x}$, 则一阶偏导数分别为

$F_x = \dfrac{1}{\sqrt{x^2 + y^2}} \cdot \dfrac{2x}{2\sqrt{x^2 + y^2}} - \dfrac{1}{1 + \left(\dfrac{y}{x}\right)^2} \cdot \left(-\dfrac{y}{x^2}\right) = \dfrac{x + y}{x^2 + y^2}$,

$F_y = \dfrac{1}{\sqrt{x^2 + y^2}} \cdot \dfrac{2y}{2\sqrt{x^2 + y^2}} - \dfrac{1}{1 + \left(\dfrac{y}{x}\right)^2} \cdot \dfrac{1}{x} = \dfrac{y - x}{x^2 + y^2}$.

当 $F_y \neq 0$ 时, 有 $\dfrac{dy}{dx} = -\dfrac{F_x}{F_y} = \dfrac{x + y}{x - y}$.

3. 设 $x + 2y + z - 2\sqrt{xyz} = 0$, 求 $\dfrac{\partial z}{\partial x}$ 及 $\dfrac{\partial z}{\partial y}$.

**解** 令 $F(x, y, z) = x + 2y + z - 2\sqrt{xyz}$，则

$$F_x = 1 - \frac{yz}{\sqrt{xyz}}, \quad F_y = 2 - \frac{xz}{\sqrt{xyz}}, \quad F_z = 1 - \frac{xy}{\sqrt{xyz}}.$$

于是当 $F_z \neq 0$ 时，有 $\dfrac{\partial z}{\partial x} = -\dfrac{F_x}{F_z} = \dfrac{yz - \sqrt{xyz}}{\sqrt{xyz} - xy}$，$\dfrac{\partial z}{\partial y} = -\dfrac{F_y}{F_z} = \dfrac{xz - 2\sqrt{xyz}}{\sqrt{xyz} - xy}$.

4. 设 $\dfrac{x}{z} = \ln \dfrac{z}{y}$，求 $\dfrac{\partial z}{\partial x}$ 及 $\dfrac{\partial z}{\partial y}$.

**解** 令 $F(x, y, z) = \dfrac{x}{z} - \ln \dfrac{z}{y}$，则

$$F_x = \frac{1}{z}, \quad F_y = -\frac{1}{\frac{z}{y}} \cdot \left(-\frac{z}{y^2}\right) = \frac{1}{y}, \quad F_z = -\frac{x}{z^2} - \frac{1}{\frac{z}{y}} \cdot \frac{1}{y} = -\frac{x+z}{z^2}.$$

于是当 $F_z \neq 0$ 时，有 $\dfrac{\partial z}{\partial x} = -\dfrac{F_x}{F_z} = \dfrac{z}{x+z}$，$\dfrac{\partial z}{\partial y} = -\dfrac{F_y}{F_z} = \dfrac{z^2}{y(x+z)}$.

5. 设 $2\sin(x + 2y - 3z) = x + 2y - 3z$，证明 $\dfrac{\partial z}{\partial x} + \dfrac{\partial z}{\partial y} = 1$.

**证** 设 $F(x, y, z) = 2\sin(x + 2y - 3z) - x - 2y + 3z$，则
$F_x = 2\cos(x + 2y - 3z) - 1$，$F_y = 2\cos(x + 2y - 3z) \cdot 2 - 2 = 2F_x$，$F_z = 2\cos(x + 2y - 3z) \cdot (-3) + 3 = -3F_x$，
因此当 $F_z \neq 0$ 时，有

$$\frac{\partial z}{\partial x} = -\frac{F_x}{F_z} = -\frac{F_x}{-3F_x} = \frac{1}{3}, \quad \frac{\partial z}{\partial y} = -\frac{F_y}{F_z} = -\frac{2F_x}{-3F_x} = \frac{2}{3}, \quad \frac{\partial z}{\partial x} + \frac{\partial z}{\partial y} = -\frac{F_x}{F_z} - \frac{F_y}{F_z} = \frac{1}{3} + \frac{2}{3} = 1.$$

6. 设 $x = x(y, z)$，$y = y(x, z)$，$z = z(x, y)$ 都是由方程 $F(x, y, z) = 0$ 所确定的具有连续偏导数的函数，证明 $\dfrac{\partial x}{\partial y} \cdot \dfrac{\partial y}{\partial z} \cdot \dfrac{\partial z}{\partial x} = -1$.

**证** 因为 $\dfrac{\partial x}{\partial y} = -\dfrac{F_y}{F_x}$，$\dfrac{\partial y}{\partial z} = -\dfrac{F_z}{F_y}$，$\dfrac{\partial z}{\partial x} = -\dfrac{F_x}{F_z}$，所以

$$\frac{\partial x}{\partial y} \cdot \frac{\partial y}{\partial z} \cdot \frac{\partial z}{\partial x} = \left(-\frac{F_y}{F_x}\right) \cdot \left(-\frac{F_z}{F_y}\right) \cdot \left(-\frac{F_x}{F_z}\right) = -1.$$

7. 设 $\Phi(u, v)$ 具有连续偏导数，证明由方程 $\Phi(cx - az, cy - bz) = 0$ 所确定的函数 $z = f(x, y)$ 满足 $a\dfrac{\partial z}{\partial x} + b\dfrac{\partial z}{\partial y} = c$.

**解** 令 $u = cx - az, v = cy - bz$，则

$$\Phi_x = \Phi_u \cdot \frac{\partial u}{\partial x} = c\Phi_u, \quad \Phi_y = \Phi_v \cdot \frac{\partial v}{\partial y} = c\Phi_v, \quad \Phi_z = \Phi_u \cdot \frac{\partial u}{\partial z} + \Phi_v \cdot \frac{\partial v}{\partial z} = -a\Phi_u - b\Phi_v.$$

因此当 $\Phi_z \neq 0$ 时，有 $\dfrac{\partial z}{\partial x} = -\dfrac{\Phi_x}{\Phi_z} = \dfrac{c\Phi_u}{a\Phi_u + b\Phi_v}$，$\dfrac{\partial z}{\partial y} = -\dfrac{\Phi_y}{\Phi_z} = \dfrac{c\Phi_v}{a\Phi_u + b\Phi_v}$，
于是

$$a\frac{\partial z}{\partial x} + b\frac{\partial z}{\partial y} = a \cdot \frac{c\Phi_u}{a\Phi_u + b\Phi_v} + b \cdot \frac{c\Phi_v}{a\Phi_u + b\Phi_v} = c.$$

8、9 二维码

8、9. 此处解析请扫二维码查看.

**10.** 求由下列方程组所组成的函数的导数或偏导数:

(1) 设 $\begin{cases} z = x^2 + y^2, \\ x^2 + 2y^2 + 3z^2 = 20, \end{cases}$ 求 $\dfrac{dy}{dx}, \dfrac{dz}{dx};$

(2) 设 $\begin{cases} x + y + z = 0, \\ x^2 + y^2 + z^2 = 1, \end{cases}$ 求 $\dfrac{dx}{dz}, \dfrac{dy}{dz};$

(3) 设 $\begin{cases} u = f(ux, v + y), \\ v = g(u - x, v^2 y), \end{cases}$ 其中 $f$, $g$ 具有一阶连续偏导数,求 $\dfrac{\partial u}{\partial x}, \dfrac{\partial v}{\partial x};$

(4) 设 $\begin{cases} x = e^u + u\sin v, \\ y = e^u - u\cos v, \end{cases}$ 求 $\dfrac{\partial u}{\partial x}, \dfrac{\partial u}{\partial y}, \dfrac{\partial v}{\partial x}, \dfrac{\partial v}{\partial y}.$

**解** (1) 分别在方程两边对 $x$ 求导,得 $\begin{cases} \dfrac{dz}{dx} = 2x + 2y\dfrac{dy}{dx}, \\ 2x + 4y\dfrac{dy}{dx} + 6z\dfrac{dz}{dx} = 0, \end{cases}$ 即 $\begin{cases} 2y\dfrac{dy}{dx} - \dfrac{dz}{dx} = -2x, \\ 2y\dfrac{dy}{dx} + 3z\dfrac{dz}{dx} = -x. \end{cases}$

当 $D = \begin{vmatrix} 2y & -1 \\ 2y & 3z \end{vmatrix} = 6yz + 2y \neq 0$ 时,解方程组得

$$\frac{dy}{dx} = \frac{\begin{vmatrix} -2x & -1 \\ -x & 3z \end{vmatrix}}{D} = \frac{-6xz - x}{6yz + 2y} = \frac{-x(6z+1)}{2y(3z+1)}, \quad \frac{dz}{dx} = \frac{\begin{vmatrix} 2y & -2x \\ 2y & -x \end{vmatrix}}{D} = \frac{2xy}{6yz + 2y} = \frac{x}{3z+1}.$$

(2) 所给的方程组确定两个一元隐函数: $x = x(z)$, $y = y(z)$, 方程两边分别对 $z$ 求导得

$\begin{cases} \dfrac{dx}{dz} + \dfrac{dy}{dz} + 1 = 0, \\ 2x\dfrac{dx}{dz} + 2y\dfrac{dy}{dz} + 2z = 0, \end{cases}$ 即 $\begin{cases} \dfrac{dx}{dz} + \dfrac{dy}{dz} = -1, \\ 2x\dfrac{dx}{dz} + 2y\dfrac{dy}{dz} = -2z. \end{cases}$ 当 $D = \begin{vmatrix} 1 & 1 \\ 2x & 2y \end{vmatrix} = 2(y - x) \neq 0$ 时,

解方程组得

$$\frac{dx}{dz} = \frac{\begin{vmatrix} -1 & 1 \\ -2z & 2y \end{vmatrix}}{D} = \frac{-2y + 2z}{2(y - x)} = \frac{y - z}{x - y}, \quad \frac{dy}{dz} = \frac{\begin{vmatrix} 1 & -1 \\ 2x & -2z \end{vmatrix}}{D} = \frac{-2z + 2x}{2(y - x)} = \frac{z - x}{x - y}.$$

(3) 所给的方程组确定两个二元隐函数: $u = u(x, y)$, $v = v(x, y)$, 方程两边分别对 $x$ 求偏导数得 $\begin{cases} \dfrac{\partial u}{\partial x} = f'_1 \cdot \left(u + x\dfrac{\partial u}{\partial x}\right) + f'_2 \cdot \dfrac{\partial v}{\partial x}, \\ \dfrac{\partial v}{\partial x} = g'_1 \cdot \left(\dfrac{\partial u}{\partial x} - 1\right) + 2g'_2 \cdot yv\dfrac{\partial v}{\partial x}, \end{cases}$ 即 $\begin{cases} (xf'_1 - 1)\dfrac{\partial u}{\partial x} + f'_2 \cdot \dfrac{\partial v}{\partial x} = -uf'_1, \\ g'_1\dfrac{\partial u}{\partial x} + (2yvg'_2 - 1) \cdot \dfrac{\partial v}{\partial x} = g'_1. \end{cases}$

当 $D = \begin{vmatrix} xf'_1 - 1 & f'_2 \\ g'_1 & 2yvg'_2 - 1 \end{vmatrix} = (xf'_1 - 1)(2yvg'_2 - 1) - f'_2 g'_1 \neq 0$ 时,解之得

$$\frac{\partial u}{\partial x} = \frac{1}{D}\begin{vmatrix} -uf'_1 & f'_2 \\ g'_1 & 2yvg'_2 - 1 \end{vmatrix} = \frac{-uf'_1(2yvg'_2 - 1) - f'_2 g'_1}{(xf'_1 - 1)(2yvg'_2 - 1) - f'_2 g'_1},$$

$$\frac{\partial v}{\partial x} = \frac{1}{D}\begin{vmatrix} xf'_1 - 1 & -uf'_1 \\ g'_1 & g'_1 \end{vmatrix} = \frac{g'_1(xf'_1 + uf'_1 - 1)}{(xf'_1 - 1)(2yvg'_2 - 1) - f'_2 g'_1}.$$

(4) 此方程组确定的两个二元隐函数 $u = u(x, y)$, $v = v(x, y)$ 是已知函数的反函数,记

$F(x, y, u, v) = x - e^u - u\sin v$, $G(x, y, u, v) = y - e^u + u\cos v$, 则

$$F_x = 1, \ F_y = 0, \ F_u = -e^u - \sin v, \ F_v = -u\cos v,$$
$$G_x = 0, \ G_y = 1, \ G_u = -e^u + \cos v, \ G_v = -u\sin v.$$

当 $J = \begin{vmatrix} F_u & F_v \\ G_u & G_v \end{vmatrix} = \begin{vmatrix} -e^u - \sin v & -u\cos v \\ -e^u + \cos v & -u\sin v \end{vmatrix} = ue^u(\sin v - \cos v) + u \neq 0$ 时，由隐函数求导公式得

$$\frac{\partial u}{\partial x} = -\frac{1}{J}\frac{\partial(F, G)}{\partial(x, v)} = -\frac{1}{J}\begin{vmatrix} 1 & -u\cos v \\ 0 & -u\sin v \end{vmatrix} = \frac{\sin v}{e^u(\sin v - \cos v) + 1},$$

$$\frac{\partial u}{\partial y} = -\frac{1}{J}\frac{\partial(F, G)}{\partial(y, v)} = -\frac{1}{J}\begin{vmatrix} 0 & -u\cos v \\ 1 & -u\sin v \end{vmatrix} = -\frac{\cos v}{e^u(\sin v - \cos v) + 1},$$

$$\frac{\partial v}{\partial x} = -\frac{1}{J}\frac{\partial(F, G)}{\partial(u, x)} = -\frac{1}{J}\begin{vmatrix} -e^u - \sin v & 1 \\ -e^u + \cos v & 0 \end{vmatrix} = \frac{\cos v - e^u}{u[e^u(\sin v - \cos v) + 1]},$$

$$\frac{\partial v}{\partial y} = -\frac{1}{J}\frac{\partial(F, G)}{\partial(u, y)} = -\frac{1}{J}\begin{vmatrix} -e^u - \sin v & 0 \\ -e^u + \cos v & 1 \end{vmatrix} = \frac{\sin v + e^u}{u[e^u(\sin v - \cos v) + 1]}.$$

11. 设 $y = f(x, t)$，而 $t = t(x, y)$ 是由方程 $F(x, y, t) = 0$ 所确定的函数，其中 $f, F$ 都具有一阶连续偏导数. 试证明 $\dfrac{\mathrm{d}y}{\mathrm{d}x} = \dfrac{\dfrac{\partial f}{\partial x}\dfrac{\partial F}{\partial t} - \dfrac{\partial f}{\partial t}\dfrac{\partial F}{\partial x}}{\dfrac{\partial f}{\partial t}\dfrac{\partial F}{\partial y} + \dfrac{\partial F}{\partial t}}$.

**证** 由方程组 $\begin{cases} y = f(x, t), \\ F(x, y, t) = 0 \end{cases}$ 可确定两个一元隐函数 $\begin{cases} y = y(x), \\ t = t(x). \end{cases}$ 方程两边对 $x$ 求导得

$$\begin{cases} \dfrac{\mathrm{d}y}{\mathrm{d}x} = \dfrac{\partial f}{\partial x} + \dfrac{\partial f}{\partial t} \cdot \dfrac{\mathrm{d}t}{\mathrm{d}x}, \\ \dfrac{\partial F}{\partial x} + \dfrac{\partial F}{\partial y} \cdot \dfrac{\mathrm{d}y}{\mathrm{d}x} + \dfrac{\partial F}{\partial t} \cdot \dfrac{\mathrm{d}t}{\mathrm{d}x} = 0, \end{cases} \quad 移项得 \quad \begin{cases} \dfrac{\mathrm{d}y}{\mathrm{d}x} - \dfrac{\partial f}{\partial t} \cdot \dfrac{\mathrm{d}t}{\mathrm{d}x} = \dfrac{\partial f}{\partial x}, \\ \dfrac{\partial F}{\partial y} \cdot \dfrac{\mathrm{d}y}{\mathrm{d}x} + \dfrac{\partial F}{\partial t} \cdot \dfrac{\mathrm{d}t}{\mathrm{d}x} = -\dfrac{\partial F}{\partial x}. \end{cases}$$

当 $D = \begin{vmatrix} 1 & -\dfrac{\partial f}{\partial t} \\ \dfrac{\partial F}{\partial y} & \dfrac{\partial F}{\partial t} \end{vmatrix} = \dfrac{\partial F}{\partial t} + \dfrac{\partial f}{\partial t} \cdot \dfrac{\partial F}{\partial y} \neq 0$ 时，解方程组得

$$\frac{\mathrm{d}y}{\mathrm{d}x} = \frac{1}{D} \cdot \begin{vmatrix} \dfrac{\partial f}{\partial x} & -\dfrac{\partial f}{\partial t} \\ -\dfrac{\partial F}{\partial x} & \dfrac{\partial F}{\partial t} \end{vmatrix} = \frac{\dfrac{\partial f}{\partial x} \cdot \dfrac{\partial F}{\partial t} - \dfrac{\partial f}{\partial t} \cdot \dfrac{\partial F}{\partial x}}{\dfrac{\partial F}{\partial t} + \dfrac{\partial f}{\partial t} \cdot \dfrac{\partial F}{\partial y}}.$$

**习题 9-6 解答  多元函数微分学的几何应用**

1. 设 $\boldsymbol{f}(t) = f_1(t)\boldsymbol{i} + f_2(t)\boldsymbol{j} + f_3(t)\boldsymbol{k}$, $\boldsymbol{g}(t) = g_1(t)\boldsymbol{i} + g_2(t)\boldsymbol{j} + g_3(t)\boldsymbol{k}$, $\lim\limits_{t \to t_0}\boldsymbol{f}(t) = \boldsymbol{u}$, $\lim\limits_{t \to t_0}\boldsymbol{g}(t) = \boldsymbol{v}$, 证明 $\lim\limits_{t \to t_0}[\boldsymbol{f}(t) \times \boldsymbol{g}(t)] = \boldsymbol{u} \times \boldsymbol{v}$.

**证**

$$\lim_{t \to t_0}[\boldsymbol{f}(t) \times \boldsymbol{g}(t)] = \lim_{t \to t_0} \begin{vmatrix} \boldsymbol{i} & \boldsymbol{j} & \boldsymbol{k} \\ f_1(t) & f_2(t) & f_3(t) \\ g_1(t) & g_2(t) & g_3(t) \end{vmatrix}$$

$$= \lim_{t \to t_0}[f_2(t)g_3(t) - f_3(t)g_2(t), f_3(t)g_1(t) - f_1(t)g_3(t), f_1(t)g_2(t) - f_2(t)g_1(t)]$$

$$= (\lim_{t \to t_0}[f_2(t)g_3(t) - f_3(t)g_2(t)], \lim_{t \to t_0}[f_3(t)g_1(t) - f_1(t)g_3(t)], \lim_{t \to t_0}[f_1(t)g_2(t) - f_2(t)g_1(t)])$$

$$= \begin{vmatrix} \boldsymbol{i} & \boldsymbol{j} & \boldsymbol{k} \\ \lim_{t \to t_0} f_1(t) & \lim_{t \to t_0} f_2(t) & \lim_{t \to t_0} f_3(t) \\ \lim_{t \to t_0} g_1(t) & \lim_{t \to t_0} g_2(t) & \lim_{t \to t_0} g_3(t) \end{vmatrix} = \boldsymbol{u} \times \boldsymbol{v}.$$

这个结果表示：两个向量值函数的向量积的极限等于它们各自的极限（向量）的向量积，即 $\lim_{t \to t_0}[\boldsymbol{f}(t) \times \boldsymbol{g}(t)] = \lim_{t \to t_0}[\boldsymbol{f}(t)] \times \lim_{t \to t_0}[\boldsymbol{g}(t)]$.

2. 下列各题中，$\boldsymbol{r} = \boldsymbol{f}(t)$ 是空间中的质点 $M$ 在时刻 $t$ 的位置，求质点 $M$ 在时刻 $t_0$ 的速度向量和加速度向量以及在任意时刻 $t$ 的速率.

（1）$\boldsymbol{r} = \boldsymbol{f}(t) = (t+1)\boldsymbol{i} + (t^2 - 1)\boldsymbol{j} + 2t\boldsymbol{k}$, $t_0 = 1$；

（2）$\boldsymbol{r} = \boldsymbol{f}(t) = (2\cos t)\boldsymbol{i} + (3\sin t)\boldsymbol{j} + 4t\boldsymbol{k}$, $t_0 = \dfrac{\pi}{2}$；

（3）$\boldsymbol{r} = \boldsymbol{f}(t) = [2\ln(t+1)]\boldsymbol{i} + t^2\boldsymbol{j} + \dfrac{1}{2}t^2\boldsymbol{k}$, $t_0 = 1$.

**解** （1）速度向量 $\boldsymbol{v}_0 = \dfrac{\mathrm{d}\boldsymbol{r}}{\mathrm{d}t}\bigg|_{t=1} = (\boldsymbol{i} + 2t\boldsymbol{j} + 2\boldsymbol{k})|_{t=1} = \boldsymbol{i} + 2\boldsymbol{j} + 2\boldsymbol{k}$,

加速度向量 $\boldsymbol{a}_0 = \dfrac{\mathrm{d}^2\boldsymbol{r}}{\mathrm{d}t^2}\bigg|_{t=1} = 2\boldsymbol{j}$，速率 $|\boldsymbol{v}(t)| = |\boldsymbol{i} + 2t\boldsymbol{j} + 2\boldsymbol{k}| = \sqrt{5 + 4t^2}$.

（2）速度向量 $\boldsymbol{v}_0 = \dfrac{\mathrm{d}\boldsymbol{r}}{\mathrm{d}t}\bigg|_{t=\frac{\pi}{2}} = [(-2\sin t)\boldsymbol{i} + (3\cos t)\boldsymbol{j} + 4\boldsymbol{k}]|_{t=\frac{\pi}{2}} = -2\boldsymbol{i} + 4\boldsymbol{k}$,

加速度向量 $\boldsymbol{a}_0 = \dfrac{\mathrm{d}^2\boldsymbol{r}}{\mathrm{d}t^2}\bigg|_{t=\frac{\pi}{2}} = [(-2\cos t)\boldsymbol{i} - (3\sin t)\boldsymbol{j}]|_{t=\frac{\pi}{2}} = -3\boldsymbol{j}$,

速率 $|\boldsymbol{v}(t)| = |(-2\sin t)\boldsymbol{i} + (3\cos t)\boldsymbol{j} + 4\boldsymbol{k}| = \sqrt{9\cos^2 t + 4\sin^2 t + 16} = \sqrt{20 + 5\cos^2 t}$.

（3）速度向量 $\boldsymbol{v}_0 = \dfrac{\mathrm{d}\boldsymbol{r}}{\mathrm{d}t}\bigg|_{t=1} = \left(\dfrac{2}{t+1}\boldsymbol{i} + 2t\boldsymbol{j} + t\boldsymbol{k}\right)\bigg|_{t=1} = \boldsymbol{i} + 2\boldsymbol{j} + \boldsymbol{k}$，加速度向量 $\boldsymbol{a}_0 = \dfrac{\mathrm{d}^2\boldsymbol{r}}{\mathrm{d}t^2}\bigg|_{t=1} = \left[-\dfrac{2}{(t+1)^2}\boldsymbol{i} + 2\boldsymbol{j} + \boldsymbol{k}\right]\bigg|_{t=1} = -\dfrac{1}{2}\boldsymbol{i} + 2\boldsymbol{j} + \boldsymbol{k}$，速率 $|\boldsymbol{v}(t)| = \left|\dfrac{2}{t+1}\boldsymbol{i} + 2t\boldsymbol{j} + t\boldsymbol{k}\right| = \sqrt{5t^2 + \dfrac{4}{(t+1)^2}}$.

3. 求曲线 $\boldsymbol{r} = \boldsymbol{f}(t) = (t - \sin t)\boldsymbol{i} + (1 - \cos t)\boldsymbol{j} + \left(4\sin\dfrac{t}{2}\right)\boldsymbol{k}$ 在与 $t_0 = \dfrac{\pi}{2}$ 相应的点处的切线

及法平面方程.

**解** 与 $t_0 = \dfrac{\pi}{2}$ 相应的点为 $\left(\dfrac{\pi}{2} - 1, 1, 2\sqrt{2}\right)$. 曲线在该点处的切向量为 $\boldsymbol{T} = \boldsymbol{f}(t_0) = (1, 1, \sqrt{2})$. 故所求切线方程为 $\dfrac{x - \left(\dfrac{\pi}{2} - 1\right)}{1} = \dfrac{y-1}{1} = \dfrac{z - 2\sqrt{2}}{\sqrt{2}}$.

法平面方程为 $1 \cdot \left(x - \dfrac{\pi}{2} + 1\right) + 1 \cdot (y-1) + \sqrt{2}(z - 2\sqrt{2}) = 0$, 即 $x + y + \sqrt{2}z - \dfrac{\pi}{2} - 4 = 0$.

4. 求曲线 $x = \dfrac{t}{1+t}$, $y = \dfrac{1+t}{t}$, $z = t^2$ 在对应于 $t_0 = 1$ 的点处的切线及法平面方程.

**解** 曲线在对应于 $t_0 = 1$ 的点为 $\left(\dfrac{1}{2}, 2, 1\right)$. 该点处的切向量

$$\boldsymbol{T} = (x'(1), y'(1), z'(1)) = \left(\dfrac{1}{(1+t)^2}, -\dfrac{1}{t^2}, 2t\right)\bigg|_{t=1} = \left(\dfrac{1}{4}, -1, 2\right).$$

于是曲线在该点处的切线方程为 $\dfrac{x - \dfrac{1}{2}}{\dfrac{1}{4}} = \dfrac{y-2}{-1} = \dfrac{z-1}{2}$. 法平面方程为 $\dfrac{1}{4}\left(x - \dfrac{1}{2}\right) - (y-2) + 2(z-1) = 0$, 即 $2x - 8y + 16z - 1 = 0$.

5. 求曲线 $y^2 = 2mx$, $z^2 = m - x$ 在点 $(x_0, y_0, z_0)$ 处的切线及法平面方程.

**解** 设曲线的参数方程中的参数为 $x$, 将方程 $y^2 = 2mx$ 和 $z^2 = m - x$ 的两边分别对 $x$ 求导得 $2y\dfrac{dy}{dx} = 2m$, $2z\dfrac{dz}{dx} = -1$, 所以 $\dfrac{dy}{dx} = \dfrac{m}{y}$, $\dfrac{dz}{dx} = -\dfrac{1}{2z}$.

曲线在点 $(x_0, y_0, z_0)$ 的切向量为 $\boldsymbol{T} = \left(1, \dfrac{m}{y_0}, -\dfrac{1}{2z_0}\right)$. 于是所求的切线方程为

$$\dfrac{x - x_0}{1} = \dfrac{y - y_0}{\dfrac{m}{y_0}} = \dfrac{z - z_0}{-\dfrac{1}{2z_0}}.$$

法平面方程为 $(x - x_0) + \dfrac{m}{y_0}(y - y_0) - \dfrac{1}{2z_0}(z - z_0) = 0$.

6. 求曲线 $\begin{cases} x^2 + y^2 + z^2 - 3x = 0, \\ 2x - 3y + 5z - 4 = 0 \end{cases}$ 在点 $(1, 1, 1)$ 处的切线及法平面方程.

**解** 方程组两边分别对 $x$ 求导, 得 $\begin{cases} 2x + 2y\dfrac{dy}{dx} + 2z\dfrac{dz}{dx} - 3 = 0, \\ 2 - 3\dfrac{dy}{dx} + 5\dfrac{dz}{dx} = 0, \end{cases}$

即 $\begin{cases} 2y\dfrac{dy}{dx} + 2z\dfrac{dz}{dx} = -2x + 3, \\ 3\dfrac{dy}{dx} - 5\dfrac{dz}{dx} = 2. \end{cases}$ 当 $D = \begin{vmatrix} 2y & 2z \\ 3 & -5 \end{vmatrix} = -10y - 6z \neq 0$ 时,

$\dfrac{dy}{dx} = \dfrac{1}{D} \begin{vmatrix} -2x+3 & 2z \\ 2 & -5 \end{vmatrix} = \dfrac{10x-4z-15}{-10y-6z}$, $\dfrac{dz}{dx} = \dfrac{1}{D} \begin{vmatrix} 2y & -2x+3 \\ 3 & 2 \end{vmatrix} = \dfrac{6x+4y-9}{-10y-6z}$,

$\dfrac{dy}{dx}\bigg|_{(1,1,1)} = \dfrac{9}{16}$, $\dfrac{dz}{dx}\bigg|_{(1,1,1)} = -\dfrac{1}{16}$, 故在点 (1, 1, 1) 的切线方程为 $\dfrac{x-1}{1} = \dfrac{y-1}{\frac{9}{16}} = \dfrac{z-1}{-\frac{1}{16}}$, 法

平面方程为 $(x-1) + \dfrac{9}{16}(y-1) - \dfrac{1}{16}(z-1) = 0$, 即 $16x + 9y - z - 24 = 0$.

7. 求出曲线 $x = t$, $y = t^2$, $z = t^3$ 上的点, 使在该点的切线平行于平面 $x + 2y + z = 4$.

**解** 因为 $x_t' = 1$, $y_t' = 2t$, $z_t' = 3t^2$, 设所求点对应的参数为 $t_0$, 于是曲线在该点处的切向量可取为 $\boldsymbol{T} = (1, 2t_0, 3t_0^2)$. 已知平面的法向量是 $\boldsymbol{n} = (1, 2, 1)$, 由切线与平面平行, 得 $\boldsymbol{T} \cdot \boldsymbol{n} = 0$, 即 $1 + 4t_0 + 3t_0^2 = 0$, 解得 $t_0 = -1$ 和 $t_0 = -\dfrac{1}{3}$. 于是所求点为 $M_1(-1, 1, -1)$ 或 $M_2\left(-\dfrac{1}{3}, \dfrac{1}{9}, \dfrac{-1}{27}\right)$.

8. 求曲面 $e^z - z + xy = 3$ 在点 (2, 1, 0) 处的切平面及法线方程.

**解** 记 $F(x, y, z) = e^z - z + xy - 3 = 0$, 则

$$\boldsymbol{n}|_{(2,1,0)} = (F_x, F_y, F_z)|_{(2,1,0)} = (y, x, e^z - 1)|_{(2,1,0)} = (1, 2, 0).$$

则曲面在点 (2, 1, 0) 处的切平面方程为 $1 \cdot (x - 2) + 2 \cdot (y - 1) + 0 \cdot (z - 0) = 0$, 即 $x + 2y - 4 = 0$. 曲面在点 (2, 1, 0) 处的法线方程为 $\begin{cases} \dfrac{x-2}{1} = \dfrac{y-1}{2}, \\ z = 0. \end{cases}$

9. 求曲面 $ax^2 + by^2 + cz^2 = 1$ 在点 $(x_0, y_0, z_0)$ 处的切平面及法线方程.

**解** 令 $F(x, y, z) = ax^2 + by^2 + cz^2 - 1$, 则

$$\boldsymbol{n} = (F_x, F_y, F_z) = (2ax, 2by, 2cz) = 2(ax, by, cz).$$

故在点 $(x_0, y_0, z_0)$ 处的一个法向量为 $(ax_0, by_0, cz_0)$, 曲面在该点处的切平面方程为

$$ax_0(x - x_0) + by_0(y - y_0) + cz_0(z - z_0) = 0,$$

即 $ax_0 x + by_0 y + cz_0 z = ax_0^2 + by_0^2 + cz_0^2 = 1$. 法线方程为 $\dfrac{x - x_0}{ax_0} = \dfrac{y - y_0}{by_0} = \dfrac{z - z_0}{cz_0}$.

10. 求椭球面 $x^2 + 2y^2 + z^2 = 1$ 上平行于平面 $x - y + 2z = 0$ 的切平面方程.

**解** 设 $F(x, y, z) = x^2 + 2y^2 + z^2 - 1$, 则曲面在点 $(x, y, z)$ 处的一个法向量为

$$\boldsymbol{n} = (F_x, F_y, F_z) = (2x, 4y, 2z).$$

已知切平面的法向量为 $(1, -1, 2)$, 因为平面与所求切平面平行, 所以

$$\dfrac{2x}{1} = \dfrac{4y}{-1} = \dfrac{2z}{2}, \text{ 即 } x = \dfrac{1}{2}z, \ y = -\dfrac{1}{4}z.$$

代入椭球面方程得 $\left(\dfrac{z}{2}\right)^2 + 2\left(-\dfrac{z}{4}\right)^2 + z^2 = 1$. 解得 $z = \pm\sqrt{\dfrac{2}{11}}$, 则 $x = \pm\sqrt{\dfrac{2}{11}}$, $y = \mp\dfrac{1}{2}\sqrt{\dfrac{2}{11}}$. 所以切点坐标为 $\left(\pm\sqrt{\dfrac{2}{11}}, \ \mp\dfrac{1}{2}\sqrt{\dfrac{2}{11}}, \ \pm 2\sqrt{\dfrac{2}{11}}\right)$.

因此所求切平面方程为 $\left(x \mp \sqrt{\dfrac{2}{11}}\right) - \left(y \pm \dfrac{1}{2}\sqrt{\dfrac{2}{11}}\right) + 2\left(z \mp 2\sqrt{\dfrac{2}{11}}\right) = 0$, 即

$$x - y + 2z = \pm\sqrt{\frac{11}{2}}.$$

**11.** 求旋转椭球面 $3x^2 + y^2 + z^2 = 16$ 上点 $(-1, -2, 3)$ 处的切平面与 $xOy$ 面的夹角的余弦.

**解** 令 $F(x, y, z) = 3x^2 + y^2 + z^2 - 16$, 曲面的法向量为 $\boldsymbol{n} = (F_x, F_y, F_z) = (6x, 2y, 2z)$. 则曲面在点 $(-1, -2, 3)$ 处的法向量是 $\boldsymbol{n}_1 = \boldsymbol{n}|_{(-1,-2,3)} = (-6, -4, 6)$, $xOy$ 面的法向量为 $\boldsymbol{n}_2 = (0, 0, 1)$, 记 $\boldsymbol{n}_1$ 与 $\boldsymbol{n}_2$ 的夹角为 $\gamma$, 则所求的余弦值为

$$\cos\gamma = \frac{|\boldsymbol{n}_1 \cdot \boldsymbol{n}_2|}{|\boldsymbol{n}_1| \cdot |\boldsymbol{n}_2|} = \frac{6}{\sqrt{(-6)^2 + (-4)^2 + 6^2} \cdot 1} = \frac{3}{\sqrt{22}}.$$

**12.** 试证曲面 $\sqrt{x} + \sqrt{y} + \sqrt{z} = \sqrt{a}\,(a > 0)$ 上任何点处的切平面在各坐标轴上的截距之和等于 $a$.

**证** 设 $F(x, y, z) = \sqrt{x} + \sqrt{y} + \sqrt{z} - \sqrt{a}$, 则曲面在点 $(x, y, z)$ 处的一个法向量

$$\boldsymbol{n} = \left(\frac{1}{2\sqrt{x}}, \frac{1}{2\sqrt{y}}, \frac{1}{2\sqrt{z}}\right).$$

在曲面上任意取一点 $M(x_0, y_0, z_0)$, 则曲面在点 $M$ 处的切平面方程为

$$\frac{1}{2\sqrt{x_0}}(x - x_0) + \frac{1}{2\sqrt{y_0}}(y - y_0) + \frac{1}{2\sqrt{z_0}}(z - z_0) = 0,$$

即 $\dfrac{x}{\sqrt{x_0}} + \dfrac{y}{\sqrt{y_0}} + \dfrac{z}{\sqrt{z_0}} = \sqrt{x_0} + \sqrt{y_0} + \sqrt{z_0} = \sqrt{a}$. 化为截距式, 得 $\dfrac{x}{\sqrt{ax_0}} + \dfrac{y}{\sqrt{ay_0}} + \dfrac{z}{\sqrt{az_0}} = 1$, 所以截距之和为

$$\sqrt{ax_0} + \sqrt{ay_0} + \sqrt{az_0} = \sqrt{a}(\sqrt{x_0} + \sqrt{y_0} + \sqrt{z_0}) = a.$$

**13.** 设 $\boldsymbol{u}(t)$、$\boldsymbol{v}(t)$ 是可导的向量值函数, 证明:

(1) $\dfrac{\mathrm{d}}{\mathrm{d}t}[\boldsymbol{u}(t) \pm \boldsymbol{v}(t)] = \boldsymbol{u}'(t) \pm \boldsymbol{v}'(t)$;

(2) $\dfrac{\mathrm{d}}{\mathrm{d}t}[\boldsymbol{u}(t) \cdot \boldsymbol{v}(t)] = \boldsymbol{u}'(t) \cdot \boldsymbol{v}(t) + \boldsymbol{u}(t) \cdot \boldsymbol{v}'(t)$;

(3) $\dfrac{\mathrm{d}}{\mathrm{d}t}[\boldsymbol{u}(t) \times \boldsymbol{v}(t)] = \boldsymbol{u}'(t) \times \boldsymbol{v}(t) + \boldsymbol{u}(t) \times \boldsymbol{v}'(t)$.

**解** (1) $\dfrac{\mathrm{d}}{\mathrm{d}t}[\boldsymbol{u}(t) \pm \boldsymbol{v}(t)] = \lim\limits_{\Delta t \to 0} \dfrac{[\boldsymbol{u}(t + \Delta t) \pm \boldsymbol{v}(t + \Delta t)] - [\boldsymbol{u}(t) \pm \boldsymbol{v}(t)]}{\Delta t}$

$= \lim\limits_{\Delta t \to 0} \dfrac{\boldsymbol{u}(t + \Delta t) - \boldsymbol{u}(t)}{\Delta t} \pm \lim\limits_{\Delta t \to 0} \dfrac{\boldsymbol{v}(t + \Delta t) - \boldsymbol{v}(t)}{\Delta t}$

$= \boldsymbol{u}'(t) \pm \boldsymbol{v}'(t);$

(2) $\dfrac{\mathrm{d}}{\mathrm{d}t}[\boldsymbol{u}(t) \cdot \boldsymbol{v}(t)] = \lim\limits_{\Delta t \to 0} \dfrac{\boldsymbol{u}(t + \Delta t) \cdot \boldsymbol{v}(t + \Delta t) - \boldsymbol{u}(t)\boldsymbol{v}(t)}{\Delta t}$

$= \lim\limits_{\Delta t \to 0} \dfrac{\boldsymbol{u}(t + \Delta t) \cdot \boldsymbol{v}(t + \Delta t) - \boldsymbol{u}(t)\boldsymbol{v}(t + \Delta t)}{\Delta t} +$

$\lim\limits_{\Delta t \to 0} \dfrac{\boldsymbol{u}(t) \cdot \boldsymbol{v}(t + \Delta t) - \boldsymbol{u}(t)\boldsymbol{v}(t)}{\Delta t}$

$$= \left[\lim_{\Delta t \to 0} \frac{u(t+\Delta t) - u(t)}{\Delta t}\right] \cdot \left[\lim_{\Delta t \to 0} v(t+\Delta t)\right] +$$

$$\left[\lim_{\Delta t \to 0} u(t)\right] \cdot \left[\lim_{\Delta t \to 0} \frac{v(t+\Delta t) - v(t)}{\Delta t}\right]$$

$$= u'(t) \cdot v(t) + u(t) \cdot v'(t);$$

(3) $\dfrac{d}{dt}[u(t) \times v(t)] = \lim\limits_{\Delta t \to 0} \dfrac{u(t+\Delta t) \times v(t+\Delta t) - u(t) \times v(t)}{\Delta t}$

$$= \lim_{\Delta t \to 0} \frac{u(t+\Delta t) \times v(t+\Delta t) - u(t) \times v(t+\Delta t) + u(t) \times v(t+\Delta t) - u(t) \times v(t)}{\Delta t}$$

$$= \lim_{\Delta t \to 0} \left[\frac{u(t+\Delta t) - u(t)}{\Delta t} \times v(t+\Delta t)\right] + \lim_{\Delta t \to 0} \left[u(t) \times \frac{v(t+\Delta t) - v(t)}{\Delta t}\right]$$

$$= \left[\lim_{\Delta t \to 0} \frac{u(t+\Delta t) - u(t)}{\Delta t}\right] \times \left[\lim_{\Delta t \to 0} v(t+\Delta t)\right] + \lim_{\Delta t \to 0} [u(t)] \times$$

$$\left[\lim_{\Delta t \to 0} \frac{v(t+\Delta t) - v(t)}{\Delta t}\right]$$

$$= u'(t) \times v(t) + u(t) \times v'(t).$$

**习题 9-7 解答 方向导数与梯度**

1. 求函数 $z = x^2 + y^2$ 在点 $(1,2)$ 处沿从点 $(1,2)$ 到点 $(2, 2+\sqrt{3})$ 的方向的方向导数.

**解** 按照题意,方向向量为 $\boldsymbol{l} = (1, \sqrt{3})$,方向向量上的单位向量为 $\boldsymbol{e}_l = \left(\dfrac{1}{2}, \dfrac{\sqrt{3}}{2}\right)$. 又因为

$$\left.\frac{\partial z}{\partial x}\right|_{(1,2)} = 2x\Big|_{(1,2)} = 2, \quad \left.\frac{\partial z}{\partial y}\right|_{(1,2)} = 2y\Big|_{(1,2)} = 4.$$

故所求的方向导数为 $\dfrac{\partial z}{\partial l} = \dfrac{\partial z}{\partial x}\cos\alpha + \dfrac{\partial z}{\partial y}\cos\beta = 2 \cdot \dfrac{1}{2} + 4 \cdot \dfrac{\sqrt{3}}{2} = 1 + 2\sqrt{3}$.

2. 求函数 $z = \ln(x+y)$ 在抛物线 $y^2 = 4x$ 上点 $(1, 2)$ 处,沿着这抛物线在该点处偏向 $x$ 轴正向的切线方向的方向导数.

**解** 先求切线斜率:在 $y^2 = 4x$ 两端分别对 $x$ 求导得 $2y\dfrac{dy}{dx} = 4$. 于是 $\dfrac{dy}{dx} = \dfrac{2}{y}$,$k = \dfrac{dy}{dx}\Big|_{(1,2)} = 1$,切线方向 $\boldsymbol{l} = (1,1)$,$\boldsymbol{e}_l = \left(\dfrac{\sqrt{2}}{2}, \dfrac{\sqrt{2}}{2}\right)$. 又

$$\left.\frac{\partial z}{\partial x}\right|_{(1,2)} = \left.\frac{1}{x+y}\right|_{(1,2)} = \frac{1}{3}, \quad \left.\frac{\partial z}{\partial y}\right|_{(1,2)} = \left.\frac{1}{x+y}\right|_{(1,2)} = \frac{1}{3}.$$

因此 $\left.\dfrac{\partial z}{\partial l}\right|_{(1,2)} = \dfrac{1}{3} \cdot \dfrac{\sqrt{2}}{2} + \dfrac{1}{3} \cdot \dfrac{\sqrt{2}}{2} = \dfrac{\sqrt{2}}{3}$.

3. 求函数 $z = 1 - \left(\dfrac{x^2}{a^2} + \dfrac{y^2}{b^2}\right)$ 在点 $\left(\dfrac{a}{\sqrt{2}}, \dfrac{b}{\sqrt{2}}\right)$ 处沿曲线 $\dfrac{x^2}{a^2} + \dfrac{y^2}{b^2} = 1$ 在这点的内法线方向的方向导数.

**解** 先求切线斜率:在 $\dfrac{x^2}{a^2} + \dfrac{y^2}{b^2} = 1$ 两端分别对 $x$ 求导,得 $\dfrac{2x}{a^2} + \dfrac{2y}{b^2} \cdot \dfrac{dy}{dx} = 0$.

于是 $\dfrac{dy}{dx} = -\dfrac{b^2 x}{a^2 y}$, $k = \dfrac{dy}{dx}\bigg|_{\left(\frac{a}{\sqrt{2}}, \frac{b}{\sqrt{2}}\right)} = -\dfrac{b}{a}$, 即法线斜率为 $k' = -\dfrac{1}{k} = \dfrac{a}{b}$. 内法线方向 $\boldsymbol{l} = (-b, -a)$, $\boldsymbol{e}_l = \left(-\dfrac{b}{\sqrt{a^2+b^2}}, -\dfrac{a}{\sqrt{a^2+b^2}}\right)$.

又 $\dfrac{\partial z}{\partial x}\bigg|_{\left(\frac{a}{\sqrt{2}}, \frac{b}{\sqrt{2}}\right)} = -\dfrac{\sqrt{2}}{a}$, $\dfrac{\partial z}{\partial y}\bigg|_{\left(\frac{a}{\sqrt{2}}, \frac{b}{\sqrt{2}}\right)} = -\dfrac{\sqrt{2}}{b}$, 因此

$$\dfrac{\partial z}{\partial l}\bigg|_{\left(\frac{a}{\sqrt{2}}, \frac{b}{\sqrt{2}}\right)} = -\dfrac{\sqrt{2}}{a}\cdot\left(-\dfrac{b}{\sqrt{a^2+b^2}}\right) - \dfrac{\sqrt{2}}{b}\cdot\left(-\dfrac{a}{\sqrt{a^2+b^2}}\right) = \dfrac{1}{ab}\sqrt{2(a^2+b^2)}.$$

4. 求函数 $u = xy^2 + z^3 - xyz$ 在点 $(1, 1, 2)$ 处沿方向角为 $\alpha = \dfrac{\pi}{3}$, $\beta = \dfrac{\pi}{4}$, $\gamma = \dfrac{\pi}{3}$ 的方向导数.

**解** $\dfrac{\partial u}{\partial x}\bigg|_{(1, 1, 2)} = (y^2 - yz)\big|_{(1, 1, 2)} = -1$, $\dfrac{\partial u}{\partial y}\bigg|_{(1, 1, 2)} = (2xy - xz)\big|_{(1, 1, 2)} = 0$, $\dfrac{\partial u}{\partial z}\bigg|_{(1, 1, 2)} = (3z^2 - yx)\big|_{(1, 1, 2)} = 11$, $\boldsymbol{e}_l = \left(\cos\dfrac{\pi}{3}, \cos\dfrac{\pi}{4}, \cos\dfrac{\pi}{3}\right) = \left(\dfrac{1}{2}, \dfrac{\sqrt{2}}{2}, \dfrac{1}{2}\right)$, 因此

$$\dfrac{\partial u}{\partial l}\bigg|_{(1, 1, 2)} = -1\cdot\dfrac{1}{2} + 0 + 11\cdot\dfrac{1}{2} = 5.$$

5. 求函数 $u = xyz$ 在点 $(5, 1, 2)$ 处沿从点 $(5, 1, 2)$ 到点 $(9, 4, 14)$ 的方向的方向导数.

**解** 按照题意, 方向 $\boldsymbol{l} = (4, 3, 12)$, 方向上的单位向量为 $\boldsymbol{e}_l = \left(\dfrac{4}{13}, \dfrac{3}{13}, \dfrac{12}{13}\right)$. 又因为 $\dfrac{\partial u}{\partial x}\bigg|_{(5, 1, 2)} = (yz)\big|_{(5, 1, 2)} = 2$, $\dfrac{\partial u}{\partial y}\bigg|_{(5, 1, 2)} = (xz)\big|_{(5, 1, 2)} = 10$, $\dfrac{\partial u}{\partial z}\bigg|_{(5, 1, 2)} = (yx)\big|_{(5, 1, 2)} = 5$. 因此 $\dfrac{\partial u}{\partial l}\bigg|_{(5, 1, 2)} = 2\cdot\dfrac{4}{13} + 10\cdot\dfrac{3}{13} + 5\cdot\dfrac{12}{13} = \dfrac{98}{13}$.

6. 求函数 $u = x^2 + y^2 + z^2$ 在曲线 $x = t$, $y = t^2$, $z = t^3$ 上点 $(1, 1, 1)$ 处, 沿曲线在该点的切线正方向（对应于 $t$ 增大的方向）的方向导数.

**解** 先求曲线在给定点的切线方向. 记 $M(1, 1, 1)$, 它对应着 $t_0 = 1$.

因为 $x'(t) = 1$, $y'(t) = 2t$, $z'(t) = 3t^2$, 于是曲线在点 $(1, 1, 1)$ 处的切线的方向向量可取为

$$\boldsymbol{T} = \{1, 2, 3\}, \quad \boldsymbol{e}_T = \left(\dfrac{1}{\sqrt{14}}, \dfrac{2}{\sqrt{14}}, \dfrac{3}{\sqrt{14}}\right).$$

又 $\dfrac{\partial u}{\partial x}\bigg|_{(1, 1, 1)} = \dfrac{\partial u}{\partial y}\bigg|_{(1, 1, 1)} = \dfrac{\partial u}{\partial z}\bigg|_{(1, 1, 1)} = 2$, 因此, $\dfrac{\partial u}{\partial T}\bigg|_{(1, 1, 1)} = 2\cdot\dfrac{1}{\sqrt{14}} + 2\cdot\dfrac{2}{\sqrt{14}} + 2\cdot\dfrac{3}{\sqrt{14}} = \dfrac{6\sqrt{14}}{7}$.

7. 求函数 $u = x + y + z$ 在球面 $x^2 + y^2 + z^2 = 1$ 上点 $(x_0, y_0, z_0)$ 处, 沿球面在该点的外法线方向的方向导数.

**解** 记 $F(x, y, z) = x^2 + y^2 + z^2 - 1 = 0$, 则 $F_x = 2x$, $F_y = 2y$, $F_z = 2z$. 于是球面在 $(x_0, y_0, z_0)$ 处的外法线方向向量可取为 $\boldsymbol{l} = (F_x, F_y, F_z)\big|_{(x_0, y_0, z_0)} = (2x_0, 2y_0, 2z_0)$, 故 $\boldsymbol{l}$

的方向余弦为

$$\cos\alpha = \frac{x_0}{\sqrt{x_0^2 + y_0^2 + z_0^2}}, \quad \cos\beta = \frac{y_0}{\sqrt{x_0^2 + y_0^2 + z_0^2}}, \quad \cos\gamma = \frac{z_0}{\sqrt{x_0^2 + y_0^2 + z_0^2}},$$

又 $\frac{\partial u}{\partial x} = 1$, $\frac{\partial u}{\partial y} = 1$, $\frac{\partial u}{\partial z} = 1$, 因此

$$\left.\frac{\partial u}{\partial l}\right|_{(x_0, y_0, z_0)} = \left(\frac{\partial u}{\partial x}\cos\alpha + \frac{\partial u}{\partial y}\cos\beta + \frac{\partial u}{\partial z}\cos\gamma\right)\bigg|_{(x_0, y_0, z_0)}$$

$$= 1 \cdot \frac{x_0}{\sqrt{x_0^2 + y_0^2 + z_0^2}} + 1 \cdot \frac{y_0}{\sqrt{x_0^2 + y_0^2 + z_0^2}} + 1 \cdot \frac{z_0}{\sqrt{x_0^2 + y_0^2 + z_0^2}}$$

$$= \frac{x_0 + y_0 + z_0}{\sqrt{x_0^2 + y_0^2 + z_0^2}} = x_0 + y_0 + z_0.$$

8. 设 $f(x, y, z) = x^2 + 2y^2 + 3z^2 + xy + 3x - 2y - 6z$, 求 **grad** $f(0, 0, 0)$ 及 **grad** $f(1, 1, 1)$.

**解** **grad** $f(x, y, z) = f_x\boldsymbol{i} + f_y\boldsymbol{j} + f_z\boldsymbol{k} = (2x + y + 3)\boldsymbol{i} + (4y + x - 2)\boldsymbol{j} + (6z - 6)\boldsymbol{k}$, 于是
**grad** $f(0, 0, 0) = 3\boldsymbol{i} - 2\boldsymbol{j} - 6\boldsymbol{k}$, **grad** $f(1, 1, 1) = 6\boldsymbol{i} + 3\boldsymbol{j}$.

9. 设函数 $u(x, y, z)$, $v(x, y, z)$ 的各个偏导数都存在且连续,证明

(1) $\nabla(cu) = c\nabla u$(其中 $c$ 为常数);

(2) $\nabla(u \pm v) = \nabla u \pm \nabla v$;

(3) $\nabla(uv) = v\nabla u + u\nabla v$;

(4) $\nabla\left(\frac{u}{v}\right) = \frac{v\nabla u - u\nabla v}{v^2}$.

**证** (1) $\nabla(cu) = \frac{\partial(cu)}{\partial x}\boldsymbol{i} + \frac{\partial(cu)}{\partial y}\boldsymbol{j} + \frac{\partial(cu)}{\partial z}\boldsymbol{k} = c\left(\frac{\partial u}{\partial x}\boldsymbol{i} + \frac{\partial u}{\partial y}\boldsymbol{j} + \frac{\partial u}{\partial z}\boldsymbol{k}\right) = c\nabla u$;

(2) $\nabla(u \pm v) = \frac{\partial(u \pm v)}{\partial x}\boldsymbol{i} + \frac{\partial(u \pm v)}{\partial y}\boldsymbol{j} + \frac{\partial(u \pm v)}{\partial z}\boldsymbol{k}$

$$= \left(\frac{\partial u}{\partial x} \pm \frac{\partial v}{\partial x}\right)\boldsymbol{i} + \left(\frac{\partial u}{\partial y} \pm \frac{\partial v}{\partial y}\right)\boldsymbol{j} + \left(\frac{\partial u}{\partial z} \pm \frac{\partial v}{\partial z}\right)\boldsymbol{k}$$

$$= \left(\frac{\partial u}{\partial x}\boldsymbol{i} + \frac{\partial u}{\partial y}\boldsymbol{j} + \frac{\partial u}{\partial z}\boldsymbol{k}\right) \pm \left(\frac{\partial v}{\partial x}\boldsymbol{i} + \frac{\partial v}{\partial y}\boldsymbol{j} + \frac{\partial v}{\partial z}\boldsymbol{k}\right) = \nabla u \pm \nabla v;$$

(3) $\nabla(uv) = \frac{\partial(uv)}{\partial x}\boldsymbol{i} + \frac{\partial(uv)}{\partial y}\boldsymbol{j} + \frac{\partial(uv)}{\partial z}\boldsymbol{k}$

$$= \left(v\frac{\partial u}{\partial x} + u\frac{\partial v}{\partial x}\right)\boldsymbol{i} + \left(v\frac{\partial u}{\partial y} + u\frac{\partial v}{\partial y}\right)\boldsymbol{j} + \left(v\frac{\partial u}{\partial z} + u\frac{\partial v}{\partial z}\right)\boldsymbol{k}$$

$$= v\left(\frac{\partial u}{\partial x}\boldsymbol{i} + \frac{\partial u}{\partial y}\boldsymbol{j} + \frac{\partial u}{\partial z}\boldsymbol{k}\right) + u\left(\frac{\partial v}{\partial x}\boldsymbol{i} + \frac{\partial v}{\partial y}\boldsymbol{j} + \frac{\partial v}{\partial z}\boldsymbol{k}\right)$$

$$= v\nabla u + u\nabla v;$$

(4) $\nabla\left(\frac{u}{v}\right) = \frac{\partial\left(\frac{u}{v}\right)}{\partial x}\boldsymbol{i} + \frac{\partial\left(\frac{u}{v}\right)}{\partial y}\boldsymbol{j} + \frac{\partial\left(\frac{u}{v}\right)}{\partial z}\boldsymbol{k}$

$$= \frac{\frac{\partial u}{\partial x}v - u\frac{\partial v}{\partial x}}{v^2}\boldsymbol{i} + \frac{\frac{\partial u}{\partial y}v - u\frac{\partial v}{\partial y}}{v^2}\boldsymbol{j} + \frac{\frac{\partial u}{\partial z}v - u\frac{\partial v}{\partial z}}{v^2}\boldsymbol{k}$$

$$= \frac{\frac{\partial u}{\partial x}v\boldsymbol{i} - u\frac{\partial v}{\partial x}\boldsymbol{i} + \frac{\partial u}{\partial y}v\boldsymbol{j} - u\frac{\partial v}{\partial y}\boldsymbol{j} + \frac{\partial u}{\partial z}v\boldsymbol{k} - u\frac{\partial v}{\partial z}\boldsymbol{k}}{v^2}$$

$$= \frac{v\left(\frac{\partial u}{\partial x}\boldsymbol{i} + \frac{\partial u}{\partial y}\boldsymbol{j} + \frac{\partial u}{\partial z}\boldsymbol{k}\right) - u\left(\frac{\partial v}{\partial x}\boldsymbol{i} + \frac{\partial v}{\partial y}\boldsymbol{j} + \frac{\partial v}{\partial z}\boldsymbol{k}\right)}{v^2}$$

$$= \frac{v\nabla u - u\nabla v}{v^2}.$$

10. 求函数 $u = xy^2z$ 在点 $P_0(1, -1, 2)$ 处变化最快的方向，并求沿这个方向的方向导数.

**解** $\nabla u = \left(\frac{\partial u}{\partial x}, \frac{\partial u}{\partial y}, \frac{\partial u}{\partial z}\right) = (y^2z, 2xyz, xy^2)$, $\nabla u|_{P_0} = (2, -4, 1)$.

由方向导数与梯度的关系可知，$u = xy^2z$ 在点 $P_0(1, -1, 2)$ 处沿 $\boldsymbol{n} = \nabla u|_{P_0} = (2, -4, 1)$ 的方向增加最快，其方向导数为 $\dfrac{\partial u}{\partial \boldsymbol{n}}\bigg|_{P_0} = |\nabla u|_{P_0}| = |2\boldsymbol{i} - 4\boldsymbol{j} + \boldsymbol{k}| = \sqrt{21}$；

沿 $\boldsymbol{n}_1 = -\nabla u|_{P_0} = -2\boldsymbol{i} + 4\boldsymbol{j} - \boldsymbol{k}$ 方向减少最快，其方向导数为 $\dfrac{\partial u}{\partial \boldsymbol{n}_1} = -\sqrt{21}$.

### 习题 9-8 解答 多元函数的极值及其求法

1. 已知函数 $f(x, y)$ 在点 $(0, 0)$ 的某个邻域内连续，且 $\lim\limits_{(x,y)\to(0,0)} \dfrac{f(x, y) - xy}{(x^2 + y^2)^2} = 1$, 则下列四个选项中正确的是（    ）.

(A) 点 $(0, 0)$ 不是 $f(x, y)$ 的极值点

(B) 点 $(0, 0)$ 是 $f(x, y)$ 的极大值点

(C) 点 $(0, 0)$ 是 $f(x, y)$ 的极小值点

(D) 根据所给的条件无法判断点 $(0, 0)$ 是否为 $f(x, y)$ 的极值点

**解** 令 $\rho = \sqrt{x^2 + y^2}$, 则由题意可知 $f(x, y) = xy + \rho^4 + o(\rho^4)$.

当 $(x, y) \to (0, 0)$ 时，$\rho \to 0$. 由于 $f(x, y)$ 在 $(0, 0)$ 附近的值主要由 $xy$ 决定，而 $xy$ 在 $(0, 0)$ 附近符号不定，因此点 $(0, 0)$ 不是 $f(x, y)$ 的极值点，应选（A）.

2. 求函数 $f(x, y) = 4(x - y) - x^2 - y^2$ 的极值.

**解** 解方程组 $\begin{cases} f_x(x, y) = 4 - 2x = 0, \\ f_y(x, y) = -4 - 2y = 0 \end{cases}$ 求得驻点 $M(2, -2)$.

又 $A = f_{xx}(2, -2) = -2 < 0$, $B = f_{xy}(2, -2) = 0$, $C = f_{yy}(2, -2) = -2$, $AC - B^2 = 4 > 0$, 由判定极值的充分条件知，在点 $(2, -2)$ 处，函数取得极大值 $f(2, -2) = 8$.

3. 求函数 $f(x, y) = (6x - x^2)(4y - y^2)$ 的极值.

**解** 解方程组 $\begin{cases} f_x(x, y) = (6 - 2x)(4y - y^2) = 0, \\ f_y(x, y) = (6x - x^2)(4 - 2y) = 0 \end{cases}$ 得驻点 $(0, 0), (0, 4), (3, 2),$

$(6, 0)$，$(6, 4)$.

又 $f_{xx}(x, y) = -2(4y - y^2)$，$f_{xy}(x, y) = 4(3 - x)(2 - y)$，$f_{yy}(x, y) = -2(6x - x^2)$. 由极值的判定条件知：

在点 $(0, 0)$ 处，$A = f_{xx}(0, 0) = 0$，$B = f_{xy}(0, 0) = 24$，$C = f_{yy}(0, 0) = 0$，$AC - B^2 = -24^2 < 0$，因此 $(0, 0)$ 不是极值点；

在点 $(0, 4)$ 处，$A = f_{xx}(0, 4) = 0$，$B = f_{xy}(0, 4) = -24$，$C = f_{yy}(0, 4) = 0$，$AC - B^2 = -24^2 < 0$，因此 $(0, 4)$ 不是极值点；

在点 $(3, 2)$ 处，$A = f_{xx}(3, 2) = -8 < 0$，$B = f_{xy}(3, 2) = 0$，$C = f_{yy}(3, 2) = -18$，$AC - B^2 = 144 > 0$，因此函数在点 $(3, 2)$ 处取得极大值，极大值为 $f(3, 2) = 36$；

在点 $(6, 0)$ 处，$A = f_{xx}(6, 0) = 0$，$B = f_{xy}(6, 0) = -24$，$C = f_{yy}(6, 0) = 0$，$AC - B^2 = -24^2 < 0$，因此 $(6, 0)$ 不是极值点；

在点 $(6, 4)$ 处，$A = f_{xx}(6, 4) = 0$，$B = f_{xy}(6, 4) = 24$，$C = f_{yy}(6, 4) = 0$，$AC - B^2 = -24^2 < 0$，因此 $(6, 4)$ 不是极值点；

综上所述，函数只有一个极值，这个极值是极大值 $f(3, 2) = 36$.

4. 求函数 $f(x, y) = e^{2x}(x + y^2 + 2y)$ 的极值.

**解** 解方程组
$$\begin{cases} \dfrac{\partial f(x, y)}{\partial x} = 2e^{2x}(x + y^2 + 2y) + e^{2x} = e^{2x}(2x + 2y^2 + 4y + 1) = 0, \\ \dfrac{\partial f(x, y)}{\partial y} = e^{2x}(2y + 2) = 0, \end{cases}$$

求得驻点：$\left(\dfrac{1}{2}, -1\right)$. 又

$$A = \dfrac{\partial^2 f(x, y)}{\partial x^2}\bigg|_{\left(\frac{1}{2}, -1\right)} = e^{2x}(4x + 4y^2 + 8y + 4)\big|_{\left(\frac{1}{2}, -1\right)} = 2e > 0,$$

$$B = \dfrac{\partial^2 f(x, y)}{\partial y \partial x}\bigg|_{\left(\frac{1}{2}, -1\right)} = 4e^{2x}(y + 1)\big|_{\left(\frac{1}{2}, -1\right)} = 0,$$

$$C = \dfrac{\partial^2 f(x, y)}{\partial y^2}\bigg|_{\left(\frac{1}{2}, -1\right)} = 2e^{2x}\big|_{\left(\frac{1}{2}, -1\right)} = 2e, \quad AC - B^2 = 4e^2 > 0.$$

由极值判定的充分条件知，$f(x, y)$ 在 $\left(\dfrac{1}{2}, -1\right)$ 处取得极小值，即

$$f\left(\dfrac{1}{2}, -1\right) = e\left(\dfrac{1}{2} + 1 - 2\right) = -\dfrac{1}{2}e.$$

5. 求函数 $z = xy$ 在适合附加条件 $x + y = 1$ 下的极大值.

**解** 由 $x + y = 1$ 得 $y = 1 - x$，代入 $z = xy$，则问题化为求 $z = x(1 - x)$ 的极大值.

由 $\dfrac{dz}{dx} = 1 - 2x = 0$，得驻点 $x = \dfrac{1}{2}$. 又因为 $\dfrac{d^2 z}{dx^2}\big|_{x = \frac{1}{2}} = -2 < 0$，所以 $x = \dfrac{1}{2}$ 为极大值点，极大值为 $z = \dfrac{1}{2}\left(1 - \dfrac{1}{2}\right) = \dfrac{1}{4}$.

6. 从斜边之长为 $l$ 的一切直角三角形中，求有最大周长的直角三角形.

**解** 设直角三角形的两直角边之长分别为 $x,y$，则周长 $s = x + y + l(0 < x < l, 0 < y < l)$. 作拉格朗日函数 $L(x, y, \lambda) = x + y + l + \lambda(x^2 + y^2 - l^2)$.

令

$$\begin{cases} F_x(x, y, \lambda) = 1 - 2\lambda x = 0, \\ F_y(x, y, \lambda) = 1 - 2\lambda y = 0, \\ F_\lambda(x, y, \lambda) = x^2 + y^2 - l^2 = 0, \end{cases}$$

解得 $\lambda = \dfrac{\sqrt{2}}{2l}$，$x = y = \dfrac{l}{\sqrt{2}}$. 于是 $\left(\dfrac{l}{\sqrt{2}}, \dfrac{l}{\sqrt{2}}\right)$ 是唯一可能的极值点. 根据问题性质可知这种最大周长的直角三角形一定存在，所以当直角三角形的两直角边 $x = y = \dfrac{\sqrt{2}}{2}l$ 时，该等腰直角三角形的周长最大，且周长为 $s = x + y + l = (1 + \sqrt{2})l$.

7. 要造一个体积等于定数 $k$ 的长方体无盖水池，应如何选择水池的尺寸，方可使它的表面积最小？

**解** 设长方体水池的长、宽、高分别为 $x, y, z$，表面积为 $S$，则

$$\begin{cases} S = xy + 2(x+y)z, \\ xyz = k \end{cases} (x, y, z > 0).$$

构造辅助函数 $L(x, y, \lambda) = xy + 2(x+y)z + \lambda(xyz - k)$. 由

$$\begin{cases} L_x = y + 2z + \lambda yz = 0, \\ L_y = x + 2z + \lambda xz = 0, \\ L_z = 2(x+y) + \lambda yx = 0, \\ xyz = k \end{cases}$$

得唯一驻点 $\left(\sqrt[3]{2k}, \sqrt[3]{2k}, \dfrac{\sqrt[3]{2k}}{2}\right)$. 由问题实际意义知，此最小表面是当底面两边长相等，都为 $\sqrt[3]{2k}$，高为它们的一半时表面积最小.

8. 在平面 $xOy$ 面上求一点，使它到 $x = 0$，$y = 0$ 及 $x + 2y - 16 = 0$ 三直线的距离平方之和为最小.

**解** 设所求点的坐标为 $(x, y)$，则此点到三直线的距离依次是：$|y|$，$|x|$，$\dfrac{|x + 2y - 16|}{\sqrt{1 + 2^2}}$. 而三距离平方之和为 $z = x^2 + y^2 + \dfrac{1}{5}(x + 2y - 16)^2$.

由

$$\begin{cases} \dfrac{\partial z}{\partial x} = 2x + \dfrac{2}{5}(x + 2y - 16) = 0, \\ \dfrac{\partial z}{\partial y} = 2y + \dfrac{4}{5}(x + 2y - 16) = 0 \end{cases}$$

求得唯一的驻点 $\left(\dfrac{8}{5}, \dfrac{16}{5}\right)$. 根据问题的性质可知，到三直线的距离平方之和最小的点一定存在，故 $\left(\dfrac{8}{5}, \dfrac{16}{5}\right)$ 即为所求.

9. 将周长为 $2p$ 的矩形绕它的一边旋转而构成一个圆柱体. 问：矩形的边长各为多少时，才可使圆柱体的体积为最大？

**解** 设矩形的一边为 $x$，则另一边为 $p-x$，假设矩形绕 $p-x$ 的一边旋转，则旋转构成的圆柱体的体积为 $V = \pi x^2(p-x)\ (0<x<p)$. 又因为 $V' = 2\pi px - 3\pi x^2 = 0$，求得驻点 $x = \dfrac{2p}{3}$.

由于驻点唯一，由题意又知这种圆柱体一定有最大值，因此当矩形的边长分别为 $\dfrac{2p}{3}$，$\dfrac{p}{3}$ 时，绕短边旋转时所得体积最大.

10. 求内接于半径为 $a$ 的球且有最大体积的长方体.

**解** 设球面方程为 $x^2 + y^2 + z^2 = a^2$，$(x,y,z)$ 是它的各面平行于坐标面的内接长方体在第一卦限内的一个顶点，则此长方体的长、宽、高分别为 $2x, 2y, 2z$，其体积为
$$V = 2x \cdot 2y \cdot 2z = 8xyz,\ x>0,\ y>0,\ z>0.$$
令 $L(x,y,z,\lambda) = 8xyz + \lambda(x^2+y^2+z^2-a^2)$.

由 $\begin{cases} L_x = 8yz + 2\lambda x = 0, \\ L_y = 8xz + 2\lambda y = 0, \\ L_z = 8yx + 2\lambda z = 0 \end{cases}$ 得 $\begin{cases} 4yz + \lambda x = 0, \\ 4xz + \lambda y = 0, \\ 4yx + \lambda z = 0, \end{cases}$ 解得 $x = y = z = -\dfrac{\lambda}{4}$，代入 $x^2+y^2+z^2 = a^2$，

得 $\lambda = -\dfrac{4}{\sqrt{3}}a$，故 $\left(\dfrac{a}{\sqrt{3}}, \dfrac{a}{\sqrt{3}}, \dfrac{a}{\sqrt{3}}\right)$ 为唯一可能的极值点，由于内接于球且有最大体积的长方体必定存在，所以当长、宽、高都为 $\dfrac{2a}{\sqrt{3}}$ 时其体积最大.

11. 抛物面 $z = x^2 + y^2$ 被平面 $x+y+z = 1$ 截成一椭圆，求这椭圆上的点到原点的距离的最大值与最小值.

**解** 设椭圆上的点为 $(x,y,z)$，则椭圆上的点到原点的距离 $d = \sqrt{x^2+y^2+z^2}$，其中 $x,y,z$ 满足条件：$\begin{cases} z = x^2+y^2, \\ x+y+z = 1. \end{cases}$

作拉格朗日函数 $L = (x^2+y^2+z^2) + \lambda(x^2+y^2-z) + \mu(x+y+z-1)$. 令

$\begin{cases} L_x = 2x + 2\lambda x + \mu = 0, \\ L_y = 2y + 2\lambda y + \mu = 0, \\ L_z = 2z - \lambda + \mu = 0, \\ L_\lambda = x^2 + y^2 - z = 0, \\ L_\mu = x + y + z - 1 = 0, \end{cases}$ 整理得 $\begin{cases} (1+\lambda)(x-y) = 0, \\ 2y + 2\lambda y + \mu = 0, \\ 2z - \lambda + \mu = 0, \\ x^2 + y^2 - z = 0, \\ x + y + z - 1 = 0. \end{cases}$

当 $\lambda = -1$ 时，$\begin{cases} \mu = 0, \\ z = -\dfrac{1}{2}, \\ x^2 + y^2 = -\dfrac{1}{2}, \\ x + y + z - 1 = 0. \end{cases}$ 矛盾，所以 $\lambda \neq -1$，即 $x = y$，代入得

$$\begin{cases} 2x^2 = z, \\ 2x = 1 - z \end{cases} \Rightarrow 2x^2 + 2x - 1 = 0.$$

解得 $x = y = \dfrac{-1 \pm \sqrt{3}}{2}$, $z = 2 \mp \sqrt{3}$. 于是得到两个可能的极值点:

$$M_1\left(\dfrac{-1+\sqrt{3}}{2}, \dfrac{-1+\sqrt{3}}{2}, 2-\sqrt{3}\right), M_2\left(\dfrac{-1-\sqrt{3}}{2}, \dfrac{-1-\sqrt{3}}{2}, 2+\sqrt{3}\right).$$

由题意可知这种距离的最大值和最小值一定存在,所以距离的最大值和最小值分别在这两点取得,而 $2\left(\dfrac{-1\pm\sqrt{3}}{2}\right)^2 + (2\mp\sqrt{3})^2 = 9 \mp 5\sqrt{3}$. 故最大值与最小值分别为 $d_{\max} = d_{M_2} = \sqrt{9+5\sqrt{3}}$, $d_{\min} = d_{M_1} = \sqrt{9-5\sqrt{3}}$.

12. 设有一圆板占有平面闭区域 $\{(x,y) \mid x^2 + y^2 \leqslant 1\}$. 该圆板被加热,以致在点 $(x,y)$ 的温度是 $T = x^2 + 2y^2 - x$, 求该圆板的最热点和最冷点.

**解** 解方程组 $\begin{cases} \dfrac{\partial T}{\partial x} = 2x - 1 = 0, \\ \dfrac{\partial T}{\partial y} = 4y = 0, \end{cases}$ 求得驻点 $\left(\dfrac{1}{2}, 0\right)$. $T_1 = T \big|_{\left(\frac{1}{2}, 0\right)} = -\dfrac{1}{4}$.

在边界 $x^2 + y^2 = 1$ 上, $T = 2 - (x^2 + x) = \dfrac{9}{4} - \left(x + \dfrac{1}{2}\right)^2$, 当 $x = -\dfrac{1}{2}$ 时, 有边界上的最大值 $T_2 = \dfrac{9}{4}$, $x = 1$ 时, 有边界上的最小值 $T_3 = 0$.

比较 $T_1, T_2, T_3$ 的值知, 最热点在 $\left(-\dfrac{1}{2}, \pm\dfrac{\sqrt{3}}{2}\right)$, $T_{\max} = \dfrac{9}{4}$, 最冷点在 $\left(\dfrac{1}{2}, 0\right)$, $T_{\min} = -\dfrac{1}{4}$.

13. 形状为椭球 $4x^2 + y^2 + 4z^2 \leqslant 16$ 的空间探测器进入地球大气层,其表面开始受热,1小时后在探测器的点 $(x, y, z)$ 处的温度 $T = 8x^2 + 4yz - 16z + 600$, 求探测器表面最热的点.

**解** 作拉格朗日函数 $L = 8x^2 + 4yz - 16z + 600 + \lambda(4x^2 + y^2 + 4z^2 - 16)$. 令

$$\begin{cases} L_x = 16x + 8\lambda x = 0, & (1) \\ L_y = 4z + 2\lambda y = 0, & (2) \\ L_z = 4y - 16 + 8\lambda z = 0, & (3) \end{cases}$$

由式(1)得 $x = 0$ 或 $\lambda = -2$.

若 $\lambda = -2$, 代入式(2)、式(3)得 $y = z = -\dfrac{4}{3}$, 代入约束条件

$$4x^2 + y^2 + 4z^2 = 16 \quad (4)$$

得 $x = \pm\dfrac{4}{3}$. 于是得到两个可能的极值点 $M_1\left(\dfrac{4}{3}, -\dfrac{4}{3}, -\dfrac{4}{3}\right)$, $M_2\left(-\dfrac{4}{3}, -\dfrac{4}{3}, -\dfrac{4}{3}\right)$.

若 $x = 0$, 由式(2)、式(3)、式(4)解得

$\lambda = 0, y = 4, z = 0$; $\lambda = \sqrt{3}, y = -2, z = \sqrt{3}$; $\lambda = -\sqrt{3}, y = -2, z = -\sqrt{3}$. 于是得到另外三个可能极值点: $M_3(0, 4, 0)$, $M_4(0, -2, \sqrt{3})$, $M_5(0, -2, -\sqrt{3})$.

比较 $T$ 在上述五个可能极值点处的数值知: $T\big|_{M_1} = T\big|_{M_2} = \dfrac{1\,928}{3}$ 为最大,故探测器表面最热的点为 $M\left(\pm\dfrac{4}{3}, -\dfrac{4}{3}, -\dfrac{4}{3}\right)$.

习题 9-9 的解析请扫二维码查看.

习题 9-10 的解析请扫二维码查看.

习题 9-9 二维码

习题 9-10 二维码

**总习题九 解答**

1. 在"充分""必要"和"充分必要"三者中选择一个正确的填入下列空格内:

(1) $f(x, y)$ 在点 $(x, y)$ 可微分是 $f(x, y)$ 在该点连续的_____条件. $f(x, y)$ 在点 $(x, y)$ 连续是 $f(x, y)$ 在该点可微分的_____条件.

(2) $z = f(x, y)$ 在点 $(x, y)$ 的偏导数 $\dfrac{\partial z}{\partial x}$ 及 $\dfrac{\partial z}{\partial y}$ 存在是 $f(x, y)$ 在该点可微分的_____条件. $z = f(x, y)$ 在点 $(x, y)$ 可微分是函数在该点的偏导数 $\dfrac{\partial z}{\partial x}$ 及 $\dfrac{\partial z}{\partial y}$ 存在的_____条件.

(3) $z = f(x, y)$ 的偏导数 $\dfrac{\partial z}{\partial x}$ 及 $\dfrac{\partial z}{\partial y}$ 在点 $(x, y)$ 存在且连续是 $f(x, y)$ 在该点可微分的_____条件.

(4) 函数 $z = f(x, y)$ 的两个二阶混合偏导数 $\dfrac{\partial^2 z}{\partial x \partial y}$ 及 $\dfrac{\partial^2 z}{\partial y \partial x}$ 在区域 $D$ 内连续是这两个二阶混合偏导数在 $D$ 内相等的_____条件.

**解** (1) 充分,必要;  (2) 必要,充分;
(3) 充分;  (4) 充分.

2. 下题中给出了四个结论,从中选出一个正确的结论:

设函数 $f(x, y)$ 在点 $(0, 0)$ 的某邻域内有定义,且 $f_x(0, 0) = 3, f_y(0, 0) = -1$,则有 (   ).

(A) $dz\big|_{(0, 0)} = 3dx - dy$

(B) 曲面 $z = f(x, y)$ 在点 $(0, 0, f(0, 0))$ 的一个法向量为 $(3, -1, 1)$

(C) 曲线 $\begin{cases} z = f(x, y), \\ y = 0 \end{cases}$ 在点 $(0, 0, f(0, 0))$ 的一个切向量为 $(1, 0, 3)$

(D) 曲线 $\begin{cases} z = f(x, y), \\ y = 0 \end{cases}$ 在点 $(0, 0, f(0, 0))$ 的一个切向量为 $(3, 0, 1)$

**解** 函数 $f(x, y)$ 在点 $(0, 0)$ 处的两个偏导数存在,不一定可微分,因此(A)不对. 曲面 $z = f(x, y)$ 在点 $(0, 0, f(0, 0))$ 处的一个法向量是 $(3, -1, -1)$,而不是 $(3, -1, 1)$,因此(B)不对. 取 $x$ 为参数,则曲线 $x = x, y = 0, z = f(x, 0)$ 在点 $(0, 0, f(0, 0))$ 处的一个切向量为 $(1, 0, 3)$,因此(C)正确.

3. 求函数 $f(x, y) = \dfrac{\sqrt{4x - y^2}}{\ln(1 - x^2 - y^2)}$ 的定义域,并求 $\lim\limits_{(x, y) \to \left(\frac{1}{2}, 0\right)} f(x, y)$.

**解** 函数的定义域为 $D = \{(x, y) \mid 0 < x^2 + y^2 < 1, y^2 \leq 4x\}$.

因为点 $\left(\dfrac{1}{2}, 0\right) \in D$, $f(x, y)$ 为初等函数, 因此由初等函数在定义域内的连续性有

$$\lim_{(x,y) \to \left(\frac{1}{2}, 0\right)} f(x, y) = \lim_{(x,y) \to \left(\frac{1}{2}, 0\right)} \dfrac{\sqrt{4x - y^2}}{\ln(1 - x^2 - y^2)} = \dfrac{\sqrt{4x - y^2}}{\ln(1 - x^2 - y^2)} \Big|_{\left(\frac{1}{2}, 0\right)} = \dfrac{\sqrt{2}}{\ln \dfrac{3}{4}}.$$

4. 此处解析请扫二维码查看.

5. 设

$$f(x, y) = \begin{cases} \dfrac{x^2 y}{x^2 + y^2}, & x^2 + y^2 \neq 0, \\ 0, & x^2 + y^2 = 0. \end{cases}$$

4 二维码

求 $f_x(x, y)$ 及 $f_y(x, y)$.

**解** 当 $x^2 + y^2 \neq 0$ 时,

$$f_x(x, y) = \dfrac{\partial}{\partial x}\left(\dfrac{x^2 y}{x^2 + y^2}\right) = \dfrac{2xy(x^2 + y^2) - x^2 y \cdot (2x)}{(x^2 + y^2)^2} = \dfrac{2xy^3}{(x^2 + y^2)^2},$$

$$f_y(x, y) = \dfrac{\partial}{\partial y}\left(\dfrac{x^2 y}{x^2 + y^2}\right) = \dfrac{x^2(x^2 + y^2) - x^2 y \cdot (2y)}{(x^2 + y^2)^2} = \dfrac{x^2(x^2 - y^2)}{(x^2 + y^2)^2};$$

当 $x^2 + y^2 = 0$ 时,

$$f_x(x, y) = \lim_{\Delta x \to 0} \dfrac{f(0 + \Delta x, 0) - f(0, 0)}{\Delta x} = \lim_{\Delta x \to 0} \dfrac{0 - 0}{\Delta x} = 0,$$

$$f_y(x, y) = \lim_{\Delta y \to 0} \dfrac{f(0, 0 + \Delta y) - f(0, 0)}{\Delta y} = \lim_{\Delta y \to 0} \dfrac{0 - 0}{\Delta y} = 0.$$

所以

$$f_x(x, y) = \begin{cases} \dfrac{2xy^3}{(x^2 + y^2)^2}, & x^2 + y^2 \neq 0, \\ 0, & x^2 + y^2 = 0; \end{cases} \quad f_y(x, y) = \begin{cases} \dfrac{x^2(x^2 - y^2)}{(x^2 + y^2)^2}, & x^2 + y^2 \neq 0, \\ 0, & x^2 + y^2 = 0. \end{cases}$$

6. 求下列函数的一阶和二阶偏导数:

(1) $z = \ln(x + y^2)$;  (2) $z = x^y$.

**解** (1) $\dfrac{\partial z}{\partial x} = \dfrac{1}{x + y^2}$, $\dfrac{\partial z}{\partial y} = \dfrac{2y}{x + y^2}$,

$\dfrac{\partial^2 z}{\partial x^2} = \dfrac{0 - 1}{(x + y^2)^2} = \dfrac{-1}{(x + y^2)^2}$, $\dfrac{\partial^2 z}{\partial y^2} = \dfrac{2(x + y^2) - 2y \cdot 2y}{(x + y^2)^2} = \dfrac{2(x - y^2)}{(x + y^2)^2}$,

$\dfrac{\partial^2 z}{\partial x \partial y} = \dfrac{0 - 2y}{(x + y^2)^2} = \dfrac{-2y}{(x + y^2)^2}$, $\dfrac{\partial^2 z}{\partial y \partial x} = \dfrac{0 - 2y}{(x + y^2)^2} = \dfrac{-2y}{(x + y^2)^2}$;

(2) $\dfrac{\partial z}{\partial x} = yx^{y-1}$, $\dfrac{\partial z}{\partial y} = x^y \ln x$,

$\dfrac{\partial^2 z}{\partial x^2} = y(y - 1)x^{y-2}$, $\dfrac{\partial^2 z}{\partial y^2} = x^y (\ln x)^2$,

$\dfrac{\partial^2 z}{\partial x \partial y} = x^{y-1} + yx^{y-1} \ln x$, $\dfrac{\partial^2 z}{\partial y \partial x} = x^y \dfrac{1}{x} + yx^{y-1} \ln x = x^{y-1} + yx^{y-1} \ln x$.

7. 求函数 $z = \dfrac{xy}{x^2 - y^2}$ 当 $x = 2$，$y = 1$，$\Delta x = 0.01$，$\Delta y = 0.03$ 时的全增量和全微分.

**解** $\Delta z = \dfrac{(2.01) \times (1.03)}{(2.01)^2 - (1.03)^2} - \dfrac{2}{3} \approx 0.03$，

因为 $\dfrac{\partial z}{\partial x} = \dfrac{-(y^3 + x^2 y)}{(x^2 - y^2)^2}$，$\dfrac{\partial z}{\partial y} = \dfrac{x^3 + xy^2}{(x^2 - y^2)^2}$，$\dfrac{\partial z}{\partial x}\bigg|_{(2,1)} = -\dfrac{5}{9}$，$\dfrac{\partial z}{\partial y}\bigg|_{(2,1)} = \dfrac{10}{9}$.

所以 $\mathrm{d}z\bigg|_{\substack{x=2,\ \Delta x=0.01 \\ y=1,\ \Delta y=0.03}} = \dfrac{\partial z}{\partial x}\bigg|_{(2,1)} \cdot \Delta x + \dfrac{\partial z}{\partial y}\bigg|_{(2,1)} \cdot \Delta y \approx 0.03$.

8 二维码

8. 此处解析请扫二维码查看.

9. 设 $u = x^y$，而 $x = \varphi(t)$，$y = \psi(t)$ 都是可微函数，求 $\dfrac{\mathrm{d}u}{\mathrm{d}t}$.

**解** $\dfrac{\mathrm{d}u}{\mathrm{d}t} = \dfrac{\partial u}{\partial x} \cdot \dfrac{\mathrm{d}x}{\mathrm{d}t} + \dfrac{\partial u}{\partial y} \cdot \dfrac{\mathrm{d}y}{\mathrm{d}t} = yx^{y-1} \varphi'(t) + x^y \ln x \cdot \psi'(t)$.

10. 设 $z = f(u, v, \omega)$ 具有连续偏导数，而 $u = \eta - \zeta$，$v = \zeta - \xi$，$\omega = \xi - \eta$，求 $\dfrac{\partial z}{\partial \xi}$，$\dfrac{\partial z}{\partial \eta}$，$\dfrac{\partial z}{\partial \zeta}$.

**解** $\dfrac{\partial z}{\partial \xi} = \dfrac{\partial z}{\partial u} \cdot \dfrac{\partial u}{\partial \xi} + \dfrac{\partial z}{\partial v} \cdot \dfrac{\partial v}{\partial \xi} + \dfrac{\partial z}{\partial \omega} \cdot \dfrac{\partial \omega}{\partial \xi} = -\dfrac{\partial z}{\partial v} + \dfrac{\partial z}{\partial \omega}$，

$\dfrac{\partial z}{\partial \eta} = \dfrac{\partial z}{\partial u} \cdot \dfrac{\partial u}{\partial \eta} + \dfrac{\partial z}{\partial v} \cdot \dfrac{\partial v}{\partial \eta} + \dfrac{\partial z}{\partial \omega} \cdot \dfrac{\partial \omega}{\partial \eta} = \dfrac{\partial z}{\partial u} - \dfrac{\partial z}{\partial \omega}$，

$\dfrac{\partial z}{\partial \zeta} = \dfrac{\partial z}{\partial u} \cdot \dfrac{\partial u}{\partial \zeta} + \dfrac{\partial z}{\partial v} \cdot \dfrac{\partial v}{\partial \zeta} + \dfrac{\partial z}{\partial \omega} \cdot \dfrac{\partial \omega}{\partial \zeta} = -\dfrac{\partial z}{\partial u} + \dfrac{\partial z}{\partial v}$.

11. 设 $z = f(u, x, y)$，$u = xe^y$，其中 $f$ 具有连续的二阶偏导数，求 $\dfrac{\partial^2 z}{\partial x \partial y}$.

**解** $\dfrac{\partial z}{\partial x} = f_u \cdot \dfrac{\partial u}{\partial x} + f_x = e^y f_u + f_x$，

$\dfrac{\partial^2 z}{\partial x \partial y} = \dfrac{\partial}{\partial y}(e^y f_u + f_x) = e^y f_u + e^y \cdot \dfrac{\partial}{\partial y} f_u + \dfrac{\partial}{\partial y} f_x$

$= e^y f_u + e^y \left( f_{uu} \cdot \dfrac{\partial u}{\partial y} + f_{uy} \right) + \left( f_{xu} \cdot \dfrac{\partial u}{\partial y} + f_{xy} \right)$

$= e^y f_u + e^y (xe^y f_{uu} + f_{uy}) + (xe^y f_{xu} + f_{xy})$

$= e^y f_u + xe^{2y} f_{uu} + e^y f_{uy} + xe^y f_{xu} + f_{xy}$.

12. 设 $x = e^u \cos v$，$y = e^u \sin v$，$z = uv$，试求 $\dfrac{\partial z}{\partial x}$ 和 $\dfrac{\partial z}{\partial y}$.

**解** $\dfrac{\partial z}{\partial x} = \dfrac{\partial z}{\partial u} \cdot \dfrac{\partial u}{\partial x} + \dfrac{\partial z}{\partial v} \cdot \dfrac{\partial v}{\partial x} = v \dfrac{\partial u}{\partial x} + u \dfrac{\partial v}{\partial x}$，

$\dfrac{\partial z}{\partial y} = \dfrac{\partial z}{\partial u} \cdot \dfrac{\partial u}{\partial y} + \dfrac{\partial z}{\partial v} \cdot \dfrac{\partial v}{\partial y} = v \dfrac{\partial u}{\partial y} + u \dfrac{\partial v}{\partial y}$.

由 $x = e^u \cos v$，$y = e^u \sin v$ 得 $\begin{cases} \mathrm{d}x = e^u \cos v \mathrm{d}u - e^u \sin v \mathrm{d}v \\ \mathrm{d}y = e^u \sin v \mathrm{d}u + e^u \cos v \mathrm{d}v \end{cases}$，解得 $\mathrm{d}u = e^{-u} \cos v \mathrm{d}x + e^{-u} \sin v \mathrm{d}y$，

$\mathrm{d}v = -e^{-u} \sin v \mathrm{d}x + e^{-u} \cos v \mathrm{d}y$，从而

$$\frac{\partial u}{\partial x} = e^{-u}\cos v, \quad \frac{\partial u}{\partial y} = e^{-u}\sin v, \quad \frac{\partial v}{\partial x} = -e^{-u}\sin v, \quad \frac{\partial v}{\partial y} = e^{-u}\cos v.$$

因此

$$\frac{\partial z}{\partial x} = ve^{-u}\cos v + u(-e^{-u}\sin v) = e^{-u}(v\cos v - u\sin v),$$

$$\frac{\partial z}{\partial y} = ve^{-u}\sin v + ue^{-u}\cos v = e^{-u}(v\sin v + u\cos v).$$

13. 求螺旋线 $x = a\cos\theta$, $y = a\sin\theta$, $z = b\theta$ 在点 $(a, 0, 0)$ 处的切线及法平面方程.

**解** 曲线在点 $(a, 0, 0)$ 所对应参数 $\theta$ 应为 $\theta = 0$, 于是曲线在该点处的切向量为

$$\boldsymbol{T} = \left(\frac{dx}{d\theta}, \frac{dy}{d\theta}, \frac{dz}{d\theta}\right)\bigg|_{\theta=0} = (-a\sin\theta, a\cos\theta, b)|_{\theta=0} = (0, a, b).$$

故所求切线的方程为 $\dfrac{x-a}{0} = \dfrac{y}{a} = \dfrac{z}{b}$, 即 $\begin{cases} x = a, \\ by - az = 0. \end{cases}$ 所求法平面方程为 $0(x-a) + ay + bz = 0$, 即 $ay + bz = 0$.

14. 在曲面 $z = xy$ 上求一点, 使这点处的法线垂直于平面 $x + 3y + z + 9 = 0$, 并写出这条法线方程.

**解** 设所求的点为 $(x_0, y_0, z_0)$, 则曲面在该点的法向量为 $\boldsymbol{n} = (y_0, x_0, -1)$. 平面的法向量为 $(1, 3, 1)$. 根据题意, $\boldsymbol{n}$ 垂直于平面, 因此 $\dfrac{y_0}{1} = \dfrac{x_0}{3} = \dfrac{-1}{1}$. 求得 $x_0 = -3$, $y_0 = -1$, $z_0 = x_0 y_0 = 3$, 即所求点为 $(-3, -1, 3)$. 法线方程为

$$\frac{x+3}{1} = \frac{y+1}{3} = \frac{z-3}{1}.$$

15. 设 $\boldsymbol{e}_l = (\cos\theta, \sin\theta)$, 求函数 $f(x, y) = x^2 - xy + y^2$ 在点 $(1, 1)$ 沿方向 $l$ 的方向导数, 并分别确定角 $\theta$, 使这导数有 (1) 最大值, (2) 最小值, (3) 等于 0.

**解** $\dfrac{\partial f}{\partial l} = \dfrac{\partial f}{\partial x}\cos\theta + \dfrac{\partial f}{\partial y}\sin\theta = (2x - y)\cos\theta + (-x + 2y)\sin\theta$, 于是 $\dfrac{\partial f}{\partial l}\bigg|_{(1,1)} = \cos\theta + \sin\theta$, 即所求方向导数为 $\cos\theta + \sin\theta (0 \leqslant \theta \leqslant 2\pi)$.

因为 $\cos\theta + \sin\theta = \sqrt{2}\sin\left(\theta + \dfrac{\pi}{4}\right)$, 所以

(1) 当 $\theta = \dfrac{\pi}{4}$ 时, 方向导数最大, 其最大值为 $\sqrt{2}$;

(2) 当 $\theta = \dfrac{5\pi}{4}$ 时, 方向导数最小, 其最小值为 $-\sqrt{2}$;

(3) 当 $\theta = \dfrac{3\pi}{4}$ 及 $\dfrac{7\pi}{4}$ 时, 方向导数为 0.

16. 求函数 $u = x^2 + y^2 + z^2$ 在椭球面 $\dfrac{x^2}{a^2} + \dfrac{y^2}{b^2} + \dfrac{z^2}{c^2} = 1$ 上点 $M_0(x_0, y_0, z_0)$ 处沿外法线方向的方向导数.

**解** 椭球面 $\dfrac{x^2}{a^2} + \dfrac{y^2}{b^2} + \dfrac{z^2}{c^2} = 1$ 上点 $M_0(x_0, y_0, z_0)$ 处有外法向量为 $\boldsymbol{n} = \left(\dfrac{x_0}{a^2}, \dfrac{y_0}{b^2}, \dfrac{z_0}{c^2}\right)$, 其单位向量为

$$\boldsymbol{e}_n = (\cos\alpha, \cos\beta, \cos\gamma) = \frac{1}{\sqrt{\dfrac{x_0^2}{a^4} + \dfrac{y_0^2}{b^4} + \dfrac{z_0^2}{c^4}}} \left(\dfrac{x_0}{a^2}, \dfrac{y_0}{b^2}, \dfrac{z_0}{c^2}\right),$$

于是 $\left.\dfrac{\partial u}{\partial \boldsymbol{n}}\right|_{(x_0, y_0, z_0)} = u_x(x_0, y_0, z_0)\cos\alpha + u_y(x_0, y_0, z_0)\cos\beta + u_z(x_0, y_0, z_0)\cos\gamma$

$$= \frac{1}{\sqrt{\dfrac{x_0^2}{a^4} + \dfrac{y_0^2}{b^4} + \dfrac{z_0^2}{c^4}}} \left(2x_0 \cdot \dfrac{x_0}{a^2} + 2y_0 \cdot \dfrac{y_0}{b^2} + 2z_0 \cdot \dfrac{z_0}{c^2}\right) = \frac{2}{\sqrt{\dfrac{x_0^2}{a^4} + \dfrac{y_0^2}{b^4} + \dfrac{z_0^2}{c^4}}}.$$

**17.** 求平面 $\dfrac{x}{3} + \dfrac{y}{4} + \dfrac{z}{5} = 1$ 和柱面 $x^2 + y^2 = 1$ 的交线上与 $xOy$ 平面距离最短的点.

**解** 设 $M(x, y, z)$ 为平面和柱面的交线上的一点，则 $M$ 到 $xOy$ 平面的距离的平方为 $z^2$. 问题就成为求函数 $f(x, y, z) = z^2$ 在约束条件 $\dfrac{x}{3} + \dfrac{y}{4} + \dfrac{z}{5} = 1$ 和 $x^2 + y^2 = 1$ 下的最小值问题.

作拉格朗日函数 $F = z^2 + \lambda\left(\dfrac{x}{3} + \dfrac{y}{4} + \dfrac{z}{5} - 1\right) + \mu(x^2 + y^2 - 1)$.

令 $\begin{cases} \dfrac{\partial F}{\partial x} = \dfrac{\lambda}{3} + 2\mu x = 0, \\ \dfrac{\partial F}{\partial y} = \dfrac{\lambda}{4} + 2\mu y = 0, \\ \dfrac{\partial F}{\partial z} = 2z + \dfrac{\lambda}{5} = 0. \end{cases}$ 又由约束条件，有 $\begin{cases} \dfrac{x}{3} + \dfrac{y}{4} + \dfrac{z}{5} = 1, \\ x^2 + y^2 = 1. \end{cases}$ 解方程组得 $x = \dfrac{4}{5}$, $y = \dfrac{3}{5}$, $z = \dfrac{35}{12}$. 于是得到可能的极值点 $M_0\left(\dfrac{4}{5}, \dfrac{3}{5}, \dfrac{35}{12}\right)$. 由题意本身可知，距离最短的点必定存在，因此 $M_0$ 就是所求的点.

**18.** 在第一卦限内作椭球面 $\dfrac{x^2}{a^2} + \dfrac{y^2}{b^2} + \dfrac{z^2}{c^2} = 1$ 的切平面，使该切平面与三坐标面所围成的四面体的体积最小. 求这切平面的切点，并求此最小体积.

**解** 设切点为 $M_0(x_0, y_0, z_0)$, $F(x, y, z) = \dfrac{x^2}{a^2} + \dfrac{y^2}{b^2} + \dfrac{z^2}{c^2} - 1$,

$$\boldsymbol{n} = (F_x, F_y, F_z) = \left(\dfrac{2x}{a^2}, \dfrac{2y}{b^2}, \dfrac{2z}{c^2}\right).$$

曲面在点 $M_0(x_0, y_0, z_0)$ 的切平面方程为 $\dfrac{x_0}{a^2}(x - x_0) + \dfrac{y_0}{b^2}(y - y_0) + \dfrac{z_0}{c^2}(z - z_0) = 0$,

即 $\dfrac{x_0 x}{a^2} + \dfrac{y_0 y}{b^2} + \dfrac{z_0 z}{c^2} = 1$. 于是切平面在三个坐标轴上的截距依次为 $\dfrac{a^2}{x_0}$, $\dfrac{b^2}{y_0}$, $\dfrac{c^2}{z_0}$, 切平面与三个坐标轴所围成的四面体的体积为 $V = \dfrac{1}{6} \cdot \dfrac{a^2 b^2 c^2}{x_0 y_0 z_0}$.

在 $\dfrac{x^2}{a^2} + \dfrac{y^2}{b^2} + \dfrac{z^2}{c^2} = 1$ 的条件下，求 $V$ 的最小值，即求分母 $xyz$ 的最大值. 作拉格朗日函数

$$F(x, y, z) = xyz + \lambda\left(\frac{x^2}{a^2} + \frac{y^2}{b^2} + \frac{z^2}{c^2} - 1\right), \quad 令$$

$$\begin{cases} \dfrac{\partial F}{\partial x} = yz + \dfrac{2\lambda x}{a^2} = 0, \\ \dfrac{\partial F}{\partial y} = xz + \dfrac{2\lambda y}{b^2} = 0, \\ \dfrac{\partial F}{\partial z} = xy + \dfrac{2\lambda z}{c^2} = 0, \end{cases} \text{结合约束条件} \dfrac{x^2}{a^2} + \dfrac{y^2}{b^2} + \dfrac{z^2}{c^2} = 1, \text{解方程组得}$$

$$x = \frac{a}{\sqrt{3}}, \quad y = \frac{b}{\sqrt{3}}, \quad z = \frac{c}{\sqrt{3}}.$$

于是得到可能的极值点 $\left(\dfrac{a}{\sqrt{3}}, \dfrac{b}{\sqrt{3}}, \dfrac{c}{\sqrt{3}}\right)$，由此问题的性质知，所求的切点为 $\left(\dfrac{a}{\sqrt{3}}, \dfrac{b}{\sqrt{3}}, \dfrac{c}{\sqrt{3}}\right)$，四面体的最小体积为 $V = \dfrac{\sqrt{3}}{2}abc$.

19. 某厂家生产的一种产品同时在两个市场销售，售价分别为 $p_1$ 和 $p_2$，销售量分别为 $q_1$ 和 $q_2$，需求函数分别为 $q_1 = 24 - 0.2p_1$，$q_2 = 10 - 0.05p_2$，总成本函数为 $C = 35 + 40(q_1 + q_2)$. 试问：厂家如何确定两个市场的售价，能使其获得的总利润最大，最大总利润为多少？

**解** 总收入函数为：$R = p_1 q_1 + p_2 q_2 = 24p_1 - 0.2p_1^2 + 10p_2 - 0.05p_2^2$.

总利润函数为：$L = R - C = 32p_1 - 0.2p_1^2 - 0.05p_2^2 + 12p_2 - 1395$.

由极值的必要条件，得方程组

$$\begin{cases} \dfrac{\partial L}{\partial p_1} = 32 - 0.4p_1 = 0, \\ \dfrac{\partial L}{\partial p_2} = 12 - 0.1p_2 = 0. \end{cases}$$

解此方程组，得 $p_1 = 80$，$p_2 = 120$.

由问题的实际意义可知，厂家获得总利润最大的市场售价必定存在，故当 $p_1 = 80$，$p_2 = 120$ 时，厂家所获得的总利润最大，其最大总利润为 $L|_{p_1 = 80, p_2 = 120} = 605$.

20. 设有一小山，取它的底面所在的平面为 $xOy$ 坐标面，其底部所占的闭区域为 $D = \{(x, y) \mid x^2 + y^2 - xy \leq 75\}$，小山的高度函数为 $h = f(x, y) = 75 - x^2 - y^2 + xy$.

（1）设 $M(x_0, y_0) \in D$，问 $f(x, y)$ 在该点沿平面上什么方向的方向导数最大，若记此方向导数的最大值为 $g(x_0, y_0)$，试写出 $g(x_0, y_0)$ 的表达式；

（2）现欲利用此小山开展攀岩活动，为此需要在山脚找一上山坡度最大的点作为攀岩的起点. 也就是说，要在 $D$ 的边界线 $x^2 + y^2 - xy = 75$ 上找出（1）中的 $g(x, y)$ 达到最大值的点. 试确定攀岩起点的位置.

**解** （1）由梯度与方向导数的关系知，$h = f(x, y)$ 在点 $M(x_0, y_0)$ 处沿梯度

$$\mathbf{grad}\, f(x_0, y_0) = (y_0 - 2x_0)\mathbf{i} + (x_0 - 2y_0)\mathbf{j}$$

的方向导数最大，方向导数的最大值为该梯度的模，因此

$$g(x_0, y_0) = \sqrt{(y_0 - 2x_0)^2 + (x_0 - 2y_0)^2} = \sqrt{5x_0^2 + 5y_0^2 - 8x_0 y_0}.$$

（2）欲在 $D$ 的边界上求 $g(x, y)$ 达到最大值的点，只需求

$$F(x, y) = g^2(x, y) = 5x^2 + 5y^2 - 8xy$$

达到最大值的点. 因此,作拉格朗日函数

$$L = 5x^2 + 5y^2 - 8xy + \lambda(75 - x^2 - y^2 + xy).$$

令

$$\begin{cases} L_x = 10x - 8y - 2\lambda x + y\lambda = 0, \\ L_y = 10y - 8x - 2\lambda y + x\lambda = 0, \end{cases}$$

又由约束条件,有 $75 - x^2 - y^2 + xy = 0$. 结合方程组得 $(x + y)(2 - \lambda) = 0$. 解得 $y = -x$ 或 $\lambda = 2$.

若 $\lambda = 2$, $y = x$, 则 $x = y = \pm 5\sqrt{3}$.
若 $y = -x$, $x = \pm 5$, 则 $y = \mp 5$.
于是得到四个可能的极值点:

$$M_1(5, -5), M_2(-5, 5), M_3(5\sqrt{3}, 5\sqrt{3}), M_4(-5\sqrt{3}, -5\sqrt{3}).$$

由于 $F(M_1) = F(M_2) = 450$, $F(M_3) = F(M_4) = 150$, 故 $M_1(5, -5)$ 或 $M_2(-5, 5)$ 可作为攀岩的起点.

### 三、提高题目

1. (2009 非数学预赛) 曲面 $z = \dfrac{x^2}{2} + y^2 - 2$ 平行平面 $2x + 2y - z = 0$ 的切平面方程是 _____.

【答案】$2x + 2y - z - 5 = 0$.

【解析】根据题意切平面方程为 $2x + 2y - z + D = 0$. 又因为曲面法向量为

$$(2, 2, -1) = (x, 2y, -1).$$

因此 $x = 2$, $y = 1$, 再根据点在曲面上, 得 $z = 1$, 且点在切平面上, 所以 $D = -5$, 因此切平面方程为 $2x + 2y - z - 5 = 0$.

2. (2010 非数学预赛) 设函数 $f(t)$ 有二阶连续导数, $r = \sqrt{x^2 + y^2}$, $g(x, y) = f\left(\dfrac{1}{r}\right)$, 求 $\dfrac{\partial^2 g}{\partial x^2} + \dfrac{\partial^2 g}{\partial y^2}$.

【答案】$\dfrac{\partial^2 g}{\partial x^2} + \dfrac{\partial^2 g}{\partial y^2} = \dfrac{1}{r^4}f''\left(\dfrac{1}{r}\right) + \dfrac{1}{r^3}f'\left(\dfrac{1}{r}\right)$.

【解析】因为 $\dfrac{\partial r}{\partial x} = \dfrac{x}{r}$, $\dfrac{\partial r}{\partial y} = \dfrac{y}{r}$, 所以

$$\dfrac{\partial g}{\partial x} = -\dfrac{x}{r^3}f'\left(\dfrac{1}{r}\right), \quad \dfrac{\partial^2 g}{\partial x^2} = \dfrac{x^2}{r^6}f''\left(\dfrac{1}{r}\right) + \dfrac{2x^2 - y^2}{r^5}f'\left(\dfrac{1}{r}\right),$$

利用对称性有 $\dfrac{\partial g}{\partial y} = -\dfrac{y}{r^3}f'\left(\dfrac{1}{r}\right)$, $\dfrac{\partial^2 g}{\partial y^2} = \dfrac{y^2}{r^6}f''\left(\dfrac{1}{r}\right) + \dfrac{2y^2 - x^2}{r^5}f'\left(\dfrac{1}{r}\right)$, 因此

$$\dfrac{\partial^2 g}{\partial x^2} + \dfrac{\partial^2 g}{\partial y^2} = \dfrac{1}{r^4}f''\left(\dfrac{1}{r}\right) + \dfrac{1}{r^3}f'\left(\dfrac{1}{r}\right).$$

3. (2011 非数学预赛) 设 $z = z(x, y)$ 是由方程 $F\left(z + \dfrac{1}{x}, z - \dfrac{1}{y}\right) = 0$ 确定的隐函数,

且具有连续的二阶偏导数. 求证：$x^2 \dfrac{\partial z}{\partial x} - y^2 \dfrac{\partial z}{\partial y} = 1$ 和

$$x^3 \dfrac{\partial^2 z}{\partial x^2} + xy(x-y) \dfrac{\partial^2 z}{\partial x \partial y} - y^3 \dfrac{\partial^2 z}{\partial y^2} + 2 = 0.$$

【证明】对方程 $F\left(z + \dfrac{1}{x}, z - \dfrac{1}{y}\right) = 0$ 两边分别关于 $x$，$y$ 求偏导，得

$$\left(\dfrac{\partial z}{\partial x} - \dfrac{1}{x^2}\right)F_1' + \dfrac{\partial z}{\partial x}F_2' = 0, \quad \dfrac{\partial z}{\partial y}F_1' + \left(\dfrac{\partial z}{\partial y} + \dfrac{1}{y^2}\right)F_2' = 0,$$

由此解得 $\dfrac{\partial z}{\partial x} = \dfrac{F_1'}{x^2(F_1' + F_2')}$，$\dfrac{\partial z}{\partial y} = -\dfrac{F_2'}{y^2(F_1' + F_2')}$，所以 $x^2 \dfrac{\partial z}{\partial x} - y^2 \dfrac{\partial z}{\partial y} = 1$.

将上式再分别对 $x$，$y$ 求偏导，$x^2 \dfrac{\partial^2 z}{\partial x^2} - y^2 \dfrac{\partial^2 z}{\partial y \partial x} = -2x\dfrac{\partial z}{\partial x}$，$x^2 \dfrac{\partial^2 z}{\partial x \partial y} - y^2 \dfrac{\partial^2 z}{\partial y^2} = 2y\dfrac{\partial z}{\partial y}$，第一个式子的 $x$ 倍和第二个式子的 $y$ 倍相加可得

$$x^3 \dfrac{\partial^2 z}{\partial x^2} + xy(x-y)\dfrac{\partial^2 z}{\partial x \partial y} - y^3 \dfrac{\partial^2 z}{\partial y^2} + 2 = 0.$$

4. （2012 非数学预赛）已知函数 $z = u(x, y)\mathrm{e}^{ax+by}$，且 $\dfrac{\partial^2 u}{\partial x \partial y} = 0$，确定常数 $a$ 和 $b$，使函数 $z = z(x, y)$ 满足方程 $\dfrac{\partial^2 z}{\partial x \partial y} - \dfrac{\partial z}{\partial x} - \dfrac{\partial z}{\partial y} + z = 0$.

【答案】$a = b = 1$.

【解析】$\dfrac{\partial z}{\partial x} = \mathrm{e}^{ax+by}\left[\dfrac{\partial u}{\partial x} + au(x, y)\right]$，$\dfrac{\partial z}{\partial y} = \mathrm{e}^{ax+by}\left[\dfrac{\partial u}{\partial y} + bu(x, y)\right]$，

$$\dfrac{\partial^2 z}{\partial x \partial y} = \mathrm{e}^{ax+by}\left[b\dfrac{\partial u}{\partial x} + a\dfrac{\partial u}{\partial y} + abu(x, y)\right],$$

因此，$\dfrac{\partial^2 z}{\partial x \partial y} - \dfrac{\partial z}{\partial x} - \dfrac{\partial z}{\partial y} + z = \mathrm{e}^{ax+by}\left[(b-1)\dfrac{\partial u}{\partial x} + (a-1)\dfrac{\partial u}{\partial y} + (ab - a - b + 1)u(x, y)\right]$.

若使 $\dfrac{\partial^2 z}{\partial x \partial y} - \dfrac{\partial z}{\partial x} - \dfrac{\partial z}{\partial y} + z = 0$，只需

$$(b-1)\dfrac{\partial u}{\partial x} + (a-1)\dfrac{\partial u}{\partial y} + (ab - a - b + 1)u(x, y) = 0,$$

解得 $a = b = 1$.

5. （2013 非数学预赛）设函数 $y = y(x)$ 由 $x^3 + 3x^2y - 2y^3 = 2$ 所确定，求 $y(x)$ 的极值.

【答案】$y(0) = -1$ 为极大值，$y(-2) = 1$ 为极小值.

【解析】方程两边对 $x$ 求导，得 $3x^2 + 6xy + 3x^2y' - 6y^2y' = 0$，因此 $y' = \dfrac{x(x+2y)}{2y^2 - x^2}$. 令 $y' = 0$，得 $x(x+2y) = 0 \Rightarrow x = 0$ 或 $x = -2y$.

将 $x = 0$ 和 $x = -2y$ 代入所给方程可得

$$\begin{cases} x = 0, \\ y = -1 \end{cases} \text{或} \begin{cases} x = -2, \\ y = 1. \end{cases}$$

又因为

$$y'' = \frac{(2y^2 - x^2)(2x + 2xy' + 2y) - (x^2 + 2xy)(4yy' - 2x)}{(2y^2 - x^2)^2}\bigg|_{\substack{x=0\\y=-1\\y'=0}} = -1 < 0, \quad y''\bigg|_{\substack{x=-2\\y=1\\y'=0}} > 0.$$

故 $y(0) = -1$ 为极大值，$y(-2) = 1$ 为极小值.

**6.** (2014 非数学预赛) 设有曲面 $S: z = x^2 + 2y^2$ 和平面 $\Pi: 2x + 2y + z = 0$，则与 $\Pi$ 平行的 $S$ 的切平面方程是 _____.

【答案】$2x + 2y + z + \dfrac{3}{2} = 0.$

【解析】设 $P_0(x_0, y_0, z_0)$ 是 $S$ 上一点，则 $S$ 在点 $P_0$ 的切平面方程为
$$-2x_0(x - x_0) - 4y_0(y - y_0) + z - z_0 = 0,$$

由于该切平面与平面 $\Pi$ 平行，因此相应的法向量成比例，即存在常数 $k \neq 0$，使得 $(-2x_0, -4y_0, 1) = k(2, 2, 1)$，解得 $x_0 = -1$，$y_0 = -\dfrac{1}{2}$，$z_0 = \dfrac{3}{2}$，因此所求切平面方程为

$$2x + 2y + z + \frac{3}{2} = 0.$$

**7.** (2015 非数学预赛) 设函数 $z = z(x, y)$ 由方程 $F\left(x + \dfrac{z}{y}, y + \dfrac{z}{x}\right) = 0$ 所决定，其中 $F(u, v)$ 具有连续偏导数，且 $xF_u + yF_v \neq 0$，则 $x\dfrac{\partial z}{\partial x} + y\dfrac{\partial z}{\partial y} =$ _____.

【答案】$z - xy.$

【解析】方程两端关于 $x$ 求偏导数，可得 $\left(1 + \dfrac{1}{y}\dfrac{\partial z}{\partial x}\right)F_u + \left(\dfrac{1}{x}\dfrac{\partial z}{\partial x} - \dfrac{z}{x^2}\right)F_v = 0$，解得

$$x\frac{\partial z}{\partial x} = \frac{y(zF_v - x^2 F_u)}{xF_u + yF_v}.$$

类似地，对 $y$ 求偏导数可得

$$y\frac{\partial z}{\partial y} = \frac{x(zF_u - y^2 F_v)}{xF_u + yF_v}.$$

因此有

$$x\frac{\partial z}{\partial x} + y\frac{\partial z}{\partial y} = \frac{-xy(xF_u + yF_v) + z(xF_u + yF_v)}{xF_u + yF_v} = z - xy.$$

**8.** (2016 非数学预赛) 若 $f(x)$ 有连续导数，且 $f(1) = 2$，记 $z = f(e^x y^2)$. 若 $\dfrac{\partial z}{\partial x} = z$，求 $f(x)$ 在 $x > 0$ 的表达式.

【答案】$f(x) = 2x.$

【解析】由题设得 $\dfrac{\partial z}{\partial x} = f'(e^x y^2) \cdot e^x y^2 = f(e^x y^2)$. 令 $u = e^x y^2$，则当 $u > 0$ 时，有 $uf'(u) = f(u)$. 利用可分离变量方程的求解方法可得

$$\frac{df(u)}{f(u)} = \frac{du}{u} \Rightarrow \ln|f(u)| = \ln|u| + \ln|C| \Rightarrow f(u) = Cu.$$

再根据初值条件 $f(1) = 2$ 得 $C = 2$. 所以当 $x > 0$ 时，$f(x) = 2x$.

**9.** (2016 非数学预赛) 求曲面 $z = \dfrac{x^2}{2} + y^2$ 平行于平面 $2x + 2y - z = 0$ 的切平面方程.

【答案】$2x + 2y - z = 3$.

【解析】曲面在$(x_0, y_0, z_0)$的切平面的法向量为$(x_0, 2y_0, -1)$. 又因为切平面与已知平面平行，从而两平面的法向量平行，所以有 $\dfrac{x_0}{2} = \dfrac{2y_0}{2} = \dfrac{-1}{-1}$，即 $x_0 = 2$，$y_0 = 1$. 进一步得 $z_0 = 3$. 所以切平面方程为 $2x + 2y - z = 3$.

10. （2017 非数学预赛）设 $w = f(u, v)$ 具有二阶连续偏导数，且 $u = x - cy$，$v = x + cy$. 其中 $c$ 为非零常数，则 $w_{xx} - \dfrac{1}{c^2} w_{yy} = $ _____ .

【答案】$4f''_{12}$.

【解析】$w_x = f'_1 + f'_2$，$w_{xx} = f''_{11} + 2f''_{12} + f''_{22}$，

$w_y = c(f'_2 - f'_1)$，$w_{yy} = c(cf''_{11} - cf''_{12} - cf''_{21} + cf''_{22}) = c^2(f''_{11} - 2f''_{12} + f''_{22})$.

所以 $w_{xx} - \dfrac{1}{c^2} w_{yy} = 4f''_{12}$.

11. （2018 非数学决赛）若曲线 $y = y(x)$ 由 $\begin{cases} x = t + \cos t, \\ e^y + ty + \sin t = 1 \end{cases}$ 确定，则此曲线在 $t = 0$ 对应点处的切线方程为 _____ .

【答案】$y - 0 = -(x - 1)$.

【解析】当 $t = 0$ 时，$x = 1$，$y = 0$，对 $x = t + \cos t$ 两边关于 $t$ 求导：$\dfrac{dx}{dt} = 1 - \sin t$，$\dfrac{dx}{dt}\bigg|_{t=0} = 1$. 对 $e^y + ty + \sin t = 1$ 两边关于 $t$ 求导：$e^y \dfrac{dy}{dt} + y + t \dfrac{dy}{dt} + \cos t = 0$，$\dfrac{dy}{dt}\bigg|_{t=0} = -1$，则 $\dfrac{dy}{dx}\bigg|_{t=0} = -1$，所以切线方程为 $y - 0 = -(x - 1)$.

12. （2019 非数学预赛）已知 $du(x, y) = \dfrac{y dx - x dy}{3x^2 - 2xy + 3y^2}$，则 $u(x, y) = $ _____ .

【答案】$\dfrac{1}{2\sqrt{2}} \arctan \dfrac{3}{2\sqrt{2}} \left( \dfrac{x}{y} - \dfrac{1}{3} \right) + C$.

【解析】$du(x, y) = \dfrac{y dx - x dy}{3x^2 - 2xy + 3y^2} = \dfrac{d\left(\dfrac{x}{y}\right)}{3\left(\dfrac{x}{y}\right)^2 - 2 \dfrac{x}{y} + 3}$

$= \dfrac{1}{2\sqrt{2}} d\left[ \arctan \dfrac{3}{2\sqrt{2}} \left( \dfrac{x}{y} - \dfrac{1}{3} \right) \right]$，

所以 $u(x, y) = \dfrac{1}{2\sqrt{2}} \arctan \dfrac{3}{2\sqrt{2}} \left( \dfrac{x}{y} - \dfrac{1}{3} \right) + C$.

13. （2019 非数学预赛）设 $a$，$b$，$c$，$\mu > 0$，曲面 $xyz = \mu$ 与曲面 $\dfrac{x^2}{a^2} + \dfrac{y^2}{b^2} + \dfrac{z^2}{c^2} = 1$ 相切，则 $\mu = $ _____ .

【答案】$\dfrac{abc}{3\sqrt{3}}$.

【解析】根据题意有，$yz = \frac{2x}{a^2}\lambda$，$xz = \frac{2y}{b^2}\lambda$，$xy = \frac{2z}{c^2}\lambda$，以及 $\mu = 2\lambda\frac{x^2}{a^2} = 2\lambda\frac{y^2}{b^2} = 2\lambda\frac{z^2}{c^2}$，从而得 $\mu^3 = \frac{8\lambda^3}{a^2b^2c^2}$，$3\mu = 2\lambda$，联立解得 $\mu = \frac{abc}{3\sqrt{3}}$.

14. (2010 数一) 设函数 $z = z(x, y)$ 由方程 $F\left(\frac{y}{x}, \frac{z}{x}\right) = 0$ 确定，其中 $F$ 为可微函数，且 $F_2' \neq 0$，则 $x\frac{\partial z}{\partial x} + y\frac{\partial z}{\partial y} = (\quad)$.

(A) $x$　　　　　　(B) $z$　　　　　　(C) $-x$　　　　　　(D) $-z$

【答案】B.

【解析】因为 $\frac{\partial z}{\partial x} = -\frac{F_x}{F_z} = -\frac{F_1'\left(-\frac{y}{x^2}\right) + F_2'\left(-\frac{z}{x^2}\right)}{F_2' \cdot \frac{1}{x}} = \frac{F_1' \cdot \frac{y}{x} + F_2' \cdot \frac{z}{x}}{F_2'}$,

$$\frac{\partial z}{\partial y} = -\frac{F_y}{F_z} = -\frac{F_1' \cdot \frac{1}{x}}{F_2' \cdot \frac{1}{x}} = -\frac{F_1'}{F_2'}.$$

所以 $x\frac{\partial z}{\partial x} + y\frac{\partial z}{\partial y} = \frac{yF_1' + zF_2'}{F_2'} - \frac{yF_1'}{F_2'} = \frac{zF_2'}{F_2'} = z$. 因此选 B.

15. (2012 数一) 如果函数 $f(x, y)$ 在 $(0, 0)$ 处连续，那么下列命题中正确的是 $(\quad)$.

(A) 若极限 $\lim\limits_{\substack{x \to 0 \\ y \to 0}} \frac{f(x, y)}{|x| + |y|}$ 存在，则 $f(x, y)$ 在 $(0, 0)$ 处可微

(B) 若极限 $\lim\limits_{\substack{x \to 0 \\ y \to 0}} \frac{f(x, y)}{x^2 + y^2}$ 存在，则 $f(x, y)$ 在 $(0, 0)$ 处可微

(C) 若 $f(x, y)$ 在 $(0, 0)$ 处可微，则极限 $\lim\limits_{\substack{x \to 0 \\ y \to 0}} \frac{f(x, y)}{|x| + |y|}$ 存在

(D) 若 $f(x, y)$ 在 $(0, 0)$ 处可微，则极限 $\lim\limits_{\substack{x \to 0 \\ y \to 0}} \frac{f(x, y)}{x^2 + y^2}$ 存在

【答案】B.

【解析】若极限 $\lim\limits_{\substack{x \to 0 \\ y \to 0}} \frac{f(x, y)}{x^2 + y^2}$ 存在，则有 $\lim\limits_{\substack{x \to 0 \\ y \to 0}} f(x, y) = 0$. 又由函数 $f(x, y)$ 在 $(0, 0)$ 处连续，可知 $f(0, 0) = 0$，则

$$f_1'(0, 0) = \lim_{x \to 0} \frac{f(x, 0) - f(0, 0)}{x} = \lim_{x \to 0} \frac{f(x, 0)}{x^2 + 0} \cdot x = 0.$$

同理可得 $f_2'(0, 0) = 0$. 于是 $\lim\limits_{\substack{x \to 0 \\ y \to 0}} \frac{f(x, y) - f(0, 0) - [f_1'(0, 0)x + f_2'(0, 0)y]}{\sqrt{x^2 + y^2}}$

$= \lim\limits_{\substack{x \to 0 \\ y \to 0}} \frac{f(x, y)}{\sqrt{x^2 + y^2}} = \lim\limits_{\substack{x \to 0 \\ y \to 0}} \frac{f(x, y)}{x^2 + y^2} \cdot \sqrt{x^2 + y^2} = 0.$

由微分的定义可知 $f(x, y)$ 在 $(0, 0)$ 处可微.

**16.** (2016 数一) 设函数 $f(u, v)$ 可微, $z = z(x, y)$ 由方程 $(x+1)z - y^2 = x^2 f(x-z, y)$ 确定, 则 $\mathrm{d}z\big|_{(0, 1)} = $ _____.

【答案】 $-\mathrm{d}x + 2\mathrm{d}y$.

【解析】 当 $x = 0$, $y = 1$ 时, $z = 1$. 对方程两边求全微分:
$$z\mathrm{d}x + (x+1)\mathrm{d}z - 2y\mathrm{d}y = 2xf(x-z, y)\mathrm{d}x + x^2[f_1'(\mathrm{d}x - \mathrm{d}z) + f_2'\mathrm{d}y],$$
把 $x = 0$, $y = 1$, $z = 1$ 代入上式, 有 $\mathrm{d}z\big|_{(0, 1)} = -\mathrm{d}x + 2\mathrm{d}y$.

**17.** (2017 数一) 设函数 $f(u, v)$ 具有 2 阶连续偏导数, $y = f(e^x, \cos x)$, 求 $\dfrac{\mathrm{d}y}{\mathrm{d}x}\bigg|_{x=0}$, $\dfrac{\mathrm{d}^2 y}{\mathrm{d}x^2}\bigg|_{x=0}$.

【答案】 $\dfrac{\mathrm{d}y}{\mathrm{d}x}\bigg|_{x=0} = f_1'(1, 1)$, $\dfrac{\mathrm{d}^2 y}{\mathrm{d}x^2}\bigg|_{x=0} = f_{11}''(1, 1) + f_1'(1, 1) - f_2'(1, 1)$.

【解析】 利用复合函数求导公式:
$$\frac{\mathrm{d}y}{\mathrm{d}x} = f_1' e^x - f_2' \sin x,$$
$$\frac{\mathrm{d}^2 y}{\mathrm{d}x^2} = (f_{11}'' e^x - f_{12}'' \sin x) e^x + f_1' e^x - (f_{21}'' e^x - f_{22}'' \sin x) \sin x - f_2' \cos x.$$

因而 $\dfrac{\mathrm{d}y}{\mathrm{d}x}\bigg|_{x=0} = f_1'(1, 1)$, $\dfrac{\mathrm{d}^2 y}{\mathrm{d}x^2}\bigg|_{x=0} = f_{11}''(1, 1) + f_1'(1, 1) - f_2'(1, 1)$.

**18.** (2020 数一) 设函数 $f(x, y)$ 在点 $(0, 0)$ 处可微,
$$f(0, 0) = 0, \quad \boldsymbol{n} = \left(\frac{\partial f}{\partial x}, \frac{\partial f}{\partial y}, -1\right)\bigg|_{(0, 0)},$$
非零向量 $\boldsymbol{a}$ 与 $\boldsymbol{n}$ 垂直, 则 ( ).

(A) $\lim\limits_{(x, y) \to (0, 0)} \dfrac{|\boldsymbol{n} \cdot (x, y, f(x, y))|}{\sqrt{x^2 + y^2}}$ 存在

(B) $\lim\limits_{(x, y) \to (0, 0)} \dfrac{|\boldsymbol{n} \times (x, y, f(x, y))|}{\sqrt{x^2 + y^2}}$ 存在

(C) $\lim\limits_{(x, y) \to (0, 0)} \dfrac{|\boldsymbol{a} \cdot (x, y, f(x, y))|}{\sqrt{x^2 + y^2}}$ 存在

(D) $\lim\limits_{(x, y) \to (0, 0)} \dfrac{|\boldsymbol{a} \times (x, y, f(x, y))|}{\sqrt{x^2 + y^2}}$ 存在

【答案】 A.

【解析】 利用函数 $z = f(x, y)$ 在 $(x_0, y_0)$ 处可微的充要条件 $\lim\limits_{\substack{\Delta x \to 0 \\ \Delta y \to 0}} \dfrac{\Delta z - f_x' \Delta x - f_y' \Delta y}{\sqrt{\Delta x^2 + \Delta y^2}} = 0$, 因为函数 $f(x, y)$ 在点 $(0, 0)$ 处可微, 则
$$\lim_{\substack{x \to 0 \\ y \to 0}} \frac{f(x, y) - [f_x'(0, 0)x + f_y'(0, 0)y]}{\sqrt{x^2 + y^2}} = 0.$$
而 $\boldsymbol{n} \cdot (x, y, f(x, y)) = f_x'(0, 0)x + f_y'(0, 0)y - f(x, y)$, 有

$$\lim_{(x, y) \to (0, 0)} \frac{\boldsymbol{n} \cdot (x, y, f(x, y))}{\sqrt{x^2 + y^2}} = 0 \Rightarrow \lim_{(x, y) \to (0, 0)} \frac{|\boldsymbol{n} \cdot (x, y, f(x, y))|}{\sqrt{x^2 + y^2}} = 0.$$

19. (2013 数一) 求函数 $f(x, y) = \left(y + \dfrac{x^3}{3}\right) e^{x+y}$ 的极值.

【解析】令 $f_x(x, y) = x^2 e^{x+y} + \left(y + \dfrac{x^3}{3}\right) e^{x+y} = \left(x^2 + y + \dfrac{x^3}{3}\right) e^{x+y} = 0$,

$f_y(x, y) = e^{x+y} + \left(y + \dfrac{x^3}{3}\right) e^{x+y} = \left(1 + y + \dfrac{x^3}{3}\right) e^{x+y} = 0$,

即 $\begin{cases} x^2 + y + \dfrac{x^3}{3} = 0, \\ 1 + y + \dfrac{x^3}{3} = 0, \end{cases}$ 解得 $\begin{cases} x = 1, \\ y = -\dfrac{4}{3} \end{cases}$ 或 $\begin{cases} x = -1, \\ y = -\dfrac{2}{3}. \end{cases}$

因此，可能极值点为 $\left(1, -\dfrac{4}{3}\right)$, $\left(-1, -\dfrac{2}{3}\right)$, 易得

$$f_{xx}(x, y) = \left(2x + 2x^2 + y + \dfrac{x^3}{3}\right) e^{x+y},$$

$$f_{xy}(x, y) = \left(1 + x^2 + y + \dfrac{x^3}{3}\right) e^{x+y},$$

$$f_{yy}(x, y) = \left(2 + y + \dfrac{x^3}{3}\right) e^{x+y},$$

在驻点 $\left(1, -\dfrac{4}{3}\right)$ 处, $A = f_{xx}\left(1, -\dfrac{4}{3}\right) = 3e^{-\frac{1}{3}}$, $B = f_{xy}\left(1, -\dfrac{4}{3}\right) = e^{-\frac{1}{3}}$, $C = f_{yy}\left(1, -\dfrac{4}{3}\right) = e^{-\frac{1}{3}}$, 由 $B^2 - AC = -2e^{-\frac{2}{3}} < 0$, 且 $A > 0$, 如函数在点 $\left(1, -\dfrac{4}{3}\right)$ 处取得极小值为 $-e^{-\frac{1}{3}}$.

在驻点 $\left(-1, -\dfrac{2}{3}\right)$ 处, $A = f_{xx}\left(-1, -\dfrac{2}{3}\right) = -e^{-\frac{5}{3}}$, $B = f_{xy}\left(-1, -\dfrac{2}{3}\right) = e^{-\frac{5}{3}}$, $C = f_{yy}\left(-1, -\dfrac{2}{3}\right) = e^{-\frac{5}{3}}$, 由 $B^2 - AC = 2e^{-\frac{10}{3}} > 0$ 知函数在点 $\left(-1, -\dfrac{2}{3}\right)$ 没有极值.

综上所述，此函数只在点 $\left(1, -\dfrac{4}{3}\right)$ 处取得极小值为 $-e^{-\frac{1}{3}}$.

20. (2015 数一) 已知函数 $f(x, y) = x + y + xy$, 曲线 $C: x^2 + y^2 + xy = 3$, 求 $f(x, y)$ 在曲线 $C$ 上的最大方向导数.

【解析】函数在一点处沿梯度方向的方向导数最大, 进而转化为条件最值问题.
函数 $f(x, y) = x + y + xy$ 在点 $(x, y)$ 处的最大方向导数为
$$\sqrt{f_x^2(x, y) + f_y^2(x, y)} = \sqrt{(1+y)^2 + (1+x)^2}.$$
构造拉格朗日函数
$$L(x, y, \lambda) = (1+y)^2 + (1+x)^2 + \lambda(x^2 + y^2 + xy - 3).$$
所以

$$\begin{cases} L_x(x, y, \lambda) = 2(1+x) + 2\lambda x + \lambda y = 0, \\ L_y(x, y, \lambda) = 2(1+y) + 2\lambda y + \lambda x = 0, \\ L_\lambda(x, y, \lambda) = x^2 + y^2 + xy - 3 = 0. \end{cases}$$

根据前两式可得 $(y-x)(2+\lambda) = 0$, 若 $y = x$, 则 $y = x = \pm 1$, 若 $\lambda = -2$, 则 $x = -1$, $y = 2$ 或 $x = 2$, $y = -1$. 把四个点的坐标代入 $\sqrt{(1+y)^2 + (1+x)^2}$ 中, $f(x, y)$ 在曲线 $C$ 上的最大方向导数为 3.

21. （2005 数二）已知函数 $z = f(x, y)$ 的全微分 $\mathrm{d}z = 2x\mathrm{d}x - 2y\mathrm{d}y$, 并且 $f(1, 1) = 2$, 求 $f(x, y)$ 在椭圆域 $D = \left\{(x, y) \mid x^2 + \dfrac{y^2}{4} \leq 1\right\}$ 上的最大值和最小值.

【解析】由全微分可知, $\dfrac{\partial f}{\partial x} = 2x$, $\dfrac{\partial f}{\partial y} = -2y$, 于是 $f(x, y) = x^2 + C(y)$, 且 $C'(y) = -2y$, 从而 $C(y) = -y^2 + C_1$. 再根据初值条件 $f(1, 1) = 2$ 得 $C_1 = 2$. 因此 $f(x, y) = x^2 - y^2 + 2$.

令 $\dfrac{\partial f}{\partial x} = 0$, $\dfrac{\partial f}{\partial y} = 0$, 得可能极值点为 $x = 0$, $y = 0$, 且

$$A = \left.\dfrac{\partial^2 f}{\partial x^2}\right|_{(0,0)} = 2, \quad B = \left.\dfrac{\partial^2 f}{\partial x \partial y}\right|_{(0,0)} = 0, \quad C = \left.\dfrac{\partial^2 f}{\partial y^2}\right|_{(0,0)} = -2, \quad \Delta = B^2 - AC = 4 > 0,$$

所以点 $(0, 0)$ 不是极值点, 从而也不是最值点.

因此考虑其在边界曲线 $x^2 + \dfrac{y^2}{4} = 1$ 上的情形: 作拉格朗日函数为

$$F(x, y, \lambda) = f(x, y) + \lambda\left(x^2 + \dfrac{y^2}{4} - 1\right).$$

令

$$\begin{cases} F_x(x, y, \lambda) = \dfrac{\partial f}{\partial x} + 2\lambda x = 2(1+\lambda)x = 0, \\ F_y(x, y, \lambda) = \dfrac{\partial f}{\partial y} + \dfrac{\lambda y}{2} = -2y + \dfrac{\lambda y}{2} = 0, \\ F_\lambda(x, y, \lambda) = x^2 + \dfrac{y^2}{4} - 1 = 0, \end{cases}$$

解得可能极值点

$$x = 0, y = 2, \lambda = 4; \quad x = 0, y = -2, \lambda = 4;$$
$$x = 1, y = 0, \lambda = -1; \quad x = -1, y = 0, \lambda = -1;$$

代入 $f(x, y)$ 得 $f(0, \pm 2) = -2$, $f(\pm 1, 0) = 3$, 可见 $z = f(x, y)$ 在区域

$$D = \left\{(x, y) \mid x^2 + \dfrac{y^2}{4} \leq 1\right\}$$

内的最大值为 3, 最小值为 $-2$.

22. （2011 数三）已知函数 $f(u, v)$ 具有二阶连续偏导数, $f(1, 1) = 2$ 是 $f(u, v)$ 的极

值, $z = f[x+y, f(x, y)]$. 求 $\left.\dfrac{\partial^2 z}{\partial x \partial y}\right|_{\substack{x=1 \\ y=1}}$.

**【答案】** $\left.\dfrac{\partial^2 z}{\partial x \partial y}\right|_{\substack{x=1 \\ y=1}} = f_{uu}(2, 2) + f_v(2, 2) f_{uv}(1, 1)$.

**【解析】** 根据链式求导法则, $\dfrac{\partial z}{\partial x} = z_u + z_v v_x$, 其中 $u = x + y$, $v = f(x, y)$, 所以

$$\dfrac{\partial^2 z}{\partial x \partial y} = z_{uu} + z_{uv} v_y + (z_{vu} + z_{vv} v_y) v_x + z_v v_{xy}.$$

由于 $f(1, 1) = 2$ 是 $f(u, v)$ 的极值, 则 $v_x(1, 1) = f_x(1, 1) = 0$, $v_y(1, 1) = f_y(1, 1) = 0$.

令 $x = y = 1$, 得

$$\left.\dfrac{\partial^2 z}{\partial x \partial y}\right|_{\substack{x=1 \\ y=1}} = z_{uu}(2, 2) + z_v(2, 2) v_{xy}(1, 1) = f_{uu}(2, 2) + f_v(2, 2) f_{uv}(1, 1).$$

23. (2014 数一) 设函数 $f(u)$ 具有二阶连续导数, $z = f(e^x \cos y)$ 满足 $\dfrac{\partial^2 z}{\partial x^2} + \dfrac{\partial^2 z}{\partial y^2} = (4z + e^x \cos y) e^{2x}$. 若 $f(0) = 0$, $f'(0) = 0$, 求 $f(u)$ 的表达式.

**【答案】** $f(u) = \dfrac{1}{16} e^{2u} - \dfrac{1}{16} e^{-2u} - \dfrac{1}{4} u$.

**【解析】** 根据已知的关系式, 变形得到关于 $f(u)$ 的微分方程, 解微分方程求得 $f(u)$ 的表达式. 由 $z = f(e^x \cos y)$ 得

$$\dfrac{\partial z}{\partial x} = f'(e^x \cos y) \cdot e^x \cos y, \quad \dfrac{\partial z}{\partial y} = f'(e^x \cos y) \cdot (-e^x \sin y),$$

$$\dfrac{\partial^2 z}{\partial x^2} = f''(e^x \cos y) \cdot (e^x \cos y)^2 + f'(e^x \cos y) \cdot e^x \cos y$$

$$= f''(e^x \cos y) \cdot (e^{2x} \cos^2 y) + f'(e^x \cos y) \cdot e^x \cos y,$$

$$\dfrac{\partial^2 z}{\partial y^2} = f''(e^x \cos y) \cdot (-e^x \sin y)^2 + f'(e^x \cos y) \cdot (-e^x \cos y)$$

$$= f''(e^x \cos y) \cdot (e^{2x} \sin^2 y) - f'(e^x \cos y) \cdot e^x \cos y,$$

由 $\dfrac{\partial^2 z}{\partial x^2} + \dfrac{\partial^2 z}{\partial y^2} = (4z + e^x \cos y) e^{2x}$, 代入得

$$f''(e^x \cos y) \cdot e^{2x} = [4f(e^x \cos y) + e^x \cos y] e^{2x},$$

即 $f''(e^x \cos y) - 4f(e^x \cos y) = e^x \cos y$, 令 $e^x \cos y = u$, 得 $f''(u) - 4f(u) = u$, 特征方程 $\lambda^2 - 4 = 0$, $\lambda = \pm 2$, 得齐次方程通解 $\bar{y} = C_1 e^{2u} + C_2 e^{-2u}$.

设特解 $y^* = au + b$ 代入方程得 $a = -\dfrac{1}{4}$, $b = 0$, 特解 $y^* = -\dfrac{1}{4} u$, 则原方程通解为

$$y = f(u) = C_1 e^{2u} + C_2 e^{-2u} - \dfrac{1}{4} u,$$

由 $f(0) = 0$, $f'(0) = 0$, 得 $C_1 = \dfrac{1}{16}$, $C_2 = -\dfrac{1}{16}$, 则

$$y = f(u) = \frac{1}{16}e^{2u} - \frac{1}{16}e^{-2u} - \frac{1}{4}u.$$

24. （2012 数一）$\mathbf{grad}\left(xy + \dfrac{z}{y}\right)\bigg|_{(2,1,1)} = $ _____.

   【答案】$(1, 1, 1)$ 或 $\boldsymbol{i} + \boldsymbol{j} + \boldsymbol{k}$.

   【解析】根据梯度定义 $\mathbf{grad}f(x, y, z) = \left(\dfrac{\partial f}{\partial x}, \dfrac{\partial f}{\partial y}, \dfrac{\partial f}{\partial z}\right)$，得

   $$\mathbf{grad}\left(xy + \frac{z}{y}\right)\bigg|_{(2,1,1)} = \left(y, x - \frac{z}{y^2}, \frac{1}{y}\right)\bigg|_{(2,1,1)} = (1, 1, 1).$$

25. （2017 数一）函数 $f(x, y, z) = x^2 y + z^2$ 在点 $(1, 2, 0)$ 处沿向量 $\boldsymbol{n} = (1, 2, 2)$ 的方向导数为（　　）.

   (A) 12　　　　(B) 6　　　　(C) 4　　　　(D) 2

   【答案】D.

   【解析】$\dfrac{\partial f}{\partial x}\bigg|_{(1,2,0)} = 2xy\big|_{(1,2,0)} = 4$，$\dfrac{\partial f}{\partial y}\bigg|_{(1,2,0)} = x^2\big|_{(1,2,0)} = 1$，$\dfrac{\partial f}{\partial z}\bigg|_{(1,2,0)} = 2z\big|_{(1,2,0)} = 0$，

   $\dfrac{\boldsymbol{n}}{|\boldsymbol{n}|} = \left(\dfrac{1}{3}, \dfrac{2}{3}, \dfrac{2}{3}\right)$，所求方向导数为 $\dfrac{\partial f}{\partial \boldsymbol{n}}\bigg|_{(1,2,0)} = 4 \times \dfrac{1}{3} + 1 \times \dfrac{2}{3} + 0 \times \dfrac{2}{3} = 2$，故选 D.

26. （2013 数一）曲面 $x^2 + \cos(xy) + yz + x = 0$ 在点 $(0, 1, -1)$ 处的切平面方程为（　　）.

   (A) $x - y + z = -2$　　　　　　(B) $x + y + z = 0$
   (C) $x - 2y + z = -3$　　　　　(D) $x - y - z = 0$

   【答案】A.

   【解析】令 $F(x, y, z) = x^2 + \cos(xy) + yz + x$，则
   $$F_x(0, 1, -1) = [2x - y\sin(xy) + 1]\big|_{(0,1,-1)} = 1,$$
   $$F_y(0, 1, -1) = [-x\sin(xy) + z]\big|_{(0,1,-1)} = -1,$$
   $$F_z(0, 1, -1) = y\big|_{(0,1,-1)} = 1,$$

   所以曲面在点 $(0, 1, -1)$ 处的法向量为 $(1, -1, 1)$.

   所求切曲面方程为 $1 \cdot (x - 0) + (-1) \cdot (y - 1) + 1 \cdot (z + 1) = 0$，即 $x - y + z = -2$，故选 A.

27. （2018 数一）过点 $(1, 0, 0)$，$(0, 1, 0)$，且与曲线 $z = x^2 + y^2$ 相切的平面是（　　）.

   (A) $z = 0$ 与 $x + y - z = 1$　　　　(B) $z = 0$ 与 $2x + 2y - z = 2$
   (C) $x = y$ 与 $x + y - z = 1$　　　　(D) $x = y$ 与 $2x + 2y - z = 2$

   【答案】B.

   【解析】设切点坐标为 $(x_0, y_0, z_0)$，则 $\begin{cases} z_0 = x_0^2 + y_0^2, \\ (2x_0, 2y_0^2, -1) \cdot (1, -1, 0) = 0, \\ (2x_0, 2y_0, -1) \cdot (x_0 - 1, y_0, z_0) = 0, \end{cases}$

解得 $\begin{cases} x_0 = 0, \\ y_0 = 0, \\ z_0 = 0 \end{cases}$ 或 $\begin{cases} x_0 = 1, \\ y_0 = 1, \\ z_0 = 2, \end{cases}$ 所求切平面为 $z = 0$ 或 $2x + 2y - z = 2$.

## 四、章自测题（章自测题的解析请扫二维码查看）

1. 选择题.

(1) 二元函数 $f(x, y) = \begin{cases} \dfrac{xy}{x^2 + y^2}, & (x, y) \neq (0, 0), \\ 0, & (x, y) = (0, 0) \end{cases}$ 在点 $(0, 0)$ 处 (　　).

(A) 连续，偏导数存在      (B) 连续，偏导数不存在

(C) 不连续，偏导数存在      (D) 不连续，偏导数不存在

(2) $z = f(x, y)$ 在 $P_0(x_0, y_0)$ 处 $f_x(x, y)$，$f_y(x, y)$ 存在是函数在该点可微分的 (　　).

(A) 必要条件      (B) 充分条件

(A) 充要条件      (D) 既非必要也非充分条件

(3) 曲面 $e^z - z + xy = 3$ 在点 $(2, 1, 0)$ 处的切平面方程是 (　　).

(A) $2x + y - 4 = 0$      (B) $2x + y - z = 4$

(C) $x + 2y - 4 = 0$      (D) $2x + y - 5 = 0$

(4) 设可微函数 $f(x, y)$ 在点 $(x_0, y_0)$ 处取得极小值，则下列结论正确的是 (　　).

(A) $f(x_0, y)$ 在 $y = y_0$ 处的导数等于零

(B) $f(x_0, y)$ 在 $y = y_0$ 处的导数大于零

(C) $f(x_0, y)$ 在 $y = y_0$ 处的导数小于零

(D) $f(x_0, y)$ 在 $y = y_0$ 处的导数不存在

(5) 已知函数 $u = f(t, x, y)$，$x = \varphi(s, t)$，$y = \phi(s, t)$ 均有一阶连续偏导数，那么 $\dfrac{\partial u}{\partial t}$ = (　　).

(A) $f_x \varphi_t + f_y \phi_t$      (B) $f_t + f_x \varphi_t + f_y \phi_t$

(B) $f \cdot \varphi_t + f \cdot \phi_t$      (D) $f_t + f \cdot \varphi_t + f \cdot \phi_t$

2. 填空题.

(1) 设 $z = \ln(x - y) + \dfrac{\sqrt{y}}{\sqrt{a^2 - x^2 - y^2}}$，则 $z$ 的定义域为 _____.

(2) 设 $f(x, y) = \dfrac{xy}{x^2 + y}$，则 $f\left(xy, \dfrac{x}{y}\right) = $ _____.

(3) 已知 $f(x, y) = x + (y - 1)\arcsin\sqrt{\dfrac{x}{y}}$，则 $f_x(x, 1) = $ _____.

(4) 函数 $u = \ln(x + \sqrt{y^2 + z^2})$ 在点 $A(1, 0, 1)$ 处沿点 $A$ 指向点 $B(3, -2, 2)$ 方向的方向导数为 _____.

(5) 设 $z = e^{\sin xy}$，则 $dz = $ _____.

3. 计算题.

(1) 求 $\lim\limits_{(x, y)\to(0, 0)} \dfrac{1 - \sqrt{xy + 1}}{xy}$.

(2) 设函数 $F(x, y) = \int_0^{xy} \dfrac{\sin t}{1 + t^2} \mathrm{d}t$，求 $\left.\dfrac{\partial^2 F}{\partial x^2}\right|_{(0, 2)}$.

(3) 设 $u = \ln(x + y^2)$，求 $u$ 关于 $y$ 的二阶偏导数.

4. 设 $f(x, y) = \begin{cases} \dfrac{2x^3}{x^2 + y^2}, & (x, y) \neq (0, 0), \\ 0, & (x, y) = (0, 0), \end{cases}$ 求 $f_x'(0, 0), f_y'(0, 0)$.

5. 设 $u = f\left(\dfrac{x}{y}, \dfrac{y}{z}\right)$，且 $f$ 具有二阶连续偏导数，求 $\dfrac{\partial^2 u}{\partial x^2}, \dfrac{\partial^2 u}{\partial x \partial y}, \dfrac{\partial^2 u}{\partial y^2}$.

6. 设 $u = f(x, y, z)$ 有连续偏导数，$y = y(x), z = z(x)$ 分别由方程 $\mathrm{e}^{xy} - y = 0$ 和 $\mathrm{e}^z - xz = 0$ 所确定，求 $\dfrac{\mathrm{d}u}{\mathrm{d}x}$.

7. 设函数 $f(x, y, z) = axy^2 + byz^2 + czx^2$，若 $f(x, y, z)$ 在 $(1, 1, -1)$ 处沿 $z$ 轴正方向有最大增长率 $18$，求 $a、b、c$ 的值.

8. 欲造一个无盖的长方体容器，已知底部造价为 $3$ 元$/\mathrm{m}^2$，侧面造价均为 $1$ 元$/\mathrm{m}^2$，现想用 $36$ 元造一个容积最大的容器，求它的尺寸.

# 第十章

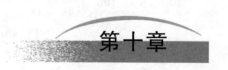

# 重积分

## 一、主要内容

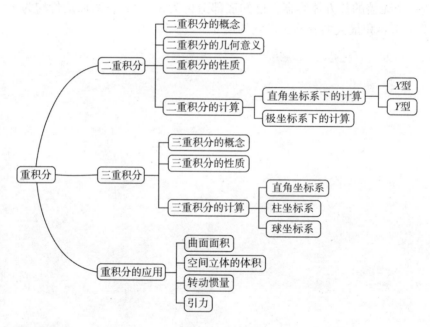

## 二、习题讲解

**习题 10-1 解答 二重积分的概念与性质**

1. 设有一平面薄板（不计其厚度），占有 $xOy$ 面上的闭区域 $D$，薄板上分布有面密度为 $\mu=\mu(x,y)$ 的电荷，且 $\mu(x,y)$ 在 $D$ 上连续，试用二重积分表达该薄板上的全部电荷 $Q$.

**解** 板上的全部电荷应等于电荷的面密度 $\mu(x,y)$ 在该板所占闭区域 $D$ 上的二重积分

$$Q = \iint\limits_{D} \mu(x, y) \, d\sigma.$$

2. 设 $I_1 = \iint\limits_{D_1}(x^2+y^2)^3 d\sigma$, 其中 $D_1 = \{(x,y) \mid -1 \leq x \leq 1, -2 \leq y \leq 2\}$;

又 $I_2 = \iint\limits_{D_2}(x^2+y^2)^3 d\sigma$, 其中 $D_2 = \{(x,y) \mid 0 \leq x \leq 1, 0 \leq y \leq 2\}$.

试利用二重积分的几何意义说明 $I_1$ 与 $I_2$ 之间的关系.

**解** $I_1$ 表示由曲面 $z=(x^2+y^2)^3$ 与平面 $x=\pm 1$, $y=\pm 2$ 以及 $z=0$ 围成的立体 $V$ 的体积.
$I_2$ 表示由曲面 $z=(x^2+y^2)^3$ 与平面 $x=0$, $x=1$, $y=0$, $y=2$ 以及 $z=0$ 围成的立体 $V_1$ 的体积.

显然立体 $V$ 关于 $yOz$ 面、$xOz$ 面对称, 因此 $V_1$ 是 $V$ 位于第一卦限中的部分, 故
$$V = 4V_1, \text{ 即 } I_1 = 4I_2.$$

3. 利用二重积分定义证明:

(1) $\iint\limits_{D} d\sigma = \sigma$ (其中 $\sigma$ 为 $D$ 的面积);

(2) $\iint\limits_{D} kf(x,y) d\sigma = k\iint\limits_{D} f(x,y) d\sigma$ (其中 $k$ 为常数);

(3) $\iint\limits_{D} f(x,y) d\sigma = \iint\limits_{D_1} f(x,y) d\sigma + \iint\limits_{D_2} f(x,y) d\sigma$, 其中 $D = D_1 \cup D_2$, $D_1$、$D_2$ 为两个无公共内点的闭区域.

**证** (1) 由二重积分的定义可知, $\iint\limits_{D} f(x,y) d\sigma = \lim\limits_{\lambda \to 0} \sum\limits_{i=1}^{n} f(\xi_i, \eta_i) \Delta\sigma_i$,

其中 $\Delta\sigma_i$ 表示第 $i$ 个小闭区域的面积.

此处 $f(x,y) = 1$, 因而 $f(\xi, \eta) = 1$, 所以, $\iint\limits_{D} d\sigma = \lim\limits_{\lambda \to 0} \sum\limits_{i=1}^{n} \Delta\sigma_i = \lim\limits_{\lambda \to 0} \sigma = \sigma$.

(2) $\iint\limits_{D} kf(x,y) d\sigma = \lim\limits_{\lambda \to 0} \sum\limits_{i=1}^{n} kf(\xi_i, \eta_i) \Delta\sigma_i = \lim\limits_{\lambda \to 0} k \sum\limits_{i=1}^{n} f(\xi_i, \eta_i) \Delta\sigma_i$
$$= k \lim\limits_{\lambda \to 0} \sum\limits_{i=1}^{n} f(\xi_i, \eta_i) \Delta\sigma_i = k \iint\limits_{D} f(x,y) d\sigma.$$

(3) 将 $D_1$ 和 $D_2$ 分别任意分为 $n_1$ 和 $n_2$ 个小闭区域 $\Delta\sigma_{i_1}$ 和 $\Delta\sigma_{i_2}$, $n_1+n_2=n$, 作和
$$\sum\limits_{i=1}^{n} f(\xi_i, \eta_i) \Delta\sigma_i = \sum\limits_{i_1=1}^{n_1} f(\xi_{i_1}, \eta_{i_1}) \Delta\sigma_{i_1} + \sum\limits_{i_2=1}^{n_2} f(\xi_{i_2}, \eta_{i_2}) \Delta\sigma_{i_2}.$$

令各 $\Delta\sigma_{i_1}$ 和 $\Delta\sigma_{i_2}$ 的直径中最大值分别为 $\lambda_1$ 和 $\lambda_2$, 又 $\lambda = \max\{\lambda_1, \lambda_2\}$, 则有
$$\lim\limits_{\lambda \to 0} \sum\limits_{i=1}^{n} f(\xi_i, \eta_i) \Delta\sigma_i = \lim\limits_{\lambda_1 \to 0} \sum\limits_{i_1=1}^{n_1} f(\xi_{i_1}, \eta_{i_1}) \Delta\sigma_{i_1} + \lim\limits_{\lambda_2 \to 0} \sum\limits_{i_2=1}^{n_2} f(\xi_{i_2}, \eta_{i_2}) \Delta\sigma_{i_2},$$

即
$$\iint\limits_{D} f(x,y) d\sigma = \iint\limits_{D_1} f(x,y) d\sigma + \iint\limits_{D_2} f(x,y) d\sigma.$$

4. 试确定积分区域 $D$, 使二重积分 $\iint\limits_{D}(1-2x^2-y^2) dxdy$ 达到最大值.

**解** 由二重积分的性质知, 当积分区域包含被积函数大于等于 0 的点, 且不包含被积函数小于 0 的点时, 二重积分的值最大. 在本题中, 积分区域 $D$ 为 $1-2x^2-y^2 \geq 0$ 时积分值最

大，即椭圆 $2x^2 + y^2 = 1$ 所围的平面区域.

5. 根据二重积分的性质，比较下列积分大小：

(1) $\iint\limits_{D}(x+y)^2 d\sigma$ 与 $\iint\limits_{D}(x+y)^3 d\sigma$，其中积分区域 $D$ 由 $x$ 轴、$y$ 轴与直线 $x+y=1$ 所围成；

(2) $\iint\limits_{D}(x+y)^2 d\sigma$ 与 $\iint\limits_{D}(x+y)^3 d\sigma$，其中积分区域 $D$ 由圆周 $(x-2)^2 + (y-1)^2 = 2$ 所围成；

(3) $\iint\limits_{D}\ln(x+y)d\sigma$ 与 $\iint\limits_{D}[\ln(x+y)]^2 d\sigma$，其中 $D$ 是三角形闭区域，三顶点分别为 $(1, 0)$ $(1, 1)$ $(2, 0)$；

(4) $\iint\limits_{D}\ln(x+y)d\sigma$ 与 $\iint\limits_{D}[\ln(x+y)]^2 d\sigma$，其中 $D = \{(x, y) | 3 \leq x \leq 5, 0 \leq y \leq 1\}$.

**解** (1) 区域 $D$ 为：$D = \{(x, y) | 0 \leq x, 0 \leq y, x+y \leq 1\}$，因此当 $(x, y) \in D$ 时，有 $(x+y)^3 \leq (x+y)^2$，从而 $\iint\limits_{D}(x+y)^3 d\sigma \leq \iint\limits_{D}(x+y)^2 d\sigma$.

(2) 由于 $D$ 位于直线 $x+y=1$ 的上方，所以当 $(x, y) \in D$ 时，$x+y \geq 1$，从而 $(x+y)^3 \geq (x+y)^2$，因而 $\iint\limits_{D}(x+y)^2 d\sigma \leq \iint\limits_{D}(x+y)^3 d\sigma$.

(3) 当 $(x, y) \in D$ 时，$1 \leq x+y \leq 2$，从而 $0 \leq \ln(x+y) \leq 1$，故有 $[\ln(x+y)]^2 \leq \ln(x+y)$，因而 $\iint\limits_{D}[\ln(x+y)]^2 d\sigma \leq \iint\limits_{D}\ln(x+y)d\sigma$.

(4) $D$ 位于直线 $x+y=e$ 的上方，故当 $(x, y) \in D$ 时，$x+y \geq e$，从而 $\ln(x+y) \geq 1$，因而 $[\ln(x+y)]^2 \geq \ln(x+y)$，故 $\iint\limits_{D}\ln(x+y)d\sigma \leq \iint\limits_{D}[\ln(x+y)]^2 d\sigma$.

6. 利用二重积分的性质估计下列积分的值：

(1) $I = \iint\limits_{D}xy(x+y)d\sigma$，其中 $D = \{(x, y) | 0 \leq x \leq 1, 0 \leq y \leq 1\}$；

(2) $I = \iint\limits_{D}\sin^2 x \sin^2 y d\sigma$，其中 $D = \{(x, y) | 0 \leq x \leq \pi, 0 \leq y \leq \pi\}$；

(3) $I = \iint\limits_{D}(x+y+1)d\sigma$，其中 $D = \{(x, y) | 0 \leq x \leq 1, 0 \leq y \leq 2\}$；

(4) $I = \iint\limits_{D}(x^2 + 4y^2 + 9)d\sigma$，其中 $D = \{(x, y) | x^2 + y^2 \leq 4\}$.

**解** (1) 因为在区域 $D$ 上 $0 \leq x \leq 1$，$0 \leq y \leq 1$，所以 $0 \leq xy \leq 1$，$0 \leq x+y \leq 2$，进一步可得 $0 \leq xy(x+y) \leq 2$.

于是 $\iint\limits_{D}0 d\sigma \leq \iint\limits_{D}xy(x+y)d\sigma \leq \iint\limits_{D}2 d\sigma$，即 $0 \leq \iint\limits_{D}xy(x+y)d\sigma \leq 2$.

(2) 因为 $0 \leq \sin^2 x \leq 1$，$0 \leq \sin^2 y \leq 1$，所以 $0 \leq \sin^2 x \sin^2 y \leq 1$. 于是

$$\iint\limits_{D}0 d\sigma \leq \iint\limits_{D}\sin^2 x \sin^2 y d\sigma \leq \iint\limits_{D}1 d\sigma，即 0 \leq \iint\limits_{D}\sin^2 x \sin^2 y d\sigma \leq \pi^2.$$

(3) 因为在区域 $D$ 上,$0 \leq x \leq 1$,$0 \leq y \leq 2$,所以 $1 \leq x+y+1 \leq 4$,于是

$$\iint_D d\sigma \leq \iint_D (x+y+1) d\sigma \leq \iint_D 4 d\sigma, \text{ 即 } 2 \leq \iint_D (x+y+1) d\sigma \leq 8.$$

(4) 在 $D$ 上,因为 $0 \leq x^2+y^2 \leq 4$,所以 $9 \leq x^2+4y^2+9 \leq 4(x^2+y^2)+9 \leq 25$. 于是

$$\iint_D 9 d\sigma \leq \iint_D (x^2+4y^2+9) d\sigma \leq \iint_D 25 d\sigma, \text{ 即 } 9\pi \cdot 2^2 \leq \iint_D (x^2+4y^2+9) d\sigma \leq 25 \cdot \pi \cdot 2^2,$$

即 $36\pi \leq \iint_D (x^2+4y^2+9) d\sigma \leq 100\pi.$

**习题 10-2 解答 二重积分的计算法**

1. 计算下列二重积分:

(1) $\iint_D (x^2+y^2) d\sigma$,其中 $D = \{(x, y) \mid , |x| \leq 1, |y| \leq 1\}$;

(2) $\iint_D (3x+2y) d\sigma$,其中 $D$ 是由两坐标轴及直线 $x+y=2$ 所围成的闭区域;

(3) $\iint_D (x^3+3x^2y+y^3) d\sigma$,其中 $D = \{(x, y) \mid 0 \leq x \leq 1, 0 \leq y \leq 1\}$;

(4) $\iint_D x\cos(x+y) d\sigma$,其中 $D$ 是顶点分别为 $(0, 0)$,$(\pi, 0)$ 和 $(\pi, \pi)$ 的三角形闭区域.

**解** (1) 积分区域看作 $X$ 型,可表示为 $D = \{-1 \leq x \leq 1, -1 \leq y \leq 1\}$. 于是

$$\iint_D (x^2+y^2) d\sigma = \int_{-1}^{1} dx \int_{-1}^{1} (x^2+y^2) dy = \int_{-1}^{1} \left[ x^2 y + \frac{1}{3} y^3 \right]_{-1}^{1} dx$$

$$= \int_{-1}^{1} \left( 2x^2 + \frac{2}{3} \right) dx = \left[ \frac{2}{3} x^3 + \frac{2}{3} x \right]_{-1}^{1} = \frac{8}{3}.$$

(2) 积分区域看作 $X$-型,可表示为 $D = \{0 \leq x \leq 2, 0 \leq y \leq 2-x\}$. 于是

$$\iint_D (3x+2y) d\sigma = \int_0^2 dx \int_0^{2-x} (3x+2y) dy = \int_0^2 [3xy+y^2]_0^{2-x} dx$$

$$= \int_0^2 (4+2x-2x^2) dx = \left[ 4x+x^2-\frac{2}{3}x^3 \right]_0^2 = \frac{20}{3}.$$

(3) $\iint_D (x^3+3x^2y+y^3) d\sigma = \int_0^1 dy \int_0^1 (x^3+3x^2y+y^3) dx = \int_0^1 \left[ \frac{x^4}{4}+x^3 y+y^3 x \right]_0^1 dy$

$$= \int_0^1 \left( \frac{1}{4}+y+y^3 \right) dy = \left[ \frac{y}{4}+\frac{y^2}{2}+\frac{y^4}{4} \right]_0^1 = \frac{1}{4}+\frac{1}{2}+\frac{1}{4} = 1.$$

(4) 积分区域看作 $X$ 型,可表示为 $D = \{0 \leq x \leq \pi, 0 \leq y \leq x\}$. 于是

$$\iint_D x\cos(x+y) d\sigma = \int_0^\pi x dx \int_0^x \cos(x+y) dy = \int_0^\pi x[\sin(x+y)]_0^x dx$$

$$= \int_0^\pi x(\sin 2x - \sin x) dx = -\int_0^\pi x d\left( \frac{1}{2}\cos 2x - \cos x \right)$$

$$= -\left[ x\left( \frac{1}{2}\cos 2x - \cos x \right) \right]_0^\pi + \int_0^\pi \left( \frac{1}{2}\cos 2x - \cos x \right) dx = -\frac{3}{2}\pi.$$

2. 画出积分区域，并计算下列二重积分：

(1) $\iint\limits_D x\sqrt{y}\,d\sigma$，其中 $D$ 是由两条抛物线 $y=\sqrt{x}$，$y=x^2$ 所围成的闭区域；

(2) $\iint\limits_D xy^2\,d\sigma$，其中 $D$ 是由圆周 $x^2+y^2=4$ 及 $y$ 轴所围成的右半闭区域；

(3) $\iint\limits_D e^{x+y}\,d\sigma$，其中 $D=\{(x,y)\mid |x|+|y|\leqslant 1\}$；

(4) $\iint\limits_D (x^2+y^2-x)\,d\sigma$，其中 $D$ 是由直线 $y=2$，$y=x$ 及 $y=2x$ 所围成的闭区域.

**解** (1) 积分区域图如 10-1 所示，看作 $X$ 型，则 $D=\{(x,y)\mid 0\leqslant x\leqslant 1, x^2\leqslant y\leqslant \sqrt{x}\}$. 于是

$$\iint\limits_D x\sqrt{y}\,d\sigma = \int_0^1 dx\int_{x^2}^{\sqrt{x}} x\sqrt{y}\,dy = \int_0^1 x\left[\frac{2}{3}y^{\frac{3}{2}}\right]_{x^2}^{\sqrt{x}} dx = \int_0^1 \left(\frac{2}{3}x^{\frac{7}{4}} - \frac{2}{3}x^4\right)dx = \frac{6}{55}.$$

(2) 积分区域图如 10-2 所示，看作 $Y$-型，则 $D=\{(x,y)\mid -2\leqslant y\leqslant 2, 0\leqslant x\leqslant \sqrt{4-y^2}\}$. 于是

$$\iint\limits_D xy^2\,d\sigma = \int_{-2}^2 dy\int_0^{\sqrt{4-y^2}} xy^2\,dx = \int_{-2}^2 \left[\frac{1}{2}x^2 y^2\right]_0^{\sqrt{4-y^2}} dy$$

$$= \int_{-2}^2 \left(2y^2 - \frac{1}{2}y^4\right)dy = \left[\frac{2}{3}y^3 - \frac{1}{10}y^5\right]_{-2}^2 = \frac{64}{15}.$$

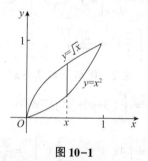

图 10-1     图 10-2

(3) 积分区域图如 10-3 所示，看作 $X$ 型，则
$D=\{(x,y)\mid -1\leqslant x\leqslant 0, -x-1\leqslant y\leqslant x+1\} \cup \{(x,y)\mid 0\leqslant x\leqslant 1, x-1\leqslant y\leqslant -x+1\}$.
于是

$$\iint\limits_D e^{x+y}\,d\sigma = \int_{-1}^0 e^x dx\int_{-x-1}^{x+1} e^y dy + \int_0^1 e^x dx\int_{x-1}^{-x+1} e^y dy$$

$$= \int_{-1}^0 e^x\left[e^y\right]_{-x-1}^{x+1} dx + \int_0^1 e^x\left[e^y\right]_{x-1}^{-x+1} dy = \int_{-1}^0 (e^{2x+1}-e^{-1})dx + \int_0^1 (e-e^{2x-1})dx$$

$$= \left[\frac{1}{2}e^{2x+1}-e^{-1}x\right]_{-1}^0 + \left[ex-\frac{1}{2}e^{2x-1}\right]_0^1 = e-e^{-1}.$$

(4) 积分区域图如 10-4 所示，看作 $Y$ 型，则 $D=\left\{(x,y)\,\middle|\,0\leqslant y\leqslant 2, \dfrac{1}{2}y\leqslant x\leqslant y\right\}$.

于是
$$\iint_D (x^2 + y^2 - x) d\sigma = \int_0^2 dy \int_{\frac{y}{2}}^y (x^2 + y^2 - x) dx = \int_0^2 \left[ \frac{1}{3}x^3 + y^2 x - \frac{1}{2}x^2 \right]_{\frac{y}{2}}^y dy$$
$$= \int_0^2 \left( \frac{19}{24} y^3 - \frac{3}{8} y^2 \right) dy = \frac{13}{6}.$$

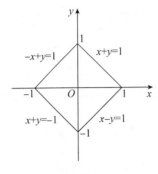

图 10-3

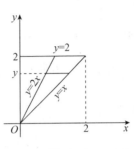

图 10-4

3. 如果二重积分 $\iint_D f(x, y) dx dy$ 的被积函数 $f(x, y)$ 是两个函数 $f_1(x)$ 及 $f_2(y)$ 的乘积, 即 $f(x, y) = f_1(x) \cdot f_2(y)$, 积分区域 $D = \{(x, y) \mid a \leq x \leq b, c \leq y \leq d\}$, 证明这个二重积分等于两个单积分的乘积, 即
$$\iint_D f_1(x) \cdot f_2(y) dx dy = \left[ \int_a^b f_1(x) dx \right] \cdot \left[ \int_c^d f_2(y) dy \right].$$

**证** $\iint_D f_1(x) \cdot f_2(y) dx dy = \int_a^b dx \int_c^d f_1(x) \cdot f_2(y) dy = \int_a^b \left[ \int_c^d f_1(x) \cdot f_2(y) dy \right] dx$,

而 $\int_c^d f_1(x) \cdot f_2(y) dy = f_1(x) \int_c^d f_2(y) dy$,

故 $\iint_D f_1(x) \cdot f_2(y) dx dy = \int_a^b \left[ f_1(x) \int_c^d f_2(y) dy \right] dx.$

由于 $\int_c^d f_2(y) dy$ 的值是一常数, 因而可提到积分号的外面, 于是得
$$\iint_D f_1(x) \cdot f_2(y) dx dy = \left[ \int_a^b f_1(x) dx \right] \cdot \left[ \int_c^d f_2(y) dy \right].$$

4. 化二重积分 $I = \iint_D f(x, y) d\sigma$ 为二次积分 (分别列出对两个变量先后次序不同的两个二次积分), 其中积分区域 $D$ 是:

(1) 由直线 $y = x$ 及抛物线 $y^2 = 4x$ 所围成的闭区域;

(2) 由 $x$ 轴及半圆周 $x^2 + y^2 = r^2$ ($y \geq 0$) 所围成的闭区域;

(3) 由直线 $y = x$, $x = 2$ 及双曲线 $y = \frac{1}{x}$ ($x > 0$) 所围成的闭区域;

(4) 环形闭区域 $\{(x, y) \mid 1 \leq x^2 + y^2 \leq 4\}$.

**解** (1) 积分区域如图 10-5 所示, 看作 $X$ 型, 则 $D = \{(x, y) \mid 0 \leq x \leq 4, x \leq y \leq 2\sqrt{x}\}$,

或看作 $Y$ 型，则 $D = \left\{(x, y) \mid 0 \leq y \leq 4, \dfrac{1}{4}y^2 \leq x \leq y\right\}$，所以 $I = \int_0^4 dx \int_x^{2\sqrt{x}} f(x, y) dy$ 或 $I = \int_0^4 dy \int_{\frac{y^2}{4}}^{y} f(x, y) dx$.

(2) 积分区域看作 $X$ 型，则 $D = \{(x, y) \mid -r \leq x \leq r, 0 \leq y \leq \sqrt{r^2 - x^2}\}$；或看作 $Y$ 型，则 $D = \{(x, y) \mid 0 \leq y \leq r, -\sqrt{r^2 - y^2} \leq x \leq \sqrt{r^2 - y^2}\}$，所以 $I = \int_{-r}^{r} dx \int_0^{\sqrt{r^2 - x^2}} f(x, y) dy$ 或 $I = \int_0^r dy \int_{-\sqrt{r^2 - y^2}}^{\sqrt{r^2 - y^2}} f(x, y) dx$.

(3) 积分区域如图 10-6 所示，看作 $X$ 型，则 $D = \left\{(x, y) \mid 1 \leq x \leq 2, \dfrac{1}{x} \leq y \leq x\right\}$，或看作 $Y$-型，则 $D = \left\{(x, y) \left| \dfrac{1}{2} \leq y \leq 1, \dfrac{1}{y} \leq x \leq 2\right.\right\} \cup \{(x, y) \mid 1 \leq y \leq 2, y \leq x \leq 2\}$，所以 $I = \int_1^2 dx \int_{\frac{1}{x}}^{x} f(x, y) dy$，或 $I = \int_{\frac{1}{2}}^{1} dy \int_{\frac{1}{y}}^{2} f(x, y) dx + \int_1^2 dy \int_y^2 f(x, y) dx$.

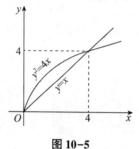

图 10-5  图 10-6

(4) 如图 10-7(a) 所示，用直线 $x = -1$ 和 $x = 1$ 可将积分区域 $D$ 分成四部分，分别记作 $D_1$，$D_2$，$D_3$，$D_4$. 于是

$$I = \iint_{D_1} f(x, y) d\sigma + \iint_{D_2} f(x, y) d\sigma + \iint_{D_3} f(x, y) d\sigma + \iint_{D_4} f(x, y) d\sigma$$

$$= \int_{-2}^{-1} dx \int_{-\sqrt{4-x^2}}^{\sqrt{4-x^2}} f(x, y) dy + \int_{-1}^{1} dx \int_{\sqrt{1-x^2}}^{\sqrt{4-x^2}} f(x, y) dy +$$

$$\int_{-1}^{1} dx \int_{-\sqrt{4-x^2}}^{-\sqrt{1-x^2}} f(x, y) dy + \int_1^2 dx \int_{-\sqrt{4-x^2}}^{\sqrt{4-x^2}} f(x, y) dy.$$

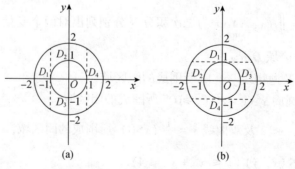

图 10-7

如图 10-7(b) 所示，用直线 $y=1$ 和 $y=-1$ 可将积分区域 $D$ 分成四部分，分别记作 $D_1$，$D_2$，$D_3$，$D_4$. 于是

$$I = \iint_{D_1} f(x, y) \, d\sigma + \iint_{D_2} f(x, y) \, d\sigma + \iint_{D_3} f(x, y) \, d\sigma + \iint_{D_4} f(x, y) \, d\sigma$$

$$= \int_1^2 dy \int_{-\sqrt{4-y^2}}^{\sqrt{4-y^2}} f(x, y) \, dx + \int_{-1}^1 dy \int_{-\sqrt{4-y^2}}^{-\sqrt{1-y^2}} f(x, y) \, dx +$$

$$\int_{-1}^1 dy \int_{\sqrt{1-y^2}}^{\sqrt{4-y^2}} f(x, y) \, dx + \int_{-2}^{-1} dy \int_{-\sqrt{4-y^2}}^{\sqrt{4-y^2}} f(x, y) \, dx.$$

5. 设 $f(x, y)$ 在 $D$ 上连续，其中 $D$ 是由直线 $y=x$、$y=a$ 及 $x=b(b>a)$ 围成的闭区域，证明：$\int_a^b dx \int_a^x f(x, y) \, dy = \int_a^b dy \int_y^b f(x, y) \, dx.$

**证** 积分区域看作 $X$ 型，可表示为 $D = \{(x, y) \mid a \leq x \leq b, a \leq y \leq x\}$；或看作 $Y$ 型，可表示为 $D = \{(x, y) \mid a \leq y \leq b, y \leq x \leq b\}$. 于是 $\iint_D f(x, y) \, d\sigma = \int_a^b dx \int_a^x f(x, y) \, dy$ 或 $\iint_D f(x, y) \, d\sigma = \int_a^b dy \int_y^b f(x, y) \, dx.$ 因此 $\int_a^b dx \int_a^x f(x, y) \, dy = \int_a^b dy \int_y^b f(x, y) \, dx.$

6. 改换下列二次积分的积分次序：

(1) $\int_0^1 dy \int_0^y f(x, y) \, dx$；

(2) $\int_0^2 dy \int_{y^2}^{2y} f(x, y) \, dx$；

(3) $\int_0^1 dy \int_{-\sqrt{1-y^2}}^{\sqrt{1-y^2}} f(x, y) \, dx$；

(4) $\int_1^2 dx \int_{2-x}^{\sqrt{2x-x^2}} f(x, y) \, dy$；

(5) $\int_1^e dx \int_0^{\ln x} f(x, y) \, dy$；

(6) $\int_0^\pi dx \int_{-\sin\frac{x}{2}}^{\sin x} f(x, y) \, dy.$

**解** (1) 根据积分限可得积分区域 $D = \{(x, y) \mid 0 \leq y \leq 1, 0 \leq x \leq y\}$，如图 10-8 所示. 把积分区域看作 $X$ 型，可以表示为 $D = \{(x, y) \mid 0 \leq x \leq 1, x \leq y \leq 1\}$，所以

$$\int_0^1 dy \int_0^y f(x, y) \, dx = \int_0^1 dx \int_x^1 f(x, y) \, dy.$$

(2) 根据积分限可得积分区域 $D = \{(x, y) \mid 0 \leq y \leq 2, y^2 \leq x \leq 2y\}$，如图 10-9 所示. 把积分区域看作 $X$ 型，可以表示为 $D = \{(x, y) \mid 0 \leq x \leq 4, \frac{x}{2} \leq y \leq \sqrt{x}\}$，所以

$$\int_0^2 dy \int_{y^2}^{2y} f(x, y) \, dx = \int_0^4 dx \int_{\frac{x}{2}}^{\sqrt{x}} f(x, y) \, dy.$$

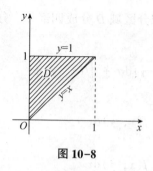
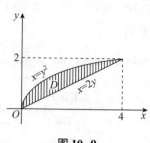

图 10-8　　　　　　　　　图 10-9

(3) 根据积分限可得积分区域 $D = \{(x, y) \mid 0 \leqslant y \leqslant 1, -\sqrt{1-y^2} \leqslant x \leqslant \sqrt{1-y^2}\}$，如图 10-10 所示．

把积分区域看作 $X$ 型，可以表示为 $D = \{(x, y) \mid -1 \leqslant x \leqslant 1, 0 \leqslant y \leqslant \sqrt{1-x^2}\}$，所以

$$\int_0^1 dy \int_{-\sqrt{1-y^2}}^{\sqrt{1-y^2}} f(x, y) dx = \int_{-1}^1 dx \int_0^{\sqrt{1-x^2}} f(x, y) dy.$$

(4) 根据积分限可得积分区域 $D = \{(x, y) \mid 1 \leqslant x \leqslant 2, 2-x \leqslant y \leqslant \sqrt{2x-x^2}\}$，如图 10-11 所示．

把积分区域看作 $Y$ 型，可以表示为 $D = \{(x, y) \mid 0 \leqslant y \leqslant 1, 2-y \leqslant x \leqslant 1+\sqrt{1-y^2}\}$，所以

$$\int_1^2 dx \int_{2-x}^{\sqrt{2x-x^2}} f(x, y) dy = \int_0^1 dy \int_{2-y}^{1+\sqrt{1-y^2}} f(x, y) dx.$$

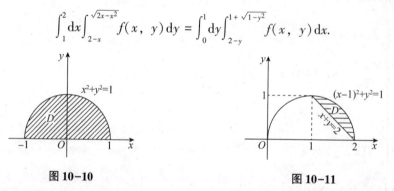

图 10-10　　　　　　　　　图 10-11

(5) 根据积分限可得积分区域 $D = \{(x, y) \mid 1 \leqslant x \leqslant e, 0 \leqslant y \leqslant \ln x\}$，如图 10-12 所示．把积分区域看作 $Y$ 型，可以表示为 $D = \{(x, y) \mid 0 \leqslant y \leqslant 1, e^y \leqslant x \leqslant e\}$，所以

$$\int_1^e dx \int_0^{\ln x} f(x, y) dy = \int_0^1 dy \int_{e^y}^e f(x, y) dx.$$

(6) 根据积分限可得积分区域 $D = \{(x, y) \mid 0 \leqslant x \leqslant \pi, -\sin\frac{x}{2} \leqslant y \leqslant \sin x\}$，如图 10-13 所示．把积分区域看作 $Y$ 型，可以表示为

$$D = \{(x, y) \mid -1 \leqslant y \leqslant 0, -2\arcsin y \leqslant x \leqslant \pi\} \cup$$
$$\{(x, y) \mid 0 \leqslant y \leqslant 1, \arcsin y \leqslant x \leqslant \pi - \arcsin y\},$$

所以 $\int_0^\pi dx \int_{-\sin\frac{x}{2}}^{\sin x} f(x, y) dy = \int_{-1}^0 dy \int_{-2\arcsin y}^\pi f(x, y) dx + \int_0^1 dy \int_{\arcsin y}^{\pi-\arcsin y} f(x, y) dx.$

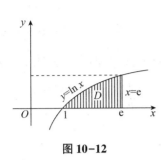

图 10-12

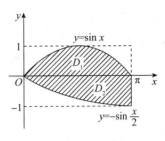

图 10-13

7. 设平面薄片所占的闭区域 $D$ 由直线 $x+y=2$，$y=x$ 和 $x$ 轴所围成，它的面密度 $\mu(x,y)=x^2+y^2$，求该薄片的质量.

**解** 如图 10-14 所示，该薄片的质量为

$$M=\iint_D \mu(x,y)\,d\sigma=\iint_D(x^2+y^2)\,d\sigma=\int_0^1 dy\int_y^{2-y}(x^2+y^2)\,dx$$

$$=\int_0^1\left[\frac{1}{3}(2-y)^3+2y^2-\frac{7}{3}y^3\right]dy=\frac{4}{3}.$$

8. 计算由四个平面 $x=0$，$y=0$，$x=1$，$y=1$ 所围成的柱体被平面 $z=0$ 及 $2x+3y+z=6$ 截得的立体的体积.

**解** 四个平面所围成的立体如图 10-15 所示，所求体积为

$$V=\iint_D(6-2x-3y)\,dxdy=\int_0^1 dx\int_0^1(6-2x-3y)\,dy$$

$$=\int_0^1\left[6y-2xy-\frac{3}{2}y^2\right]_0^1 dx=\int_0^1\left(\frac{9}{2}-2x\right)dx=\frac{7}{2}.$$

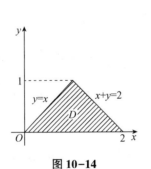

图 10-14

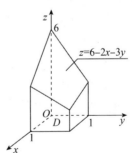

图 10-15

9. 求由平面 $x=0$，$y=0$，$x+y=1$ 所围成的柱体被平面 $z=0$ 及抛物面 $x^2+y^2=6-z$ 截得的立体的体积.

**解** 立体在 $xOy$ 面上的投影区域为 $D=\{(x,y)\mid 0\leqslant x\leqslant 1,\ 0\leqslant y\leqslant 1-x\}$，所求立体的体积为以曲面 $z=6-x^2-y^2$ 为顶，以区域 $D$ 为底的曲顶柱体（见图10-16）的体积，即

$$V=\iint_D(6-x^2-y^2)\,d\sigma=\int_0^1 dx\int_0^{1-x}(6-x^2-y^2)\,dy=\frac{17}{6}.$$

10. 求由曲面 $z=x^2+2y^2$ 及 $z=6-2x^2-y^2$ 所围成的立体的体积.

**解** 由 $\begin{cases} z = x^2 + 2y^2, \\ z = 6 - 2x^2 - y^2 \end{cases}$ 消去 $z$，得 $x^2+2y^2=6-2x^2-y^2$，即 $x^2+y^2=2$，故立体在 $xOy$ 面上的投影区域为 $x^2+y^2 \leq 2$，如图 10-17 所示，所求立体体积为两个曲顶柱体体积的差，所以

$$V = \iint\limits_D (6 - 2x^2 - y^2) d\sigma - \iint\limits_D (x^2 + 2y^2) d\sigma = 3\iint\limits_D (2 - x^2 - y^2) d\sigma$$

$$= 3\int_0^{2\pi} d\theta \int_0^{\sqrt{2}} (2 - r^2) r dr = 6\pi.$$

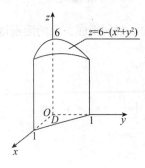

图 10-16

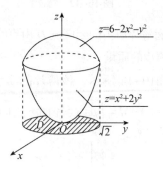

图 10-17

11. 画出积分区域，把积分 $\iint\limits_D f(x, y) dxdy$ 表示为极坐标形式的二次积分，其中积分区域 $D$ 是：

(1) $\{(x, y) \mid x^2+y^2 \leq a^2\}$ $(a>0)$；

(2) $\{(x, y) \mid x^2+y^2 \leq 2x\}$；

(3) $\{(x, y) \mid a^2 \leq x^2+y^2 \leq b^2\}$，其中 $0<a<b$；

(4) $\{(x, y) \mid 0 \leq y \leq 1-x, \ 0 \leq x \leq 1\}$．

**解** (1) 积分区域 $D$ 如图 10-18 所示．因为 $D = \{(\rho, \theta) \mid 0 \leq \theta \leq 2\pi, \ 0 \leq \rho \leq a\}$，所以

$$\iint\limits_D f(x, y) dxdy = \iint\limits_D f(\rho\cos\theta, \rho\sin\theta) \rho d\rho d\theta = \int_0^{2\pi} d\theta \int_0^a f(\rho\cos\theta, \rho\sin\theta) \rho d\rho.$$

(2) 积分区域 $D$ 如图 10-19 所示．因为 $D = \left\{(\rho, \theta) \mid -\dfrac{\pi}{2} \leq \theta \leq \dfrac{\pi}{2}, \ 0 \leq \rho \leq 2\cos\theta\right\}$，所以

$$\iint\limits_D f(x, y) dxdy = \iint\limits_D f(\rho\cos\theta, \rho\sin\theta) \rho d\rho d\theta = \int_{-\frac{\pi}{2}}^{\frac{\pi}{2}} d\theta \int_0^{2\cos\theta} f(\rho\cos\theta, \rho\sin\theta) \rho d\rho.$$

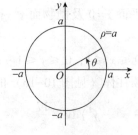

图 10-18

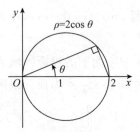

图 10-19

(3) 积分区域 $D$ 如图 10-20 所示. 因为 $D = \{(\rho, \theta) \mid 0 \leq \theta \leq 2\pi, a \leq \rho \leq b\}$，所以

$$\iint_D f(x, y)\mathrm{d}x\mathrm{d}y = \iint_D f(\rho\cos\theta, \rho\sin\theta)\rho\mathrm{d}\rho\mathrm{d}\theta = \int_0^{2\pi}\mathrm{d}\theta\int_a^b f(\rho\cos\theta, \rho\sin\theta)\rho\mathrm{d}\rho.$$

(4) 积分区域 $D$ 如图 10-21 所示. 因为 $D = \left\{(\rho, \theta) \mid 0 \leq \theta \leq \dfrac{\pi}{2}, 0 \leq \rho \leq \dfrac{1}{\cos\theta + \sin\theta}\right\}$，所以

$$\iint_D f(x, y)\mathrm{d}x\mathrm{d}y = \iint_D f(\rho\cos\theta, \rho\sin\theta)\rho\mathrm{d}\rho\mathrm{d}\theta = \int_0^{\frac{\pi}{2}}\mathrm{d}\theta\int_0^{\frac{1}{\cos\theta+\sin\theta}} f(\rho\cos\theta, \rho\sin\theta)\rho\mathrm{d}\rho.$$

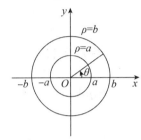

图 10-20

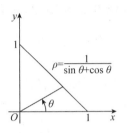

图 10-21

12. 化下列二次积分为极坐标形式的二次积分：

(1) $\displaystyle\int_0^1 \mathrm{d}x\int_0^1 f(x, y)\mathrm{d}y$；

(2) $\displaystyle\int_0^2 \mathrm{d}x\int_x^{\sqrt{3}x} f(\sqrt{x^2+y^2})\mathrm{d}y$；

(3) $\displaystyle\int_0^1 \mathrm{d}x\int_{1-x}^{\sqrt{1-x^2}} f(x, y)\mathrm{d}y$；

(4) $\displaystyle\int_0^1 \mathrm{d}x\int_0^{x^2} f(x, y)\mathrm{d}y$.

**解** (1) 积分区域 $D$ 如图 10-22 所示. 因为

$$D = \left\{(\rho, \theta) \mid 0 \leq \theta \leq \dfrac{\pi}{4}, 0 \leq \rho \leq \sec\theta\right\} \cup \left\{(\rho, \theta) \mid \dfrac{\pi}{4} \leq \theta \leq \dfrac{\pi}{2}, 0 \leq \rho \leq \csc\theta\right\},$$

所以 $\displaystyle\int_0^1\mathrm{d}x\int_0^1 f(x, y)\mathrm{d}y = \iint_D f(x, y)\mathrm{d}\sigma = \iint_D f(\rho\cos\theta, \rho\sin\theta)\rho\mathrm{d}\rho\mathrm{d}\theta$

$$= \int_0^{\frac{\pi}{4}}\mathrm{d}\theta\int_0^{\sec\theta} f(\rho\cos\theta, \rho\sin\theta)\rho\mathrm{d}\rho + \int_{\frac{\pi}{4}}^{\frac{\pi}{2}}\mathrm{d}\theta\int_0^{\csc\theta} f(\rho\cos\theta, \rho\sin\theta)\rho\mathrm{d}\rho.$$

(2) 积分区域 $D$ 如图 10-23 所示，并且 $D = \left\{(\rho, \theta) \mid \dfrac{\pi}{4} \leq \theta \leq \dfrac{\pi}{3}, 0 \leq \rho \leq 2\sec\theta\right\}$，

于是 $\displaystyle\int_0^2\mathrm{d}x\int_x^{\sqrt{3}x} f(\sqrt{x^2+y^2})\mathrm{d}y = \iint_D f(\sqrt{x^2+y^2})\mathrm{d}\sigma = \iint_D f(\rho)\rho\mathrm{d}\rho\mathrm{d}\theta = \int_{\frac{\pi}{4}}^{\frac{\pi}{3}}\mathrm{d}\theta\int_0^{2\sec\theta} f(\rho)\rho\mathrm{d}\rho.$

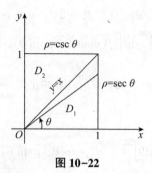

图 10-22

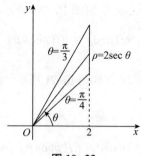

图 10-23

(3) 积分区域 $D$ 如图 10-24 所示,并且

$$D = \left\{ (\rho, \theta) \mid 0 \leq \theta \leq \frac{\pi}{2}, \frac{1}{\cos\theta + \sin\theta} \leq \rho \leq 1 \right\},$$

所以 $\int_0^1 dx \int_{1-x}^{\sqrt{1-x^2}} f(x, y) dy = \iint_D f(x, y) d\sigma = \iint_D f(\rho\cos\theta, \rho\sin\theta)\rho d\rho d\theta$

$$= \int_0^{\frac{\pi}{2}} d\theta \int_{\frac{1}{\cos\theta+\sin\theta}}^1 f(\rho\cos\theta, \rho\sin\theta)\rho d\rho.$$

(4) 积分区域 $D$ 如图 10-25 所示,并且

$$D = \left\{ (\rho, \theta) \mid 0 \leq \theta \leq \frac{\pi}{4}, \sec\theta\tan\theta \leq \rho \leq \sec\theta \right\},$$

所以 $\int_0^1 dx \int_0^{x^2} f(x, y) dy = \iint_D f(x, y) d\sigma = \iint_D f(\rho\cos\theta, \rho\sin\theta)\rho d\rho d\theta$

$$= \int_0^{\frac{\pi}{4}} d\theta \int_{\sec\theta\tan\theta}^{\sec\theta} f(\rho\cos\theta, \rho\sin\theta)\rho d\rho.$$

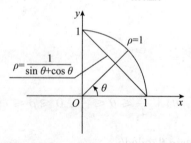

图 10-24

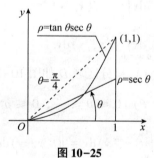

图 10-25

13. 把下列积分化为极坐标形式,并计算积分值:

(1) $\int_0^{2a} dx \int_0^{\sqrt{2ax-x^2}} (x^2 + y^2) dy$;

(2) $\int_0^a dx \int_0^x \sqrt{x^2 + y^2} dy$;

(3) $\int_0^1 dx \int_{x^2}^x (x^2 + y^2)^{-\frac{1}{2}} dy$;

(4) $\int_0^a dy \int_0^{\sqrt{a^2-y^2}} (x^2 + y^2) dx.$

**解** (1) 积分区域 $D$ 如图 10-26 所示. 因为 $D = \left\{ (\rho, \theta) \mid 0 \leq \theta \leq \dfrac{\pi}{2},\ 0 \leq \rho \leq 2a\cos\theta \right\}$, 所以

$$\int_0^{2a} dx \int_0^{\sqrt{2ax-x^2}} (x^2+y^2) dy = \iint_D \rho^2 \cdot \rho d\rho d\theta = \int_0^{\frac{\pi}{2}} d\theta \int_0^{2a\cos\theta} \rho^2 \cdot \rho d\rho = 4a^4 \int_0^{\frac{\pi}{2}} \cos^4\theta d\theta = \dfrac{3}{4}\pi a^4.$$

(2) 积分区域 $D$ 如图 10-27 所示. 因为 $D = \left\{ (\rho, \theta) \mid 0 \leq \theta \leq \dfrac{\pi}{4},\ 0 \leq \rho \leq a\sec\theta \right\}$, 所以

$$\int_0^a dx \int_0^x \sqrt{x^2+y^2}\, dy = \iint_D \rho \cdot \rho d\rho d\theta$$

$$= \int_0^{\frac{\pi}{4}} d\theta \int_0^{a\sec\theta} \rho \cdot \rho d\rho = \dfrac{a^3}{3} \int_0^{\frac{\pi}{4}} \sec^3\theta d\theta = \dfrac{a^3}{3} \int_0^{\frac{\pi}{4}} \sec\theta d(\tan\theta)$$

$$= \dfrac{a^3}{3} \left[ \sec\theta\tan\theta \right]_0^{\frac{\pi}{4}} - \dfrac{a^3}{3} \int_0^{\frac{\pi}{4}} \tan^2\theta \sec\theta d\theta$$

$$= \dfrac{a^3}{3} \left[ \sec\theta\tan\theta \right]_0^{\frac{\pi}{4}} - \dfrac{a^3}{3} \int_0^{\frac{\pi}{4}} (\sec^2\theta - 1)\sec\theta d\theta,$$

得 $\int_0^{\frac{\pi}{4}} \sec^3\theta d\theta = \dfrac{1}{2}\left[\sec\theta\tan\theta\right]_0^{\frac{\pi}{4}} + \dfrac{1}{2}\int_0^{\frac{\pi}{4}} \sec\theta d\theta$, 故原积分为

$$\int_0^a dx \int_0^x \sqrt{x^2+y^2}\, dy = \dfrac{a^3}{3} \int_0^{\frac{\pi}{4}} \sec^3\theta d\theta = \dfrac{a^3}{6}\left[\sec\theta\tan\theta\right]_0^{\frac{\pi}{4}} + \dfrac{a^3}{6}\int_0^{\frac{\pi}{4}} \sec\theta d\theta$$

$$= \dfrac{a^3}{6}\left[\sqrt{2} + \ln(\sqrt{2}+1)\right].$$

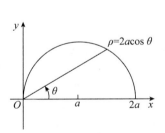
图 10-26

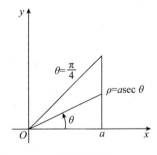
图 10-27

(3) 积分区域 $D$ 如图 10-28 所示. 因为 $D = \left\{ (\rho, \theta) \mid 0 \leq \theta \leq \dfrac{\pi}{4},\ 0 \leq \rho \leq \sec\theta\tan\theta \right\}$, 所以

$$\int_0^1 dx \int_{x^2}^x (x^2+y^2)^{-\frac{1}{2}} dy = \iint_D \rho^{-1} \cdot \rho d\rho d\theta$$

$$= \int_0^{\frac{\pi}{4}} d\theta \int_0^{\sec\theta\tan\theta} \rho^{-1} \cdot \rho d\rho = \int_0^{\frac{\pi}{4}} \sec\theta\tan\theta d\theta$$

$$= \int_0^{\frac{\pi}{4}} \dfrac{\sin\theta}{\cos^2\theta} d\theta = \int_0^{\frac{\pi}{4}} \dfrac{-1}{\cos^2\theta} d(\cos\theta) = \left[\dfrac{1}{\cos\theta}\right]_0^{\frac{\pi}{4}} = \sqrt{2} - 1.$$

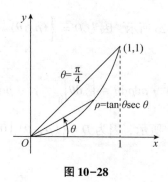

图 10-28

(4) 积分区域为 $D = \left\{(\rho, \theta) \mid 0 \leq \theta \leq \dfrac{\pi}{2}, 0 \leq \rho \leq a\right\}$,所以

$$\int_0^a dy \int_0^{\sqrt{a^2-y^2}} (x^2+y^2) dx = \iint_D \rho^2 \cdot \rho d\rho d\theta = \int_0^{\frac{\pi}{2}} d\theta \int_0^a \rho^2 \cdot \rho d\rho = \dfrac{\pi}{8} a^4.$$

14. 利用极坐标计算下列各题:

(1) $\iint_D e^{x^2+y^2} d\sigma$,其中 $D$ 是由圆周 $x^2+y^2=4$ 所围成的闭区域;

(2) $\iint_D \ln(1+x^2+y^2) d\sigma$,其中 $D$ 是由圆周 $x^2+y^2=1$ 及坐标轴所围成的在第一象限内的闭区域;

(3) $\iint_D \arctan \dfrac{y}{x} d\sigma$,其中 $D$ 是由圆周 $x^2+y^2=4$,$x^2+y^2=1$ 及直线 $y=0$,$y=x$ 所围成的在第一象限内的闭区域.

**解** (1) 在极坐标下 $D = \{(\rho, \theta) \mid 0 \leq \theta \leq 2\pi, 0 \leq \rho \leq 2\}$,所以

$$\iint_D e^{x^2+y^2} d\sigma = \iint_D e^{\rho^2} \rho d\rho d\theta = \int_0^{2\pi} d\theta \int_0^2 e^{\rho^2} \rho d\rho = 2\pi \cdot \dfrac{1}{2}(e^4-1) = \pi(e^4-1).$$

(2) 在极坐标下 $D = \left\{(\rho, \theta) \mid 0 \leq \theta \leq \dfrac{\pi}{2}, 0 \leq \rho \leq 1\right\}$,所以

$$\iint_D \ln(1+x^2+y^2) d\sigma = \iint_D \ln(1+\rho^2) \rho d\rho d\theta$$

$$= \int_0^{\frac{\pi}{2}} d\theta \int_0^1 \ln(1+\rho^2) \rho d\rho = \dfrac{\pi}{2} \cdot \dfrac{1}{2} \int_0^1 \ln(1+\rho^2) d(1+\rho^2)$$

$$= \dfrac{\pi}{2} \cdot \dfrac{1}{2} \left\{[(1+\rho^2)\ln(1+\rho^2)]_0^1 - \int_0^1 2\rho d\rho\right\}$$

$$= \dfrac{\pi}{2} \cdot \dfrac{1}{2}(2\ln 2 - 1) = \dfrac{\pi}{4}(2\ln 2 - 1).$$

(3) 在极坐标下 $D = \left\{(\rho, \theta) \mid 0 \leq \theta \leq \dfrac{\pi}{4}, 1 \leq \rho \leq 2\right\}$,所以

$$\iint_D \arctan \dfrac{y}{x} d\sigma = \iint_D \arctan(\tan \theta) \cdot \rho d\rho d\theta = \iint_D \theta \cdot \rho d\rho d\theta$$

$$= \int_0^{\frac{\pi}{4}} d\theta \int_1^2 \theta \cdot \rho d\rho = \int_0^{\frac{\pi}{4}} \theta d\theta \int_1^2 \rho d\rho = \dfrac{3\pi^2}{64}.$$

15. 选用适当的坐标计算下列各题:

(1) $\iint\limits_{D} \dfrac{x^2}{y^2} d\sigma$,其中 $D$ 是由直线 $x=2$,$y=x$ 及曲线 $xy=1$ 所围成的闭区域;

(2) $\iint\limits_{D} \sqrt{\dfrac{1-x^2-y^2}{1+x^2+y^2}} d\sigma$,其中 $D$ 是由圆周 $x^2+y^2=1$ 及坐标轴所围成的在第一象限内的闭区域;

(3) $\iint\limits_{D}(x^2+y^2)d\sigma$,其中 $D$ 是由直线 $y=x$,$y=x+a$,$y=a$,$y=3a$ ($a>0$) 所围成的闭区域;

(4) $\iint\limits_{D} \sqrt{x^2+y^2} d\sigma$,其中 $D$ 是圆环形闭区域 $\{(x,y)\mid a^2 \leq x^2+y^2 \leq b^2\}$.

**解** (1) 因为积分区域可表示为 $D=\left\{(x,y)\mid 1 \leq x \leq 2, \dfrac{1}{x} \leq y \leq x\right\}$,所以选择直角坐标系:

$$\iint\limits_{D} \dfrac{x^2}{y^2} dxdy = \int_1^2 x^2 dx \int_{\frac{1}{x}}^{x} \dfrac{1}{y^2} dy = \int_1^2 (x^3-x)dx = \dfrac{9}{4}.$$

(2) 选择极坐标系: $D=\left\{(\rho,\theta)\mid 0 \leq \theta \leq \dfrac{\pi}{2}, 0 \leq \rho \leq 1\right\}$,所以

$$\iint\limits_{D} \sqrt{\dfrac{1-x^2-y^2}{1+x^2+y^2}} d\sigma = \iint\limits_{D} \sqrt{\dfrac{1-\rho^2}{1+\rho^2}} \cdot \rho d\rho d\theta = \int_0^{\frac{\pi}{2}} d\theta \int_0^1 \sqrt{\dfrac{1-\rho^2}{1+\rho^2}} \rho d\rho$$

$$= \dfrac{\pi}{2} \int_0^1 \dfrac{1-\rho^2}{\sqrt{1-\rho^4}} \rho d\rho = \dfrac{\pi}{2}\left(\int_0^1 \dfrac{\rho}{\sqrt{1-\rho^4}} d\rho - \int_0^1 \dfrac{\rho^3}{\sqrt{1-\rho^4}} d\rho\right)$$

$$= \dfrac{\pi}{2}\left(\int_0^1 \dfrac{1}{2} \dfrac{1}{\sqrt{1-\rho^4}} d\rho^2 + \dfrac{1}{4} \int_0^1 \dfrac{1}{\sqrt{1-\rho^4}} d(1-\rho^4)\right)$$

$$= \dfrac{\pi}{2}\left(\left[\dfrac{1}{2}\arcsin\rho^2\right]_0^1 + \left[\dfrac{1}{2}\sqrt{1-\rho^4}\right]_0^1\right) = \dfrac{\pi}{8}(\pi-2).$$

(3) 因为积分区域可表示为 $D=\{(x,y)\mid a \leq y \leq 3a, y-a \leq x \leq y\}$,选择直角坐标系:

$$\iint\limits_{D}(x^2+y^2)d\sigma = \int_a^{3a} dy \int_{y-a}^{y}(x^2+y^2)dx = \int_a^{3a}\left(2ay^2-a^2y+\dfrac{1}{3}a^3\right)dy = 14a^4.$$

(4) 选择极坐标系: $D=\{(\rho,\theta)\mid 0 \leq \theta \leq 2\pi, a \leq \rho \leq b\}$,所以

$$\iint\limits_{D}\sqrt{x^2+y^2} d\sigma = \int_0^{2\pi} d\theta \int_a^b r^2 dr = \dfrac{2}{3}\pi(b^3-a^3).$$

16. 设平面薄片所占的闭区域 $D$ 由螺线 $\rho=2\theta$ 上一段弧 $\left(0 \leq \theta \leq \dfrac{\pi}{2}\right)$ 与直线 $\theta=\dfrac{\pi}{2}$ 所围成,它的面密度为 $\mu(x,y)=x^2+y^2$. 求这薄片的质量(见图 10-29).

**解** 区域如图 10-29 所示. 在极坐标下 $D=\left\{(\rho,\theta)\mid 0 \leq \theta \leq \dfrac{\pi}{2}, 0 \leq \rho \leq 2\theta\right\}$,所以所求质量为

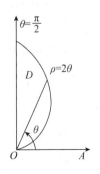

图 10-29

$$M = \iint_D \mu(x, y) d\sigma = \int_0^{\frac{\pi}{2}} d\theta \int_0^{2\theta} \rho^2 \cdot \rho d\rho = 4\int_0^{\frac{\pi}{2}} \theta^4 d\theta = \frac{\pi^5}{40}.$$

**17.** 求由平面 $y=0$，$y=kx$（$k>0$），$z=0$ 以及球心在原点、半径为 $R$ 的上半球面所围成的在第一卦限内的立体的体积（见图 10-30）.

**解** 此立体在 $xOy$ 面上的投影区域 $D = \{(x, y) \mid 0 \leq \theta \leq \arctan k, \ 0 \leq \rho \leq R\}$.

$$V = \iint_D \sqrt{R^2 - x^2 - y^2} dxdy = \int_0^{\arctan k} d\theta \int_0^R \sqrt{R^2 - \rho^2} \rho d\rho = \frac{1}{3} R^3 \arctan k.$$

**18.** 计算以 $xOy$ 面上的圆周 $x^2+y^2=ax$ 围成的闭区域为底，而以曲面 $z=x^2+y^2$ 为顶的曲顶柱体的体积.

**解** 曲顶柱体（见图 10-31）在 $xOy$ 面上的投影区域为 $D = \{(x, y) \mid x^2 + y^2 \leq ax\}$.

在极坐标下 $D = \left\{(\rho, \theta) \mid -\frac{\pi}{2} \leq \theta \leq \frac{\pi}{2}, \ 0 \leq \rho \leq a\cos\theta\right\}$，所以

$$V = \iint_{x^2+y^2 \leq ax} (x^2 + y^2) dxdy = \int_{-\frac{\pi}{2}}^{\frac{\pi}{2}} d\theta \int_0^{a\cos\theta} \rho^2 \cdot \rho d\rho = \frac{a^4}{4} \int_{-\frac{\pi}{2}}^{\frac{\pi}{2}} \cos^4\theta d\theta = \frac{3}{32} a^4 \pi.$$

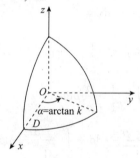

图 10-30

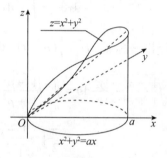

图 10-31

19~22. 此处解析请扫二维码查看.

19~22 二维码

## 习题 10-3 解答 三重积分

**1.** 化三重积分 $I = \iiint_\Omega f(x, y, z) dxdydz$ 为三次积分，其中积分区域分别是

(1) 由双曲抛物面 $xy=z$ 及平面 $x+y-1=0$，$z=0$ 所围成的闭区域；

(2) 由曲面 $z=x^2+y^2$ 及平面 $z=1$ 所围成的闭区域；

(3) 由曲面 $z=x^2+2y^2$ 及 $z=2-x^2$ 所围成的闭区域；

(4) 由曲面 $cz=xy$（$c>0$），$\dfrac{x^2}{a^2} + \dfrac{y^2}{b^2} = 1$，$z=0$ 所围成的在第一卦限内的闭区域.

**解** (1) 积分区域可表示为 $\Omega = \{(x, y, z) \mid 0 \leq z \leq xy, \ 0 \leq y \leq 1-x, \ 0 \leq x \leq 1\}$，

于是 $I = \int_0^1 dx \int_0^{1-x} dy \int_0^{xy} f(x, y, z) dz.$

(2) 积分区域如图 10-32 所示，可表示为

$\Omega = \{(x, y, z) \mid x^2 + y^2 \leq z \leq 1, \ -\sqrt{1-x^2} \leq y \leq \sqrt{1-x^2}, \ -1 \leq x \leq 1\}$，

于是 $I = \int_{-1}^1 dx \int_{-\sqrt{1-x^2}}^{\sqrt{1-x^2}} dy \int_{x^2+y^2}^1 f(x, y, z) dz.$

(3) 积分区域如图 10-33 所示,可表示为

$$\Omega = \{(x, y, z) \mid x^2 + 2y^2 \leqslant z \leqslant 2 - x^2, -\sqrt{1-x^2} \leqslant y \leqslant \sqrt{1-x^2}, -1 \leqslant x \leqslant 1\},$$

于是 $I = \int_{-1}^{1} dx \int_{-\sqrt{1-x^2}}^{\sqrt{1-x^2}} dy \int_{x^2+2y^2}^{2-x^2} f(x, y, z) dz.$

提示:曲面 $z = x^2 + 2y^2$ 与 $z = 2 - x^2$ 的交线在 $xOy$ 面上的投影曲线为 $x^2 + y^2 = 1$.

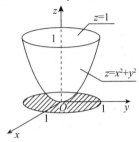

图 10-32

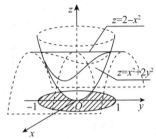

图 10-33

(4) 积分区域如图 10-34 所示,可表示为

$$\Omega = \left\{(x, y, z) \mid 0 \leqslant z \leqslant \frac{xy}{c}, 0 \leqslant y \leqslant \frac{b}{a}\sqrt{a^2 - x^2}, 0 \leqslant x \leqslant a\right\},$$

于是 $I = \int_{0}^{a} dx \int_{0}^{\frac{b}{a}\sqrt{a^2-x^2}} dy \int_{0}^{\frac{xy}{c}} f(x, y, z) dz.$

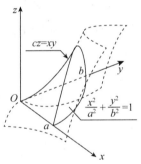

图 10-34

提示:区域 $\Omega$ 的上边界曲面为曲面 $cz = xy$,下边界曲面为平面 $z = 0$.

2. 设有一物体,占有空间闭区域 $\Omega = \{(x, y, z) \mid 0 \leqslant x \leqslant 1, 0 \leqslant y \leqslant 1, 0 \leqslant z \leqslant 1\}$,在点 $(x, y, z)$ 处的密度为 $\rho(x, y, z) = x + y + z$,计算该物体的质量.

**解** $M = \iiint\limits_{\Omega} \rho dx dy dz = \int_{0}^{1} dx \int_{0}^{1} dy \int_{0}^{1} (x + y + z) dz = \int_{0}^{1} dx \int_{0}^{1} \left(x + y + \frac{1}{2}\right) dy$

$= \int_{0}^{1} \left[xy + \frac{1}{2}y^2 + \frac{1}{2}y\right]_{0}^{1} dx = \int_{0}^{1} (x + 1) dx = \frac{1}{2}[(x+1)^2]_{0}^{1} = \frac{3}{2}.$

3. 如果三重积分 $\iiint\limits_{\Omega} f(x, y, z) dx dy dz$ 的被积函数 $f(x, y, z)$ 是三个函数 $f_1(x)$、$f_2(y)$、$f_3(z)$ 的乘积,即 $f(x, y, z) = f_1(x) f_2(y) f_3(z)$,积分区域 $\Omega = \{(x, y, z) \mid a \leqslant x \leqslant b, c \leqslant y \leqslant d, l \leqslant z \leqslant m\}$,证明这个三重积分等于三个单积分的乘积,即

$$\iiint\limits_{\Omega} f_1(x) f_2(y) f_3(z) dx dy dz = \int_{a}^{b} f_1(x) dx \int_{c}^{d} f_2(y) dy \int_{l}^{m} f_3(z) dz.$$

**证** $$\iiint_\Omega f_1(x)f_2(y)f_3(z)\mathrm{d}x\mathrm{d}y\mathrm{d}z = \int_a^b\left\{\int_c^d\left[\int_l^m f_1(x)f_2(y)f_3(z)\mathrm{d}z\right]\mathrm{d}y\right\}\mathrm{d}x$$

$$= \int_a^b\left\{\int_c^d\left[f_1(x)f_2(y)\int_l^m f_3(z)\mathrm{d}z\right]\mathrm{d}y\right\}\mathrm{d}x$$

$$= \int_a^b\left\{\left[f_1(x)\int_l^m f_3(z)\mathrm{d}z\right]\left[\int_c^d f_2(y)\mathrm{d}y\right]\right\}\mathrm{d}x$$

$$= \int_a^b\left\{\left[\int_l^m f_3(z)\mathrm{d}z\right]\left[\int_c^d f_2(y)\mathrm{d}y\right]f_1(x)\right\}\mathrm{d}x$$

$$= \left[\int_l^m f_3(z)\mathrm{d}z\right]\left[\int_c^d f_2(y)\mathrm{d}y\right]\int_a^b f_1(x)\mathrm{d}x$$

$$= \int_a^b f_1(x)\mathrm{d}x\int_c^d f_2(y)\mathrm{d}y\int_l^m f_3(z)\mathrm{d}z.$$

**4.** 计算 $\iiint_\Omega xy^2z^3\mathrm{d}x\mathrm{d}y\mathrm{d}z$，其中 $\Omega$ 是由曲面 $z=xy$ 与平面 $y=x$，$x=1$ 和 $z=0$ 所围成的闭区域．

**解** 积分区域如图10-35所示，可表示为
$$\Omega = \{(x,\ y,\ z)\mid 0\leqslant z\leqslant xy,\ 0\leqslant y\leqslant x,\ 0\leqslant x\leqslant 1\},$$

于是 $\iiint_\Omega xy^2z^3\mathrm{d}x\mathrm{d}y\mathrm{d}z = \int_0^1 x\mathrm{d}x\int_0^x y^2\mathrm{d}y\int_0^{xy}z^3\mathrm{d}z = \int_0^1 x\mathrm{d}x\int_0^x y^2\left[\frac{z^4}{4}\right]_0^{xy}\mathrm{d}y$

$$= \frac{1}{4}\int_0^1 x^5\mathrm{d}x\int_0^x y^6\mathrm{d}y = \frac{1}{28}\int_0^1 x^{12}\mathrm{d}x = \frac{1}{364}.$$

**5.** 计算 $\iiint_\Omega \dfrac{\mathrm{d}x\mathrm{d}y\mathrm{d}z}{(1+x+y+z)^3}$，其中 $\Omega$ 为平面 $x=0$，$y=0$，$z=0$，$x+y+z=1$ 所围成的四面体．

**解** 积分区域如图10-36所示，可表示为
$$\Omega = \{(x,\ y,\ z)\mid 0\leqslant z\leqslant 1-x-y,\ 0\leqslant y\leqslant 1-x,\ 0\leqslant x\leqslant 1\},$$

于是 $\iiint_\Omega \dfrac{\mathrm{d}x\mathrm{d}y\mathrm{d}z}{(1+x+y+z)^3} = \int_0^1\mathrm{d}x\int_0^{1-x}\mathrm{d}y\int_0^{1-x-y}\dfrac{1}{(1+x+y+z)^3}\mathrm{d}z$

$$= \int_0^1\mathrm{d}x\int_0^{1-x}\left[\dfrac{1}{2(1+x+y)^2} - \dfrac{1}{8}\right]\mathrm{d}y$$

$$= \int_0^1\left[-\dfrac{1}{2(1+x+y)} - \dfrac{y}{8}\right]_0^{1-x}\mathrm{d}x$$

$$= \int_0^1\left[\dfrac{1}{2(1+x)} - \dfrac{3}{8} + \dfrac{1}{8}x\right]\mathrm{d}x = \dfrac{1}{2}\left(\ln 2 - \dfrac{5}{8}\right).$$

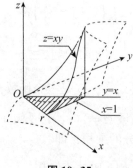

图 10-35

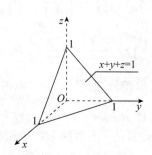

图 10-36

6. 计算 $\iiint\limits_{\Omega} xyz\mathrm{d}x\mathrm{d}y\mathrm{d}z$，其中 $\Omega$ 为球面 $x^2+y^2+z^2=1$ 及三个坐标面所围成的在第一卦限内的闭区域.

**解** 积分区域可表示为
$$\Omega = \{(x,y,z) \mid 0 \leq z \leq \sqrt{1-x^2-y^2},\ 0 \leq y \leq \sqrt{1-x^2},\ 0 \leq x \leq 1\}$$
于是 
$$\iiint\limits_{\Omega} xyz\mathrm{d}x\mathrm{d}y\mathrm{d}z = \int_0^1 \mathrm{d}x \int_0^{\sqrt{1-x^2}} \mathrm{d}y \int_0^{\sqrt{1-x^2-y^2}} xyz\mathrm{d}z$$
$$= \int_0^1 \mathrm{d}x \int_0^{\sqrt{1-x^2}} \frac{1}{2}xy(1-x^2-y^2)\mathrm{d}y$$
$$= \int_0^1 \frac{1}{2}x\left[\frac{1}{2}y^2(1-x^2) - \frac{1}{4}y^4\right]_0^{\sqrt{1-x^2}} \mathrm{d}x$$
$$= \int_0^1 \frac{1}{8}x(1-x^2)^2 \mathrm{d}x = \frac{1}{48}.$$

7. 计算 $\iiint\limits_{\Omega} xz\mathrm{d}x\mathrm{d}y\mathrm{d}z$，其中 $\Omega$ 是由平面 $z=0$，$z=y$，$y=1$ 以及抛物柱面 $y=x^2$ 所围成的闭区域.

**解** 方法一：积分区域可表示为
$$\Omega = \{(x,y,z) \mid 0 \leq z \leq y,\ x^2 \leq y \leq 1,\ -1 \leq x \leq 1\},$$
于是 $\iiint\limits_{\Omega} xz\mathrm{d}x\mathrm{d}y\mathrm{d}z = \int_{-1}^{1} x\mathrm{d}x \int_{x^2}^{1} \mathrm{d}y \int_0^y z\mathrm{d}z = \int_{-1}^{1} x\mathrm{d}x \int_{x^2}^{1} \frac{1}{2}y^2\mathrm{d}y = \frac{1}{6}\int_{-1}^{1} x(1-x^6)\mathrm{d}x = 0.$

方法二：利用对称性，由于积分区域 $\Omega$ 关于 $yOz$ 面对称，被积函数关于 $x$ 是奇函数，因此 $\iiint\limits_{\Omega} xz\mathrm{d}x\mathrm{d}y\mathrm{d}z = 0.$

8. 计算 $\iiint\limits_{\Omega} z\mathrm{d}x\mathrm{d}y\mathrm{d}z$，其中 $\Omega$ 是由锥面 $z=\frac{h}{R}\sqrt{x^2+y^2}$ 与平面 $z=h$（$R>0$，$h>0$）所围成的闭区域.

**解** 方法一：

由 $z=\frac{h}{R}\sqrt{x^2+y^2}$ 与 $z=h$ 联立解得 $x^2+y^2=R^2$，故 $\Omega$ 在 $xOy$ 面上的投影区域为：$D_{xy} = \{(x,y) \mid x^2+y^2 \leq R^2\}$，如图 10-37 所示.

故 $\Omega = \left\{(x,y,z) \mid \frac{h}{R}\sqrt{x^2+y^2} \leq z \leq h,\ (x,y) \in D_{xy}\right\}$，于是
$$\iiint\limits_{\Omega} z\mathrm{d}x\mathrm{d}y\mathrm{d}z = \iint\limits_{D_{xy}} \mathrm{d}x\mathrm{d}y \int_{\frac{h}{R}\sqrt{x^2+y^2}}^{h} z\mathrm{d}z = \frac{1}{2}\iint\limits_{D_{xy}} \left[h^2 - \frac{h^2}{R^2}(x^2+y^2)\right] \mathrm{d}x\mathrm{d}y$$
$$= \frac{1}{2}\iint\limits_{D_{xy}} h^2 \mathrm{d}x\mathrm{d}y - \frac{1}{2}\iint\limits_{D_{xy}} \frac{h^2}{R^2}(x^2+y^2)\mathrm{d}x\mathrm{d}y$$
$$= \frac{h^2}{2} \cdot \pi R^2 - \frac{h^2}{2R^2} \int_0^{2\pi} \mathrm{d}\theta \int_0^R r^3 \mathrm{d}r = \frac{1}{4}\pi R^2 h^2.$$

方法二：

当 $0 \leq z \leq h$ 时，过 $(0,0,z)$ 作平行于 $xOy$ 面的平面，截得立体 $\Omega$ 的截面为圆 $D_z$：

$x^2 + y^2 = \left(\dfrac{R}{h}z\right)^2$，故 $D_z$ 的半径为 $\dfrac{R}{h}z$，面积为 $\dfrac{\pi R^2}{h^2}z^2$，于是

$$\iiint_\Omega z\mathrm{d}x\mathrm{d}y\mathrm{d}z = \int_0^h z\mathrm{d}z \iint_{D_z}\mathrm{d}x\mathrm{d}y = \dfrac{\pi R^2}{h^2}\int_0^h z^3\mathrm{d}z = \dfrac{\pi R^2 h^2}{4}.$$

9. 利用柱面坐标计算下列三重积分：

(1) $\iiint_\Omega z\mathrm{d}v$，其中 $\Omega$ 是由曲面 $z = \sqrt{2-x^2-y^2}$ 及 $z = x^2+y^2$ 所围成的闭区域；

(2) $\iiint_\Omega (x^2+y^2)\mathrm{d}v$，其中 $\Omega$ 是由曲面 $x^2+y^2=2z$ 及平面 $z=2$ 所围成的闭区域.

**解** (1) 在柱面坐标下积分区域 $\Omega$ 如图 10-38 所示，可表示为 $\{0\leqslant\theta\leqslant 2\pi,\ 0\leqslant\rho\leqslant 1,\ \rho^2\leqslant z\leqslant\sqrt{2-\rho^2}\}$，于是 $\iiint_\Omega z\mathrm{d}v = \int_0^{2\pi}\mathrm{d}\theta\int_0^1 \rho\mathrm{d}\rho\int_{\rho^2}^{\sqrt{2-\rho^2}} z\mathrm{d}z$

$$= 2\pi\int_0^1 \dfrac{1}{2}\rho(2-\rho^2-\rho^4)\mathrm{d}\rho = \pi\int_0^1(2\rho-\rho^3-\rho^5)\mathrm{d}\rho = \dfrac{7}{12}\pi.$$

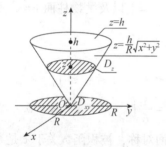
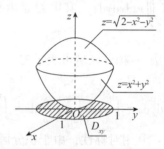

图 10-37　　　　　　　　　　　图 10-38

(2) 在柱面坐标下积分区域 $\Omega$ 可表示为 $\{0\leqslant\theta\leqslant 2\pi,\ 0\leqslant\rho\leqslant 2,\ \dfrac{\rho^2}{2}\leqslant z\leqslant 2\}$，于是

$$\iiint_\Omega (x^2+y^2)\mathrm{d}v = \int_0^{2\pi}\mathrm{d}\theta\int_0^2 \rho^3\mathrm{d}\rho\int_{\frac{1}{2}\rho^2}^2 \mathrm{d}z$$

$$= \int_0^{2\pi}\mathrm{d}\theta\int_0^2 \left(2\rho^3 - \dfrac{1}{2}\rho^5\right)\mathrm{d}\rho = \int_0^{2\pi}\dfrac{8}{3}\mathrm{d}\theta = \dfrac{16}{3}\pi.$$

10. 此处解析请扫二维码查看.

11. 选用适当的坐标计算下列三重积分：

(1) $\iiint_\Omega xy\mathrm{d}v$，其中 $\Omega$ 为柱面 $x^2+y^2=1$ 及平面 $z=1$，$z=0$，$x=0$，$y=0$ 所围成的在第一卦限内的闭区域；

(2) 此处解析请扫二维码查看.

(3) $\iiint_\Omega (x^2+y^2)\mathrm{d}v$，其中 $\Omega$ 是由曲面 $4z^2 = 25(x^2+y^2)$ 及平面 $z=5$ 所围成的闭区域；

(4) 此处解析请扫二维码查看.

10、11 (2)、
11 (4) 二维码

**解** (1) 在柱面坐标下积分区域 $\Omega$ 可表示为 $\left\{0\leqslant\theta\leqslant\dfrac{\pi}{2},\ 0\leqslant\rho\leqslant 1,\ 0\leqslant z\leqslant 1\right\}$，

于是 $\iiint_\Omega xy\,dv = \int_0^{\frac{\pi}{2}} \sin\theta\cos\theta\,d\theta \int_0^1 \rho^3\,d\rho \int_0^1 dz = \frac{1}{4}\cdot\left[\frac{1}{2}\sin^2\theta\right]_0^{\frac{\pi}{2}} = \frac{1}{8}.$

（3）在柱面坐标下积分区域 $\Omega$ 如图 10-39 所示，可表示为 $\{0\leqslant\theta\leqslant 2\pi,\ 0\leqslant\rho\leqslant 2,\ \frac{5}{2}\rho\leqslant z\leqslant 5\}$，于是

$$\iiint_\Omega (x^2+y^2)\,dv = \int_0^{2\pi} d\theta \int_0^2 \rho^3\,d\rho \int_{\frac{5}{2}\rho}^5 dz$$
$$= 2\pi \int_0^2 \rho^3\left(5-\frac{5}{2}\rho\right)d\rho = 2\pi\cdot\left[\frac{5}{4}\rho^4 - \frac{1}{2}\rho^5\right]_0^2 = 8\pi.$$

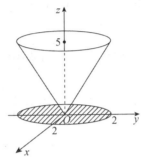

图 10-39

12. 利用三重积分计算下列由曲面所围成的立体的体积：

（1）$z = 6-x^2-y^2$ 及 $z = \sqrt{x^2+y^2}$；

（2）此处解析请扫二维码查看；

（3）$z = \sqrt{x^2+y^2}$ 及 $z = x^2+y^2$；

（4）$z = \sqrt{5-x^2-y^2}$ 及 $x^2+y^2 = 4z$.

**解**（1）在柱面坐标下积分区域 $\Omega$ 可表示为 $\{0\leqslant\theta\leqslant 2\pi,\ 0\leqslant\rho\leqslant 2,\ \rho\leqslant z\leqslant 6-\rho^2\}$，于是

$$V = \iiint_\Omega dv = \int_0^{2\pi} d\theta \int_0^2 \rho\,d\rho \int_\rho^{6-\rho^2} dz$$
$$= 2\pi \int_0^2 (6\rho-\rho^2-\rho^3)\,d\rho = 2\pi\cdot\left[3\rho^2-\frac{1}{3}\rho^3-\frac{1}{4}\rho^4\right]_0^2 = \frac{32}{3}\pi.$$

12(2) 二维码

（3）在柱面坐标下积分区域 $\Omega$ 如图 10-40 所示，可表示为 $\{0\leqslant\theta\leqslant 2\pi,\ 0\leqslant\rho\leqslant 1,\ \rho^2\leqslant z\leqslant\rho\}$，于是

$$V = \iiint_\Omega dv = \int_0^{2\pi} d\theta \int_0^1 \rho\,d\rho \int_{\rho^2}^\rho dz = 2\pi \int_0^1 (\rho^2-\rho^3)\,d\rho = \frac{\pi}{6}.$$

（4）方法一：

在柱面坐标下积分区域 $\Omega$ 如图 10-41 所示，可表示为 $\{0\leqslant\theta\leqslant 2\pi,\ 0\leqslant\rho\leqslant 2,\ \frac{1}{4}\rho^2\leqslant z\leqslant\sqrt{5-\rho^2}\}$，于是

$$V = \int_0^{2\pi} d\theta \int_0^2 \rho d\rho \int_{\frac{1}{4}\rho^2}^{\sqrt{5-\rho^2}} dz = 2\pi \int_0^2 \rho\left(\sqrt{5-\rho^2} - \frac{\rho^2}{4}\right) d\rho$$

$$= 2\pi \left[\int_0^2 -\frac{1}{2}\sqrt{5-\rho^2} d(5-\rho^2) - \left[\frac{\rho^4}{16}\right]_0^2\right]$$

$$= 2\pi \left[-\frac{1}{3}(5-\rho^2)^{\frac{3}{2}}\right]_0^2 - 2\pi = \frac{2}{3}\pi(5\sqrt{5} - 4).$$

**方法二：**

在直角系中利用截面法计算．

由 $z = \sqrt{5-x^2-y^2}$ 及 $x^2+y^2 = 4z$ 解得 $z=1$. 对固定的 $z$, 当 $0 \leq z \leq 1$ 时, $D_z = \{(x, y) | x^2+y^2 \leq 4z\}$; 当 $1 \leq z \leq \sqrt{5}$ 时, $D_z = \{(x, y) | x^2+y^2 \leq 5-z^2\}$, 如图10-41所示. 于是

$$V = V_1 + V_2 = \int_0^1 dz \iint_{D_z} dxdy + \int_1^{\sqrt{5}} dz \iint_{D_z} dxdy$$

$$= \int_0^1 \pi(4z) dz + \int_1^{\sqrt{5}} \pi(5-z^2) dz = \frac{2}{3}\pi(5\sqrt{5} - 4).$$

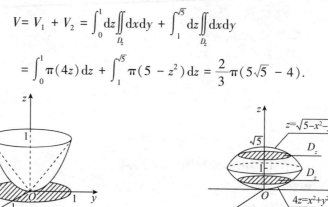

图 10-40 　　　　　　图 10-41

**13.** 此处解析请扫二维码查看．

**14.** 求上、下分别为球面 $x^2 + y^2 + z^2 = 2$ 和抛物面 $z = x^2 + y^2$ 所围立体的体积．

**解** 由 $x^2 + y^2 + z^2 = 2$ 和 $z = x^2 + y^2$ 消去 $z$, 可得 $x^2 + y^2 = 1$, 从而立体在 $xOy$ 面上的投影区域 $D_{xy} = \{(x, y) | x^2 + y^2 \leq 1\}$, 于是

$$\Omega = \{(x, y, z) | x^2 + y^2 \leq z \leq \sqrt{2-x^2-y^2},  (x, y) \in D_{xy}\}$$

$$V = \iiint_\Omega dv = \iint_{D_{xy}} dxdy \int_{x^2+y^2}^{\sqrt{2-x^2-y^2}} dz = \iint_{D_{xy}} [\sqrt{2-x^2-y^2} - (x^2+y^2)] dxdy$$

$$= \int_0^{2\pi} d\theta \int_0^1 (\sqrt{2-r^2} - r^2) r dr = \frac{8\sqrt{2} - 7}{6}\pi.$$

13、15 二维码

**15.** 此处解析请扫二维码查看．

**习题 10-4　解答　重积分的应用**

**1.** 求球面 $x^2+y^2+z^2 = a^2$ 含在圆柱面 $x^2+y^2 = ax$ 内部的那部分面积．

**解** 位于柱面内的部分球面有两块,其面积是相同的. 如图10-42所示．

由曲面方程 $z=\sqrt{a^2-x^2-y^2}$ 得 $\dfrac{\partial z}{\partial x}=-\dfrac{x}{\sqrt{a^2-x^2-y^2}}$，$\dfrac{\partial z}{\partial y}=-\dfrac{y}{\sqrt{a^2-x^2-y^2}}$，于是

$$A=2\iint\limits_{x^2+y^2\leq ax}\sqrt{1+\left(\dfrac{\partial z}{\partial x}\right)^2+\left(\dfrac{\partial z}{\partial y}\right)^2}\mathrm{d}x\mathrm{d}y=2\iint\limits_{x^2+y^2\leq ax}\dfrac{a}{\sqrt{a^2-x^2-y^2}}\mathrm{d}x\mathrm{d}y$$

$$=4a\int_0^{\frac{\pi}{2}}\mathrm{d}\theta\int_0^{a\cos\theta}\dfrac{1}{\sqrt{a^2-\rho^2}}\rho\mathrm{d}\rho=4a\int_0^{\frac{\pi}{2}}(a-a\sin\theta)\mathrm{d}\theta=2a^2(\pi-2).$$

2. 求锥面 $z=\sqrt{x^2+y^2}$ 被柱面 $z^2=2x$ 所割下部分的曲面面积．

**解** 由 $z=\sqrt{x^2+y^2}$ 和 $z^2=2x$ 两式消 $z$ 得 $x^2+y^2=2x$，于是所求曲面在 $xOy$ 面上的投影区域 $D$ 为 $x^2+y^2\leq 2x$，如图 10-43 所示．

由曲面方程 $\sqrt{x^2+y^2}$ 得 $\dfrac{\partial z}{\partial x}=\dfrac{x}{\sqrt{x^2+y^2}}$，$\dfrac{\partial z}{\partial y}=\dfrac{y}{\sqrt{x^2+y^2}}$，于是

$$A=\iint\limits_{(x-1)^2+y^2\leq 1}\sqrt{1+\left(\dfrac{\partial z}{\partial x}\right)^2+\left(\dfrac{\partial z}{\partial y}\right)^2}\mathrm{d}x\mathrm{d}y=\sqrt{2}\iint\limits_{(x-1)^2+y^2\leq 1}\mathrm{d}x\mathrm{d}y=\sqrt{2}\pi.$$

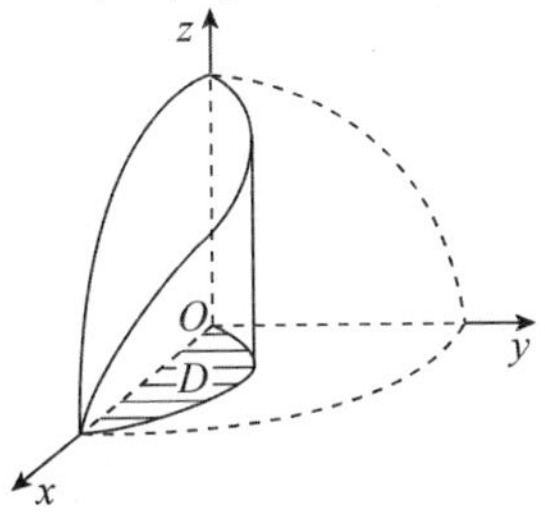

图 10-42 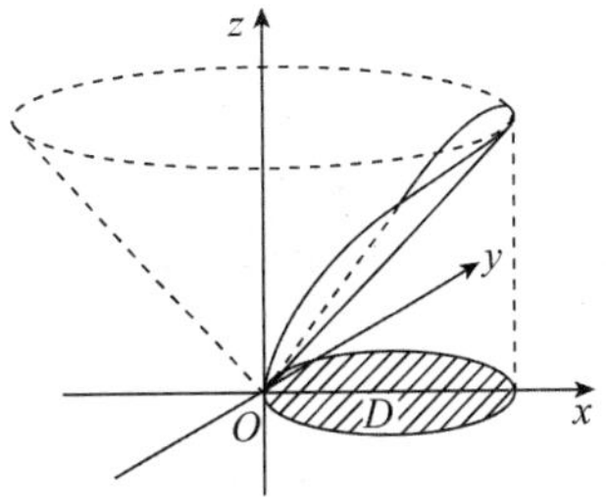　　　　　　　图 10-43

3. 求底圆半径相等的两个直交圆柱面 $x^2+y^2=R^2$ 及 $x^2+z^2=R^2$ 所围立体的表面积．

**解** 设 $A_1$ 为曲面 $z=\sqrt{R^2-x^2}$ 相应于区域 $D$：$x^2+y^2\leq R^2$ 在第一卦限上的面积．如图 10-44 所示，由对称性知，所求表面积为 $A=16A_1$．则

$$A=16\iint\limits_D\sqrt{1+\left(\dfrac{\partial z}{\partial x}\right)^2+\left(\dfrac{\partial z}{\partial y}\right)^2}\mathrm{d}x\mathrm{d}y=16\iint\limits_D\sqrt{1+\left(-\dfrac{x}{\sqrt{R^2-x^2}}\right)^2+0^2}\mathrm{d}x\mathrm{d}y$$

$$=16\iint\limits_D\dfrac{R}{\sqrt{R^2-x^2}}\mathrm{d}x\mathrm{d}y=16R\int_0^R\mathrm{d}x\int_0^{\sqrt{R-x^2}}\dfrac{1}{\sqrt{R^2-x^2}}\mathrm{d}y=16R\int_0^R\mathrm{d}x=16R^2.$$

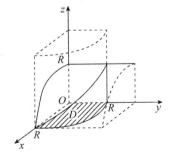

图 10-44

4. 设薄片所占的闭区域 $D$ 如下，求均匀薄片的质心：

(1) $D$ 由 $y = \sqrt{2px}$，$x = x_0$，$y = 0$ 所围成；

(2) $D$ 是半椭圆形闭区域 $\left\{(x, y) \mid \dfrac{x^2}{a^2} + \dfrac{y^2}{b^2} \leqslant 1,\ y \geqslant 0\right\}$；

(3) $D$ 是界于两个圆 $\rho = a\cos\theta$，$\rho = b\cos\theta\,(0 < a < b)$ 之间的闭区域.

**解** (1) 令密度为 $\mu = 1$.

因为区域 $D$ 可表示为 $0 \leqslant x \leqslant x_0$，$0 \leqslant y \leqslant \sqrt{2px}$，所以

$$A = \iint\limits_D \mathrm{d}x\mathrm{d}y = \int_0^{x_0} \mathrm{d}x \int_0^{\sqrt{2px}} \mathrm{d}y = \int_0^{x_0} \sqrt{2px}\,\mathrm{d}x = \dfrac{2}{3}\sqrt{2px_0^3},$$

$$\bar{x} = \dfrac{1}{A}\iint\limits_D x\,\mathrm{d}x\mathrm{d}y = \dfrac{1}{A}\int_0^{x_0} \mathrm{d}x \int_0^{\sqrt{2px}} x\,\mathrm{d}y = \dfrac{1}{A}\int_0^{x_0} x\sqrt{2px}\,\mathrm{d}x = \dfrac{\dfrac{2}{5}\sqrt{2px_0^5}}{\dfrac{2}{3}\sqrt{2px_0^3}} = \dfrac{3}{5}x_0,$$

$$\bar{y} = \dfrac{1}{A}\iint\limits_D y\,\mathrm{d}x\mathrm{d}y = \dfrac{1}{A}\int_0^{x_0} \mathrm{d}x \int_0^{\sqrt{2px}} y\,\mathrm{d}y = \dfrac{1}{A}\int_0^{x_0} px\,\mathrm{d}x = \dfrac{\dfrac{p}{2}x_0^2}{\dfrac{2}{3}\sqrt{2px_0^3}} = \dfrac{3}{8}\sqrt{2px_0} = \dfrac{3}{8}y_0,$$

所求质心为 $\left(\dfrac{3}{5}x_0,\ \dfrac{3}{8}y_0\right)$.

(2) 令密度为 $\mu = 1$. 因为闭区域 $D$ 对称于 $y$ 轴，所以 $\bar{x} = 0$. 则

$$A = \iint\limits_D \mathrm{d}x\mathrm{d}y = \dfrac{1}{2}\pi ab\ (\text{椭圆的面积}),$$

$$\bar{y} = \dfrac{1}{A}\iint\limits_D y\,\mathrm{d}x\mathrm{d}y = \dfrac{1}{A}\int_{-a}^{a}\mathrm{d}x\int_0^{\frac{b}{a}\sqrt{a^2-x^2}} y\,\mathrm{d}y = \dfrac{1}{A}\cdot\dfrac{b^2}{2a^2}\int_{-a}^{a}(a^2-x^2)\,\mathrm{d}x = \dfrac{4b}{3\pi},$$

所求质心为 $\left(0,\ \dfrac{4b}{3\pi}\right)$.

(3) 令密度为 $\mu = 1$. 由对称性（见图 10-45）可知 $\bar{y} = 0$. 则

$$A = \iint\limits_D \mathrm{d}x\mathrm{d}y = \pi\left(\dfrac{b}{2}\right)^2 - \pi\left(\dfrac{a}{2}\right)^2 = \dfrac{\pi}{4}(b^2-a^2)\ (\text{两圆面积的差}),$$

$$\bar{x} = \dfrac{1}{A}\iint\limits_D x\,\mathrm{d}x\mathrm{d}y = \dfrac{2}{A}\int_0^{\frac{\pi}{2}}\mathrm{d}\theta\int_{a\cos\theta}^{b\cos\theta} r\cos\theta\cdot r\,\mathrm{d}r$$

$$= \dfrac{2}{3A}(b^3-a^3)\int_0^{\frac{\pi}{2}}\cos^4\theta\,\mathrm{d}\theta = \dfrac{2}{3A}(b^3-a^3)\cdot\dfrac{3}{4}\cdot\dfrac{1}{2}\cdot\dfrac{\pi}{2} = \dfrac{a^2+b^2+ab}{2(a+b)},$$

所求质心是 $\left(\dfrac{a^2+b^2+ab}{2(a+b)},\ 0\right)$.

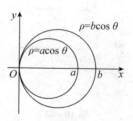

图 10-45

5. 设平面薄片所占的闭区域 $D$ 由抛物线 $y=x^2$ 及直线 $y=x$ 所围成,它在点 $(x,y)$ 处的面密度 $\mu(x,y)=x^2y$,求该薄片的质心.

**解** $M = \iint_D \mu(x,y)\mathrm{d}x\mathrm{d}y = \int_0^1 \mathrm{d}x \int_{x^2}^x x^2 y \mathrm{d}y = \int_0^1 \frac{1}{2}(x^4-x^6)\mathrm{d}x = \frac{1}{35}$,

$$\bar{x} = \frac{1}{M}\iint_D x\mu(x,y)\mathrm{d}x\mathrm{d}y = \frac{1}{M}\int_0^1 \mathrm{d}x\int_{x^2}^x x^3 y \mathrm{d}y = \frac{1}{M}\int_0^1 \frac{1}{2}(x^5-x^7)\mathrm{d}x = \frac{35}{48},$$

$$\bar{y} = \frac{1}{M}\iint_D y\mu(x,y)\mathrm{d}x\mathrm{d}y = \frac{1}{M}\int_0^1 \mathrm{d}x\int_{x^2}^x x^2 y^2 \mathrm{d}y = \frac{1}{M}\int_0^1 \frac{1}{3}(x^5-x^8)\mathrm{d}x = \frac{35}{54},$$

则质心坐标为 $\left(\frac{35}{48}, \frac{35}{54}\right)$.

6. 设有一等腰直角三角形薄片,腰长为 $a$,各点处的面密度等于该点到直角顶点的距离的平方,求这薄片的质心.

**解** 建立如图 10-46 所示坐标系,使薄片在第一象限,且直角边在坐标轴上.薄片上点 $(x,y)$ 处的函数为 $\mu = x^2+y^2$,由对称性可知 $\bar{x}=\bar{y}$. 于是

$$M = \iint_D \mu(x,y)\mathrm{d}x\mathrm{d}y = \int_0^a \mathrm{d}x\int_0^{a-x}(x^2+y^2)\mathrm{d}y = \int_0^a\left[x^2(a-x)+\frac{(a-x)^3}{3}\right]\mathrm{d}x = \frac{1}{6}a^4,$$

$$\bar{x} = \bar{y} = \frac{1}{M}\iint_D x\mu(x,y)\mathrm{d}x\mathrm{d}y = \frac{1}{M}\int_0^a x\mathrm{d}x\int_0^{a-x}(x^2+y^2)\mathrm{d}y$$

$$= \frac{1}{M}\int_0^a\left[x^3(a-x)+\frac{x(a-x)^3}{3}\right]\mathrm{d}x = \frac{2}{5}a,$$

则薄片的质心坐标为 $\left(\frac{2}{5}a, \frac{2}{5}a\right)$.

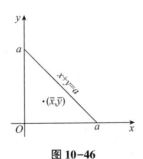

图 10-46

7. 利用三重积分计算下列由曲面所围成立体的质心(设密度 $\rho=1$):

(1) $z^2=x^2+y^2$, $z=1$;

(2) 此处解析请扫二维码查看.

(3) $z=x^2+y^2$, $x+y=a$, $x=0$, $y=0$, $z=0$.

**解** (1) 由对称性可知,质心在 $z$ 轴上,则 $\bar{x}=\bar{y}=0$. 于是

$$V = \iiint_\Omega \mathrm{d}v = \frac{1}{3}\pi\ (圆锥的体积),$$

$$\bar{z} = \frac{1}{V}\iiint_\Omega z\mathrm{d}v = \frac{1}{V}\int_0^{2\pi}\mathrm{d}\theta\int_0^1 r\mathrm{d}r\int_r^1 z\mathrm{d}z = \frac{3}{4},$$

7(2) 二维码

所求立体的质心为 $\left(0, 0, \dfrac{3}{4}\right)$.

(3) 如图 10-47 所示，$\Omega = \{(x, y, z) \mid 0 \leq x \leq a, 0 \leq y \leq a-x, 0 \leq z \leq x^2 + y^2\}$. 则

$$V = \iiint_\Omega dv = \int_0^a dx \int_0^{a-x} dy \int_0^{x^2+y^2} dz = \int_0^a dx \int_0^{a-x} (x^2 + y^2) dy$$

$$= \int_0^a \left[x^2(a-x) + \dfrac{1}{3}(a-x)^3\right] dx = \dfrac{1}{6}a^4,$$

$$\bar{x} = \dfrac{1}{V} \iiint_\Omega x\, dv$$

$$= \dfrac{1}{V} \int_0^a x\, dx \int_0^{a-x} dy \int_0^{x^2+y^2} dz = \dfrac{1}{V} \int_0^a x\, dx \int_0^{a-x} (x^2 + y^2) dy$$

$$= \dfrac{1}{V} \int_0^a \left[x^3(a-x) + \dfrac{1}{3}x(a-x)^3\right] dx = \dfrac{\dfrac{1}{15}a^5}{\dfrac{1}{6}a^4} = \dfrac{2}{5}a,$$

$$\bar{y} = \bar{x} = \dfrac{2}{5}a,$$

$$\bar{z} = \dfrac{1}{V} \iiint_\Omega z\, dv = \dfrac{1}{V} \int_0^a dx \int_0^{a-x} dy \int_0^{x^2+y^2} z\, dz = \dfrac{1}{V} \int_0^a dx \int_0^{a-x} \dfrac{1}{2}(x^4 + 2x^2y^2 + y^4) dy$$

$$= \dfrac{1}{V} \int_0^a \left[\dfrac{1}{2}x^4(a-x) + \dfrac{1}{3}x^2(a-x)^3 + \dfrac{1}{10}(a-x)^5\right] dx = \dfrac{3}{a^4} \cdot \dfrac{7a^6}{90} = \dfrac{7}{30}a^2,$$

所以立体的质心为 $\left(\dfrac{2}{5}a, \dfrac{2}{5}a, \dfrac{7}{30}a^2\right)$.

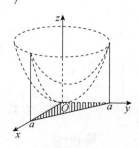

图 10-47

8. 此处解析请扫二维码查看.

9. 设均匀薄片（面密度为常数 1）所占闭区域 $D$ 如下，求指定的转动惯量：

8 二维码

(1) $D = \left\{(x, y) \mid \dfrac{x^2}{a^2} + \dfrac{y^2}{b^2} \leq 1\right\}$，求 $I_y$；

(2) $D$ 由抛物线 $y^2 = \dfrac{9}{2}x$ 与直线 $x = 2$ 所围成，求 $I_x$ 和 $I_y$；

(3) $D$ 为矩形闭区域 $\{(x, y) \mid 0 \leq x \leq a, 0 \leq y \leq b\}$，求 $I_x$ 和 $I_y$.

**解** (1) 积分区域 $D$ 可表示为

$$-a \leqslant x \leqslant a, \ -\frac{b}{a}\sqrt{a^2-x^2} \leqslant y \leqslant \frac{b}{a}\sqrt{a^2-x^2},$$

于是 $I_y = \iint\limits_D x^2 \mathrm{d}x\mathrm{d}y = \int_{-a}^{a} x^2 \mathrm{d}x \int_{-\frac{b}{a}\sqrt{a^2-x^2}}^{\frac{b}{a}\sqrt{a^2-x^2}} \mathrm{d}y = \frac{2b}{a}\int_{-a}^{a} x^2 \sqrt{a^2-x^2}\,\mathrm{d}x$

$\xrightarrow{x=a\sin t} a^3 b \int_{0}^{\frac{\pi}{2}} \sin^2 2t\,\mathrm{d}t = \frac{a^3 b}{2}\int_{0}^{\frac{\pi}{2}}(1-\cos 4t)\mathrm{d}t = \frac{a^3 b}{2}\left[t - \frac{1}{4}\sin 4t\right]_{0}^{\frac{\pi}{2}}$

$= \frac{1}{4}\pi a^3 b.$

(2) 积分区域如图 10-48 所示, 可表示为

$$0 \leqslant x \leqslant 2, \ -3\sqrt{x/2} \leqslant y \leqslant 3\sqrt{x/2},$$

于是 $I_x = \iint\limits_D y^2 \mathrm{d}x\mathrm{d}y = \int_0^2 \mathrm{d}x \int_{-3\sqrt{x/2}}^{3\sqrt{x/2}} y^2 \mathrm{d}y = \frac{2}{3}\int_0^2 \frac{27}{2\sqrt{2}} x^{\frac{3}{2}} \mathrm{d}x = \frac{72}{5},$

$I_y = \iint\limits_D x^2 \mathrm{d}x\mathrm{d}y = \int_0^2 x^2 \mathrm{d}x \int_{-3\sqrt{x/2}}^{3\sqrt{x/2}} \mathrm{d}y = \frac{6}{\sqrt{2}}\int_0^2 x^{\frac{5}{2}} \mathrm{d}x = \frac{96}{7}.$

(3) $I_x = \iint\limits_D y^2 \mathrm{d}x\mathrm{d}y = \int_0^a \mathrm{d}x \int_0^b y^2 \mathrm{d}y = a \cdot \frac{1}{3}b^3 = \frac{ab^3}{3},$

$I_y = \iint\limits_D x^2 \mathrm{d}x\mathrm{d}y = \int_0^a x^2 \mathrm{d}x \int_0^b \mathrm{d}y = \frac{1}{3}a^3 \cdot b = \frac{a^3 b}{3}.$

10. 已知均匀矩形板 (面密度为常量 $\mu$) 的长和宽分别为 $b$ 和 $h$, 计算此矩形板对于通过其形心且分别与一边平行的两轴的转动惯量.

**解** 取形心为原点, 取两旋转轴为坐标轴, 建立坐标系如图 10-49 所示, 则所求的转动惯量为

$$I_x = \iint\limits_D y^2 \mu \mathrm{d}x\mathrm{d}y = \mu \int_{-\frac{b}{2}}^{\frac{b}{2}} \mathrm{d}x \int_{-\frac{h}{2}}^{\frac{h}{2}} y^2 \mathrm{d}y = \frac{1}{12}\mu b h^3,$$

$$I_y = \iint\limits_D x^2 \mu \mathrm{d}x\mathrm{d}y = \mu \int_{-\frac{b}{2}}^{\frac{b}{2}} x^2 \mathrm{d}x \int_{-\frac{h}{2}}^{\frac{h}{2}} \mathrm{d}y = \frac{1}{12}\mu h b^3.$$

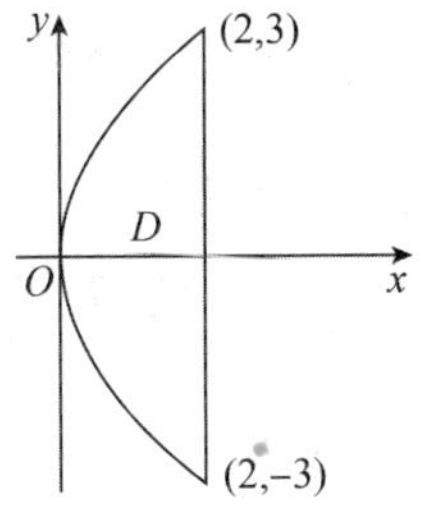

图 10-48 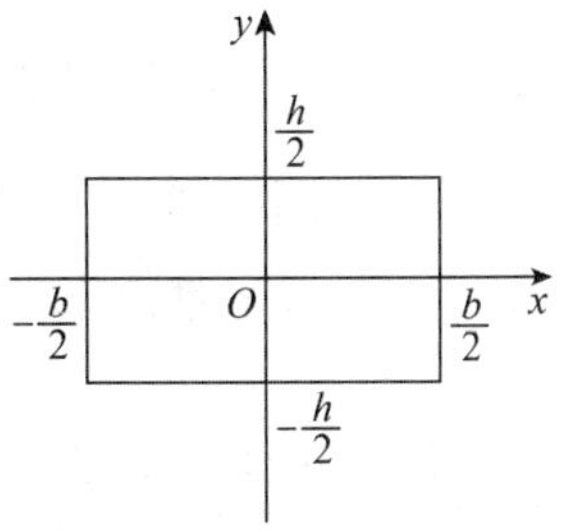    图 10-49

11. 一均匀物体 (密度 $\rho$ 为常量) 占有的闭区域 $\Omega$ 由曲面 $z = x^2 + y^2$ 和平面 $z = 0$, $|x| = a$, $|y| = a$ 所围成,

(1) 求物体的体积;

(2) 求物体的质心;

(3) 求物体关于 $z$ 轴的转动惯量.

**解** (1) 如图 10-50 所示，由对称性可知

$$V = 4\int_0^a dx \int_0^a dy \int_0^{x^2+y^2} dz = 4\int_0^a dx \int_0^a (x^2+y^2)dy = 4\int_0^a \left(ax^2 + \frac{a^3}{3}\right)dx = \frac{8}{3}a^4.$$

(2) 由对称性知 $\bar{x} = \bar{y} = 0$，则

$$\bar{z} = \frac{1}{M}\iiint_\Omega \rho z dv = \frac{4}{V}\int_0^a dx \int_0^a dy \int_0^{x^2+y^2} z dz = \frac{2}{V}\int_0^a dx \int_0^a (x^4 + 2x^2y^2 + y^4)dy$$

$$= \frac{2}{V}\int_0^a \left(ax^4 + \frac{2}{3}a^3x^2 + \frac{a^5}{5}\right)dx = \frac{7}{15}a^2.$$

(3) $I_z = \iiint_\Omega \rho(x^2 + y^2)dv = 4\rho \int_0^a dx \int_0^a dy \int_0^{x^2+y^2} (x^2+y^2)dz$

$$= 4\rho \int_0^a dx \int_0^a (x^4 + 2x^2y^2 + y^4)dy = 4\rho \cdot \frac{28}{45}a^6 = \frac{112}{45}\rho a^6.$$

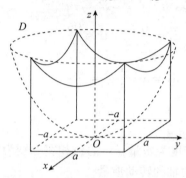

图 10-50

12. 求半径为 $a$、高为 $h$ 的均匀圆柱体对于过中心而平行于母线的轴的转动惯量（设密度 $\rho = 1$）.

**解** 建立坐标系，使圆柱体的底面在 $xOy$ 面上，$z$ 轴通过圆柱体的轴心. 用柱面坐标计算，则圆柱所占的空间闭区域为：$\Omega = \{(r, \theta, z) | 0 \le \theta \le 2\pi, 0 \le r \le a, 0 \le z \le h\}$. 于是转动惯量为

$$I_z = \iiint_\Omega (x^2 + y^2) r dv = \iiint_\Omega r^3 dr d\theta dz = \int_0^{2\pi} d\theta \int_0^a r^3 dr \int_0^h dz = \frac{1}{2}\pi h a^4.$$

13. 设面密度为常量 $\mu$ 的质量均匀的半圆环形薄片占有闭区域 $D = \{(x, y, 0) | R_1 \le \sqrt{x^2 + y^2} \le R_2, x \ge 0\}$，求它对位于 $z$ 轴上点 $M_0(0, 0, a)$ $(a>0)$ 处单位质量的质点的引力 $\boldsymbol{F}$.

**解** 建立坐标系如图 10-51 所示，引力 $\boldsymbol{F} = (F_x, F_y, F_z)$，区域 $D$ 关于 $x$ 轴对称，且质量分布均匀，故 $F_y = 0$，而引力沿 $x$ 轴和 $z$ 轴的分量利用极坐标计算：

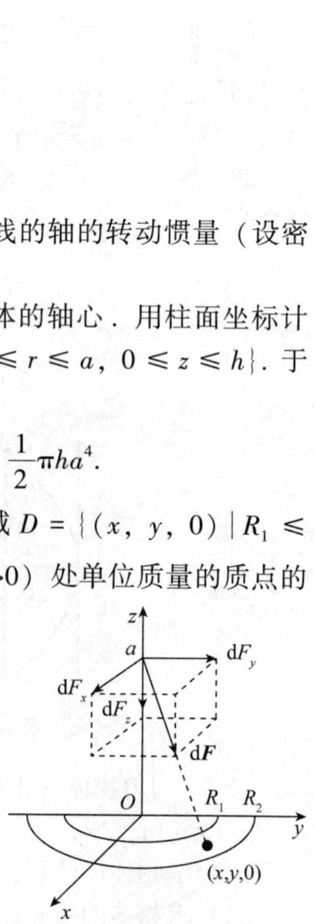

$$F_x = G\iint_D \frac{\mu x}{(x^2 + y^2 + a^2)^{3/2}} d\sigma$$

$$= G\mu \int_{-\frac{\pi}{2}}^{\frac{\pi}{2}} \cos\theta d\theta \int_{R_1}^{R_2} \frac{\rho}{(\rho^2 + a^2)^{3/2}} \cdot \rho d\rho = 2G\mu \int_{R_1}^{R_2} \frac{\rho}{(\rho^2 + a^2)^{3/2}} \cdot \rho d\rho$$

图 10-51

令 $\rho = a\tan t$ 得

$$F_x = 2G\mu \int_{\arctan\frac{R_1}{a}}^{\arctan\frac{R_2}{a}} \frac{a^2 \tan^2 t}{a^3 \sec^3 t} \cdot a\sec^2 t\,dt = 2G\mu \int_{\arctan\frac{R_1}{a}}^{\arctan\frac{R_2}{a}} \left(\frac{1}{\cos t} - \cos t\right) dt$$

$$= 2G\mu \left[\ln(\sec t + \tan t) - \sin t\right]_{\arctan\frac{R_1}{a}}^{\arctan\frac{R_2}{a}}$$

$$= 2G\mu \left(\ln \frac{\sqrt{R_2^2 + a^2} + R_2}{\sqrt{R_1^2 + a^2} + R_1} - \frac{R_2}{\sqrt{R_2^2 + a^2}} + \frac{R_1}{\sqrt{R_1^2 + a^2}}\right)$$

$$F_z = -Ga \iint_D \frac{\mu\,d\sigma}{(x^2 + y^2 + a^2)^{3/2}} = -Ga\mu \int_{-\frac{\pi}{2}}^{\frac{\pi}{2}} d\theta \int_{R_1}^{R_2} \frac{\rho\,d\rho}{(\rho^2 + a^2)^{3/2}}$$

$$= \pi Ga\mu \left[\frac{1}{\sqrt{\rho^2 + a^2}}\right]_{R_1}^{R_2} = \pi Ga\mu \left(\frac{1}{\sqrt{R_2^2 + a^2}} - \frac{1}{\sqrt{R_1^2 + a^2}}\right).$$

因此所求引力为

$$F = \left(2G\mu\left(\ln \frac{\sqrt{R_2^2 + a^2} + R_2}{\sqrt{R_1^2 + a^2} + R_1} - \frac{R_2}{\sqrt{R_2^2 + a^2}} + \frac{R_1}{\sqrt{R_1^2 + a^2}}\right),\ 0,\ \pi Ga\mu\left(\frac{1}{\sqrt{R_2^2 + a^2}} - \frac{1}{\sqrt{R_1^2 + a^2}}\right)\right).$$

14. 设均匀柱体密度为 $\rho$，占有闭区域 $\Omega = \{(x, y, z) | x^2 + y^2 \leq R^2,\ 0 \leq z \leq h\}$，求它对于位于点 $M_0(0, 0, a)(a > h)$ 处的单位质量的质点的引力.

**解** 由柱体的对称性可知，沿 $x$ 轴与 $y$ 轴方向的分力互相抵消，故 $F_x = F_y = 0$，而

$$F_z = \iiint_\Omega G\rho \frac{z - a}{[x^2 + y^2 + (z - a)^2]^{3/2}} dv$$

$$= G\rho \int_0^h (z - a) dz \iint_{x^2+y^2 \leq R^2} \frac{dxdy}{[x^2 + y^2 + (z - a)^2]^{3/2}}$$

$$= G\rho \int_0^h (z - a) dz \int_0^{2\pi} d\theta \int_0^R \frac{rdr}{[r^2 + (z - a)^2]^{3/2}}$$

$$= 2\pi G\rho \int_0^h (z - a)\left[\frac{1}{a - z} - \frac{1}{\sqrt{R^2 + (z - a)^2}}\right] dz$$

$$= -2\pi G\rho [h + \sqrt{R^2 + (a - h)^2} - \sqrt{R^2 + a^2}].$$

习题 10-5 二维码

习题 10-5 的解析请扫二维码查看.

### 总习题十 解答

1. 填空：

（1）积分 $\int_0^2 dx \int_x^2 e^{-y^2} dy$ 的值是_____；

（2）设闭区域 $D = \{(x, y) | x^2 + y^2 \leq R^2\}$，则 $\iint_D \left(\frac{x^2}{a^2} + \frac{y^2}{b^2}\right) dxdy = $ _____.

**解** （1）$\int_0^2 dx \int_x^2 e^{-y^2} dy = \int_0^2 dy \int_0^y e^{-y^2} dx = \int_0^2 y e^{-y^2} dy = \left[-\frac{1}{2}e^{-y^2}\right]_0^2 = \frac{1}{2}(1 - e^{-4}).$

（2）$\iint_D \left(\frac{x^2}{a^2} + \frac{y^2}{b^2}\right) dxdy = \int_0^{2\pi} d\theta \int_0^R \left(\frac{\rho^2 \cos^2\theta}{a^2} + \frac{\rho^2 \sin^2\theta}{b^2}\right) \rho\,d\rho$

$$= \frac{R^4}{4}\int_0^{2\pi}\left(\frac{\cos^2\theta}{a^2} + \frac{\sin^2\theta}{b^2}\right)d\theta$$

$$= \frac{R^4}{4}\int_0^{2\pi}\left(\frac{1+\cos 2\theta}{2a^2} + \frac{1-\cos 2\theta}{2b^2}\right)d\theta$$

$$= \frac{R^4}{4}\left(\frac{1}{2a^2} + \frac{1}{2b^2}\right)\cdot 2\pi = \frac{\pi R^4}{4}\left(\frac{1}{a^2} + \frac{1}{b^2}\right).$$

2. 以下各题中给出了四个结论，从中选出一个正确的结论：

(1) 设有空间闭区域 $\Omega_1 = \{(x, y, z) \mid x^2 + y^2 + z^2 \leq R^2, z \geq 0\}$，$\Omega_2 = \{(x, y, z) \mid x^2 + y^2 + z^2 \leq R^2, x \geq 0, y \geq 0, z \geq 0\}$，则有（　　）；

(A) $\iiint_{\Omega_1} x dv = 4\iiint_{\Omega_2} x dv$ 　　　　　(B) $\iiint_{\Omega_1} y dv = 4\iiint_{\Omega_2} y dv$

(C) $\iiint_{\Omega_1} z dv = 4\iiint_{\Omega_2} z dv$ 　　　　　(D) $\iiint_{\Omega_1} xyz dv = 4\iiint_{\Omega_2} xyz dv$

(2) 设有平面闭区域 $D = \{(x, y) \mid -a \leq x \leq a, x \leq y \leq a\}$，$D_1 = \{(x, y) \mid 0 \leq x \leq a, x \leq y \leq a\}$，则 $\iint_D (xy + \cos x \sin y) dx dy =$（　　）；

(A) $2\iint_{D_1} \cos x \sin y dx dy$ 　　　　　(B) $2\iint_{D_1} xy dx dy$

(C) $4\iint_{D_1} (xy + \cos x \sin y) dx dy$ 　　　　　(D) 0

(3) 设 $f(x)$ 为连续函数，$F(t) = \int_1^t dy \int_y^t f(x) dx$，则 $F'(2) = $（　　）．

(A) $2f(2)$ 　　　(B) $f(2)$ 　　　(C) $-f(2)$ 　　　(D) 0

**解**　(1) (C)．

$f(x, y, z) = x$ 是关于 $x$ 的奇函数，它在关于 $yOz$ 平面对称的区域 $\Omega_1$ 上的三重积分为零，而在 $\Omega_2$ 上的三重积分不为零，所以 (A) 是错的．类似地，(B) 和 (D) 也是错的．

$f(x, y, z) = z$ 是关于 $x$ 和 $y$ 的偶函数，它在关于 $yOz$ 平面和 $zOx$ 面都对称的区域 $\Omega_1$ 上的三重积分可以化为 $\Omega_1$ 在第一卦部分 $\Omega_2$ 上的三重积分的四倍．

(2) (A)．

积分区域如图 10-52 所示，$\triangle AOB$ 关于 $y$ 轴对称，$xy$ 是关于 $x$ 的奇函数，故在该区域内积分为零．同样，$\triangle BOC$ 关于 $x$ 轴对称，$xy$ 是关于 $y$ 的奇函数，故在该区域积分为零，所以 $\iint_D xy dx dy = 0.$

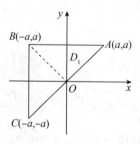

图 10-52

又由于 $\cos x\sin y$ 关于 $y$ 是奇函数、关于 $x$ 是偶函数，从而有
$$\iint\limits_{D}\cos x\sin y\mathrm{d}x\mathrm{d}y = \iint\limits_{\triangle AOB}\cos x\sin y\mathrm{d}x\mathrm{d}y + \iint\limits_{\triangle BOC}\cos x\sin y\mathrm{d}x\mathrm{d}y = 2\iint\limits_{D_1}\cos x\sin y\mathrm{d}x\mathrm{d}y.$$

（3）（B）．

方法一：

设 $t > 1$. 所给二重积分交换次序得
$$F(t) = \int_1^t \mathrm{d}y \int_y^t f(x)\mathrm{d}x = \int_1^t \mathrm{d}x \int_1^x f(x)\mathrm{d}y = \int_1^t f(x)(x-1)\mathrm{d}x,$$
于是 $F'(t) = f(t)(t-1)$，故 $F'(2) = f(2)$．

方法二：

设 $f(x)$ 的一个原函数为 $G(x)$，则有
$$F(t) = \int_1^t \mathrm{d}y \int_y^t f(x)\mathrm{d}x = \int_1^t [G(t) - G(y)]\mathrm{d}y = G(t)(t-1) - \int_1^t G(y)\mathrm{d}y,$$
求导得：$F'(t) = G(t) + G'(t)(t-1) - G(t) = f(t)(t-1)$，故 $F'(2) = f(2)$．

3. 计算下列二重积分：

（1）$\iint\limits_{D}(1+x)\sin y\mathrm{d}\sigma$，其中 $D$ 是顶点分别为 $(0,0)$，$(1,0)$，$(1,2)$ 和 $(0,1)$ 的梯形闭区域；

（2）$\iint\limits_{D}(x^2 - y^2)\mathrm{d}\sigma$，其中 $D = \{(x,y) \mid 0 \leq y \leq \sin x, 0 \leq x \leq \pi\}$；

（3）$\iint\limits_{D}\sqrt{R^2 - x^2 - y^2}\mathrm{d}\sigma$，其中 $D$ 是圆周 $x^2 + y^2 = Rx$ 所围成的闭区域；

（4）$\iint\limits_{D}(y^2 + 3x - 6y + 9)\mathrm{d}\sigma$，其中 $D = \{(x,y) \mid x^2 + y^2 \leq R^2\}$．

**解**（1）积分区域可表示为 $D = \{(x,y) \mid 0 \leq x \leq 1, 0 \leq y \leq x+1\}$，于是
$$\iint\limits_{D}(1+x)\sin y\mathrm{d}\sigma = \int_0^1 (1+x)\mathrm{d}x \int_0^{x+1}\sin y\mathrm{d}y = \int_0^1 (1+x)[1 - \cos(x+1)]\mathrm{d}x$$
$$= \left[x + \frac{1}{2}x^2 - \sin(x+1)\right]_0^1 - \int_0^1 x\cos(x+1)\mathrm{d}x$$
$$= \frac{3}{2} - \sin 2 + \sin 1 - \int_0^1 x\mathrm{d}[\sin(x+1)]$$
$$= \frac{3}{2} - \sin 2 + \sin 1 - [x\sin(x+1)]_0^1 + \int_0^1 \sin(x+1)\mathrm{d}x$$
$$= \frac{3}{2} + \cos 1 + \sin 1 - \cos 2 - 2\sin 2.$$

（2）$\iint\limits_{D}(x^2 - y^2)\mathrm{d}\sigma = \int_0^{\pi}\mathrm{d}x\int_0^{\sin x}(x^2 - y^2)\mathrm{d}y = \int_0^{\pi}\left(x^2\sin x - \frac{1}{3}\sin^3 x\right)\mathrm{d}x$

$= \int_0^{\pi} -x^2 \mathrm{d}(\cos x) + \frac{1}{3}\int_0^{\pi}(1 - \cos^2 x)\mathrm{d}(\cos x)$

$= -[x^2\cos x]_0^{\pi} - \int_0^{\pi} -2x\mathrm{d}(\sin x) - \frac{4}{9}$

$$= \pi^2 + [2x\sin x]_0^\pi - \int_0^\pi 2\sin x \mathrm{d}x - \frac{4}{9} = \pi^2 - \frac{40}{9}.$$

(3) 在极坐标下积分区域 $D$ 可表示为 $\left\{-\dfrac{\pi}{2} \leqslant \theta \leqslant \dfrac{\pi}{2},\ 0 \leqslant \rho \leqslant R\cos\theta\right\}$，于是

$$\iint_D \sqrt{R^2 - x^2 - y^2}\mathrm{d}\sigma = \iint_D \sqrt{R^2 - \rho^2}\rho\mathrm{d}\rho\mathrm{d}\theta = \int_{-\frac{\pi}{2}}^{\frac{\pi}{2}} \mathrm{d}\theta \int_0^{R\cos\theta} \sqrt{R^2 - \rho^2}\rho\mathrm{d}\rho$$

$$= \int_{-\frac{\pi}{2}}^{\frac{\pi}{2}} \left[-\frac{1}{3}(R^2 - \rho^2)^{\frac{3}{2}}\right]_0^{R\cos\theta}\mathrm{d}\theta = \frac{R^3}{3}\int_{-\frac{\pi}{2}}^{\frac{\pi}{2}}(1 - |\sin^3\theta|)\mathrm{d}\theta$$

$$= \frac{2R^3}{3}\int_0^{\frac{\pi}{2}}(1 - \sin^3\theta)\mathrm{d}\theta = \frac{1}{9}(3\pi - 4)R^3.$$

(4) 因为积分区域 $D$ 关于 $x$ 轴、$y$ 轴对称，所以

$$\iint_D 3x\mathrm{d}\sigma = \iint_D 6y\mathrm{d}\sigma = 0,\quad \iint_D 9\mathrm{d}\sigma = 9\iint_D \mathrm{d}\sigma = 9\pi R^2.$$

因为 $\iint_D y^2\mathrm{d}\sigma = \iint_D x^2\mathrm{d}\sigma = \dfrac{1}{2}\iint_D (x^2 + y^2)\mathrm{d}\sigma$，所以

$$\iint_D (y^2 + 3x - 6y + 9)\mathrm{d}\sigma = 9\pi R^2 + \frac{1}{2}\iint_D (x^2 + y^2)\mathrm{d}\sigma$$

$$= 9\pi R^2 + \frac{1}{2}\int_0^{2\pi}\mathrm{d}\theta\int_0^R \rho^2 \cdot \rho\mathrm{d}\rho = 9\pi R^2 + \frac{\pi}{4}R^4.$$

4. 交换下列二次积分的次序：

(1) $\int_0^4 \mathrm{d}y \int_{-\sqrt{4-y}}^{\frac{1}{2}(y-4)} f(x, y)\mathrm{d}x$；

(2) $\int_0^1 \mathrm{d}y \int_0^{2y} f(x, y)\mathrm{d}x + \int_1^3 \mathrm{d}y \int_0^{3-y} f(x, y)\mathrm{d}x$；

(3) $\int_0^1 \mathrm{d}x \int_{\sqrt{x}}^{1+\sqrt{1-x^2}} f(x, y)\mathrm{d}y.$

**解** (1) 积分区域如图 10-53 所示，看作 $Y$ 型可表示为

$$D = \left\{(x, y)\,\middle|\, 0 \leqslant y \leqslant 4,\ -\sqrt{4-y} \leqslant x \leqslant \frac{1}{2}(y-4)\right\},$$

看作 $X$ 型又可表示为

$$D = \{(x, y)\,|\, -2 \leqslant x \leqslant 0,\ 2x + 4 \leqslant y \leqslant -x^2 + 4\},$$

所以 $\int_0^4 \mathrm{d}y \int_{-\sqrt{4-y}}^{\frac{1}{2}(y-4)} f(x, y)\mathrm{d}x = \int_{-2}^0 \mathrm{d}x \int_{2x+4}^{-x^2+4} f(x, y)\mathrm{d}y.$

(2) 积分区域如图 10-54 所示，看作 $Y$ 型可表示为

$D = \{(x, y)\,|\,0 \leqslant y \leqslant 1,\ 0 \leqslant x \leqslant 2y\} \cup \{(x, y)\,|\,1 \leqslant y \leqslant 3,\ 0 \leqslant x \leqslant 3-y\}$，看作 $X$ 型又可表示为

$$D = \left\{(x, y)\,\middle|\, 0 \leqslant x \leqslant 2,\ \frac{1}{2}x \leqslant y \leqslant 3-x\right\},$$

所以 $\int_0^1 \mathrm{d}y \int_0^{2y} f(x, y)\mathrm{d}x + \int_1^3 \mathrm{d}y \int_0^{3-y} f(x, y)\mathrm{d}x = \int_0^2 \mathrm{d}x \int_{\frac{1}{2}x}^{3-x} f(x, y)\mathrm{d}y.$

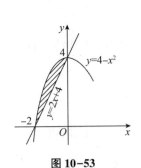
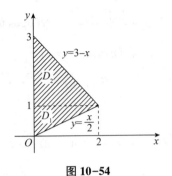

图 10-53　　　　　　　　　　　图 10-54

（3）积分区域如图 10-55 所示，看作 X 型可表示为

$D = \{(x, y) \mid 0 \leq x \leq 1, \sqrt{x} \leq y \leq 1 + \sqrt{1-x^2}\}$，

看作 Y 型又可表示为

$D = \{(x, y) \mid 0 \leq y \leq 1, 0 \leq x \leq y^2\} \cup \{(x, y) \mid 1 \leq y \leq 2,$

$0 \leq x \leq \sqrt{2y-y^2}\}$，所以 $\int_0^1 dx \int_{\sqrt{x}}^{1+\sqrt{1-x^2}} f(x, y) dy = \int_0^1 dy \int_0^{y^2} f(x,$

$y) dx + \int_1^2 dy \int_0^{\sqrt{2y-y^2}} f(x, y) dx.$

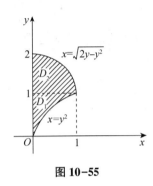

图 10-55

5. 证明：

$$\int_0^a dy \int_0^y e^{m(a-x)} f(x) dx = \int_0^a (a-x) e^{m(a-x)} f(x) dx.$$

**证** 积分区域看作 Y 型可表示为 $D = \{(x, y) \mid 0 \leq y \leq a, 0 \leq x \leq y\}$，看作 X-型又可表示为 $D = \{(x, y) \mid 0 \leq x \leq a, x \leq y \leq a\}$，所以 $\int_0^a dy \int_0^y e^{m(a-x)} f(x) dx = \int_0^a dx \int_x^a e^{m(a-x)} f(x) dy$

$= \int_0^a (a-x) e^{m(a-x)} f(x) dx.$

6. 把积分 $\iint_D f(x, y) dxdy$ 表示为极坐标形式的二次积分，其中积分区域 $D = \{(x, y) \mid x^2 \leq y \leq 1, -1 \leq x \leq 1\}$.

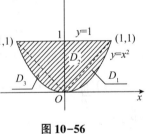

图 10-56

**解** 积分区域如图 10-56 所示，抛物线 $y = x^2$ 的极坐标方程为 $\rho = \csc \theta$，用射线 $\theta = \dfrac{\pi}{4}$ 和 $\theta = \dfrac{3\pi}{4}$ 将积分区域分成三部分：$D = D_1 + D_2 + D_3$，其中

$D_1: 0 \leq \theta \leq \dfrac{\pi}{4}, 0 \leq \rho \leq \tan\theta \sec\theta$，$D_2: \dfrac{\pi}{4} \leq \theta \leq \dfrac{3\pi}{4}, 0 \leq \rho \leq \csc\theta$，

$D_3: \dfrac{3\pi}{4} \leq \theta \leq \pi, 0 \leq \rho \leq \tan\theta \sec\theta$，

所以 $\iint_D f(x, y) dxdy = \int_0^{\frac{\pi}{4}} d\theta \int_0^{\tan\theta \sec\theta} f(\rho\cos\theta, \rho\sin\theta) \rho d\rho +$

$\int_{\frac{\pi}{4}}^{\frac{3\pi}{4}} d\theta \int_0^{\csc\theta} f(\rho\cos\theta, \rho\sin\theta) \rho d\rho +$

$$\int_{\frac{3\pi}{4}}^{\pi} d\theta \int_{0}^{\tan\theta\sec\theta} f(\rho\cos\theta, \rho\sin\theta)\rho d\rho.$$

**7.** 设 $f(x, y)$ 在闭区域 $D = \{(x, y) | x^2 + y^2 \leq y, x \geq 0\}$ 上连续,且
$$f(x, y) = \sqrt{1 - x^2 - y^2} - \frac{8}{\pi}\iint\limits_{D} f(x, y) dxdy,$$
求 $f(x, y)$.

**解** 令 $\iint\limits_{D} f(x, y) dxdy = A$,则 $f(x, y) = \sqrt{1 - x^2 - y^2} - \frac{8}{\pi}A$. 所以
$$\iint\limits_{D} f(x, y) dxdy = \iint\limits_{D} \sqrt{1 - x^2 - y^2} dxdy - \frac{8}{\pi}A\iint\limits_{D} dxdy,$$
又由 $\iint\limits_{D} dxdy = S_D = \frac{\pi}{8}$,得 $A = \iint\limits_{D} \sqrt{1 - x^2 - y^2} dxdy - A$,则
$$A = \frac{1}{2}\iint\limits_{D} \sqrt{1 - x^2 - y^2} dxdy = \frac{1}{2}\int_{0}^{\frac{\pi}{2}} d\theta \int_{0}^{\sin\theta} \sqrt{1 - \rho^2} \rho d\rho$$
$$= \frac{1}{2}\int_{0}^{\frac{\pi}{2}} \left[-\frac{1}{3}(1 - \rho^2)^{\frac{3}{2}}\right]_{0}^{\sin\theta} d\theta$$
$$= \frac{1}{6}\int_{0}^{\frac{\pi}{2}} (1 - \cos^3\theta) d\theta = \frac{\pi}{12} - \frac{1}{6} \cdot \frac{2}{3} = \frac{\pi}{12} - \frac{1}{9},$$
于是 $f(x, y) = \sqrt{1 - x^2 - y^2} + \frac{8}{9\pi} - \frac{2}{3}$.

**8.** 把积分 $\iiint\limits_{\Omega} f(x, y, z) dxdydz$ 化为三次积分,其中积分区域 $\Omega$ 是由曲面 $z = x^2 + y^2$, $y = x^2$ 及平面 $y = 1$, $z = 0$ 所围成的闭区域.

**解** 积分区域可表示为 $\Omega: 0 \leq z \leq x^2 + y^2, x^2 \leq y \leq 1, -1 \leq x \leq 1$,所以
$$\iiint\limits_{\Omega} f(x, y, z) dxdydz = \int_{-1}^{1} dx \int_{x^2}^{1} dy \int_{0}^{x^2 + y^2} f(x, y, z) dz.$$

**9.** 计算下列三重积分:

(1) $\iiint\limits_{\Omega} z^2 dxdydz$,其中 $\Omega$ 是两个球: $x^2 + y^2 + z^2 \leq R^2$ 和 $x^2 + y^2 + z^2 \leq 2Rz$ ($R > 0$) 的公共部分;

(2) $\iiint\limits_{\Omega} \frac{z\ln(x^2 + y^2 + z^2 + 1)}{x^2 + y^2 + z^2 + 1} dv$,其中 $\Omega$ 是由球面 $x^2 + y^2 + z^2 = 1$ 所围成的闭区域;

(3) $\iiint\limits_{\Omega} (y^2 + z^2) dv$,其中 $\Omega$ 是由 $xOy$ 平面上曲线 $y^2 = 2x$ 绕 $x$ 轴旋转而成的曲面与平面 $x = 5$ 所围成的闭区域.

**解** (1) 两球面的公共部分在 $xOy$ 面上的投影为 $x^2 + y^2 \leq \left(\frac{\sqrt{3}}{2}R\right)^2$,在柱面坐标下积分区域可表示为
$$\Omega: 0 \leq \theta \leq 2\pi, 0 \leq \rho \leq \frac{\sqrt{3}}{2}R, R - \sqrt{R^2 - \rho^2} \leq z \leq \sqrt{R^2 - \rho^2},$$

所以 $\iiint\limits_{\Omega} z^2 \mathrm{d}x\mathrm{d}y\mathrm{d}z = \int_0^{2\pi} \mathrm{d}\theta \int_0^{\frac{\sqrt{3}}{2}R} \mathrm{d}\rho \int_{R-\sqrt{R^2-\rho^2}}^{\sqrt{R^2-\rho^2}} z^2 \rho \mathrm{d}z$

$= 2\pi \int_0^{\frac{\sqrt{3}}{2}R} \frac{1}{3} \left[ (R^2-\rho^2)^{\frac{3}{2}} - (R-\sqrt{R^2-\rho^2})^3 \right] \rho \mathrm{d}\rho$

$= -\pi \int_0^{\frac{\sqrt{3}}{2}R} \frac{1}{3} \left[ (R^2-\rho^2)^{\frac{3}{2}} - (R-\sqrt{R^2-\rho^2})^3 \right] \mathrm{d}(R^2-\rho^2)$

令 $u = R^2 - \rho^2$,得

$\iiint\limits_{\Omega} z^2 \mathrm{d}x\mathrm{d}y\mathrm{d}z = -\pi \int_{R^2}^{\frac{1}{4}R^2} \frac{1}{3} \left[ u^{\frac{3}{2}} - (R-\sqrt{u})^3 \right] \mathrm{d}u$

$= -\frac{\pi}{3} \int_{R^2}^{\frac{1}{4}R^2} (2u^{\frac{3}{2}} - R^3 + 3R^2\sqrt{u} - 3Ru) \mathrm{d}u$

$= -\frac{\pi}{3} \left[ \frac{4}{5}u^{\frac{5}{2}} - R^3 u + 2R^2 u^{\frac{3}{2}} - \frac{3}{2}Ru^2 \right]_{R^2}^{\frac{1}{4}R^2} = \frac{59}{480}\pi R^5.$

(2) 因为积分区域 $\Omega$ 关于 $xOy$ 面对称,而被积函数为关于 $z$ 的奇函数,所以

$$\iiint\limits_{\Omega} \frac{z\ln(x^2+y^2+z^2+1)}{x^2+y^2+z^2+1} \mathrm{d}v = 0.$$

(3) 曲线 $y^2 = 2x$ 绕 $x$ 轴旋转而成的曲面的方程为 $y^2+z^2=2x$. 由曲面 $y^2+z^2=2x$ 和平面 $x=5$ 所围成的闭区域 $\Omega$ 在 $yOz$ 面上的投影区域为 $D_{yz}: y^2+z^2 \leq (\sqrt{10})^2$,在柱面坐标下此区域又可表示为 $D_{yz}: 0 \leq \theta \leq 2\pi, 0 \leq \rho \leq \sqrt{10}, \frac{1}{2}\rho^2 \leq x \leq 5$,所以

$$\iiint\limits_{\Omega}(y^2+z^2)\mathrm{d}v = \int_0^{2\pi}\mathrm{d}\theta\int_0^{\sqrt{10}}\mathrm{d}\rho\int_{\frac{1}{2}\rho^2}^5 \rho^2 \cdot \rho \mathrm{d}x = 2\pi\int_0^{\sqrt{10}}\rho^3\left(5-\frac{1}{2}\rho^2\right)\mathrm{d}\rho = \frac{250}{3}\pi.$$

10. 此处解析请扫二维码查看.

11. 求平面 $\frac{x}{a} + \frac{y}{b} + \frac{z}{c} = 1$ 被三坐标面所割出的有限部分的面积.

10 二维码

**解** 平面的方程可写为 $z = c - \frac{c}{a}x - \frac{c}{b}y$,所割部分在 $xOy$ 面上的投影区域为

$$D = \left\{ (x, y) \mid \frac{x}{a} + \frac{y}{b} \leq 1, x \geq 0, y \geq 0 \right\},$$

于是 $A = \iint\limits_D \sqrt{1 + \left(\frac{\partial z}{\partial x}\right)^2 + \left(\frac{\partial z}{\partial y}\right)^2} \mathrm{d}x\mathrm{d}y = \iint\limits_D \sqrt{1 + \frac{c^2}{a^2} + \frac{c^2}{b^2}} \mathrm{d}x\mathrm{d}y$

$= \sqrt{1 + \frac{c^2}{a^2} + \frac{c^2}{b^2}} \iint\limits_D \mathrm{d}x\mathrm{d}y = \frac{1}{2}ab\sqrt{1 + \frac{c^2}{a^2} + \frac{c^2}{b^2}}.$

12. 在均匀的半径为 $R$ 的半圆形薄片的直径上,要接上一个一边与直径等长的同样材料的均匀矩形薄片,为了使整个均匀薄片的质心恰好落在圆心上,问:接上去的均匀矩形薄片另一边的长度应是多少?

**解** 设所求矩形另一边的长度为 $l$,建立坐标系(见图 10-57),使半圆的直径在 $x$ 轴上,

圆心在原点. 不妨设密度为 $\rho = 1 \text{ g/cm}^3$.

由对称性及已知条件可知 $\bar{x} = \bar{y} = 0$, 即 $\iint\limits_{D} y \text{d}x\text{d}y = 0$, 从而 $\iint\limits_{D} y \text{d}x\text{d}y = \int_{-R}^{R} \text{d}x \int_{-l}^{\sqrt{R^2-x^2}} y \text{d}y = \int_{-R}^{R} \frac{1}{2}[(R^2 - x^2) - l^2] \text{d}x = \frac{2}{3}R^3 - l^2 R = 0$, 从而 $l = \sqrt{\frac{2}{3}} R$.

因此, 接上去的均匀矩形薄片另一边的长度为 $\sqrt{\frac{2}{3}} R$.

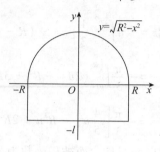

**图 10-57**

13. 求由抛物线 $y = x^2$ 及直线 $y = 1$ 所围成的均匀薄片 (面密度为常数 $\mu$) 对于直线 $y = -1$ 的转动惯量.

**解** 抛物线 $y = x^2$ 及直线 $y = 1$ 所围成区域可表示为 $D = \{(x, y) \mid -1 \leq x \leq 1, x^2 \leq y \leq 1\}$, 所求转动惯量为

$$I = \iint\limits_{D} \mu (y+1)^2 \text{d}x\text{d}y = \mu \int_{-1}^{1} \text{d}x \int_{x^2}^{1} (y+1)^2 \text{d}y = \frac{1}{3} \mu \int_{-1}^{1} [8 - (x^2+1)^3] \text{d}x = \frac{368}{105} \mu.$$

14. 设在 $xOy$ 面上有一质量为 $M$ 的质量均匀的半圆形薄片, 占有平面闭区域 $D = \{(x, y) \mid x^2 + y^2 \leq R^2, y \geq 0\}$, 过圆心 $O$ 垂直于薄片的直线上有一质量为 $m$ 的质点 $P$, $OP = a$. 求半圆形薄片对质点 $P$ 的引力.

**解** 设点 $P$ 的坐标为 $(0, 0, a)$. 薄片的面密度为 $\mu = \dfrac{M}{\frac{1}{2}\pi R^2} = \dfrac{2M}{\pi R^2}$.

设所求引力为 $\boldsymbol{F} = (F_x, F_y, F_z)$. 由于薄片关于 $y$ 轴对称, 所以引力在 $x$ 轴上的分量 $F_x = 0$, 而

$$F_y = G \iint\limits_{D} \frac{m\mu y}{(x^2+y^2+a^2)^{3/2}} \text{d}\sigma = m\mu G \int_{0}^{\pi} \text{d}\theta \int_{0}^{R} \frac{\rho^2 \sin\theta}{(\rho^2+a^2)^{3/2}} \text{d}\rho$$

$$= m\mu G \int_{0}^{\pi} \sin\theta \text{d}\theta \int_{0}^{R} \frac{\rho^2}{(\rho^2+a^2)^{3/2}} \text{d}\rho = 2m\mu G \int_{0}^{R} \frac{\rho^2}{(\rho^2+a^2)^{3/2}} \text{d}\rho,$$

令 $\rho = a\tan t$, $0 \leq t \leq \arctan\left(\dfrac{R}{a}\right)$, 则

$$F_y = 2m\mu G \int_0^{\arctan\left(\frac{R}{a}\right)} (\sec t - \cos t)\,dt = 2m\mu G\left[\ln(\sec t + \tan t) - \sin t\right]_0^{\arctan\left(\frac{R}{a}\right)}$$

$$= \frac{4GmM}{\pi R^2}\left(\ln\frac{R + \sqrt{a^2 + R^2}}{a} - \frac{R}{\sqrt{a^2 + R^2}}\right),$$

$$F_z = -G\iint_D \frac{m\mu a}{(x^2 + y^2 + a^2)^{3/2}}\,d\sigma = -m\mu Ga\int_0^\pi d\theta\int_0^R \frac{\rho^2}{(\rho^2 + a^2)^{3/2}}\,d\rho$$

$$= -\pi m\mu Ga\int_0^R \frac{\rho^2}{(\rho^2 + a^2)^{3/2}}\,d\rho = -\frac{2GmM}{R^2}\left(1 - \frac{a}{\sqrt{a^2 + R^2}}\right).$$

所求引力为 $\boldsymbol{F} = (0, F_y, F_z)$.

15. 求质量分布均匀的半个旋转椭球体 $\Omega = \left\{(x, y, z) \left| \frac{x^2 + y^2}{a^2} + \frac{z^2}{b^2} \leq 1, z \geq 0\right.\right\}$ 的质心.

**解** 由对称性可知质心在 $z$ 轴上，即 $\bar{x} = \bar{y} = 0$. 椭球体在 $z$ 轴 $[0, b]$ 范围内任一点处的截面区域为：$D_z = \left\{(x, y) \left| x^2 + y^2 \leq a^2\left(1 - \frac{z^2}{b^2}\right)\right.\right\}$，又

$$\bar{z} = \frac{\iiint_\Omega z\,dv}{\iiint_\Omega dv} = \frac{\int_0^b z\,dz\iint_{D_z} dxdy}{\frac{1}{2}\cdot\frac{4}{3}\pi a^2 b},$$

由 $\int_0^b z\,dz\iint_{D_z} dxdy = \int_0^b \pi a^2\left(1 - \frac{z^2}{b^2}\right)z\,dz = \pi a^2\left[\frac{1}{2}z^2 - \frac{1}{4b^2}z^4\right]_0^b = \frac{\pi a^2 b^2}{4}$ 得

$$\bar{z} = \frac{\frac{\pi a^2 b^2}{4}}{\frac{1}{2}\cdot\frac{4}{3}\pi a^2 b} = \frac{3b}{8},$$

所以质心为 $\left(0, 0, \frac{3b}{8}\right)$.

16. 此处解析请扫二维码查看.

16 二维码

### 三、提高题目

1. （2009 非数学预赛）计算 $\iint_D \dfrac{(x + y)\ln\left(1 + \dfrac{y}{x}\right)}{\sqrt{1 - x - y}}\,dxdy = $ _____，其中区域 $D$ 是由直线 $x + y = 1$ 与两坐标轴所围三角形区域.

**【答案】** $\dfrac{16}{15}$.

**【解析】** 取变换 $u = x + y$, $v = x$，则 $dxdy = |\boldsymbol{J}|\,dudv = dudv$，其中 $|\boldsymbol{J}|$ 是雅可比行列式，因此原积分 $= \int_0^1 du\int_0^u \dfrac{u\ln u - u\ln v}{\sqrt{1 - u}}\,dv = \dfrac{16}{15}$.

2. （2010 非数学预赛）设 $l$ 是过原点、方向为 $(\alpha, \beta, \gamma)$（其中 $\alpha^2 + \beta^2 + \gamma^2 = 1$）的直线，均匀椭球 $\frac{x^2}{a^2} + \frac{y^2}{b^2} + \frac{z^2}{c^2} \leq 1$（其中 $0 < c < b < a$，密度为 1）绕 $l$ 旋转．

(1) 求其转动惯量；

(2) 求其转动惯量关于方向 $(\alpha, \beta, \gamma)$ 的最大值和最小值．

【解析】(1) 设旋转轴 $l$ 的方向向量为 $\boldsymbol{l} = (\alpha, \beta, \gamma)$，椭球内任意一点 $P(x, y, z)$ 的径向量为 $\boldsymbol{r}$，则点 $P$ 到旋转轴 $l$ 的距离的平方为
$$d^2 = \boldsymbol{r}^2 - (\boldsymbol{r} \cdot \boldsymbol{l})^2 = (1 - \alpha^2)x^2 + (1 - \beta^2)y^2 + (1 - \gamma^2)z^2 - 2\alpha\beta xy - 2\beta\gamma yz - 2\alpha\gamma xz,$$
由积分区域的对称性可知
$$\iiint_\Omega (2\alpha\beta xy + 2\beta\gamma yz + 2\alpha\gamma xz) dxdydz = 0, \quad \Omega = \left\{(x, y, z) \mid \frac{x^2}{a^2} + \frac{y^2}{b^2} + \frac{z^2}{c^2} \leq 1\right\}, \quad \text{而}$$
$$\iiint_\Omega x^2 dxdydz = \int_{-a}^{a} x^2 dx \iint_{\frac{y^2}{b^2} + \frac{z^2}{c^2} \leq 1 - \frac{x^2}{a^2}} dydz = \int_{-a}^{a} x^2 \cdot \pi bc\left(1 - \frac{x^2}{a^2}\right) dx = \frac{4a^3 bc\pi}{15},$$

同理可得 $\iiint_\Omega y^2 dxdydz = \frac{4ab^3 c\pi}{15}$，$\iiint_\Omega z^2 dxdydz = \frac{4abc^3 \pi}{15}$，

根据转动惯量的定义得 $J_l = \iiint_\Omega d^2 dxdydz = \frac{4abc\pi}{15}[(1-\alpha^2)a^2 + (1-\beta^2)b^2 + (1-\gamma^2)c^2]$．

(2) 考虑目标函数 $V(\alpha, \beta, \gamma) = (1-\alpha^2)a^2 + (1-\beta^2)b^2 + (1-\gamma^2)c^2$ 在约束条件 $\alpha^2 + \beta^2 + \gamma^2 = 1$ 下的条件极值．

设拉格朗日函数为 $L(\alpha, \beta, \gamma) = (1-\alpha^2)a^2 + (1-\beta^2)b^2 + (1-\gamma^2)c^2 + \lambda(\alpha^2 + \beta^2 + \gamma^2 - 1)$，令 $L_\alpha = 2\alpha(\lambda - a^2) = 0$，$L_\beta = 2\beta(\lambda - b^2) = 0$，$L_\gamma = 2\gamma(\lambda - c^2) = 0$，$L_\lambda = \alpha^2 + \beta^2 + \gamma^2 - 1$，解得极值点为 $Q_1 = (\pm 1, 0, 0, a^2)$，$Q_2 = (0, \pm 1, 0, b^2)$，$Q_3 = (0, 0, \pm 1, c^2)$，比较可知，绕 $z$ 轴（短轴）的转动惯量最大，为 $J_{\max} = \frac{4abc\pi}{15}(a^2 + b^2)$；绕 $x$ 轴（长轴）的转动惯量最小，为 $J_{\min} = \frac{4abc\pi}{15}(b^2 + c^2)$．

3. （2011 非数学预赛）求 $\iint_D \text{sgn}(xy - 1) dxdy$，其中 $D = \{(x, y) \mid 0 \leq x \leq 2, 0 \leq y \leq 2\}$．

【解析】设

$D_1 = \left\{(x, y) \mid 0 \leq x \leq \frac{1}{2}, 0 \leq y \leq 2\right\}$，$D_2 = \left\{(x, y) \mid \frac{1}{2} \leq x \leq 2, 0 \leq y \leq \frac{1}{x}\right\}$，

$D_3 = \left\{(x, y) \mid \frac{1}{2} \leq x \leq 2, \frac{1}{x} \leq y \leq 2\right\}$，

$\iint_{D_1 \cup D_2} dxdy = 1 + \int_{\frac{1}{2}}^{2} \frac{dx}{x} = 1 + 2\ln 2$，$\iint_{D_3} dxdy = 3 - 2\ln 2$，

$\iint_D \text{sgn}(xy - 1) dxdy = \iint_{D_3} dxdy - \iint_{D_1 \cup D_2} dxdy = 2 - 4\ln 2$．

4. （2012 非数学预赛）设 $F(x)$ 为连续函数，$t > 0$，区域 $\Omega$ 是由抛物面 $z = x^2 + y^2$ 和球面 $x^2 + y^2 + z^2 = t^2$ 所围起来的部分. 定义三重积分 $F(t) = \iiint\limits_{\Omega} f(x^2 + y^2 + z^2) \mathrm{d}v$，求 $F(t)$ 的导数 $F'(t)$.

【解析】令 $\begin{cases} x = r\cos\theta, \\ y = r\sin\theta, \\ z = z, \end{cases}$ 则 $\Omega$: $\begin{cases} 0 \leqslant \theta \leqslant 2\pi, \\ 0 \leqslant r \leqslant a, \\ r^2 \leqslant z \leqslant \sqrt{t^2 - r^2}, \end{cases}$ 其中 $a$ 满足 $a^2 + a^4 = t^2$，即 $a^2 = \dfrac{\sqrt{1 + 4t^2} - 1}{2}$. 故有

$$F(t) = \int_0^{2\pi} \mathrm{d}\theta \int_0^a r \mathrm{d}r \int_{r^2}^{\sqrt{t^2 - r^2}} f(r^2 + z^2) \mathrm{d}z = 2\pi \int_0^a r \left[ \int_{r^2}^{\sqrt{t^2 - r^2}} f(r^2 + z^2) \mathrm{d}z \right] \mathrm{d}r,$$

从而有

$$F'(t) = 2\pi \left[ a \int_{a^2}^{\sqrt{t^2 - a^2}} f(a^2 + z^2) \mathrm{d}z \cdot \frac{\mathrm{d}a}{\mathrm{d}t} + \int_0^a r f(r^2 + t^2 - r^2) \frac{t}{\sqrt{t^2 - r^2}} \mathrm{d}r \right],$$

注意到 $\sqrt{t^2 - a^2} = a^2$，即上式第一个积分为 0，

$$F'(t) = 2\pi f(t^2) t \int_0^a r \frac{1}{\sqrt{t^2 - r^2}} \mathrm{d}r = -\pi t f(t^2) \int_0^a \frac{\mathrm{d}(t^2 - r^2)}{\sqrt{t^2 - r^2}},$$

所以 $F'(t) = 2\pi t f(t^2)(t - a^2) = \pi t f(t^2)(2t + 1 - \sqrt{1 + 4t^2})$.

5. （2014 非数学预赛）设一球缺高为 $h$，所在的球的半径为 $R$. 证明：该球缺的体积为 $\dfrac{\pi}{3}(3R - h)h^2$，球冠的面积为 $2\pi Rh$.

【证明】设球缺所在球表面的方程为 $x^2 + y^2 + z^2 = R^2$，球缺的中心线为 $z$ 轴，且设球缺所在的圆锥顶角为 $2\alpha$. 记球缺的区域为 $\Omega$. 则其体积为

$$\iiint\limits_{\Omega} \mathrm{d}V = \int_{R-h}^{R} \mathrm{d}z \iint\limits_{D_z} \mathrm{d}x \mathrm{d}y = \int_{R-h}^{R} \pi(R^2 - z^2) \mathrm{d}z = \frac{\pi}{3}(3R - h)h^2.$$

由于球面的面积元素为 $\mathrm{d}S = R^2 \sin\theta \mathrm{d}\theta$，因此球冠的面积为

$$\iint\limits_{\Omega} \mathrm{d}V = \int_0^{2\pi} \mathrm{d}\varphi \int_0^{\alpha} R^2 \sin\theta \mathrm{d}\theta = 2\pi R^2(1 - \cos\alpha) = 2\pi Rh.$$

6. （2015 非数学预赛）曲面 $z = x^2 + y^2 + 1$ 在点 $M(1, -1, 3)$ 的切平面与曲面 $z = x^2 + y^2$ 所围区域的体积为 _____.

【答案】$\dfrac{\pi}{2}$.

【解析】曲面 $z = x^2 + y^2 + 1$ 在点 $M(1, -1, 3)$ 的切平面为 $2(x - 1) - 2(y + 1) - (z - 3) = 0$，即 $z = 2x - 2y - 1$. 联立 $\begin{cases} z = x^2 + y^2, \\ z = 2x - 2y - 1 \end{cases}$ 得所围区域在 $xOy$ 面上的投影 $D$ 为

$$D = \{(x, y) \mid (x - 1)^2 + (y + 1)^2 \leqslant 1\},$$

所求体积 $V = \iint\limits_{D} [(2x - 2y - 1) - (x^2 + y^2)] d\sigma = \iint\limits_{D} [1 - (x - 1)^2 - (y + 1)^2] d\sigma$,

令 $x - 1 = r\cos t$, $y + 1 = r\sin t$, 则 $d\sigma = rdtdr$, $D: \begin{cases} 0 \leq t \leq 2\pi \\ 0 \leq r \leq 1 \end{cases}$, 所以 $V = \int_0^{2\pi} dt \int_0^1 (1 - r^2) r dr = \dfrac{\pi}{2}$.

7. (2015 非数学预赛) 设函数 $f(x, y)$ 在 $x^2 + y^2 \leq 1$ 上有连续的二阶偏导数, $f_{xx}^2 + 2f_{xy}^2 + f_{yy}^2 \leq M$. 若 $f(0, 0) = 0$, $f_x(0, 0) = f_y(0, 0) = 0$, 证明 $\left| \iint\limits_{x^2+y^2 \leq 1} f(x, y) dxdy \right| \leq \dfrac{\pi \sqrt{M}}{4}$.

【证明】在 $(0, 0)$ 处展开 $f(x, y)$, 得

$$f(x, y) = \dfrac{1}{2} \left( x \dfrac{\partial}{\partial x} + y \dfrac{\partial}{\partial y} \right)^2 f(\theta x, \theta y)$$

$$= \dfrac{1}{2} \left( x^2 \dfrac{\partial^2}{\partial x^2} + 2xy \dfrac{\partial^2}{\partial x \partial y} + y^2 \dfrac{\partial^2}{\partial y^2} \right) f(\theta x, \theta y), \quad \theta \in (0, 1),$$

记 $(u, v, w) = \left( \dfrac{\partial^2}{\partial x^2}, \dfrac{\partial^2}{\partial x \partial y}, \dfrac{\partial^2}{\partial y^2} \right) f(\theta x, \theta y)$, 则 $f(x, y) = \dfrac{1}{2} (ux^2 + 2uxy + wy^2)$.

由于 $\| (u, \sqrt{2} v, w) \| = \sqrt{u^2 + 2v^2 + w^2} \leq \sqrt{M}$, 以及 $\| (x^2, \sqrt{2} xy, y^2) \| = x^2 + y^2$, 于是有

$$\| (u, \sqrt{2} v, w) \cdot (x^2, \sqrt{2} xy, y^2) \| \leq \sqrt{M} (x^2 + y^2),$$

即 $|f(x, y)| \leq \dfrac{1}{2} \sqrt{M} (x^2 + y^2)$, 从而 $\left| \iint\limits_{x^2+y^2 \leq 1} f(x, y) dxdy \right| \leq \left| \dfrac{\sqrt{M}}{2} \iint\limits_{x^2+y^2 \leq 1} (x^2 + y^2) dxdy \right| = \dfrac{\pi \sqrt{M}}{4}$.

8. (2016 非数学预赛) 某物体所在的空间区域为 $\Omega$: $x^2 + y^2 + 2z^2 \leq x + y + 2z$, 密度函数为 $x^2 + y^2 + z^2$, 求质量 $M = \iiint\limits_{\Omega} (x^2 + y^2 + z^2) dxdydz$.

【解析】由于 $\Omega$: $\left( x - \dfrac{1}{2} \right)^2 + \left( y - \dfrac{1}{2} \right)^2 + 2\left( z - \dfrac{1}{2} \right)^2 \leq 1$ 是一个各轴长分别为 $1、1、\dfrac{\sqrt{2}}{2}$ 的椭球, 它的体积为 $V = \dfrac{2\sqrt{2}}{3} \pi$. 作变换 $u = x - \dfrac{1}{2}$, $v = y - \dfrac{1}{2}$, $w = \sqrt{2} \left( z - \dfrac{1}{2} \right)$, 将区域变成单位球 $\Omega'$: $u^2 + v^2 + w^2 \leq 1$, 而 $\dfrac{\partial(x, y, z)}{\partial(u, v, w)} = \dfrac{\sqrt{2}}{2}$, 所以

$$M = \iiint\limits_{u^2+v^2+w^2 \leq 1} \left[ \left( u + \dfrac{1}{2} \right)^2 + \left( v + \dfrac{1}{2} \right)^2 + \left( \dfrac{w}{\sqrt{2}} + \dfrac{1}{2} \right)^2 \right] \cdot \dfrac{\sqrt{2}}{2} du dv dw$$

$$= \dfrac{\sqrt{2}}{2} \iiint\limits_{u^2+v^2+w^2 \leq 1} \left( u^2 + v^2 + \dfrac{w^2}{2} \right) du dv dw + \dfrac{1}{\sqrt{2}} \left( \dfrac{1}{4} + \dfrac{1}{4} + \dfrac{1}{4} \right) \cdot \dfrac{4}{3} \pi$$

$$= \dfrac{\sqrt{2}}{2} \cdot \left( \dfrac{1}{3} + \dfrac{1}{3} + \dfrac{1}{6} \right) \iiint\limits_{u^2+v^2+w^2 \leq 1} (u^2 + v^2 + w^2) du dv dw + \dfrac{\pi}{\sqrt{2}}.$$

而 $\iiint\limits_{u^2+v^2+w^2\leqslant 1}(u^2+v^2+w^2)\mathrm{d}u\mathrm{d}v\mathrm{d}w=\int_0^{2\pi}\mathrm{d}\theta\int_0^\pi\mathrm{d}\varphi\int_0^1 r^4\sin\varphi\mathrm{d}r=\dfrac{4}{5}\pi$，所以 $M=\dfrac{5\sqrt{2}\pi}{6}$.

9. （2017 非数学预赛）记曲面 $z^2=x^2+y^2$ 和 $z=\sqrt{4-x^2-y^2}$ 围成的空间区域为 $V$，则三重积分 $\iiint\limits_V z\mathrm{d}x\mathrm{d}y\mathrm{d}z=$ _____ .

【解析】使用球面坐标，则

$$I=\iiint\limits_V z\mathrm{d}x\mathrm{d}y\mathrm{d}z=\int_0^{2\pi}\mathrm{d}\theta\int_0^{\frac{\pi}{4}}\mathrm{d}\varphi\int_0^2 \rho\cos\varphi\cdot\rho^2\sin\varphi\mathrm{d}\rho$$

$$=2\pi\cdot\dfrac{1}{2}\sin^2\varphi\Big|_0^{\frac{\pi}{4}}\cdot\dfrac{1}{4}\rho^4\Big|_0^2=2\pi.$$

10. （2018 非数学预赛）计算三重积分 $\iiint\limits_{(V)}(x^2+y^2)\mathrm{d}V$，其中 $(V)$ 是由 $x^2+y^2+(z-2)^2\geqslant 4$，$x^2+y^2+(z-1)^2\leqslant 9$，$z\geqslant 0$ 所围成的空心立体.

【解析】(1) $(V_1)$：$\begin{cases}x=r\sin\varphi\cos\theta,\ y=r\sin\varphi\sin\theta,\ z-1=r\cos\varphi,\\ 0\leqslant r\leqslant 3,\ 0\leqslant\varphi\leqslant\pi,\ 0\leqslant\theta\leqslant 2\pi,\end{cases}$

$\iiint\limits_{(V_1)}(x^2+y^2)\mathrm{d}V=\int_0^{2\pi}\mathrm{d}\theta\int_0^\pi\mathrm{d}\varphi\int_0^3 r^2\sin^2\varphi\cdot r^2\sin\varphi\mathrm{d}r=\dfrac{8}{15}\cdot 3^5\cdot\pi.$

(2) $(V_2)$：$\begin{cases}x=r\sin\varphi\cos\theta,\ y=r\sin\varphi\sin\theta,\ z-2=r\cos\varphi,\\ 0\leqslant r\leqslant 2,\ 0\leqslant\varphi\leqslant\pi,\ 0\leqslant\theta\leqslant 2\pi,\end{cases}$

$\iiint\limits_{(V_2)}(x^2+y^2)\mathrm{d}V=\int_0^{2\pi}\mathrm{d}\theta\int_0^\pi\mathrm{d}\varphi\int_0^2 r^2\sin^2\varphi\cdot r^2\sin\varphi\mathrm{d}r=\dfrac{8}{15}\cdot 2^5\cdot\pi.$

(3) $(V_3)$：$\begin{cases}x=r\cos\theta,\ y=r\sin\theta,\ 1-\sqrt{9-r^2}\leqslant z\leqslant 0,\\ 0\leqslant r\leqslant 2\sqrt{2},\ 0\leqslant\theta\leqslant 2\pi,\end{cases}$

$\iiint\limits_{(V_3)}(x^2+y^2)\mathrm{d}V=\iint\limits_{r\leqslant 2\sqrt{2}}r\mathrm{d}r\mathrm{d}\theta\int_{1-\sqrt{9-r^2}}^0 r^2\mathrm{d}z=\int_0^{2\pi}\mathrm{d}\theta\int_0^{2\sqrt{2}}r^3(\sqrt{9-r^2}-1)\mathrm{d}r=\left(124-\dfrac{2}{5}\cdot 3^5+\dfrac{2}{5}\right)\pi$

因此，

$$\iiint\limits_{(V)}(x^2+y^2)\mathrm{d}V=\iiint\limits_{(V_1)}(x^2+y^2)\mathrm{d}V-\iiint\limits_{(V_2)}(x^2+y^2)\mathrm{d}V-\iiint\limits_{(V_3)}(x^2+y^2)\mathrm{d}V=\dfrac{256}{3}\pi.$$

11. （2019 非数学预赛）计算三重积分 $\iiint\limits_{(V)}\dfrac{xyz}{x^2+y^2}\mathrm{d}x\mathrm{d}y\mathrm{d}z$，其中 $\Omega$ 是由曲面 $(x^2+y^2+z^2)^2=2xy$ 围成的区域在第一卦限的部分.

【解析】采用球面坐标计算，并利用对称性，得

$$I = 2\int_0^{\frac{\pi}{4}} d\theta \int_0^{\frac{\pi}{2}} d\varphi \int_0^{\sqrt{2}\sin\varphi\sqrt{\sin\theta\cos\theta}} \frac{\rho^3 \sin^2\varphi \cos\theta \sin\theta \cos\varphi}{\rho^2 \sin^2\varphi} \rho^2 \sin\varphi d\rho$$

$$= 2\int_0^{\frac{\pi}{4}} \sin\theta\cos\theta d\theta \int_0^{\frac{\pi}{2}} \sin\varphi\cos\varphi d\varphi \int_0^{\sqrt{2}\sin\varphi\sqrt{\sin\theta\cos\theta}} \rho^3 d\rho$$

$$= 2\int_0^{\frac{\pi}{4}} \sin^3\theta\cos^3\theta d\theta \int_0^{\frac{\pi}{2}} \sin^5\varphi\cos\varphi d\varphi$$

$$= \frac{1}{4}\int_0^{\frac{\pi}{4}} \sin^3 2\theta d\theta \int_0^{\frac{\pi}{2}} \sin^5\varphi d(\sin\theta)$$

$$= \frac{1}{48}\int_0^{\frac{\pi}{2}} \sin^3 t dt = \frac{1}{48} \cdot \frac{2}{3} = \frac{1}{72}.$$

**12.** （2020 非数学决赛）已知 $\int_0^{+\infty} \frac{\sin x}{x} dx = \frac{\pi}{2}$，则 $\int_0^{+\infty}\int_0^{+\infty} \frac{\sin x \sin(x+y)}{x(x+y)} dxdy = $ _____ .

**【答案】** $\frac{\pi^2}{8}$.

**【解析】** 令 $u = x + y$，得

$$I = \int_0^{+\infty} \frac{\sin x}{x} dx \int_0^{+\infty} \frac{\sin(x+y)}{x+y} dy = \int_0^{+\infty} \frac{\sin x}{x} dx \int_x^{+\infty} \frac{\sin u}{u} du$$

$$= \int_0^{+\infty} \frac{\sin x}{x} dx \left( \int_0^{+\infty} \frac{\sin u}{u} du - \int_0^x \frac{\sin u}{u} du \right)$$

$$= \left( \int_0^{+\infty} \frac{\sin x}{x} dx \right)^2 - \int_0^{+\infty} \frac{\sin x}{x} dx \int_0^x \frac{\sin u}{u} du.$$

令 $F(x) = \int_0^x \frac{\sin u}{u} du$，则 $F'(x) = \frac{\sin x}{x}$，$\lim_{x \to +\infty} F(x) = \frac{\pi}{2}$，所以

$$I = \frac{\pi^2}{4} - \int_0^{+\infty} F(x) F'(x) dx = \frac{\pi^2}{4} - \frac{1}{2}[F(x)]^2 \Big|_0^{+\infty} = \frac{\pi^2}{4} - \frac{1}{2}\left(\frac{\pi}{2}\right)^2 = \frac{\pi^2}{8}.$$

**13.** （2010 数一）$\lim_{n \to \infty} \sum_{i=1}^n \sum_{j=1}^n \frac{n}{(n+i)(n^2+j^2)} = ($ $\quad$ $)$ .

(A) $\int_0^1 dx \int_0^x \frac{1}{(1+x)(1+y^2)} dy$ $\qquad$ (B) $\int_0^1 dx \int_0^x \frac{1}{(1+x)(1+y)} dy$

(C) $\int_0^1 dx \int_0^1 \frac{1}{(1+x)(1+y)} dy$ $\qquad$ (D) $\int_0^1 dx \int_0^1 \frac{1}{(1+x)(1+y^2)} dy$

**【答案】** D.

**【解析】** 因为

$$\lim_{n\to\infty}\sum_{i=1}^{n}\sum_{j=1}^{n}\frac{n}{(n+i)(n^2+j^2)}=\lim_{n\to\infty}\sum_{i=1}^{n}\sum_{j=1}^{n}\frac{n}{n\left(1+\frac{i}{n}\right)n^2\left[1+\left(\frac{j}{n}\right)^2\right]}$$

$$=\lim_{n\to\infty}\sum_{i=1}^{n}\sum_{j=1}^{n}\frac{1}{\left(1+\frac{i}{n}\right)\left[1+\left(\frac{j}{n}\right)^2\right]}\cdot\frac{1}{n^2}$$

$$=\int_0^1 dx\int_0^1\frac{1}{(1+x)(1+y^2)}dy.$$

**14.** (2013 数三) 设 $D_k$ 是圆域 $D=\{(x,y)\mid x^2+y^2\le 1\}$ 位于第 $k$ 象限的部分, 记 $I_k=\iint_{D_k}(y-x)dxdy$ ($k=1,2,3,4$), 则 (   ).

(A) $I_1>0$    (B) $I_2>0$    (C) $I_3>0$    (D) $I_4>0$

【答案】B.

【解析】利用重积分的性质即可得出答案. 因为第一、三象限区域有关于 $x$, $y$ 的轮换对称性, 故 $\iint_{D_k}ydxdy=\iint_{D_k}xdxdy$, 于是 $I_k=\iint_{D_k}(y-x)dxdy=0$ ($k=1,3$). 在第二象限区域 $D_2$ 上, $y-x\ge 0$. 在第四象限区域 $D_4$ 上, $y-x\le 0$, 故由重积分的性质得 $I_2>0$, $I_4<0$.

**15.** (2011 数一) 已知函数 $f(x,y)$ 具有二阶连续偏导数, 且 $f(1,y)=0$, $f(x,1)=0$, $\iint_D f(x,y)dxdy=a$, 其中 $D=\{(x,y)\mid 0\le x\le 1, 0\le y\le 1\}$, 计算二重积分 $\iint_D xyf_{xy}(x,y)dxdy$.

【解析】把二重积分化为二次积分:

$$\iint_D xyf_{xy}(x,y)dxdy=\int_0^1 x\left[\int_0^1 yf_{xy}(x,y)dy\right]dx=\int_0^1 x\left[\int_0^1 ydf_x(x,y)\right]dx,$$

用分部积分法:

$$\int_0^1 ydf_x(x,y)=yf_x(x,y)\Big|_0^1-\int_0^1 f_x(x,y)dy=-\int_0^1 f_x(x,y)dy,$$

交换积分次序:

$$\int_0^1 x\left(\int_0^1 ydf_x(x,y)\right)dx=-\int_0^1 x\left[\int_0^1 f_x(x,y)dy\right]dx=-\int_0^1\left[\int_0^1 xf_x(x,y)dx\right]dy,$$

再用分部积分法:

$$\int_0^1 xf_x(x,y)dx=\int_0^1 xdf(x,y)=xf(x,y)\Big|_0^1-\int_0^1 f(x,y)dx=-\int_0^1 f(x,y)dx,$$

所以

$$\iint_D xyf_{xy}(x,y)dxdy=\int_0^1 dy\int_0^1 f(x,y)dx=a.$$

**16.** (2015 数一) 设 $D$ 是第一象限中由曲线 $2xy=1$, $4xy=1$ 与直线 $y=x$, $y=\sqrt{3}x$ 围成的平面区域, 函数 $f(x,y)$ 在 $D$ 上连续, 则 $\iint_D f(x,y)dxdy=$ (   ).

(A) $\displaystyle\int_{\frac{\pi}{4}}^{\frac{\pi}{3}}d\theta\int_{\frac{1}{2\sin 2\theta}}^{\frac{1}{\sin 2\theta}}f(r\cos\theta,r\sin\theta)rdr$

(B) $\displaystyle\int_{\frac{\pi}{4}}^{\frac{\pi}{3}}d\theta\int_{\frac{1}{\sqrt{2\sin 2\theta}}}^{\frac{1}{\sqrt{\sin 2\theta}}}f(r\cos\theta,r\sin\theta)rdr$

(C) $\int_{\frac{\pi}{4}}^{\frac{\pi}{3}} d\theta \int_{\frac{1}{2\sin 2\theta}}^{\frac{1}{\sin 2\theta}} f(r\cos\theta, r\sin\theta) dr$    (D) $\int_{\frac{\pi}{4}}^{\frac{\pi}{3}} d\theta \int_{\frac{1}{\sqrt{2\sin 2\theta}}}^{\frac{1}{\sqrt{\sin 2\theta}}} f(r\cos\theta, r\sin\theta) dr$

【答案】B.

【解析】利用极坐标把二重积分化为二次积分. 曲线 $2xy=1$, $4xy=1$ 的极坐标方程分别为 $r=\frac{1}{\sqrt{\sin 2\theta}}$, $r=\frac{1}{\sqrt{2\sin 2\theta}}$, 直线 $y=x$, $y=\sqrt{3}x$ 的极坐标分别为 $\theta=\frac{\pi}{4}$, $\theta=\frac{\pi}{3}$. 所以

$$\iint_D f(x,y) dxdy = \int_{\frac{\pi}{4}}^{\frac{\pi}{3}} d\theta \int_{\frac{1}{\sqrt{2\sin 2\theta}}}^{\frac{1}{\sqrt{\sin 2\theta}}} f(r\cos\theta, r\sin\theta) r dr.$$

17. (2016 数一) 已知平面区域 $D = \left\{(r,\theta) \mid 2 \le r \le 2(1+\cos\theta), -\frac{\pi}{2} \le \theta \le \frac{\pi}{2}\right\}$, 计算二重积分 $\iint_D x dxdy$.

【解析】积分区域 $D$ 关于 $x$ 轴对称, 故由对称性知

$$\iint_D x dxdy = \int_{-\frac{\pi}{2}}^{\frac{\pi}{2}} d\theta \int_2^{2(1+\cos\theta)} r^2 \cos\theta dr = \frac{8}{3} \int_{-\frac{\pi}{2}}^{\frac{\pi}{2}} [(1+\cos\theta)^3 - 1]\cos\theta d\theta$$

$$= \frac{16}{3} \int_0^{\frac{\pi}{2}} (3\cos^2\theta + 3\cos^3\theta + \cos^4\theta) d\theta = \frac{16}{3} \times \left(2 + \frac{15}{16}\pi\right) = \frac{32}{3} + 5\pi.$$

18. (2012 数二) 设区域 $D$ 由曲线 $y=\sin x$, $x=\pm\frac{\pi}{2}$, $y=1$ 围成, 则 $\iint_D (x^5 y - 1) dxdy = $ ( ).

(A) $\pi$    (B) 2    (C) $-2$    (D) $-\pi$

【答案】D.

【解析】拆分区域 $D = D_1 \cup D_2$, 其中

$$D_1 = \left\{(x,y) \mid -\frac{\pi}{2} \le x \le 0, \sin x \le y \le -\sin x\right\},$$

$$D_2 = \{(x,y) \mid 0 \le y \le 1, -\arcsin y \le x \le \arcsin y\},$$

显然 $D_1$ 关于 $x$ 轴对称, $D_2$ 关于 $y$ 轴对称, 利用二重积分的对称性知 $\iint_D x^5 y dxdy = 0$, 因而

$$\iint_D (x^5 y - 1) dxdy = -\iint_D dxdy = -\pi.$$

19. (2014 数一) 设 $f(x,y)$ 是连续函数, 则 $\int_0^1 dy \int_{-\sqrt{1-y^2}}^{1-y} f(x,y) dx = $ ( ).

(A) $\int_0^1 dx \int_0^{x-1} f(x,y) dy + \int_{-1}^0 dx \int_0^{\sqrt{1-x^2}} f(x,y) dy$

(B) $\int_0^1 dx \int_0^{1-x} f(x,y) dy + \int_{-1}^0 dx \int_{-\sqrt{1-x^2}}^0 f(x,y) dy$

(C) $\int_0^{\frac{\pi}{2}} d\theta \int_0^{\frac{1}{\cos\theta + \sin\theta}} f(r\cos\theta, r\sin\theta) dr + \int_{\frac{\pi}{2}}^{\pi} d\theta \int_0^1 f(r\cos\theta, r\sin\theta) dr$

(D) $\int_0^{\frac{\pi}{2}} d\theta \int_0^{\frac{1}{\cos\theta + \sin\theta}} f(r\cos\theta, r\sin\theta) r dr + \int_{\frac{\pi}{2}}^{\pi} d\theta \int_0^1 f(r\cos\theta, r\sin\theta) r dr$

【答案】D.

【解析】二次积分 $\int_0^1 dy \int_{-\sqrt{1-y^2}}^{1-y} f(x, y) dx$ 对应的积分区域为

$$D = \{(x, y) \mid -\sqrt{1-y^2} \leq x \leq 1-y, 0 \leq y \leq 1\},$$

则

$$\int_0^1 dy \int_{-\sqrt{1-y^2}}^{1-y} f(x, y) dx = \int_0^{\frac{\pi}{2}} d\theta \int_0^{\frac{1}{\cos\theta+\sin\theta}} f(r\cos\theta, r\sin\theta) r dr + \int_{\frac{\pi}{2}}^{\pi} d\theta \int_0^1 f(r\cos\theta, r\sin\theta) r dr.$$

20. （2012 数三，4 分）设函数 $f(t)$ 连续，则二次积分 $\int_0^{\frac{\pi}{2}} d\theta \int_{2\cos\theta}^{2} f(r^2) r dr = ($   $)$.

（A）$\int_0^2 dx \int_{\sqrt{2x-x^2}}^{\sqrt{4-x^2}} \sqrt{x^2+y^2} f(x^2+y^2) dy$    （B）$\int_0^2 dx \int_{\sqrt{2x-x^2}}^{\sqrt{4-x^2}} f(x^2+y^2) dy$

（C）$\int_0^2 dy \int_{1+\sqrt{1-y^2}}^{\sqrt{4-y^2}} \sqrt{x^2+y^2} f(x^2+y^2) dx$    （D）$\int_0^2 dy \int_{1+\sqrt{1-y^2}}^{\sqrt{4-y^2}} f(x^2+y^2) dx$

【答案】B.

【解析】令 $x = r\cos\theta, y = r\sin\theta$，则 $r = 2$ 所对应的直角坐标方程为 $x^2 + y^2 = 2^2$，$r = 2\cos\theta$ 所对应的直角坐标方程为 $(x-1)^2 + y^2 = 1$. $\int_0^{\frac{\pi}{2}} d\theta \int_{2\cos\theta}^{2} f(r^2) r dr$ 的积分区域为 $2\cos\theta < r < 2$, $0 < \theta < \frac{\pi}{2}$，在直角坐标下表示为 $\sqrt{2x-x^2} < y < \sqrt{4-x^2}$，$0 < x < 2$，所以

$$\int_0^{\frac{\pi}{2}} d\theta \int_{2\cos\theta}^{2} f(r^2) r dr = \int_0^2 dx \int_{\sqrt{2x-x^2}}^{\sqrt{4-x^2}} f(x^2+y^2) dy.$$

21. （2009 数一）设 $\Omega = \{(x, y, z) \mid x^2 + y^2 + z^2 \leq 1\}$，则 $\iiint_\Omega z^2 dxdydz = $ _____.

【答案】$\dfrac{4}{15}\pi$.

【解析】利用球面坐标得

$$\iiint_\Omega z^2 dxdydz = \int_0^{2\pi} d\theta \int_0^{\pi} d\varphi \int_0^1 r^2 \sin\varphi \cdot r^2 \cos^2\varphi dr$$

$$= \int_0^{2\pi} d\theta \int_0^{\pi} \cos^2\varphi d(-\cos\varphi) \int_0^1 r^4 dr$$

$$= -\frac{2\pi}{15} \cos^3\varphi \Big|_0^{\pi} = \frac{4\pi}{15}.$$

22. （2015 数一）设 $\Omega$ 是由平面 $x + y + z = 1$ 与三个坐标平面所围成的空间区域，则 $\iiint_\Omega (x + 2y + 3z) dxdydz = $ _____.

【答案】$\dfrac{1}{4}$.

【解析】根据变量的对称性可知

$$\iiint_\Omega x dxdydz = \iiint_\Omega y dxdydz = \iiint_\Omega z dxdydz,$$

则
$$\iiint_\Omega (x+2y+3z)\,dxdydz = 6\iiint_\Omega z\,dxdydz = 6\int_0^1 dx\int_0^{1-x} dy\int_0^{1-x-y} z\,dz$$
$$= 3\int_0^1 dx\int_0^{1-x}(1-x-y)^2 dy = \int_0^1 (1-x)^3 dx = \frac{1}{4}.$$

23. (2010 数一) 设 $\Omega = \{(x,y,z) \mid x^2+y^2 \leq z \leq 1\}$,则 $\Omega$ 的形心的竖坐标 $\bar{z} =$ _____.

【答案】$\dfrac{2}{3}$.

【解析】
$$\bar{z} = \frac{\iiint_\Omega z\,dxdydz}{\iiint_\Omega dxdydz} = \frac{\int_0^{2\pi} d\theta \int_0^1 r\,dr \int_{r^2}^1 z\,dz}{\int_0^{2\pi} d\theta \int_0^1 r\,dr \int_{r^2}^1 dz} = \frac{\int_0^{2\pi} d\theta \int_0^1 r\left(\frac{1}{2} - \frac{r^4}{2}\right)dr}{\dfrac{\pi}{2}}$$
$$= \frac{\int_0^{2\pi} \left(\dfrac{r^2}{4} - \dfrac{r^6}{12}\right)\Big|_0^1 d\theta}{\dfrac{\pi}{2}} = \frac{\dfrac{1}{6}\cdot 2\pi}{\dfrac{\pi}{2}} = \frac{2}{3}.$$

24. (2013 数一) 设直线 $L$ 过 $A(1,0,0), B(0,1,1)$ 两点,将 $L$ 绕 $z$ 轴旋转一周得到曲面 $\Sigma$,$\Sigma$ 与平面 $z=0, z=2$ 所围成的立体为 $\Omega$.

(1) 求曲面 $\Sigma$ 的方程;

(2) 求 $\Omega$ 的形心坐标.

【解析】(1) 直线 $L$ 的方程为 $\dfrac{x-1}{-1} = \dfrac{y}{1} = \dfrac{z}{1}$,则有 $\begin{cases} x = 1-z, \\ y = z, \end{cases}$ 所以直线 $L$ 绕 $z$ 轴旋转一周得到曲面 $\Sigma$ 的方程为
$$x^2 + y^2 = (1-z)^2 + z^2,\quad 即\ x^2+y^2-2z^2+2z-1=0;$$

(2) 从曲面 $\Sigma$ 的方程可以看出 $\Omega$ 关于面 $xOz, yOz$ 是对称的,则形心坐标为
$$\bar{x} = \bar{y} = 0,\quad \bar{z} = \frac{\iiint_\Omega z\,dxdydz}{\iiint_\Omega dxdydz}.$$

曲面 $\Sigma$ 的柱面坐标方程为 $r = \sqrt{2z^2-2z+1}$,$\Omega$ 在 $xOy$ 面的投影为 $D: x^2+y^2 \leq 1$. 所以
$$\iiint_\Omega z\,dxdydz = \int_0^2 z\,dz\int_0^{2\pi}d\theta\int_0^{\sqrt{2z^2-2z+1}} r\,dr = \pi\int_0^2 z(2z^2-2z+1)dz = \frac{14}{3}\pi,$$
$$\iiint_\Omega dxdydz = \int_0^2 dz\int_0^{2\pi}d\theta\int_0^{\sqrt{2z^2-2z+1}} r\,dr = \pi\int_0^2 (2z^2-2z+1)dz = \frac{10}{3}\pi,$$

故 $\Omega$ 的形心坐标为 $\left(0, 0, \dfrac{7}{5}\right)$.

25. (2019 数一) 设 $\Omega$ 是由锥面 $x^2+(y-z)^2 = (1-z)^2 (0 \leq z \leq 1)$ 与平面 $z=0$ 围成的锥体,求 $\Omega$ 的形心坐标.

**【解析】** 设 $\Omega$ 的形心坐标为 $(\bar{x}, \bar{y}, \bar{z})$，因为 $\Omega$ 关于 $yOz$ 平面对称，所以 $\bar{x} = 0$. 对于 $0 \leq z \leq 1$，记 $D_z = \{(x, y) \mid x^2 + (y-z)^2 \leq (1-z)^2\}$，则

$$V = \iiint\limits_{\Omega} dxdydz = \int_0^1 dz \iint\limits_{D_z} dxdy = \int_0^1 \pi(1-z)^2 dz = \frac{1}{3}\pi,$$

$$\iiint\limits_{\Omega} y dxdydz = \int_0^1 dz \iint\limits_{D_z} y dxdy = \int_0^1 dz \int_0^{2\pi} d\theta \int_0^{1-z} (z + r\sin\theta) r dr$$

$$= \int_0^1 \pi z (1-z)^2 dz = \frac{1}{12}\pi,$$

$$\iiint\limits_{\Omega} z dxdydz = \int_0^1 dz \iint\limits_{D_z} z dxdy = \int_0^1 \pi z (1-z)^2 dz = \frac{1}{12}\pi,$$

所以 $\bar{y} = \dfrac{\iiint\limits_{\Omega} y dxdydz}{V} = \dfrac{1}{4}$，$\bar{z} = \dfrac{\iiint\limits_{\Omega} z dxdydz}{V} = \dfrac{1}{4}$. 故 $\Omega$ 的形心坐标为 $\left(0, \dfrac{1}{4}, \dfrac{1}{4}\right)$.

## 四、章自测题（章自测题的解析请扫二维码查看）

第十章自测题二维码

1. 设 $D$ 是由曲线 $y = x^2 - 1$ 和 $y = \sqrt{1-x^2}$ 围成的平面区域，则 $\iint\limits_{D}(axy + by^2)dxdy$ （　　）.

　　(A) 与 $b$ 有关，与 $a$ 无关　　　　　　(B) 与 $a$ 有关，与 $b$ 无关
　　(C) 与 $a, b$ 有关　　　　　　　　　　(D) 等于 0

2. 设 $D$ 为 $x^2 + y^2 \leq a^2$，当 $a = (\quad)$ 时，$\iint\limits_{D}\sqrt{a^2 - x^2 - y^2}dxdy = \pi$.

　　(A) 1　　　　(B) $\sqrt[3]{\dfrac{3}{4}}$　　　　(C) $\sqrt[3]{\dfrac{3}{2}}$　　　　(D) $\sqrt[3]{\dfrac{1}{2}}$

3. 设 $f(x, y)$ 为连续函数，则 $\int_0^{\pi} d\theta \int_0^2 f(r\cos\theta, r\sin\theta) r dr = (\quad)$.

　　(A) $\int_0^2 dy \int_{-\sqrt{4-y^2}}^{\sqrt{4-y^2}} f(x, y) dx$　　　　(B) $\int_0^2 dx \int_0^{\sqrt{4-x^2}} f(x, y) dy$

　　(C) $\int_0^2 dy \int_0^{\sqrt{4-x^2}} f(x, y) dx$　　　　(D) $\int_0^2 dy \int_0^{\sqrt{4-y^2}} f(x, y) dx$

4. 设 $\Omega$ 是由三个坐标面与平面 $x + y - z = 1$ 所围成的空间区域，则 $\iiint\limits_{\Omega} x dxdydz = (\quad)$.

　　(A) $\dfrac{1}{48}$　　　　(B) $-\dfrac{1}{48}$　　　　(C) $\dfrac{1}{24}$　　　　(D) $-\dfrac{1}{24}$.

5. 计算 $I = \iiint\limits_{\Omega}(x^2 + y^2)dv$，$\Omega$ 为 $z^2 = x^2 + y^2$，$z = 1$ 围成的立体，则正确的为（　　）.

　　(A) $I = \int_0^{2\pi} d\theta \int_0^1 dr \int_0^1 r^3 dz$　　　　(B) $I = \int_0^{2\pi} d\theta \int_0^1 dr \int_r^1 r^3 dz$

　　(C) $I = \int_0^{2\pi} d\theta \int_0^1 dr \int_r^1 r^2 dz$　　　　(D) $I = \int_0^{2\pi} d\theta \int_0^1 dz \int_r^1 r dr$

6. 计算二重积分：$\iint_D (x^2+y^2)d\sigma$，其中 $D$ 是闭区域：$0 \leq y \leq \sin x$, $0 \leq x \leq \pi$.

7. 计算二重积分：$\iint_D \dfrac{\sin y}{y}dxdy$，其中 $D$ 是由 $x=y^2$, $y=x$ 围成的闭区域.

8. $\iint_D e^{-x^2-y^2}d\sigma$，其中 $D: 4 \leq x^2+y^2 \leq 9$.

9. 交换下列积分顺序：(1) $\int_{-1}^{0}dy\int_{1-y}^{2}f(x,y)dx$；(2) $\int_{0}^{1}dy\int_{1-y}^{1+y^2}f(x,y)dx$.

10. 计算三重积分 $\iiint_\Omega ze^{x^2+y^2}dv$，其中 $\Omega$ 是由 $z=\sqrt{x^2+y^2}$ 与 $z=h(h>0)$ 围成的空间闭区域.

11. 计算曲面 $z=\sqrt{x^2+y^2}$ 包含在圆柱 $x^2+y^2=2x$ 内部的面积.

12. 求由曲面 $z=xy$, $y=x$, $x=1$ 及 $z=0$ 所围成的空间区域的体积.

# 第十一章

# 曲线积分与曲面积分

## 一、主要内容

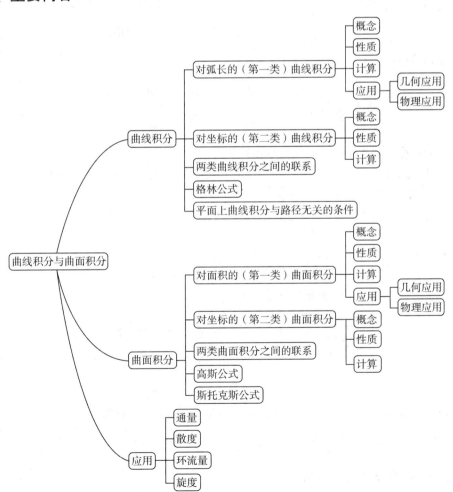

## 二、习题讲解

### 习题 11-1 解答 对弧长的曲线积分

1. 设在 $xOy$ 面内有一分布着质量的曲线弧 $L$,在点 $(x,y)$ 处它的线密度为 $\mu(x,y)$. 用对弧长的曲线积分分别表达:

(1) 这条曲线弧对 $x$ 轴、对 $y$ 轴的转动惯量 $I_x$、$I_y$;

(2) 这条曲线弧的质心坐标 $\bar{x}$、$\bar{y}$.

**解** (1) 在曲线弧 $L$ 上任意取出一段,记作 $ds$(其长度也记作 $ds$),$(x,y)$ 为 $ds$ 上一点,则 $ds$ 对 $x$ 轴和对 $y$ 轴的转动惯量的近似值分别为

$$dI_x = y^2 \mu(x,y) ds, \quad dI_y = x^2 \mu(x,y) ds.$$

以此作为转动惯量元素并积分,即得曲线弧 $L$ 对 $x$ 轴和对 $y$ 轴的转动惯量分别为

$$I_x = \int_L y^2 \mu(x,y) ds, \quad I_y = \int_L x^2 \mu(x,y) ds.$$

(2) 类似地,$ds$ 对 $x$ 轴和对 $y$ 轴的静矩的近似值分别为

$$dM_x = y\mu(x,y) ds, \quad dM_y = x\mu(x,y) ds.$$

以此作为静矩元素并积分,即得曲线弧 $L$ 对 $x$ 轴和对 $y$ 轴的静矩分别为

$$M_x = \int_L y\mu(x,y) ds, \quad M_y = \int_L x\mu(x,y) ds.$$

故 $L$ 的质心坐标为

$$\bar{x} = \frac{M_y}{M} = \frac{\int_L x\mu(x,y) ds}{\int_L \mu(x,y) ds}, \quad \bar{y} = \frac{M_x}{M} = \frac{\int_L y\mu(x,y) ds}{\int_L \mu(x,y) ds}.$$

2. 利用对弧长的曲线积分的定义证明性质 3.

**证** 将积分弧段 $L$ 任意分成 $n$ 个小弧段,在第 $i$ 个小弧段 $\Delta s_i$($\Delta s_i$ 也表示第 $i$ 个小弧段的长度)上任取一点 $(\xi_i, \eta_i)$,则有

$$f(\xi_i, \eta_i) \Delta s_i \leq g(\xi_i, \eta_i) \Delta s_i \, (i = 1, 2, \cdots, n),$$

从而

$$\sum_{i=1}^n f(\xi_i, \eta_i) \Delta s_i \leq \sum_{i=1}^n g(\xi_i, \eta_i) \Delta s_i,$$

令 $\lambda = \max\{\Delta s_i\} \to 0$,上式两端取极限,得

$$\lim_{\lambda \to 0} \sum_{i=1}^n f(\xi_i, \eta_i) \Delta s_i \leq \lim_{\lambda \to 0} \sum_{i=1}^n g(\xi_i, \eta_i) \Delta s_i,$$

即

$$\int_L f(x,y) ds \leq \int_L g(x,y) ds.$$

又 $f(x,y) \leq |f(x,y)|$,$-f(x,y) \leq |f(x,y)|$,利用以上结果,可得

$$\int_L f(x,y) ds \leq \int_L |f(x,y)| ds, \quad -\int_L f(x,y) ds \leq \int_L |f(x,y)| ds,$$

即 $\left|\int_L f(x,y) ds\right| \leq \int_L |f(x,y)| ds.$

3. 计算下列对弧长的曲线积分：

(1) $\oint_L (x^2 + y^2)^n ds$，其中 $L$ 为圆周 $x = a\cos t$，$y = a\sin t (0 \leq t \leq 2\pi)$；

(2) $\int_L (x + y) ds$，其中 $L$ 为连接 $(1, 0)$ 及 $(0, 1)$ 两点的直线段；

(3) $\oint_L x ds$，其中 $L$ 为由直线 $y = x$ 及抛物线 $y = x^2$ 所围成的区域的整个边界；

(4) $\oint_L e^{\sqrt{x^2+y^2}} ds$，其中 $L$ 为圆周 $x^2 + y^2 = a^2$，直线 $y = x$ 及 $x$ 轴在第一象限内所围成的扇形的整个边界；

(5) $\int_\Gamma \dfrac{1}{x^2 + y^2 + z^2} ds$，其中 $\Gamma$ 为曲线 $x = e^t \cos t$，$y = e^t \sin t$，$z = e^t$ 上相应于 $t$ 从 0 变到 2 的这段弧；

(6) $\int_\Gamma x^2 yz ds$，其中 $\Gamma$ 为折线 $ABCD$，这里 $A$、$B$、$C$、$D$ 依次为点 $(0, 0, 0)$、$(0, 0, 2)$、$(1, 0, 2)$、$(1, 3, 2)$；

(7) $\int_L y^2 ds$，其中 $L$ 为摆线的一拱 $x = a(t - \sin t)$，$y = a(1 - \cos t)(0 \leq t \leq 2\pi)$；

(8) $\int_L (x^2 + y^2) ds$，其中 $L$ 为曲线 $x = a(\cos t + t \sin t)$，$y = a(\sin t - t \cos t)(0 \leq t \leq 2\pi)$.

**解** (1) $\oint_L (x^2 + y^2)^n ds = \int_0^{2\pi} [(a\cos t)^2 + (a\sin t)^2]^n \sqrt{(-a\sin t)^2 + (a\cos t)^2} dt$

$$= \int_0^{2\pi} a^{2n+1} dt = 2\pi a^{2n+1}.$$

(2) 该直线方程为 $y = 1 - x (0 \leq x \leq 1)$，于是

$$\int_L (x + y) ds = \int_0^1 [x + (1 - x)] \sqrt{1 + (1-x)'^2} dx = \int_0^1 \sqrt{2} dx = \sqrt{2}.$$

(3) $\oint_L x ds = \int_{L_1} x ds + \int_{L_2} x ds = \int_0^1 x \sqrt{1 + 1^2} dx + \int_0^1 x \sqrt{1 + (2x)^2} dx = \dfrac{1}{12}(5\sqrt{5} - 1) + \dfrac{\sqrt{2}}{2}.$

(4) $y = x$ 与 $x^2 + y^2 = a^2$ 的交点为 $\left(\dfrac{\sqrt{2}}{2}a, \dfrac{\sqrt{2}}{2}a\right)$. 设

$L_1: y = 0 (0 \leq x \leq a)$，$L_2: y = x \left(0 \leq x \leq \dfrac{\sqrt{2}}{2}a\right)$，$L_3: y = \sqrt{a^2 - x^2} \left(\dfrac{\sqrt{2}}{2}a \leq x \leq a\right)$，则

$$\oint_L e^{\sqrt{x^2+y^2}} ds = \int_{L_1} e^{\sqrt{x^2+y^2}} ds + \int_{L_2} e^{\sqrt{x^2+y^2}} ds + \int_{L_3} e^{\sqrt{x^2+y^2}} ds$$

$$= \int_0^a e^x \sqrt{1 + 0^2} dx + \int_0^{\frac{\sqrt{2}}{2}a} e^{\sqrt{2}x} \sqrt{1 + (x')^2} dx + \int_{\frac{\sqrt{2}}{2}a}^a e^a \sqrt{1 + \left(\dfrac{-2x}{2\sqrt{a^2 - x^2}}\right)^2} dx$$

$$= e^x \Big|_0^a + e^{\sqrt{2}x} \Big|_0^{\frac{\sqrt{2}}{2}a} + e^a \int_{\frac{\sqrt{2}}{2}a}^a \dfrac{a}{\sqrt{a^2 - x^2}} dx = 2(e^a - 1) + a e^a \arcsin \dfrac{x}{a} \Big|_{\frac{\sqrt{2}}{2}a}^a$$

$$= e^a \left(2 + \dfrac{\pi}{4}a\right) - 2.$$

(5) $\int_{\Gamma} \dfrac{1}{x^2+y^2+z^2} ds = \int_0^2 \dfrac{\sqrt{e^{2t}(\cos t - \sin t)^2 + e^{2t}(\cos t + \sin t)^2 + e^{2t}}}{(e^t \cos t)^2 + (e^t \sin t)^2 + (e^t)^2} dt$

$= \int_0^2 \dfrac{\sqrt{3} e^t}{2 e^{2t}} dt = \dfrac{\sqrt{3}}{2}(-e^{-t})\Big|_0^2 = \dfrac{\sqrt{3}}{2}(1 - e^{-2})$.

(6) $\overline{AB}: x = 0, y = 0, z = t(0 \leq t \leq 2)$, $ds = \sqrt{0 + 0 + 1^2} dt = dt$;

$\overline{BC}: x = t, y = 0, z = 2(0 \leq t \leq 1)$, $ds = \sqrt{1^2 + 0 + 0} dt = dt$;

$\overline{CD}: x = 1, y = t, z = 2(0 \leq t \leq 3)$, $ds = \sqrt{0 + 1^2 + 0} dt = dt$.

则原式 $= \int_0^2 0 dt + \int_0^1 0 dt + \int_0^3 1^2 \cdot t \cdot 2 dt = 0 + 0 + t^2 \Big|_0^3 = 9$.

(7) $ds = \sqrt{[a(1-\cos t)]^2 + (a\sin t)^2} dt = a\sqrt{2(1-\cos t)} dt$,

原式 $= \int_0^{2\pi} a^2(1-\cos t)^2 \cdot a\sqrt{2(1-\cos t)} dt = \sqrt{2} a^3 \int_0^{2\pi} \left(2\sin^2 \dfrac{t}{2}\right)^{\frac{5}{2}} dt \left(\diamondsuit \dfrac{t}{2} = u\right)$

$= 16 a^3 \int_0^{\pi} \sin^5 u \, du = -16 a^3 \int_0^{\pi} (1-\cos^2 u)^2 (d\cos u)$

$= -16 a^3 \int_0^{\pi} (1 - 2\cos^2 u + \cos^4 u) d(\cos u) = -16 a^3 \left(\cos u - \dfrac{2}{3}\cos^3 u + \dfrac{1}{5}\cos^5 u\right)\Big|_0^{\pi} = \dfrac{256}{15} a^3$.

(8) $ds = \sqrt{[a(-\sin t + \sin t + t\cos t)]^2 + [a(\cos t - \cos t + t\sin t)]^2} dt$

$= at\sqrt{\cos^2 t + \sin^2 t} dt = at \, dt$,

原式 $= \int_0^{2\pi} a^2[(\cos t + t\sin t)^2 + (\sin t - t\cos t)^2] at \, dt = a^3 \int_0^{2\pi} (1 + t^2) t \, dt = a^3 \int_0^{2\pi} (t + t^3) dt$

$= a^3 \left(\dfrac{1}{2} t^2 + \dfrac{1}{4} t^4\right)\Big|_0^{2\pi} = 2\pi^2 a^3 (1 + 2\pi^2)$.

**4.** 求半径为 $a$、中心角为 $2\varphi$ 的均匀圆弧（线密度 $\mu = 1$）的质心．

**解** 取扇形的角平分线为 $x$ 轴，顶点在坐标原点建立平面直角坐标系，则由对称性及 $\mu = 1$ 知，$\bar{y} = 0$，而

$\bar{x} = \dfrac{M_y}{M} = \dfrac{1}{2a\varphi} \int_L x \, ds = \dfrac{1}{2a\varphi} \int_{-\varphi}^{\varphi} a\cos\theta \cdot a \, d\theta = \dfrac{a}{2\varphi} \sin\theta \Big|_{-\varphi}^{\varphi} = \dfrac{a}{\varphi} \sin\varphi$,

所求圆弧的质心在 $\left(\dfrac{a}{\varphi} \sin\varphi, 0\right)$ 处．

**5.** 设螺旋形弹簧一圈的方程为 $x = a\cos t$, $y = a\sin t$, $z = kt$，其中 $0 \leq t \leq 2\pi$，它的线密度 $\rho(x, y, z) = x^2 + y^2 + z^2$．求：

(1) 它关于 $z$ 轴的转动惯量 $I_z$；(2) 它的质心．

**解** $\rho = x^2 + y^2 + z^2 = a^2 + k^2 t^2$, $ds = \sqrt{(-a\sin t)^2 + (a\cos t)^2 + k^2} dt = \sqrt{a^2 + k^2} dt$.

(1) $I_z = \int_{\Gamma} \rho(x, y, z)(x^2 + y^2) ds$

$= \int_0^{2\pi} (a^2 + k^2 t^2) \cdot a^2 \cdot \sqrt{a^2 + k^2} dt$

$= a^2 \sqrt{a^2 + k^2} \left(a^2 t + \dfrac{k^2}{3} t^3\right) \Big|_0^{2\pi}$

$$= \pi a^2 \sqrt{a^2 + k^2} \left(2a^2 + \frac{8}{3}k^2\pi^2\right).$$

(2) 为了求质心 $(\bar{x}, \bar{y}, \bar{z})$，先求质量 $m$ 及静矩 $M_x$、$M_y$、$M_z$.

$$m = \int_\Gamma \rho \mathrm{d}s = \int_0^{2\pi} (a^2 + k^2 t^2) \sqrt{a^2 + k^2} \mathrm{d}t$$

$$= \frac{2\pi}{3} \sqrt{a^2 + k^2} (3a^2 + 4k^2\pi^2),$$

$$M_x = \int_\Gamma x\rho \mathrm{d}s = \int_0^{2\pi} a\cos t (a^2 + k^2 t^2) \sqrt{a^2 + k^2} \mathrm{d}t = a\sqrt{a^2 + k^2} \int_0^{2\pi} (a^2 + k^2 t^2) \cos t \mathrm{d}t$$

$$= 0 + ak^2 \sqrt{a^2 + k^2} \int_0^{2\pi} t^2 \cos t \mathrm{d}t = ak^2 \sqrt{a^2 + k^2} \left[ (t^2 \sin t) \Big|_0^{2\pi} - 2\int_0^{2\pi} t\sin t \mathrm{d}t \right]$$

$$= 2ak^2 \sqrt{a^2 + k^2} \left[ (t\cos t) \Big|_0^{2\pi} - \int_0^{2\pi} \cos t \mathrm{d}t \right] = 4a\pi k^2 \sqrt{a^2 + k^2},$$

所以 $\bar{x} = \dfrac{M_x}{m} = \dfrac{3 \cdot 2ak^2}{3a^2 + 4k^2\pi^2} = \dfrac{6ak^2}{3a^2 + 4k^2\pi^2}.$

同理

$$M_y = \int_\Gamma y\rho \mathrm{d}s = \int_0^{2\pi} a\sin t (a^2 + k^2 t^2) \sqrt{a^2 + k^2} \mathrm{d}t = a\sqrt{a^2 + k^2} \int_0^{2\pi} (a^2 + k^2 t^2) \sin t \mathrm{d}t$$

$$= 0 + ak^2 \sqrt{a^2 + k^2} \int_0^{2\pi} t^2 \sin t \mathrm{d}t = ak^2 \sqrt{a^2 + k^2} \left[ (-t^2 \cos t) \Big|_0^{2\pi} + 2\int_0^{2\pi} t\cos t \mathrm{d}t \right]$$

$$= -4ak^2\pi^2 \sqrt{a^2 + k^2} + 2ak^2 \sqrt{a^2 + k^2} \left[ (t\sin t) \Big|_0^{2\pi} - \int_0^{2\pi} \sin t \mathrm{d}t \right]$$

$$= -4a\pi^2 k^2 \sqrt{a^2 + k^2},$$

从而 $\bar{y} = \dfrac{M_y}{m} = \dfrac{-6a\pi k^2}{3a^2 + 4k^2\pi^2}.$

$$M_z = \int_\Gamma z\rho \mathrm{d}s = \int_0^{2\pi} kt(a^2 + k^2 t^2) \sqrt{a^2 + k^2} \mathrm{d}t = 2\pi^2 k(a^2 + 2k^2\pi^2) \sqrt{a^2 + k^2},$$

所以 $\bar{z} = \dfrac{M_z}{m} = \dfrac{3\pi k(a^2 + 2k^2\pi^2)}{3a^2 + 4k^2\pi^2}.$

**习题 11-2 解答 对坐标的曲线积分**

1. 设 $L$ 为 $xOy$ 面内直线 $x = a$ 上的一段，证明：$\int_L P(x, y) \mathrm{d}x = 0.$

**证** 将 $L$ 表示为参数方程形式 $x = a$，$y = t$，$t$ 从 $\alpha$ 变到 $\beta$. 于是由第二类曲线积分的计算公式，得 $\int_L P(x, y) \mathrm{d}x = \int_\alpha^\beta P(a, t) \cdot 0 \mathrm{d}t = 0.$

2. 设 $L$ 为 $xOy$ 面内 $x$ 轴上从点 $(a, 0)$ 到点 $(b, 0)$ 的一段直线，证明：

$$\int_L P(x, y) \mathrm{d}x = \int_a^b P(x, 0) \mathrm{d}x.$$

**证** 将 $L$ 表示为参数方程形式 $x = x$，$y = 0$，$x$ 从 $a$ 变到 $b$. 于是

$$\int_L P(x, y) \mathrm{d}x = \int_a^b P(x, 0) \mathrm{d}x.$$

3. 计算下列对坐标的曲线积分：

(1) $\int_L (x^2 - y^2) dx$，其中 $L$ 是抛物线 $y = x^2$ 上从点 $(0, 0)$ 到点 $(2, 4)$ 的一段弧；

(2) $\oint_L xy dx$，其中 $L$ 为圆周 $(x-a)^2 + y^2 = a^2$ $(a > 0)$ 及 $x$ 轴所围成的在第一象限内的区域的整个边界(按逆时针方向绕行)；

(3) $\int_L y dx + x dy$，其中 $L$ 为圆周 $x = R\cos t$，$y = R\sin t$ 上对应于 $t$ 从 $0$ 到 $\frac{\pi}{2}$ 的一段弧；

(4) $\oint_L \frac{(x+y) dx - (x-y) dy}{x^2 + y^2}$，其中 $L$ 为圆周 $x^2 + y^2 = a^2$ (按逆时针方向绕行)；

(5) $\int_\Gamma x^2 dx + z dy - y dz$，其中 $\Gamma$ 为曲线 $x = k\theta$，$y = a\cos\theta$，$z = a\sin\theta$ 上对应 $\theta$ 从 $0$ 到 $\pi$ 的一段弧；

(6) $\int_\Gamma x dx + y dy + (x + y - 1) dz$，其中 $\Gamma$ 是从点 $(1, 1, 1)$ 到点 $(2, 3, 4)$ 的一段直线；

(7) $\oint_\Gamma dx - dy + y dz$，其中 $\Gamma$ 为有向闭折线 $ABCA$，这里的 $A$、$B$、$C$ 依次为点 $(1, 0, 0)$、$(0, 1, 0)$、$(0, 0, 1)$；

(8) $\int_L (x^2 - 2xy) dx + (y^2 - 2xy) dy$，其中 $L$ 是抛物线 $y = x^2$ 上从点 $(-1, 1)$ 到点 $(1, 1)$ 的一段弧.

**解** (1) $L$ 由直角坐标方程给出，所以

$$\int_L (x^2 - y^2) dx = \int_0^2 (x^2 - x^4) dx = \left(\frac{1}{3}x^3 - \frac{1}{5}x^5\right) \bigg|_0^2 = -\frac{56}{15}.$$

(2) 圆的极坐标方程为 $r = 2a\cos\theta$，而直角坐标与极坐标之间的关系为

$$\begin{cases} x = r\cos\theta, \\ y = r\sin\theta, \end{cases}$$

所以圆的参数方程为

$$\begin{cases} x = 2a\cos^2\theta, \\ y = 2a\cos\theta\sin\theta \end{cases} \left(0 \leqslant \theta \leqslant \frac{\pi}{2}\right),$$

$$\oint_L xy dx = \int_0^{2a} x \cdot 0 dx + \int_0^{\frac{\pi}{2}} 4a^2\cos^3\theta\sin\theta(-4a\cos\theta\sin\theta) d\theta$$

$$= -16a^3 \int_0^{\frac{\pi}{2}} \cos^4\theta(1 - \cos^2\theta) d\theta$$

$$= -16a^3 \left(\frac{3}{4} \cdot \frac{1}{2} \cdot \frac{\pi}{2} - \frac{5}{6} \cdot \frac{3}{4} \cdot \frac{1}{2} \cdot \frac{\pi}{2}\right) = -\frac{1}{2}\pi a^3.$$

(3) $\int_L y dx + x dy = \int_0^{\frac{\pi}{2}} [R\sin t \cdot (-R\sin t) + R\cos t \cdot R\cos t] dt$

$$= R^2 \int_0^{\frac{\pi}{2}} \cos 2t dt = \frac{R^2}{2}\sin 2t \bigg|_0^{\frac{\pi}{2}} = 0.$$

(4) 圆的参数方程为
$$x = a\cos\theta, \quad y = a\sin\theta \ (0 \leq \theta \leq 2\pi),$$
则
$$\int_L \frac{(x+y)dx - (x-y)dy}{x^2+y^2} = \int_0^{2\pi} \frac{1}{a^2}[a(\cos\theta+\sin\theta)(-a\sin\theta) - a(\cos\theta-\sin\theta)a\cos\theta]d\theta$$
$$= -\int_0^{2\pi} d\theta = -2\pi.$$

(5) $\int_\Gamma x^2 dx + z dy - y dz = \int_0^\pi [k^3\theta^2 + a\sin\theta(-a\sin\theta) - a\cos\theta \cdot a\cos\theta]d\theta$
$$= \int_0^\pi (k^3\theta^2 - a^2)d\theta = \left(\frac{k^3}{3}\theta^3 - a^2\theta\right)\Big|_0^\pi$$
$$= \frac{1}{3}k^3\pi^3 - a^2\pi.$$

(6) 该直线的方向向量 $\boldsymbol{T} = (1, 2, 3)$,直线的参数方程为
$$x = 1+t, \ y = 1+2t, \ z = 1+3t \ (0 \leq t \leq 1).$$
$$\int_\Gamma x dx + y dy + (x+y-1) dz = \int_0^1 [(1+t) + 2(1+2t) + 3(1+3t)]dt$$
$$= \int_0^1 (6+14t)dt = (6t+7t^2)\Big|_0^1 = 13.$$

(7) $\overrightarrow{AB} = (-1, 1, 0)$,直线 $AB$ 的方程为:$x = 1-t, y = t, z = 0 \ (0 \leq t \leq 1)$;
$\overrightarrow{BC} = (0, -1, 1)$,直线 $BC$ 的方程为:$x = 0, y = 1-t, z = t \ (0 \leq t \leq 1)$;
$\overrightarrow{CA} = (1, 0, -1)$,直线 $CA$ 的方程为:$x = t, y = 0, z = 1-t \ (0 \leq t \leq 1)$.
$$\oint_\Gamma dx - dy + y dz = \int_{AB} dx - dy + y dz + \int_{BC} dx - dy + y dz + \int_{CA} dx - dy + y dz$$
$$= \int_0^1 (-1-1)dt + \int_0^1 (0+1+1-t)dt + \int_0^1 (1-0-0)dt = \frac{1}{2}.$$

(8) 原式 $= \int_{-1}^1 [(x^2-2x^3) + 2x(x^4-2x^3)]dx = \int_{-1}^1 (2x^5 - 4x^4 - 2x^3 + x^2)dx$
$$= 0 - 0 + 2\left(-\frac{4}{5}x^5 + \frac{1}{3}x^3\right)\Big|_0^1 = -\frac{14}{15}.$$

4. 计算 $\int_L (x+y)dx + (y-x)dy$,其中 $L$ 是:

(1) 抛物线 $y^2 = x$ 上从点 $(1, 1)$ 到点 $(4, 2)$ 的一段弧;

(2) 从点 $(1, 1)$ 到点 $(4, 2)$ 的一段直线;

(3) 先沿直线从点 $(1, 1)$ 到 $(1, 2)$,然后再沿直线到点 $(4, 2)$ 的折线;

(4) 曲线 $x = 2t^2 + t + 1, y = t^2 + 1$ 上从点 $(1, 1)$ 到点 $(4, 2)$ 的一段弧.

**解** (1) $L: x = y^2 \ (1 \leq y \leq 2)$,
原式 $= \int_1^2 [(y^2+y)2y + (y-y^2)]dy = \int_1^2 (2y^3 + y^2 + y)dy$
$$= \left(\frac{1}{2}y^4 + \frac{1}{3}y^3 + \frac{1}{2}y^2\right)\Big|_1^2 = \frac{34}{3}.$$

(2) $L: x = 3y - 2 (1 \leq y \leq 2)$,

原式 $= \int_1^2 [(3y-2+y)3 + (y-3y+2)] dy$

$= \int_1^2 (10y - 4) dy = (5y^2 - 4y) \Big|_1^2 = 11.$

(3) $L = L_1 + L_2$,其中 $L_1: x = 1 (1 \leq y \leq 2)$,$L_2: y = 2 (1 \leq x \leq 4)$,

原式 $= \int_{L_1} (x+y) dx + (y-x) dy + \int_{L_2} (x+y) dx + (y-x) dy = \int_1^2 (y-1) dy + \int_1^4 (x+2) dx$

$= \left(\frac{1}{2} y^2 - y\right) \Big|_1^2 + \left(\frac{1}{2} x^2 + 2x\right) \Big|_1^4 = 14.$

(4) 当 $x = 1, y = 1$ 时,$t = 0$;$x = 4, y = 2$ 时,$t = 1$.

原式 $= \int_0^1 [(3t^2 + t + 2)(4t + 1) + (-t^2 - t)2t] dt = \int_0^1 (10t^3 + 5t^2 + 9t + 2) dt = \frac{32}{3}.$

**5.** 一力场由沿横轴正方向的恒力为 $F$,试求当一质量为 $m$ 的质点沿圆周 $x^2 + y^2 = R^2$ 按逆时针方向移过位于第一象限的那一段弧时场力所做的功.

**解** $F = |F| i + 0 \cdot j$,记 $dr = (dx, dy)$,则功

$$W = \int_L F \cdot dr = \int_L |F| dx = |F| \int_0^{\frac{\pi}{2}} (-R\sin t) dt = - |F| R.$$

**6.** 设 $z$ 轴与重力的方向一致,求质量为 $m$ 的质点从位置 $(x_1, y_1, z_1)$ 沿直线移到 $(x_2, y_2, z_2)$ 时重力所做的功.

**解** $F = (0, 0, mg)$,$g$ 为重力加速度,记 $dr = (dx, dy, dz)$,$A(x_1, y_1, z_1)$,$B(x_2, y_2, z_2)$,则功 $W = \int_{AB} F \cdot dr = \int_{AB} mg dz = \int_0^1 mg(z_2 - z_1) dt = mg(z_2 - z_1).$

**7.** 把对坐标的曲线积分 $\int_L P(x, y) dx + Q(x, y) dy$ 化成对弧长的曲线积分,其中 $L$ 为:

(1) 在 $xOy$ 面内沿直线从点 $(0, 0)$ 到点 $(1, 1)$;

(2) 沿抛物线 $y = x^2$ 从点 $(0, 0)$ 到点 $(1, 1)$;

(3) 沿上半圆周 $x^2 + y^2 = 2x$ 从点 $(0, 0)$ 到点 $(1, 1)$.

**解** (1) 因为 $L$ 的方向余弦:$\cos \alpha = \cos \beta = \cos \frac{\pi}{4} = \frac{1}{\sqrt{2}}$,所以

$$\int_L P(x, y) dx + Q(x, y) dy = \int_L \frac{1}{\sqrt{2}} [P(x, y) + Q(x, y)] ds.$$

(2) 由 $ds = \sqrt{1 + y_x^2} dx = \sqrt{1 + 4x^2} dx$,故 $\cos \alpha = \frac{dx}{ds} = \frac{1}{\sqrt{1 + 4x^2}}.$ 又

$$\cos \beta = \sin \alpha = \sqrt{1 - \cos^2 \alpha} = \sqrt{1 - \frac{1}{1 + 4x^2}} = \frac{2x}{\sqrt{1 + 4x^2}},$$

所以

$$\int_L P(x, y) dx + Q(x, y) dy = \int_L [P(x, y) \cos \alpha + Q(x, y) \cos \beta] ds$$

$$= \int_L \frac{1}{\sqrt{1 + 4x^2}} [P(x, y) + 2x Q(x, y)] ds.$$

(3) 由 $ds = \sqrt{1+y_x^2}dx = \sqrt{1+\left(\dfrac{1-x}{\sqrt{2x-x^2}}\right)^2}dx = \dfrac{1}{\sqrt{2x-x^2}}dx$,

从而 $\cos\alpha = \dfrac{dx}{ds} = \sqrt{2x-x^2}$, $\cos\beta = \sin\alpha = \sqrt{1-(2x-x^2)} = 1-x$, 所以

$$\int_L P(x,y)dx + Q(x,y)dy = \int_L [\sqrt{2x-x^2}P(x,y) + (1-x)Q(x,y)]ds.$$

8. 设 $\Gamma$ 为曲线 $x=t$, $y=t^2$, $z=t^3$ 上相应于 $t$ 从 0 变到 1 的曲线弧, 把对坐标的曲线积分 $\int_\Gamma Pdx + Qdy + Rdz$ 化成对弧长的曲线积分.

**解** 由 $ds = \sqrt{x_t^2 + y_t^2 + z_t^2}dt = \sqrt{1+4t^2+9t^4}dt = \sqrt{1+4x^2+9y^2}dt$, 得

$\cos\alpha = \dfrac{dx}{ds} = \dfrac{1}{\sqrt{1+4x^2+9y^2}}$, $\cos\beta = \dfrac{dy}{ds} = \dfrac{2x}{\sqrt{1+4x^2+9y^2}}$, $\cos\gamma = \dfrac{dz}{ds} = \dfrac{3y}{\sqrt{1+4x^2+9y^2}}$.

从而

$$\int_\Gamma Pdx + Qdy + Rdz = \int_\Gamma \dfrac{P+2xQ+3yR}{\sqrt{1+4x^2+9y^2}}ds.$$

### 习题 11-3 解答 格林公式及其应用

1. 计算下列曲线积分, 并验证格林公式的正确性:

(1) $\oint_L (2xy-x^2)dx + (x+y^2)dy$, 其中 $L$ 是由抛物线 $y=x^2$ 和 $y^2=x$ 所围成的区域的正向边界曲线;

(2) $\oint_L (x^2-xy^3)dx + (y^2-2xy)dy$, 其中 $L$ 是四个顶点分别为 $(0,0)$、$(2,0)$、$(2,2)$ 和 $(0,2)$ 的正方形区域的正向边界.

**解** (1) 根据 $P=2xy-x^2$, $Q=x+y^2$, $P_y=2x$, $Q_x=1$, 又 $L$ 分段光滑, 故题设曲线积分满足格林公式的条件. 记 $D$ 是 $L$ 所围成闭区域, 则由格林公式有

$$\text{原式} = \iint_D \left(\dfrac{\partial Q}{\partial x} - \dfrac{\partial P}{\partial y}\right)dxdy = \iint_D (1-2x)dxdy = \int_0^1 dx \int_{x^2}^{\sqrt{x}} (1-2x)dy$$

$$= \int_0^1 (1-2x)(\sqrt{x}-x^2)dx = \int_0^1 (\sqrt{x}-x^2-2x^{\frac{3}{2}}+2x^3)dx = \dfrac{1}{30}.$$

另外, 按照曲线积分的计算公式直接计算. 记 $L_1: y=x^2$, $x$ 从 0 变到 1; $L_2: x=y^2$, $y$ 从 1 变到 0. 于是

$$\text{原式} = \int_{L_1} (2xy-x^2)dx + (x+y^2)dy + \int_{L_2} (2xy-x^2)dx + (x+y^2)dy$$

$$= \int_0^1 [(2x^3-x^2) + (x+x^4)\cdot 2x]dx + \int_1^0 [(2y^3-y^4)\cdot 2y + (y^2+y^2)]dy$$

$$= \int_0^1 (2x^5+2x^3+x^2)dx + \int_1^0 (-2y^5+4y^4+2y^2)dy = \dfrac{1}{30}.$$

由此可知格林公式对本题是成立的.

(2) $D = \{(x,y) | 0 \leq x \leq 2, 0 \leq y \leq 2\}$, 在 $D$ 上 $P=x^2-xy^3$, $Q=y^2-2xy$, $\dfrac{\partial P}{\partial y} = -3xy^2$, $\dfrac{\partial Q}{\partial x} = -2y$, $D$ 是正方形, $L$ 分段光滑, 故题设曲线积分满足格林公式的条件, 从

而由格林公式有

$$原式 = \iint_D \left(\frac{\partial Q}{\partial x} - \frac{\partial P}{\partial y}\right) dxdy = \iint_D (-2y + 3xy^2) dxdy = \int_0^2 dx \int_0^2 (3xy^2 - 2y) dy$$

$$= \int_0^2 (xy^3 - y^2)\Big|_0^2 dx = 4\int_0^2 (2x - 1) dx = 8.$$

另外，按照曲线积分的计算公式直接计算．如图 11-1 所示，$L$ 由有向线段 $OA$、$AB$、$BC$、$CO$ 组成．则

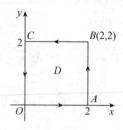

图 11-1

$$\int_{OA} (x^2 - xy^3) dx + (y^2 - 2xy) dy = \int_0^2 x^2 dx = \frac{8}{3};$$

$$\int_{AB} (x^2 - xy^3) dx + (y^2 - 2xy) dy = \int_0^2 (y^2 - 4y) dy = \frac{8}{3} - 8;$$

$$\int_{BC} (x^2 - xy^3) dx + (y^2 - 2xy) dy = \int_2^0 (x^2 - 8x) dx = 16 - \frac{8}{3};$$

$$\int_{CO} (x^2 - xy^3) dx + (y^2 - 2xy) dy = \int_2^0 y^2 dy = -\frac{8}{3}.$$

于是

$$原式 = \int_{OA} + \int_{AB} + \int_{BC} + \int_{CO} = \frac{8}{3} + \left(\frac{8}{3} - 8\right) + \left(16 - \frac{8}{3}\right) + \left(-\frac{8}{3}\right) = 8.$$

由此可知格林公式对本题是成立的．

2. 利用曲线积分，计算下列曲线所围成的图形的面积：

(1) 星形线 $x = a\cos^3 t$，$y = a\sin^3 t$；

(2) 椭圆 $9x^2 + 16y^2 = 144$；

(3) 圆 $x^2 + y^2 = 2ax$．

**解** (1) 正向星形线的参数方程中参数 $t$ 从 $0$ 变到 $2\pi$，因此

$$A = \frac{1}{2} \oint_L x dy - y dx = \frac{1}{2} \int_0^{2\pi} [a\cos^3 t \cdot 3a\sin^2 t \cos t - a\sin^3 t(-3\cos^2 t \sin t)] dt$$

$$= \frac{3}{2} a^2 \int_0^{2\pi} \sin^2 t \cos^2 t dt = \frac{3}{8} a^2 \int_0^{2\pi} \sin^2 2t dt = \frac{3}{16} a^2 \int_0^{2\pi} (1 - \cos 4t) dt = \frac{3}{8} \pi a^2.$$

**注**：本题也可由对称性简化计算：$A = 4A_1$（$A_1$ 为星形线所围图形在第一象限的面积）．

(2) 利用椭圆的参数方程计算 $x = 4\cos t$，$y = 3\sin t$，$t$ 从 $0$ 变到 $2\pi$．

$$A = \frac{1}{2} \oint_L x dy - y dx = \frac{1}{2} \int_0^{2\pi} [4\cos t \cdot 3\cos t - 3\sin t(-4\sin t)] dt = \frac{1}{2} \int_0^{2\pi} 12 dt = 12\pi.$$

**注**：这与 $A = \pi ab = 12\pi$ 算得的结果是一致的．

(3) 方法一：将正向圆周的方程 $x^2 + y^2 = 2ax$，即 $(x-a)^2 + y^2 = a^2$ 化为参数方程，则
$$x = a + a\cos t, \quad y = a\sin t, \quad t \text{ 从 } 0 \text{ 变到 } 2\pi.$$
$$A = \frac{1}{2}\oint_L x\mathrm{d}y - y\mathrm{d}x = \frac{1}{2}\int_0^{2\pi}[(a + a\cos t)\cdot a\cos t - a\sin t(-a\sin t)]\mathrm{d}t$$
$$= \frac{a^2}{2}\int_0^{2\pi}(1 + \cos t)\mathrm{d}t = \pi a^2.$$

方法二：利用正向圆周 $x^2 + y^2 = 2ax$ 的极坐标方程 $r = 2a\cos\theta$，$t$ 从 $-\frac{\pi}{2}$ 变到 $\frac{\pi}{2}$. 则
$$x = r\cos\theta = 2a\cos\theta\cdot\cos\theta = 2a\cos^2\theta, \quad y = r\sin\theta = 2a\cos\theta\cdot\sin\theta = a\sin 2\theta.$$
$$A = \frac{1}{2}\oint_L x\mathrm{d}y - y\mathrm{d}x = \frac{1}{2}\int_{-\frac{\pi}{2}}^{\frac{\pi}{2}}(2a\cos^2\theta\cdot 2a\cos 2\theta + a\sin 2\theta\cdot 4a\cos\theta\sin\theta)\mathrm{d}\theta$$
$$= 2a^2\int_{-\frac{\pi}{2}}^{\frac{\pi}{2}}[\cos^2\theta(\cos^2\theta - \sin^2\theta) + 2\cos^2\theta\sin^2\theta]\mathrm{d}\theta$$
$$= 4a^2\int_0^{\frac{\pi}{2}}(\cos^4\theta + \cos^2\theta\sin^2\theta)\mathrm{d}\theta$$
$$= 4a^2\int_0^{\frac{\pi}{2}}\cos^2\theta\mathrm{d}\theta = \pi a^2.$$

**注**：这与用圆面积公式计算结果是一样的.

3. 计算曲线积分 $\oint_L \dfrac{y\mathrm{d}x - x\mathrm{d}y}{2(x^2 + y^2)}$，其中 $L$ 为圆周 $(x-1)^2 + y^2 = 2$，$L$ 的方向为逆时针方向.

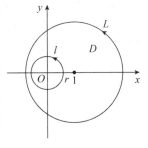

图 11-2

**解** 当 $x = y = 0$ 时，$P = \dfrac{y}{2(x^2 + y^2)}$，$Q = \dfrac{-x}{2(x^2 + y^2)}$ 无意义，而该点又在题设圆内，所以不能直接利用格林公式计算. 但以原点为中心可作一半径为 $r$ 的小圆包含该奇点，即挖去此不连续点，在形成的复连通区域上再用格林公式计算（见图 11-2）.

在 $L$ 包围的区域 $D$ 内作顺时针方向的小圆周 $l$：$x = r\cos t$，$y = r\sin t$，$t$ 从 $0$ 变到 $2\pi$. 于是由格林公式，有
$$\oint_{L+l^-}\frac{y\mathrm{d}x - x\mathrm{d}y}{2(x^2 + y^2)} = \oint_L\frac{y\mathrm{d}x - x\mathrm{d}y}{2(x^2 + y^2)} + \oint_{l^-}\frac{y\mathrm{d}x - x\mathrm{d}y}{2(x^2 + y^2)} = \iint_{D_1}\left(\frac{\partial Q}{\partial x} - \frac{\partial P}{\partial y}\right)\mathrm{d}x\mathrm{d}y = 0.$$

从而
$$\oint_L\frac{y\mathrm{d}x - x\mathrm{d}y}{2(x^2 + y^2)} = \oint_l\frac{y\mathrm{d}x - x\mathrm{d}y}{2(x^2 + y^2)} = \int_0^{2\pi}\frac{-r^2\sin^2\theta - r^2\cos^2\theta}{2r^2}\mathrm{d}t = -\frac{1}{2}\int_0^{2\pi}\mathrm{d}t = -\pi.$$

4. 确定正向闭曲线 $C$，使曲线积分 $\oint_C\left(x + \dfrac{y^3}{3}\right)\mathrm{d}x + \left(y + x - \dfrac{2}{3}x^3\right)\mathrm{d}y$ 达到最大值.

**解** 记 $D$ 为 $C$ 所围成的平面有界闭区域，$C$ 为 $D$ 的正向边界曲线，则由格林公式得
$$\oint_C\left(x + \frac{y^3}{3}\right)\mathrm{d}x + \left(y + x - \frac{2}{3}x^3\right)\mathrm{d}y = \iint_D[(1 - 2x^2) - y^2]\mathrm{d}x\mathrm{d}y.$$

要使上式右端的二重积分达到最大值，$D$ 应包含所有使被积函数 $1 - 2x^2 - y^2$ 大于零的点，而不包含使被积函数小于零的点. 因此 $D$ 应为由椭圆 $2x^2 + y^2 = 1$ 所围成的闭区域. 即当

$C$ 为取逆时针方向的椭圆 $2x^2 + y^2 = 1$ 时,所给的曲线积分达到最大值.

5. 设 $n$ 边形的 $n$ 个顶点按逆时针方向依次为 $M_1(x_1, y_1)$, $M_2(x_2, y_2)$, $\cdots$, $M_n(x_n, y_n)$,试利用曲线积分证明此 $n$ 边形的面积为

$$A = \frac{1}{2}[(x_1y_2 - x_2y_1) + (x_2y_3 - x_3y_2) + \cdots + (x_{n-1}y_n - x_ny_{n-1}) + (x_ny_1 - x_1y_n)].$$

**证** $n$ 边形的正向边界 $L$ 由有向线段 $M_1M_2$, $M_2M_3$, $\cdots$, $M_{n-1}M_n$, $M_nM_1$ 组成. 有向线段 $M_1M_2$ 的参数方程为 $x = x_1 + (x_2 - x_1)t$, $y = y_1 + (y_2 - y_1)t$, $t$ 从 0 变到 1,于是

$$\int_{M_1M_2} x\mathrm{d}y - y\mathrm{d}x = \int_0^1 \{[x_1 + (x_2 - x_1)t](y_2 - y_1) - [y_1 + (y_2 - y_1)t](x_2 - x_1)\}\mathrm{d}t$$

$$= \int_0^1 [x_1(y_2 - y_1) - y_1(x_2 - x_1)]\mathrm{d}t = \int_0^1 (x_1y_2 - x_2y_1)\mathrm{d}t = x_1y_2 - x_2y_1.$$

同理,可求得

$$\int_{M_2M_3} x\mathrm{d}y - y\mathrm{d}x = x_2y_3 - x_3y_2, \cdots, \int_{M_{n-1}M_n} x\mathrm{d}y - y\mathrm{d}x = x_{n-1}y_n - x_ny_{n-1}, \int_{M_nM_1} x\mathrm{d}y - y\mathrm{d}x = x_ny_1 - x_1y_n.$$

故 $n$ 边形的面积

$$A = \frac{1}{2}\oint_L x\mathrm{d}y - y\mathrm{d}x = \frac{1}{2}\left(\int_{M_1M_2} + \int_{M_2M_3} + \cdots + \int_{M_{n-1}M_n} + \int_{M_nM_1}\right)(x\mathrm{d}y - y\mathrm{d}x)$$

$$= \frac{1}{2}[(x_1y_2 - x_2y_1) + (x_2y_3 - x_3y_2) + \cdots + (x_{n-1}y_n - x_ny_{n-1}) + (x_ny_1 - x_1y_n)].$$

6. 证明下列曲线积分在整个 $xOy$ 面内与路径无关,并计算积分值:

(用满足恰当条件验证;选取易于计算的折线为积分路径,或用求原函数的公式,或用凑全微分的公式计算)

(1) $\int_{(1,1)}^{(2,3)} (x + y)\mathrm{d}x + (x - y)\mathrm{d}y$;

(2) $\int_{(1,2)}^{(3,4)} (6xy^2 - y^3)\mathrm{d}x + (6x^2y - 3xy^2)\mathrm{d}y$;

(3) $\int_{(1,0)}^{(2,1)} (2xy - y^4 + 3)\mathrm{d}x + (x^2 - 4xy^3)\mathrm{d}y$.

**解** (1) 因为 $\frac{\partial P}{\partial y} = 1 = \frac{\partial Q}{\partial x}$,$P$、$Q$ 在整个 $xOy$ 面内具有一阶连续偏导数,故曲线积分与路径无关.

原式 $= \int_{(1,1)}^{(2,1)} (x + y)\mathrm{d}x + (x - y)\mathrm{d}y + \int_{(2,1)}^{(2,3)} (x + y)\mathrm{d}x + (x - y)\mathrm{d}y$

$= \int_1^2 (x + 1)\mathrm{d}x + \int_1^3 (2 - y)\mathrm{d}y = \left(\frac{1}{2}x^2 + x\right)\Big|_1^2 + \left(2y - \frac{1}{2}y^2\right)\Big|_1^3 = \frac{5}{2}.$

(2) 因为 $\frac{\partial P}{\partial y} = 12xy - 3y^2 = \frac{\partial Q}{\partial x}$,$P$、$Q$ 在整个 $xOy$ 面内具有一阶连续偏导数,故曲线积分与路径无关.

原式 $= \int_{(1,2)}^{(3,2)} (6xy^2 - y^3)\mathrm{d}x + (6x^2y - 3xy^2)\mathrm{d}y + \int_{(3,2)}^{(3,4)} (6xy^2 - y^3)\mathrm{d}x + (6x^2y - 3xy^2)\mathrm{d}y$

$= \int_1^3 (24x - 8)\mathrm{d}x + \int_2^4 (54y - 9y^2)\mathrm{d}y = 80 + 156 = 236.$

(3) $\frac{\partial P}{\partial y} = 2x - 4y^3 = \frac{\partial Q}{\partial x}$，$P$、$Q$ 在整个 $xOy$ 面内具有一阶连续偏导数，故曲线积分与路径无关.

$$原式 = \int_{(1,0)}^{(2,0)} (2xy - y^4 + 3) dx + (x^2 - 4xy^3) dy + \int_{(2,0)}^{(2,1)} (2xy - y^4 + 3) dx + (x^2 - 4xy^3) dy$$

$$= \int_1^2 3 dx + \int_0^1 (4 - 8y^3) dy = 3 + 2 = 5.$$

7. 利用格林公式，计算下列曲线积分：

(1) $\oint_L (2x - y + 4) dx + (5y + 3x - 6) dy$，其中 $L$ 是三顶点分别为 $(0, 0)$、$(3, 0)$ 和 $(3, 2)$ 的三角形正向边界.

(2) $\oint_L (x^2 y\cos x + 2xy\sin x - y^2 e^x) dx + (x^2 \sin x - 2ye^x) dy$，其中 $L$ 为正向星形线 $x^{\frac{2}{3}} + y^{\frac{2}{3}} = a^{\frac{2}{3}} (a > 0)$.

(3) $\int_L (2xy^3 - y^2 \cos x) dx + (1 - 2y\sin x + 3x^2 y^2) dy$，其中 $L$ 为在抛物线 $2x = \pi y^2$ 上由点 $(0, 0)$ 到 $\left(\frac{\pi}{2}, 1\right)$ 的一段弧.

(4) $\int_L (x^2 - y) dx - (x + \sin^2 y) dy$，其中 $L$ 是在圆周 $y = \sqrt{2x - x^2}$ 上由点 $(0, 0)$ 到点 $(1, 1)$ 的一段弧.

**解** (1) 设 $D$ 为 $L$ 所围的三角形闭区域，则由格林公式得

$$原式 = \iint_D [3 - (-1)] dxdy = 4\iint_D dxdy = 4 \times 3 = 12.$$

(2) 由格林公式，原式 $= \iint_D 0 dxdy = 0.$

(3) 记 $D$ 为 $L$，$x = \frac{\pi}{2}$，$y = 0$ 所围的闭区域，则由格林公式，有

$$原式 = -\iint_D (-2y\cos x + 6xy^2 - 6xy^2 + 2y\cos x) dxdy + \int_0^{\frac{\pi}{2}} 0 dx + \int_0^1 \left(1 - 2y + 3 \cdot \frac{1}{4}\pi^2 y^2\right) dy$$

$$= \left(y - y^2 + \frac{1}{4}\pi^2 y^3\right) \bigg|_0^1 = \frac{\pi^2}{4}.$$

(4) 将圆的方程标准化：$(x - 1)^2 + y^2 = 1 (y \geq 0, 0 \leq x \leq 1)$，记 $D$ 为圆与 $x = 1$，$y = 0$ 所围的闭区域，则由格林公式，有

$$原式 = -\iint_D (-1 + 1) dxdy - \int_0^1 (1 + \sin^2 y) dy + \int_0^1 x^2 dx$$

$$= 0 - \left(y + \frac{1}{2}y - \frac{1}{4}\sin 2y\right) \bigg|_0^1 + \frac{1}{3}x^3 \bigg|_0^1 = \frac{1}{4}\sin 2 - \frac{7}{6}.$$

8. 验证下列 $P(x, y) dx + Q(x, y) dy$ 在整个 $xOy$ 平面内是某一函数 $u(x, y)$ 的全微分，并求这样的一个 $u(x, y)$：

(1) $(x + 2y) dx + (2x + y) dy$；

(2) $2xy dx + x^2 dy$；

(3) $4\sin x\sin 3y\cos x\mathrm{d}x - 3\cos 3y\cos 2x\mathrm{d}y$；

(4) $(3x^2y + 8xy^2)\mathrm{d}x + (x^3 + 8x^2y + 12y\mathrm{e}^y)\mathrm{d}y$；

(5) $(2x\cos y + y^2\cos x)\mathrm{d}x + (2y\sin x - x^2\sin y)\mathrm{d}y$.

**解** （1）在整个 $xOy$ 平面内，$P = x + 2y$，$Q = 2x + y$ 具有一阶连续偏导数，$\dfrac{\partial P}{\partial y} = 2 = \dfrac{\partial Q}{\partial x}$，所以所给表达式是某一函数 $u(x, y)$ 的全微分. 用凑微分法求 $u(x, y)$：

$$(x + 2y)\mathrm{d}x + (2x + y)\mathrm{d}y = (x\mathrm{d}x + y\mathrm{d}y) + 2(y\mathrm{d}x + x\mathrm{d}y)$$
$$= \frac{1}{2}\mathrm{d}(x^2 + y^2) + 2\mathrm{d}(xy) = \mathrm{d}\left[2xy + \frac{1}{2}(x^2 + y^2)\right].$$

从而 $u(x, y) = 2xy + \dfrac{1}{2}(x^2 + y^2)$.

（2）在整个 $xOy$ 平面内，$P = 2xy$，$Q = x^2$ 具有一阶连续偏导数，且 $\dfrac{\partial P}{\partial y} = 2x = \dfrac{\partial Q}{\partial x}$，所以所给表达式是某一函数 $u(x, y)$ 的全微分. 用凑微分法求 $u(x, y)$：

$$2xy\mathrm{d}x + x^2\mathrm{d}y = \mathrm{d}(x^2y),$$

故 $u(x, y) = x^2 y$.

（3）在整个 $xOy$ 平面内，$P = 4\sin x\sin 3y\cos x$，$Q = -3\cos 3y\cos 2x$，$P$、$Q$ 具有一阶连续偏导数，$\dfrac{\partial P}{\partial y} = 12\sin x\cos x\cos 3y = \dfrac{\partial Q}{\partial x}$，所以所给表达式是某一函数 $u(x, y)$ 的全微分. 用凑微分法求 $u(x, y)$：

$$\text{原式} = \sin 3y\mathrm{d}(-\cos 2x) - \cos 2x\mathrm{d}(\sin 3y) = \mathrm{d}(-\sin 3y\cos 2x),$$

所以 $u(x, y) = -\sin 3y\cos 2x$.

（4）在整个 $xOy$ 平面内，$P = 3x^2y + 8xy^2$，$Q = x^3 + 8x^2y + 12y\mathrm{e}^y$ 具有一阶连续偏导数，$\dfrac{\partial P}{\partial y} = 3x^2 + 16xy = \dfrac{\partial Q}{\partial x}$，所以所给表达式是某一函数 $u(x, y)$ 的全微分. 用凑微分法求 $u(x, y)$：

$$\text{原式} = (3x^2y\mathrm{d}x + x^3\mathrm{d}y) + (8xy^2\mathrm{d}x + 8x^2y\mathrm{d}y) + 12y\mathrm{e}^y\mathrm{d}y$$
$$= \mathrm{d}(x^3y) + 4\mathrm{d}(x^2y^2) + 12\mathrm{d}\left(\int y\mathrm{d}(\mathrm{e}^y)\right)（\text{分部积分}）$$
$$= \mathrm{d}(x^3y + 4x^2y^2 + 12y\mathrm{e}^y - 12\mathrm{e}^y),$$

所以 $u(x, y) = x^3y + 4x^2y^2 + 12\mathrm{e}^y(y - 1)$.

（5）在整个 $xOy$ 平面内，$P = 2x\cos y + y^2\cos x$，$Q = 2y\sin x - x^2\sin y$，$P$、$Q$ 具有一阶连续偏导数，$\dfrac{\partial P}{\partial y} = -2x\sin y + 2y\cos x = \dfrac{\partial Q}{\partial x}$，所以所给表达式是某一函数 $u(x, y)$ 的全微分. 用凑微分法求 $u(x, y)$：

$$\text{原式} = (2x\cos y\mathrm{d}x - x^2\sin y\mathrm{d}y) + (y^2\cos x\mathrm{d}x + 2y\sin x\mathrm{d}y)$$
$$= \mathrm{d}(x^2\cos y) + \mathrm{d}(y^2\sin x) = \mathrm{d}(x^2\cos y + y^2\sin x),$$

所以 $u(x, y) = x^2\cos y + y^2\sin x$.

9. 设有一变力在坐标轴上的投影为 $X = x^2 + y^2$，$Y = 2xy - 8$，这变力确定了一个力场. 证明质点在此场内移动时，场力所做的功与路径无关.

**证** 场力所做的功 $W = \int_L (x^2 + y^2)dx + (2xy - 8)dy$. 在整个 $xOy$ 平面内，$X$、$Y$ 具有一阶连续偏导数，$\dfrac{\partial X}{\partial y} = 2y = \dfrac{\partial Y}{\partial x}$，故曲线积分与路径无关，即场力所做的功与路径无关.

10. 此处解析请扫二维码查看.

11. 确定常数 $\lambda$，使在右半平面 $x > 0$ 上的向量 $A(x, y) = 2xy(x^4 + y^2)^\lambda \boldsymbol{i} - x^2(x^4 + y^2)^\lambda \boldsymbol{j}$ 为某二元函数 $u(x, y)$ 的梯度，并求 $u(x, y)$.

10 二维码

**解** $P = 2xy(x^4 + y^2)^\lambda$，$Q = -x^2(x^4 + y^2)^\lambda$，因为
$$A(x, y) = 2xy(x^4 + y^2)^\lambda \boldsymbol{i} - x^2(x^4 + y^2)^\lambda \boldsymbol{j}$$

为某二元函数 $u(x, y)$ 的梯度的充分必要条件是 $\dfrac{\partial P}{\partial y} = \dfrac{\partial Q}{\partial x}$，而

$$\frac{\partial P}{\partial y} = 2x(x^4 + y^2)^\lambda + 4\lambda xy^2(x^4 + y^2)^{\lambda-1},$$

$$\frac{\partial Q}{\partial x} = -2x(x^4 + y^2)^\lambda - 4\lambda x^5(x^4 + y^2)^{\lambda-1},$$

则 $2x(x^4 + y^2)^\lambda + 4\lambda xy^2(x^4 + y^2)^{\lambda-1} = -2x(x^4 + y^2)^\lambda - 4\lambda x^5(x^4 + y^2)^{\lambda-1}$,
$$4x(x^4 + y^2)^\lambda(\lambda + 1) = 0.$$

又 $x > 0$，$(x^4 + y^2)^\lambda > 0$，所以 $\lambda + 1 = 0 \Rightarrow \lambda = -1$，且

$$u(x, y) = \int_{(1,0)}^{(x,y)} \frac{2xy}{x^4 + y^2}dx - \frac{x^2}{x^4 + y^2}dy = \int_1^x 0 dx - \int_0^y \frac{x^2}{x^4 + y^2}dy = -\arctan\frac{y}{x^2} + C.$$

**习题 11-4 解答　对面积的曲面积分**

1. 设有一分布着质量的曲面 $\Sigma$，在点 $(x, y, z)$ 处它的面密度为 $\mu(x, y, z)$，用对面积的曲面积分表示这曲面对于 $x$ 轴的转动惯量.

**解** 将 $\Sigma$ 任意分成 $n$ 小块，任取一块记作 $dS$（其面积也记作 $dS$），点 $(x, y, z)$ 到 $x$ 轴的距离 $r = \sqrt{y^2 + z^2}$，则 $dS$ 对 $x$ 轴的转动惯量近似等于 $dI_x = (y^2 + z^2)\mu(x, y, z)dS$，以此作为转动惯量元素并积分，得 $\Sigma$ 对 $x$ 轴的转动惯量为 $I_x = \iint_\Sigma (y^2 + z^2)\mu(x, y, z)dS$.

2. 按对面积的曲面积分的定义证明公式
$$\iint_\Sigma f(x, y, z)dS = \iint_{\Sigma_1} f(x, y, z)dS + \iint_{\Sigma_2} f(x, y, z)dS,$$
其中 $\Sigma$ 是由 $\Sigma_1$ 和 $\Sigma_2$ 组成的.

**解** 设曲面 $\Sigma$ 是光滑的，由于函数 $f(x, y, z)$ 在 $\Sigma$ 上可积，故 $\iint_\Sigma f(x, y, z)dS$ 与分割法无关，于是取分割法使 $\Sigma_1$ 和 $\Sigma_2$ 的公共边界曲线永远作为一条分割线，则 $f(x, y, z)$ 在 $\Sigma = \Sigma_1 + \Sigma_2$ 上的积分和等于 $\Sigma_1$ 上的积分和加上 $\Sigma_2$ 上的积分和，记为

$$\sum_{\Sigma_1 + \Sigma_2} f(\xi_i, \eta_i, \zeta_i)\Delta S_i = \sum_{\Sigma_1} f(\xi_i, \eta_i, \zeta_i)\Delta S_i + \sum_{\Sigma_2} f(\xi_i, \eta_i, \zeta_i)\Delta S_i.$$

令 $\lambda = \max\{\Delta S_i \text{ 的直径}\} \to 0$，上式两端同时取极限，即得

$$\iint_\Sigma f(x, y, z)dS = \iint_{\Sigma_1} f(x, y, z)dS + \iint_{\Sigma_2} f(x, y, z)dS.$$

3. 当 $\Sigma$ 是 $xOy$ 面内的一个闭区域时,曲面积分 $\iint\limits_{\Sigma} f(x, y, z) dS$ 与二重积分有什么关系?

**解** 当 $\Sigma$ 为 $xOy$ 面内的一个闭区域时,$\Sigma$ 的方程为 $z = 0$. $f(x, y, z)$ 在 $\Sigma$ 上的取值为 $f(x, y, 0)$,且 $dS = \sqrt{1 + \left(\dfrac{\partial z}{\partial x}\right)^2 + \left(\dfrac{\partial z}{\partial y}\right)^2} dxdy = dxdy$. 又 $\Sigma$ 在 $xOy$ 面上的投影区域为 $\Sigma$ 自身,故 $\iint\limits_{\Sigma} f(x, y, z) dS = \iint\limits_{\Sigma} f(x, y, 0) d\sigma$.

4. 计算曲面积分 $\iint\limits_{\Sigma} f(x, y, z) dS$,其中 $\Sigma$ 为抛物面 $z = 2 - (x^2 + y^2)$ 在 $xOy$ 面上方的部分,$f(x, y, z)$ 分别如下:

(1) $f(x, y, z) = 1$;        (2) $f(x, y, z) = x^2 + y^2$;

(3) $f(x, y, z) = 3z$.

**解** $\Sigma$ 在 $xOy$ 面上的投影 $D_{xy}: x^2 + y^2 \leq 2$,用极坐标表示为 $x = r\cos\theta$,$y = r\sin\theta$,$0 \leq \theta \leq 2\pi$,$0 \leq r \leq \sqrt{2}$.

面积元素

$$dS = \sqrt{1 + z_x^2(x, y) + z_y^2(x, y)} dxdy = \sqrt{1 + 4x^2 + 4y^2} dxdy = \sqrt{1 + 4r^2} rdrd\theta.$$

(1) $\iint\limits_{\Sigma} f(x, y, z) dS = \int_0^{2\pi} d\theta \int_0^{\sqrt{2}} \sqrt{1 + 4r^2} rdr = 2\pi \cdot \dfrac{1}{8} \cdot \dfrac{2}{3} (1 + 4r^2)^{\frac{3}{2}} \Big|_0^{\sqrt{2}}$

$= \dfrac{\pi}{6}(27 - 1) = \dfrac{13}{3}\pi$.

(2) $\iint\limits_{\Sigma} f(x, y, z) dS = \int_0^{2\pi} d\theta \int_0^{\sqrt{2}} r^2 \cdot \sqrt{1 + 4r^2} rdr$

$= 2\pi \cdot \dfrac{1}{4} \cdot \dfrac{1}{8} \int_0^{\sqrt{2}} [(1 + 4r^2) - 1]\sqrt{1 + 4r^2} d(1 + 4r^2)$

$= \dfrac{\pi}{16} \cdot \left[\dfrac{2}{5}(1 + 4r^2)^{\frac{5}{2}} - \dfrac{2}{3}(1 + 4r^2)^{\frac{3}{2}}\right] \Big|_0^{\sqrt{2}} = \dfrac{149}{30}\pi$.

(3) $\iint\limits_{\Sigma} f(x, y, z) dS = \iint\limits_{D_{xy}} 3(2 - x^2 - y^2) \sqrt{1 + 4(x^2 + y^2)} dxdy$

$= 3\int_0^{2\pi} d\theta \int_0^{\sqrt{2}} (2 - r^2) \cdot \sqrt{1 + 4r^2} rdr$

$= 3\left(\int_0^{2\pi} d\theta \int_0^{\sqrt{2}} 2\sqrt{1 + 4r^2} rdr - \int_0^{2\pi} d\theta \int_0^{\sqrt{2}} r^2 \sqrt{1 + 4r^2} rdr\right)$

$= 3\left(2 \cdot \dfrac{13\pi}{3} - \dfrac{149\pi}{30}\right) = \dfrac{111}{10}\pi$.

5. 计算 $\iint\limits_{\Sigma} (x^2 + y^2) dS$,其中 $\Sigma$ 是

(1) 锥面 $z = \sqrt{x^2 + y^2}$ 及平面 $z = 1$ 所围成的区域的整个边界曲面;

(2) 锥面 $z^2 = 3(x^2 + y^2)$ 被平面 $z = 0$ 和 $z = 3$ 所截得的部分.

**解** (1) 设 $\Sigma_1$ 的方程为 $z = \sqrt{x^2 + y^2}$,其在 $xOy$ 面上的投影 $D_{xy}: x^2 + y^2 \leq 1$,用极坐标表示为 $x = r\cos\theta$,$y = r\sin\theta$,$0 \leq \theta \leq 2\pi$,$0 \leq r \leq 1$. 面积元素

$$dS = \sqrt{1 + z_x^2(x, y) + z_y^2(x, y)}\,dxdy = \sqrt{1 + \left(\frac{x}{\sqrt{x^2+y^2}}\right)^2 + \left(\frac{y}{\sqrt{x^2+y^2}}\right)^2}\,dxdy$$

$$= \sqrt{2}\,dxdy = \sqrt{2}\,rdrd\theta,$$

所以 $\iint\limits_{\Sigma_1}(x^2+y^2)\,dS = \iint\limits_{D_{xy}}(x^2+y^2)\sqrt{2}\,dxdy = \sqrt{2}\int_0^{2\pi}d\theta\int_0^1 r^2\cdot rdr = \frac{\sqrt{2}}{2}\pi.$

又 $\Sigma_2$ 的方程为 $z = 1$,  $dS = \sqrt{1 + z_x^2(x, y) + z_y^2(x, y)}\,dxdy = dxdy = rdrd\theta$,  所以

$$\iint\limits_{\Sigma_2}(x^2+y^2)\,dS = \iint\limits_{D_{xy}}(x^2+y^2)\,dxdy = \int_0^{2\pi}d\theta\int_0^1 r^2\cdot rdr = \frac{\pi}{2}.$$

因此

$$\iint\limits_{\Sigma}(x^2+y^2)\,dS = \iint\limits_{\Sigma_1}(x^2+y^2)\,dS + \iint\limits_{\Sigma_2}(x^2+y^2)\,dS = \frac{\sqrt{2}}{2}\pi + \frac{1}{2}\pi = \frac{\sqrt{2}+1}{2}\pi.$$

(2) $\Sigma$ 的方程为 $z^2 = 3(x^2 + y^2)$,  其在 $xOy$ 面上的投影 $D_{xy}: x^2 + y^2 \le 3$,  用极坐标表示为 $x = r\cos\theta$, $y = r\sin\theta$, $0 \le \theta \le 2\pi$, $0 \le r \le \sqrt{3}$. 面积元素

$$dS = \sqrt{1 + z_x^2(x, y) + z_y^2(x, y)}\,dxdy = \sqrt{1 + \left(\frac{3x}{\sqrt{3x^2+3y^2}}\right)^2 + \left(\frac{3y}{\sqrt{3x^2+3y^2}}\right)^2}\,dxdy$$

$$= 2dxdy = 2rdrd\theta,$$

所以

$$\iint\limits_{\Sigma}(x^2+y^2)\,dS = \iint\limits_{D_{xy}}(x^2+y^2)\cdot 2dxdy = \int_0^{2\pi}d\theta\int_0^{\sqrt{3}}r^2\cdot 2rdr = 4\pi\cdot\frac{r^4}{4}\bigg|_0^{\sqrt{3}} = 9\pi.$$

6. 计算下列对面积的曲面积分:

(1) $\iint\limits_{\Sigma}\left(z + 2x + \frac{4}{3}y\right)dS$,  其中 $\Sigma$ 为平面 $\frac{x}{2} + \frac{y}{3} + \frac{z}{4} = 1$ 在第一卦限中的部分;

(2) $\iint\limits_{\Sigma}(2xy - 2x^2 - x + z)\,dS$,  其中 $\Sigma$ 为平面 $2x + 2y + z = 6$ 在第一卦限中的部分;

(3) $\iint\limits_{\Sigma}(x + y + z)\,dS$,  其中 $\Sigma$ 为球面 $x^2 + y^2 + z^2 = a^2$ 上 $z \ge h(0 < h < a)$ 的部分;

(4) $\iint\limits_{\Sigma}(xy + yz + zx)\,dS$,  其中 $\Sigma$ 为锥面 $z = \sqrt{x^2+y^2}$ 被柱面 $x^2 + y^2 = 2ax$ 所截得的有限部分.

**解** (1) $\Sigma$ 的方程为 $z = 4\left(1 - \frac{x}{2} - \frac{y}{3}\right) = 4 - 2x - \frac{4y}{3}$,  其在 $xOy$ 面上的投影 $D_{xy}: 0 \le x \le 2, \frac{x}{2} + \frac{y}{3} \le 1$. 面积元素

$$dS = \sqrt{1 + z_x^2(x, y) + z_y^2(x, y)}\,dxdy = \sqrt{1 + (-2)^2 + \left(\frac{-4}{3}\right)^2}\,dxdy = \frac{\sqrt{61}}{3}dxdy,$$

所以 $\iint\limits_{\Sigma}\left(z + 2x + \frac{4}{3}y\right)dS = \iint\limits_{D_{xy}}\left[4\left(1 - \frac{x}{2} - \frac{4y}{3}\right) + 2x + \frac{4}{3}y\right]\cdot\frac{\sqrt{61}}{3}dxdy$

$$= \frac{4\sqrt{61}}{3}\iint\limits_{D_{xy}}dxdy = \frac{4\sqrt{61}}{3}\cdot\frac{1}{2}\cdot 2\cdot 3 = 4\sqrt{61}.$$

(2) $\Sigma$ 的方程为 $z = 6 - (2x + 2y)$，其在 $xOy$ 面上的投影 $D_{xy}: 0 \leq x \leq 3, 0 \leq y \leq 3 - x$，面积元素

$$dS = \sqrt{1 + z_x^2(x, y) + z_y^2(x, y)} dxdy = \sqrt{1 + (-2)^2 + (-2)^2} dxdy = 3dxdy,$$

所以 $\iint_{\Sigma} (2xy - 2x^2 - x + z) dS = \iint_{D_{xy}} (2xy - 2x^2 - x + 6 - 2x - 2y) \cdot 3 dxdy$

$$= 3 \int_0^3 dx \int_0^{3-x} (2xy - 2x^2 - 3x - 2y + 6) dy$$

$$= 3 \left( \frac{3}{4} x^4 - \frac{10}{3} x^3 + 9x \right) \Big|_0^3 = -\frac{27}{4}.$$

(3) $\Sigma$ 的方程为 $z = \sqrt{a^2 - x^2 - y^2}$，$D_{xy}: x^2 + y^2 \leq a^2 - h^2$. 因为

$$z_x = \frac{-x}{\sqrt{a^2 - x^2 - y^2}}, \quad z_y = \frac{-y}{\sqrt{a^2 - x^2 - y^2}},$$

$$dS = \sqrt{1 + z_x^2 + z_y^2} dxdy = \frac{a}{\sqrt{a^2 - x^2 - y^2}} dxdy,$$

又积分曲面 $\Sigma$ 关于 $yOz$ 面和 $zOx$ 面的对称性，故 $\iint_{\Sigma} xdS = 0$, $\iint_{\Sigma} ydS = 0$.

所以 $\iint_{\Sigma} (x + y + z) dS = \iint_{\Sigma} zdS = \iint_{D_{xy}} \sqrt{a^2 - x^2 - y^2} \cdot \frac{a}{\sqrt{a^2 - x^2 - y^2}} dxdy$

$$= a \iint_{D_{xy}} dxdy = \pi a(a^2 - h^2).$$

(4) $\Sigma$ 的方程为 $z = \sqrt{x^2 + y^2}$，其在 $xOy$ 面上的投影 $D_{xy}: x^2 + y^2 \leq 2ax$，用极坐标表示为 $-\frac{\pi}{2} \leq \theta \leq \frac{\pi}{2}, 0 \leq r \leq 2a\cos\theta$. 面积元素

$$dS = \sqrt{1 + z_x^2(x, y) + z_y^2(x, y)} dxdy = \sqrt{1 + \left(\frac{x}{\sqrt{x^2 + y^2}}\right)^2 + \left(\frac{y}{\sqrt{x^2 + y^2}}\right)^2} dxdy$$

$$= \sqrt{2} dxdy = \sqrt{2} rdrd\theta,$$

所以 $\iint_{\Sigma} (xy + yz + zx) dS = \iint_{D_{xy}} [xy + (y + x)\sqrt{x^2 + y^2}] \cdot \sqrt{2} dxdy$

$$= \sqrt{2} \int_{-\frac{\pi}{2}}^{\frac{\pi}{2}} d\theta \int_0^{2a\cos\theta} [r^2 \cos\theta\sin\theta + r^2(\cos\theta + \sin\theta)] \cdot rdr$$

$$= \sqrt{2} \int_{-\frac{\pi}{2}}^{\frac{\pi}{2}} (\cos\theta\sin\theta + \cos\theta + \sin\theta) \cdot \frac{1}{4} (2a\cos\theta)^4 d\theta$$

$$= 4\sqrt{2} a^4 \int_{-\frac{\pi}{2}}^{\frac{\pi}{2}} \cos^5\theta d\theta = 8\sqrt{2} a^4 \cdot \frac{4 \times 2}{5 \times 3} = \frac{64\sqrt{2}}{15} a^4.$$

7. 求抛物面壳 $z = \frac{1}{2}(x^2 + y^2) (0 \leq z \leq 1)$ 的质量，此壳的面密度为 $\mu = z$.

**解** $\Sigma$ 在 $xOy$ 面上的投影 $D_{xy}: x^2 + y^2 \leq 2$，用极坐标表示为 $0 \leq \theta \leq 2\pi, 0 \leq r \leq \sqrt{2}$. 面积元素

$$dS = \sqrt{1 + z_x^2(x, y) + z_y^2(x, y)}\,dxdy = \sqrt{1 + x^2 + y^2}\,dxdy = \sqrt{1 + r^2}\,rdrd\theta,$$

所以质量

$$\begin{aligned}m &= \iint_\Sigma z\,dS = \iint_{D_{xy}} \frac{1}{2}(x^2 + y^2) \cdot \sqrt{1 + x^2 + y^2}\,dxdy \\ &= \frac{1}{2}\int_0^{2\pi} d\theta \int_0^{\sqrt{2}} r^2 \cdot \sqrt{1 + r^2}\,rdr = \frac{\pi}{2}\int_0^{\sqrt{2}} [(1 + r^2) - 1] \cdot \sqrt{1 + r^2}\,d(1 + r^2) \\ &= \frac{\pi}{2}\left[\frac{2}{5}(1 + r^2)^{\frac{5}{2}} - \frac{2}{3}(1 + r^2)^{\frac{3}{2}}\right]\bigg|_0^{\sqrt{2}} \\ &= \frac{\pi}{2}\left(\frac{2}{5} \cdot 3^{\frac{5}{2}} - \frac{2}{3} \cdot 3^{\frac{3}{2}} - \frac{2}{5} + \frac{2}{3}\right) = \frac{2\pi}{15}(6\sqrt{3} + 1).\end{aligned}$$

8. 求面密度为 $\mu_0$ 的均匀半球壳 $x^2 + y^2 + z^2 = a^2$ ($z \geq 0$) 对于 $z$ 轴的转动惯量.

**解** $\Sigma$ 的方程为 $z = \sqrt{a^2 - x^2 - y^2}$, $D_{xy}$: $x^2 + y^2 \leq a^2$. 因为

$$z_x = \frac{-x}{\sqrt{a^2 - x^2 - y^2}}, \quad z_y = \frac{-y}{\sqrt{a^2 - x^2 - y^2}},$$

面积元素 $dS = \sqrt{1 + z_x^2 + z_y^2}\,dxdy = \dfrac{a}{\sqrt{a^2 - x^2 - y^2}}\,dxdy$, 所以

$$\begin{aligned}I_z &= \iint_\Sigma (x^2 + y^2)\mu_0\,dS = \mu_0 \iint_\Sigma (x^2 + y^2)\,dS \\ &= \mu_0 \iint_{D_{xy}} (x^2 + y^2) \frac{a}{\sqrt{a^2 - x^2 - y^2}}\,dxdy \\ &= \mu_0 \int_0^{2\pi} d\theta \int_0^a r^2 \cdot \frac{a}{\sqrt{a^2 - r^2}}\,rdr \\ &= 2\pi\mu_0 a \int_0^a \frac{a^2 - (a^2 - r^2)}{\sqrt{a^2 - r^2}}\left(-\frac{1}{2}\right)d(a^2 - r^2) \\ &= \pi a\mu_0 \cdot \left[\frac{2}{3}(a^2 - r^2)^{\frac{3}{2}} - 2a^2(a^2 - r^2)^{\frac{1}{2}}\right]\bigg|_0^a \\ &= \frac{4}{3}\pi a^4 \mu_0.\end{aligned}$$

### 习题 11-5 解答 对坐标的曲面积分

1. 按对坐标的曲面积分的定义证明公式

$$\iint_\Sigma [P_1(x, y, z) \pm P_2(x, y, z)]\,dydz = \iint_\Sigma P_1(x, y, z)\,dydz \pm \iint_\Sigma P_2(x, y, z)\,dydz.$$

**证** 任意分割 $\Sigma$ 成 $n$ 块小曲面 $\Delta S_i$ (其面积也记为 $\Delta S_i$), $\Delta S_i$ 在 $yOz$ 面上的投影为 $(\Delta S_i)_{yz}$, 任取 $(\xi_i, \eta_i, \zeta_i) \in \Delta S_i$. 设 $\lambda$ 是各小块曲面的直径最大值, 则

$$\iint_{\Sigma}[P_1(x,y,z)\pm P_2(x,y,z)]dydz = \lim_{\lambda\to 0}\sum_{i=1}^{n}[P_1(\xi_i,\eta_i,\zeta_i)\pm P_2(\xi_i,\eta_i,\zeta_i)](\Delta S_i)_{yz}$$

$$=\lim_{\lambda\to 0}\sum_{i=1}^{n}P_1(\xi_i,\eta_i,\zeta_i)(\Delta S_i)_{yz}\pm\lim_{\lambda\to 0}P_2(\xi_i,\eta_i,\zeta_i)(\Delta S_i)_{yz}$$

$$=\iint_{\Sigma}P_1(x,y,z)dydz\pm\iint_{\Sigma}P_2(x,y,z)dydz.$$

2. 当 $\Sigma$ 为 $xOy$ 面内的一个闭区域时，曲面积分 $\iint_{\Sigma}R(x,y,z)dxdy$ 与二重积分有什么关系？

**解** 在 $xOy$ 面的一个闭区域 $\Sigma$ 上其第三坐标 $z=0$，该闭区域 $\Sigma$ 即为其在 $xOy$ 面上的投影区域 $D_{xy}$（但不定侧），于是 $\iint_{\Sigma}R(x,y,z)dxdy = \pm\iint_{D_{xy}}R(x,y,0)dxdy$，当 $\Sigma$ 取上侧时取正号，当 $\Sigma$ 取下侧时取负号．

3. 计算下列对坐标的曲面积分：

（1）$\iint_{\Sigma}x^2y^2zdxdy$，其中 $\Sigma$ 是球面 $x^2+y^2+z^2=R^2$ 的下半部分的下侧；

（2）$\iint_{\Sigma}zdxdy+xdydz+ydzdx$，其中 $\Sigma$ 是柱面 $x^2+y^2=1$ 被平面 $z=0$ 及 $z=3$ 所截得的在第一卦限内的部分的前侧；

（3）$\iint_{\Sigma}[f(x,y,z)+x]dydz+[2f(x,y,z)+y]dzdx+[f(x,y,z)+z]dxdy$，其中 $f(x,y,z)$ 为连续函数，$\Sigma$ 是平面 $x-y+z=1$ 在第Ⅳ卦限部分的上侧；

（4）$\oiint_{\Sigma}xzdxdy+xydydz+yzdzdx$，其中 $\Sigma$ 是平面 $x=0$，$y=0$，$z=0$，$x+y+z=1$ 所围成的空间区域的整个边界曲面的外侧．

**解**（1）$\Sigma$ 为 $z=-\sqrt{R^2-x^2-y^2}$，其在 $xOy$ 面上的投影 $D_{xy}: x^2+y^2\leq R^2$，则

$$\iint_{\Sigma}x^2y^2zdxdy = -\iint_{D_{xy}}x^2y^2(-\sqrt{R^2-x^2-y^2})dxdy$$

$$=-\int_0^{2\pi}d\theta\int_0^R r^4\cos^2\theta\sin^2\theta(-\sqrt{R^2-r^2})\cdot rdr$$

$$=-\frac{1}{2}\int_0^{2\pi}\cos^2\theta\sin^2\theta d\theta\cdot\int_0^R r^4\sqrt{R^2-r^2}d(R^2-r^2)$$

$$=-\frac{1}{8}\int_0^{2\pi}\frac{1-\cos 4\theta}{2}d\theta\cdot\int_0^R[R^2-(R^2-r^2)]^2\sqrt{R^2-r^2}d(R^2-r^2)$$

$$=-\frac{2\pi}{16}\int_0^R[R^4(R^2-r^2)^{\frac{1}{2}}-2R^2(R^2-r^2)^{\frac{3}{2}}+(R^2-r^2)^{\frac{5}{2}}]d(R^2-r^2)$$

$$=-\frac{\pi}{8}\left(-\frac{2}{3}+\frac{4}{5}-\frac{2}{7}\right)R^7=\frac{2}{105}\pi R^7.$$

(2) 由于 $\Sigma$ 与 $xOy$ 平面垂直，故 $\iint\limits_{\Sigma} z\mathrm{d}x\mathrm{d}y = 0$，$\Sigma$ 在 $yOz$ 面上的投影 $D_{yz}: 0 \leqslant y \leqslant 1$，$0 \leqslant z \leqslant 3$，$\Sigma$ 在 $zOx$ 面上的投影 $D_{zx}: 0 \leqslant x \leqslant 1$，$0 \leqslant z \leqslant 3$，因此

$$\iint\limits_{\Sigma} z\mathrm{d}x\mathrm{d}y + x\mathrm{d}y\mathrm{d}z + y\mathrm{d}z\mathrm{d}x = \iint\limits_{\Sigma} x\mathrm{d}y\mathrm{d}z + y\mathrm{d}z\mathrm{d}x = \iint\limits_{D_{yz}} \sqrt{1-y^2}\,\mathrm{d}y\mathrm{d}z + \iint\limits_{D_{zx}} \sqrt{1-x^2}\,\mathrm{d}z\mathrm{d}x$$

$$= \int_0^1 \mathrm{d}y \int_0^3 \sqrt{1-y^2}\,\mathrm{d}z + \int_0^1 \mathrm{d}x \int_0^3 \sqrt{1-x^2}\,\mathrm{d}z$$

$$= 2 \cdot 3 \int_0^1 \sqrt{1-x^2}\,\mathrm{d}x = 6\left(\frac{x}{2}\sqrt{1-x^2} + \frac{1}{2}\arcsin x\right)\bigg|_0^1$$

$$= 6 \cdot \frac{1}{2} \cdot \frac{\pi}{2} = \frac{3}{2}\pi.$$

(3) 利用两类曲面积分之间的联系，化为对面积的曲面积分. $\Sigma$ 的单位向量为 $(\cos\alpha, \cos\beta, \cos\gamma) = \left(\frac{1}{\sqrt{3}}, -\frac{1}{\sqrt{3}}, \frac{1}{\sqrt{3}}\right)$.

$$\text{原积分} = \iint\limits_{\Sigma} \{[f(x,y,z)+x]\cos\alpha + [2f(x,y,z)+y]\cos\beta + [f(x,y,z)+z]\cos\gamma\}\mathrm{d}S$$

$$= \frac{1}{\sqrt{3}}\iint\limits_{\Sigma}(x-y+z)\mathrm{d}S = \frac{1}{\sqrt{3}}\iint\limits_{\Sigma}\mathrm{d}S = \frac{1}{\sqrt{3}} \cdot S_{\Sigma} = \frac{1}{\sqrt{3}} \cdot \frac{1}{2} \cdot \frac{3}{\sqrt{3}} = \frac{1}{2}.$$

(4) 在坐标面 $x=0$，$y=0$，$z=0$ 上，积分值均为零，因此只需要计算在 $\Sigma_1: x+y+z=1$（取上侧）上的积分值. 由于被积函数及 $\Sigma$ 的表示式中变元的轮换对称性，知

$$\text{原积分} = 3\iint\limits_{\Sigma_1} xz\mathrm{d}x\mathrm{d}y = 3\iint\limits_{D_{xy}} x(1-x-y)\mathrm{d}x\mathrm{d}y = 3\int_0^1 \mathrm{d}x \int_0^{1-x} x(1-x-y)\mathrm{d}y = 3 \times \frac{1}{24} = \frac{1}{8}.$$

4. 把对坐标的曲面积分 $\iint\limits_{\Sigma} P(x,y,z)\mathrm{d}y\mathrm{d}z + Q(x,y,z)\mathrm{d}z\mathrm{d}x + R(x,y,z)\mathrm{d}x\mathrm{d}y$ 化为对面积的曲面积分，其中：

(1) $\Sigma$ 是平面 $3x + 2y + 2\sqrt{3}z = 6$ 在第一卦限的部分的上侧；

(2) $\Sigma$ 是抛物面 $z = 8 - (x^2 + y^2)$ 在 $xOy$ 面上方的部分的上侧.

**解** (1) $\Sigma$ 的法向量 $\boldsymbol{n} = (3, 2, 2\sqrt{3})$，其单位向量为

$$(\cos\alpha, \cos\beta, \cos\gamma) = \left(\frac{3}{5}, \frac{2}{5}, \frac{2\sqrt{3}}{5}\right),$$

因此

$$\iint\limits_{\Sigma} P\mathrm{d}y\mathrm{d}z + Q\mathrm{d}z\mathrm{d}x + R\mathrm{d}x\mathrm{d}y = \iint\limits_{\Sigma}(P\cos\alpha + Q\cos\beta + R\cos\gamma)\mathrm{d}S = \iint\limits_{\Sigma}\left(\frac{3}{5}P + \frac{2}{5}Q + \frac{2\sqrt{3}}{5}R\right)\mathrm{d}S.$$

(2) $\Sigma$ 的法向量 $\boldsymbol{n} = (2x, 2y, 1)$，其单位向量为

$$(\cos\alpha, \cos\beta, \cos\gamma) = \left(\frac{2x}{\sqrt{1+4x^2+4y^2}}, \frac{2y}{\sqrt{1+4x^2+4y^2}}, \frac{1}{\sqrt{1+4x^2+4y^2}}\right),$$

因此

$$\iint\limits_{\Sigma} P\mathrm{d}y\mathrm{d}z + Q\mathrm{d}z\mathrm{d}x + R\mathrm{d}x\mathrm{d}y = \iint\limits_{\Sigma}(P\cos\alpha + Q\cos\beta + R\cos\gamma)\mathrm{d}S = \iint\limits_{\Sigma}\frac{2xP + 2yQ + R}{\sqrt{1+4x^2+4y^2}}\mathrm{d}S.$$

## 习题 11-6 解答 高斯公式 *通量与散度

1. 利用高斯公式计算曲面积分：

（1）$\oiint\limits_{\Sigma} x^2 \mathrm{d}y\mathrm{d}z + y^2 \mathrm{d}z\mathrm{d}x + z^2 \mathrm{d}x\mathrm{d}y$，其中 $\Sigma$ 为平面 $x = 0$，$y = 0$，$z = 0$，$x = a$，$y = a$，$z = a$ 所围成的立体的表面的外侧；

（2）、（3）题解析请扫二维码查看．

（4）$\oiint\limits_{\Sigma} x\mathrm{d}y\mathrm{d}z + y\mathrm{d}z\mathrm{d}x + z\mathrm{d}x\mathrm{d}y$，其中 $\Sigma$ 是界于 $z = 0$ 和 $z = 3$ 之间的圆柱体 $x^2 + y^2 \le 9$ 的整个表面的外侧；

（5）$\oiint\limits_{\Sigma} 4xz\mathrm{d}y\mathrm{d}z - y^2\mathrm{d}z\mathrm{d}x + yz\mathrm{d}x\mathrm{d}y$，其中 $\Sigma$ 是平面 $x = 0$，$y = 0$，$z = 0$，$x = 1$，$y = 1$，$z = 1$ 所围成的立方体的全表面的外侧．

**解** （1）$\Sigma$ 所围成的立体 $\Omega = \{(x, y, z) | 0 \le x \le a, 0 \le y \le a, 0 \le z \le a\}$．则由高斯公式和轮换对称性，知

原积分 $= \iiint\limits_{\Omega} \left(\dfrac{\partial P}{\partial x} + \dfrac{\partial Q}{\partial y} + \dfrac{\partial R}{\partial z}\right) \mathrm{d}v = \iiint\limits_{\Omega}(2x + 2y + 2z)\mathrm{d}v = 6\int_0^a \mathrm{d}x \int_0^a \mathrm{d}y \int_0^a x\mathrm{d}z = 6a^2 \cdot \dfrac{x^2}{2}\bigg|_0^a = 3a^4$．

（4）由高斯公式得

原积分 $= \iiint\limits_{\Omega} \left(\dfrac{\partial P}{\partial x} + \dfrac{\partial Q}{\partial y} + \dfrac{\partial R}{\partial z}\right) \mathrm{d}v = 3\iiint\limits_{\Omega} \mathrm{d}v = 3 \cdot \pi \cdot 3^2 \cdot 3 = 81\pi$．

（5）$\Sigma$ 所围成的立体 $\Omega = \{(x, y, z) | 0 \le x \le 1, 0 \le y \le 1, 0 \le z \le 1\}$．则由高斯公式得

原积分 $= \iiint\limits_{\Omega} \left(\dfrac{\partial P}{\partial x} + \dfrac{\partial Q}{\partial y} + \dfrac{\partial R}{\partial z}\right) \mathrm{d}v = \iiint\limits_{\Omega}(4z - 2y + y)\mathrm{d}v = \iiint\limits_{\Omega}(4z - y)\mathrm{d}v$

$= \iiint\limits_{\Omega} 4z\mathrm{d}v - \iiint\limits_{\Omega} y\mathrm{d}v = 4\int_0^1 \mathrm{d}x \int_0^1 \mathrm{d}y \int_0^1 z\mathrm{d}z - \int_0^1 \mathrm{d}x \int_0^1 y\mathrm{d}y \int_0^1 \mathrm{d}z$

$= 4 \cdot 1 \cdot 1 \cdot \dfrac{1}{2} - 1 \cdot \dfrac{1}{2} \cdot 1 = \dfrac{3}{2}$．

1 (2)、1 (3)、
2、3 二维码

2、3. 此处解析请扫二维码查看．

4. 设 $u(x, y, z)$、$v(x, y, z)$ 是两个定义在闭区域 $\Omega$ 上的具有二阶连续偏导数的函数，$\dfrac{\partial u}{\partial n}$、$\dfrac{\partial v}{\partial n}$ 依次表示 $u(x, y, z)$、$v(x, y, z)$ 沿 $\Sigma$ 的外法线方向的方向导数．证明：

$$\iiint\limits_{\Omega}(u\Delta v - v\Delta u)\mathrm{d}x\mathrm{d}y\mathrm{d}z = \oiint\limits_{\Sigma}\left(u\dfrac{\partial v}{\partial n} - v\dfrac{\partial u}{\partial n}\right)\mathrm{d}S,$$

其中 $\Sigma$ 是空间闭区域 $\Omega$ 的整个边界曲面．这个公式叫作格林第二公式．

**证** 由格林第一公式，知

$$\iiint\limits_{\Omega} u\Delta v\mathrm{d}x\mathrm{d}y\mathrm{d}z = \oiint\limits_{\Sigma} u\dfrac{\partial v}{\partial n}\mathrm{d}S - \iiint\limits_{\Omega}\left(\dfrac{\partial u}{\partial x} \cdot \dfrac{\partial v}{\partial x} + \dfrac{\partial u}{\partial y} \cdot \dfrac{\partial v}{\partial y} + \dfrac{\partial u}{\partial z} \cdot \dfrac{\partial v}{\partial z}\right)\mathrm{d}x\mathrm{d}y\mathrm{d}z,$$

其中 $\Sigma$ 是闭区域 $\Omega$ 的整个边界曲面；$\dfrac{\partial v}{\partial n}$ 为函数 $v(x, y, z)$ 沿 $\Sigma$ 的外法线方向的方向导数．

同理，有

$$\iiint_\Omega v\Delta u \mathrm{d}x\mathrm{d}y\mathrm{d}z = \oiint_\Sigma v\frac{\partial u}{\partial n}\mathrm{d}S - \iiint_\Omega \left(\frac{\partial v}{\partial x}\cdot\frac{\partial u}{\partial x} + \frac{\partial v}{\partial y}\cdot\frac{\partial u}{\partial y} + \frac{\partial v}{\partial z}\cdot\frac{\partial u}{\partial z}\right)\mathrm{d}x\mathrm{d}y\mathrm{d}z$$

$$= \oiint_\Sigma v\frac{\partial u}{\partial n}\mathrm{d}S - \iiint_\Omega \left(\frac{\partial u}{\partial x}\cdot\frac{\partial v}{\partial x} + \frac{\partial u}{\partial y}\cdot\frac{\partial v}{\partial y} + \frac{\partial u}{\partial z}\cdot\frac{\partial v}{\partial z}\right)\mathrm{d}x\mathrm{d}y\mathrm{d}z.$$

将上述两等式相减得

$$\iiint_\Omega (u\Delta v - v\Delta u)\mathrm{d}x\mathrm{d}y\mathrm{d}z = \oiint_\Sigma \left(u\frac{\partial v}{\partial n} - v\frac{\partial u}{\partial n}\right)\mathrm{d}S.$$

5. 此处解析请扫二维码查看．

5 二维码

### 习题 11-7 解答  斯托克斯公式  *环流量与旋度

1. 试对曲面 $\Sigma: z = x^2 + y^2$，$x^2 + y^2 \leq 1$，$P = y^2$，$Q = x$，$R = z^2$ 验证斯托克斯公式．

**解** 斯托克斯公式为

$$\iint_\Sigma \left(\frac{\partial R}{\partial y} - \frac{\partial Q}{\partial z}\right)\mathrm{d}y\mathrm{d}z + \left(\frac{\partial P}{\partial z} - \frac{\partial R}{\partial x}\right)\mathrm{d}z\mathrm{d}x + \left(\frac{\partial Q}{\partial x} - \frac{\partial P}{\partial y}\right)\mathrm{d}x\mathrm{d}y = \oint_\Gamma P\mathrm{d}x + Q\mathrm{d}y + R\mathrm{d}z.$$

按右手法则，$\Sigma$ 取上侧，$\Sigma$ 的边界 $\Gamma$ 为圆周 $x^2 + y^2 = 1$，$z = 1$，从 $z$ 轴正向看去，取逆时针方向，有

$$左 = \iint_\Sigma (1 - 2y)\mathrm{d}x\mathrm{d}y = \iint_{D_{xy}} (1 - 2y)\mathrm{d}x\mathrm{d}y = \int_0^{2\pi}\mathrm{d}\theta\int_0^1 (1 - 2r\sin\theta)\cdot r\mathrm{d}r = \pi.$$

$\Gamma$ 的参数方程为 $x = \cos\theta$，$y = \sin\theta$，$z = 1$，$\theta$ 从 0 变到 $2\pi$，故

$$右 = \oint_\Gamma y^2\mathrm{d}x + x\mathrm{d}y + z^2\mathrm{d}z = \int_0^{2\pi}\sin^2\theta\cdot(-\sin\theta)\mathrm{d}\theta + \int_0^{2\pi}\cos\theta\cdot\cos\theta\mathrm{d}\theta = 0 + \pi = \pi.$$

所以斯托克斯公式成立．

2~7. 此处解析请扫二维码查看．

2—7 二维码

### 总习题十一  解答

1. 填空题．

(1) 第二类曲线积分 $\int_\Gamma P\mathrm{d}x + Q\mathrm{d}y + R\mathrm{d}z$ 化成第一类曲线积分是_____，其中 $\alpha$、$\beta$、$\gamma$ 为有向曲线弧 $\Gamma$ 在点 $(x, y, z)$ 处的_____的方向角；

(2) 第二类曲面积分 $\iint_\Sigma P\mathrm{d}y\mathrm{d}z + Q\mathrm{d}z\mathrm{d}x + R\mathrm{d}x\mathrm{d}y$ 化成第一类曲面积分是_____，其中 $\alpha$、$\beta$、$\gamma$ 为有向曲面 $\Sigma$ 在点 $(x, y, z)$ 处的_____的方向角．

**【答案】** (1) $\int_\Gamma (P\cos\alpha + Q\cos\beta + R\cos\gamma)\mathrm{d}s$，切向量；

(2) $\iint_\Sigma (P\cos\alpha + Q\cos\beta + R\cos\gamma)\mathrm{d}S$，法向量．

2. 下题中给出了四个结论，从中选出一个正确的结论：

设曲面 $\Sigma$ 是上半球面：$x^2 + y^2 + z^2 = R^2 (z \geq 0)$，曲面 $\Sigma_1$ 是曲面 $\Sigma$ 在第一卦限中的部分，则有（     ）．

(A) $\iint_{\Sigma} x dS = 4\iint_{\Sigma_1} x dS$    (B) $\iint_{\Sigma} y dS = 4\iint_{\Sigma_1} x dS$

(C) $\iint_{\Sigma} z dS = 4\iint_{\Sigma_1} x dS$    (D) $\iint_{\Sigma} xyz dS = 4\iint_{\Sigma_1} xyz dS$

【解析】由于 $\Sigma$ 关于 $yOz$ 面对称，被积函数 $x$ 关于 $x$ 为奇函数，所以 $\iint_{\Sigma} x dS = 0$. 但是在 $\Sigma_1$ 上，被积函数 $x$ 连续且大于零，所以 $\iint_{\Sigma_1} x dS > 0$. 故（A）选项不对. 类似可说明（B）和（D）选项不对.

下面说明选项（C）正确. 由于 $\Sigma$ 关于 $yOz$ 面和 $zOx$ 面都对称，被积函数 $z$ 关于 $x$ 和 $y$ 均为偶函数，因此 $\iint_{\Sigma} z dS = 4\iint_{\Sigma_1} z dS$；而在 $\Sigma_1$ 上，字母 $x$，$y$，$z$ 是对称的，故 $\iint_{\Sigma_1} z dS = \iint_{\Sigma_1} x dS$，因此有 $\iint_{\Sigma} z dS = 4\iint_{\Sigma_1} x dS$.

3. 计算下列曲线积分：

(1) $\oint_{L} \sqrt{x^2 + y^2} ds$，其中 $L$ 为圆周 $x^2 + y^2 = ax$；

(2) $\int_{\Gamma} z ds$，其中 $\Gamma$ 为曲线 $x = t\cos t$，$y = t\sin t$，$z = t(0 \leq t \leq t_0)$；

(3) $\int_{L} (2a - y) dx + x dy$，其中 $L$ 为摆线 $x = a(t - \sin t)$，$y = a(1 - \cos t)$ 上对应 $t$ 从 $0$ 到 $2\pi$ 的一段弧；

(4) $\int_{\Gamma} (y^2 - z^2) dx + 2yz dy - x^2 dz$，其中 $\Gamma$ 是曲线 $x = t$，$y = t^2$，$z = t^3$ 上由 $t_1 = 0$ 到 $t_2 = 1$ 的一段弧；

(5) $\int_{L} (e^x \sin y - 2y) dx + (e^x \cos y - 2) dy$，其中 $L$ 为上半圆周 $(x - a)^2 + y^2 = a^2$，$y \geq 0$ 沿逆时针方向；

(6) $\oint_{\Gamma} xyz dz$，其中 $\Gamma$ 是用平面 $y = z$ 截球面 $x^2 + y^2 + z^2 = 1$ 所得的截痕，从 $z$ 轴的正向看去，沿逆时针方向.

**解** (1) 在极坐标下，曲线 $L$ 的方程为 $r = a\cos\theta \left(-\dfrac{\pi}{2} \leq \theta \leq \dfrac{\pi}{2}\right)$，则

$$\oint_{L} \sqrt{x^2 + y^2} ds = \int_{-\frac{\pi}{2}}^{\frac{\pi}{2}} r \cdot \sqrt{r^2 + r'^2} d\theta$$

$$= \int_{-\frac{\pi}{2}}^{\frac{\pi}{2}} a\cos\theta \cdot \sqrt{(a\cos\theta)^2 + (-a\sin\theta)^2} d\theta$$

$$= \int_{-\frac{\pi}{2}}^{\frac{\pi}{2}} a^2 \cos\theta d\theta = a^2 \cdot \sin\theta \Big|_{-\frac{\pi}{2}}^{\frac{\pi}{2}} = 2a^2.$$

(2) $\int_{\Gamma} z \mathrm{d}s = \int_{0}^{t_0} t \cdot \sqrt{(\cos t - t\sin t)^2 + (\sin t + t\cos t)^2 + 1} \mathrm{d}t$

$= \int_{0}^{t_0} t \cdot \sqrt{2 + t^2} \mathrm{d}t = \frac{1}{2}\int_{0}^{t_0} \sqrt{2 + t^2} \mathrm{d}(2 + t^2) = \frac{1}{2} \cdot \frac{2}{3}(2 + t^2)^{\frac{3}{2}} \Big|_{0}^{t_0}$

$= \frac{1}{3}[(2 + t_0^2)^{\frac{3}{2}} - 2\sqrt{2}].$

(3) $\int_{L} (2a - y)\mathrm{d}x + x\mathrm{d}y = \int_{0}^{2\pi} \{[2a - a(1 - \cos t)] \cdot a(1 - \cos t) + a(t - \sin t) \cdot a\sin t\} \mathrm{d}t$

$= a^2 \int_{0}^{2\pi} t\sin t \mathrm{d}t = -a^2 \int_{0}^{2\pi} t\mathrm{d}(\cos t) = -a^2(t\cos t - \sin t) \Big|_{0}^{2\pi}$

$= -2\pi a^2.$

(4) $\int_{\Gamma} (y^2 - z^2)\mathrm{d}x + 2yz\mathrm{d}y - x^2\mathrm{d}z = \int_{0}^{1} [(t^4 - t^6) + 2t^2 \cdot t^3 \cdot 2t - t^2 \cdot 3t^2] \mathrm{d}t = \int_{0}^{1} (3t^6 - 2t^4) \mathrm{d}t$

$= \left(\frac{3}{7}t^7 - \frac{2}{5}t^5\right)\Big|_{0}^{1} = \frac{3}{7} - \frac{2}{5} = \frac{1}{35}.$

(5) 取 $L_1$ 为 $y = 0(x: 0 \to 2a)$，则 $L + L_1$ 封闭曲线，其所围的区域 $D$ 为半圆面，则由格林公式，得

$$\oint_{L+L_1} (e^x \sin y - 2y)\mathrm{d}x + (e^x \cos y - 2)\mathrm{d}y = \iint_{D} (e^x \cos y - e^x \cos y + 2) \mathrm{d}x\mathrm{d}y$$

$$= \iint_{D} 2\mathrm{d}x\mathrm{d}y = 2 \cdot \frac{1}{2}\pi a^2 = \pi a^2.$$

因此

原积分 $= \pi a^2 - \int_{L_1} (e^x \sin y - 2y)\mathrm{d}x + (e^x \cos y - 2)\mathrm{d}y$

$= \pi a^2 - \int_{0}^{2a} (e^x \sin 0 - 2 \cdot 0)\mathrm{d}x + 0 = \pi a^2 - 0 = \pi a^2.$

(6) 由 $\Gamma$ 的一般方程 $\begin{cases} y = z, \\ x^2 + y^2 + z^2 = 1, \end{cases}$ 可得 $x^2 + 2y^2 = 1$.

令 $x = \cos t$，$y = z = \frac{\sin t}{\sqrt{2}}$，$t$ 从 0 变到 $2\pi$. 于是有

$\oint_{\Gamma} xyz\mathrm{d}z = \int_{0}^{2\pi} \cos t \left(\frac{\sin t}{\sqrt{2}}\right)^2 \cdot \frac{\cos t}{\sqrt{2}} \mathrm{d}t = \frac{1}{2\sqrt{2}}\int_{0}^{2\pi} \sin^2 t \cos^2 t \mathrm{d}t = \frac{1}{8\sqrt{2}}\int_{0}^{2\pi} \sin^2 2t \mathrm{d}t$

$= \frac{1}{8\sqrt{2}}\int_{0}^{2\pi} \frac{1 - \cos 4t}{2} \mathrm{d}t = \frac{\pi}{8\sqrt{2}} = \frac{\sqrt{2}}{16}\pi.$

4. 计算下列曲面积分：

(1) $\iint_{\Sigma} \frac{\mathrm{d}S}{x^2 + y^2 + z^2}$，其中 $\Sigma$ 是界于平面 $z = 0$ 及 $z = H$ 之间的圆柱面 $x^2 + y^2 = R^2$；

(2) $\iint_{\Sigma} (y^2 - z)\mathrm{d}y\mathrm{d}z + (z^2 - x)\mathrm{d}z\mathrm{d}x + (x^2 - y)\mathrm{d}x\mathrm{d}y$，其中 $\Sigma$ 为锥面 $z = \sqrt{x^2 + y^2} (0 \leqslant z \leqslant h)$ 的外侧；

(3) $\iint_\Sigma x\mathrm{d}y\mathrm{d}z + y\mathrm{d}z\mathrm{d}x + z\mathrm{d}x\mathrm{d}y$，其中 $\Sigma$ 为半球面 $z = \sqrt{R^2 - x^2 - y^2}$ 的上侧；

(4) $\iint_\Sigma xyz\mathrm{d}x\mathrm{d}y$，其中 $\Sigma$ 为球面 $x^2 + y^2 + z^2 = 1(x \geq 0, y \geq 0)$ 的外侧．

**解** (1) $\Sigma$ 在 $yOz$ 平面上的投影 $D_{yz}$ 为 $-R \leq y \leq R$，$0 \leq z \leq H$. 由 $x^2 + y^2 = R^2$，得 $\Sigma_1$: $x = \sqrt{R^2 - y^2}$，$\Sigma_2$: $x = -\sqrt{R^2 - y^2}$，$\Sigma = \Sigma_1 + \Sigma_2$. 在 $\Sigma_1$，$\Sigma_2$ 上，有

$$\mathrm{d}S = \sqrt{1 + \left(\frac{\partial x}{\partial y}\right)^2 + \left(\frac{\partial x}{\partial z}\right)^2}\mathrm{d}y\mathrm{d}z = \frac{R}{\sqrt{R^2 - y^2}}\mathrm{d}y\mathrm{d}z.$$

因此 $\iint_\Sigma \frac{\mathrm{d}S}{x^2 + y^2 + z^2} = \iint_{\Sigma_1 + \Sigma_2} \frac{\mathrm{d}S}{x^2 + y^2 + z^2}$

$$= \iint_{D_{yz}} \frac{1}{\left(\sqrt{R^2 - y^2}\right)^2 + y^2 + z^2} \cdot \frac{R}{\sqrt{R^2 - y^2}}\mathrm{d}y\mathrm{d}z +$$

$$\iint_{D_{yz}} \frac{1}{\left(-\sqrt{R^2 - y^2}\right)^2 + y^2 + z^2} \cdot \frac{R}{\sqrt{R^2 - y^2}}\mathrm{d}y\mathrm{d}z$$

$$= 2R\int_{-R}^{R} \frac{\mathrm{d}y}{\sqrt{R^2 - y^2}} \int_0^H \frac{1}{R^2 + z^2}\mathrm{d}z = 2R \cdot \pi \cdot \frac{1}{R} \cdot \arctan\frac{H}{R} = 2\pi\arctan\frac{H}{R}.$$

(2) 取 $\Sigma_1$: $z = h$，$x^2 + y^2 \leq h$，其与 $\Sigma$ 形成一个封闭的曲面，$\Sigma_1$ 的方向向上，则由高斯公式得

$$\oiint_{\Sigma + \Sigma_1} (y^2 - z)\mathrm{d}y\mathrm{d}z + (z^2 - x)\mathrm{d}z\mathrm{d}x + (x^2 - y)\mathrm{d}x\mathrm{d}y = \iiint_\Omega (0 + 0 + 0)\mathrm{d}v = 0.\ (\Omega\text{ 为 }\Sigma_1\text{ 和 }\Sigma\text{ 所围立体})$$

因此，

原积分 $= -\iint_{\Sigma_1} (y^2 - z)\mathrm{d}y\mathrm{d}z + (z^2 - x)\mathrm{d}z\mathrm{d}x + (x^2 - y)\mathrm{d}x\mathrm{d}y$

$$= -\iint_{x^2 + y^2 \leq h} (x^2 - y)\mathrm{d}x\mathrm{d}y = -\int_0^{2\pi}\mathrm{d}\theta\int_0^h (r^2\cos^2\theta - r\sin\theta) \cdot r\mathrm{d}r$$

$$= \int_0^{2\pi}\left(\sin\theta \cdot \frac{r^3}{3}\Big|_0^h - \cos^2\theta \cdot \frac{r^4}{4}\Big|_0^h\right)\mathrm{d}\theta = \frac{h^3}{3}\int_0^{2\pi}\sin\theta\mathrm{d}\theta - \frac{h^4}{4}\int_0^{2\pi}\cos^2\theta\mathrm{d}\theta$$

$$= 0 - \frac{h^4}{4}\int_0^{2\pi} \frac{1 + \cos 2\theta}{2}\mathrm{d}\theta = -\frac{\pi}{4}h^4.$$

(3) 取 $\Sigma_1$: $\begin{cases} x^2 + y^2 \leq R^2, \\ z = 0 \end{cases}$ 之下侧，其与 $\Sigma$ 围成的空间区域 $\Omega$ 是上半球体，则由高斯公式，得

$$\oiint_{\Sigma + \Sigma_1} x\mathrm{d}y\mathrm{d}z + y\mathrm{d}z\mathrm{d}x + z\mathrm{d}x\mathrm{d}y = \iiint_\Omega (1 + 1 + 1)\mathrm{d}v = 2\pi R^3.$$

因此，原积分 $= 2\pi R^3 - \iint_{\Sigma_1} x\mathrm{d}y\mathrm{d}z + y\mathrm{d}z\mathrm{d}x + z\mathrm{d}x\mathrm{d}y = 2\pi R^3 - 0 = 2\pi R^3.$

(4) $\Sigma$ 为球面在第 I、V 卦限的外侧，分别记为 $\Sigma_1$，$\Sigma_2$，其在 $xOy$ 平面上的投影

$$D_{xy}: x^2 + y^2 \leq 1(x \geq 0, y \geq 0).$$

$$\iint_{\Sigma} xyz\mathrm{d}x\mathrm{d}y = \iint_{\Sigma_1} xyz\mathrm{d}x\mathrm{d}y + \iint_{\Sigma_2} xyz\mathrm{d}x\mathrm{d}y$$

$$= \iint_{D_{xy}} xy\sqrt{1-x^2-y^2}\,\mathrm{d}x\mathrm{d}y - \iint_{D_{xy}} xy\left(-\sqrt{1-x^2-y^2}\right)\mathrm{d}x\mathrm{d}y$$

$$= 2\iint_{D_{xy}} xy\sqrt{1-x^2-y^2}\,\mathrm{d}x\mathrm{d}y = 2\int_0^{\frac{\pi}{2}}\mathrm{d}\theta\int_0^1 r\cos\theta\cdot r\sin\theta\cdot\sqrt{1-r^2}\cdot r\mathrm{d}r$$

$$= 2\int_0^{\frac{\pi}{2}}\cos\theta\sin\theta\mathrm{d}\theta\int_0^1 r^3\sqrt{1-r^2}\,\mathrm{d}r \xlongequal{r=\sin t} 2\cdot\frac{1}{2}\sin^2\theta\Big|_0^{\frac{\pi}{2}}\int_0^{\frac{\pi}{2}}\sin^3 t\cdot\cos^2 t\mathrm{d}t$$

$$= \int_0^{\frac{\pi}{2}}(\sin^3 t - \sin^5 t)\mathrm{d}t = \frac{2}{3} - \frac{4\cdot 2}{5\cdot 3} = \frac{2}{15}.$$

5. 证明：$\dfrac{x\mathrm{d}x + y\mathrm{d}y}{x^2 + y^2}$ 在整个 $xOy$ 平面除去 $y$ 的负半轴及原点的区域 $G$ 内是某个二元函数的全微分，并求出一个这样的二元函数．

**解** 令 $P = \dfrac{x}{x^2+y^2}$，$Q = \dfrac{y}{x^2+y^2}$，在整个 $xOy$ 平面除去 $y$ 的负半轴及原点的区域 $G$ 内有一阶连续偏导数，$G$ 为单连通区域，在 $G$ 内有 $\dfrac{\partial Q}{\partial x} = \dfrac{-2xy}{(x^2+y^2)^2} = \dfrac{\partial P}{\partial y}$．因此，$\dfrac{x\mathrm{d}x+y\mathrm{d}y}{x^2+y^2}$ 是某个函数 $u(x, y)$ 的全微分．

取积分路线：$(1, 0) \to (x, 0) \to (x, y)$，则所求函数为

$$u(x, y) = \int_{(1,0)}^{(x,y)} \frac{x\mathrm{d}x + y\mathrm{d}y}{x^2+y^2} = \int_1^x \frac{x\mathrm{d}x}{x^2} + \int_0^y \frac{y\mathrm{d}y}{x^2+y^2}$$

$$= [\ln x]_1^x + \left[\frac{1}{2}\ln(x^2+y^2)\right]_0^y = \frac{1}{2}\ln(x^2+y^2).$$

6. 设在半平面 $x > 0$ 内有力 $\boldsymbol{F} = -\dfrac{k}{\rho^3}(x\boldsymbol{i} + y\boldsymbol{j})$ 构成力场，其中 $k$ 为常数，$\rho = \sqrt{x^2+y^2}$．证明此力场中场力所做的功与所取的路径无关．

**解** 令 $P = \dfrac{-kx}{(x^2+y^2)^{\frac{3}{2}}}$，$Q = \dfrac{-ky}{(x^2+y^2)^{\frac{3}{2}}}$，在 $x > 0$ 的半平面内 $P(x, y)$，$Q(x, y)$ 有一阶连续偏导数，并且有 $\dfrac{\partial Q}{\partial x} = \dfrac{3kxy}{(x^2+y^2)^{\frac{5}{2}}} = \dfrac{\partial P}{\partial y}$，因此在 $x > 0$ 的半平面内任意路径 $L$，场力在该力场中所做的功，即曲线积分 $\int_L P\mathrm{d}x + Q\mathrm{d}y$ 与路径无关，只与 $L$ 的起点与终点有关．

7. 设函数 $f(x)$ 在 $(-\infty, +\infty)$ 内具有一阶连续导数，$L$ 是上半平面 $(y > 0)$ 内的有向分段光滑曲线，其起点为 $(a, b)$，其终点为 $(c, d)$，记

$$I = \int_L \frac{1}{y}[1 + y^2 f(xy)]\mathrm{d}x + \frac{x}{y^2}[y^2 f(xy) - 1]\mathrm{d}y.$$

(1) 证明曲线积分 $I$ 与路径无关；

(2) 当 $ab = cd$ 时，求 $I$ 的值．

**解** (1) 令 $P = \dfrac{1}{y}[1 + y^2 f(xy)]$，$Q = \dfrac{x}{y^2}[y^2 f(xy) - 1]$．在上半平面 $(y > 0)$ 内 $P(x,$

$y$), $Q(x, y)$ 有一阶连续偏导数, 并且有 $\dfrac{\partial Q}{\partial x} = -\dfrac{1}{y^2} + f(xy) + xyf'(xy) = \dfrac{\partial P}{\partial y}$, 因此在上半平面 ($y > 0$) 内任意路径 $L$, 曲线积分 $\int_L P\mathrm{d}x + Q\mathrm{d}y$ 与路径无关.

(2) 取积分路线: $(a, b) \to (a, d) \to (c, d)$, 并且设 $F'(x) = f(x)$, 则

$$I = \int_{(a, b)}^{(c, d)} \dfrac{1}{y}[1 + y^2 f(xy)]\mathrm{d}x + \dfrac{x}{y^2}[y^2 f(xy) - 1]\mathrm{d}y$$

$$= \int_b^d \dfrac{a}{y^2}[y^2 f(ay) - 1]\mathrm{d}y + \int_a^c \dfrac{1}{d}[1 + d^2 f(dx)]\mathrm{d}x$$

$$= \int_b^d af(ay)\mathrm{d}y - \int_b^d \dfrac{a}{y^2}\mathrm{d}y + \int_a^c \dfrac{1}{d}\mathrm{d}x + \int_a^c df(dx)\mathrm{d}x$$

$$= \int_b^d f(ay)\mathrm{d}(ay) - \int_b^d \dfrac{a}{y^2}\mathrm{d}y + \int_a^c \dfrac{1}{d}\mathrm{d}x + \int_a^c f(dx)\mathrm{d}(dx)$$

$$= [F(ay)]_b^d + \left[\dfrac{a}{y}\right]_b^d + \left[\dfrac{1}{d}x\right]_a^c + [F(dx)]_a^c$$

$$= F(ad) - F(ab) + \dfrac{a}{d} - \dfrac{a}{b} + \dfrac{c}{d} - \dfrac{a}{d} + F(dc) - F(ad) = \dfrac{c}{d} - \dfrac{a}{b}.$$

(当 $ab = cd$ 时, $F(ad) - F(ab) + F(dc) - F(ad) = 0$)

8. 求均匀曲面 $z = \sqrt{a^2 - x^2 - y^2}$ 的质心的坐标.

**解** 设均匀曲面的面密度 $\mu = \mu_0$ 为常数, 曲面质心在 $(\bar{x}, \bar{y}, \bar{z})$, 该曲面在 $xOy$ 平面上的投影 $D_{xy}: x^2 + y^2 \leqslant a^2$, 由对称性知 $\bar{x} = \bar{y} = 0$. 曲面的质量

$$m = \iint_\Sigma \mu \mathrm{d}S = \iint_{D_{xy}} \dfrac{\mu_0 a}{\sqrt{a^2 - x^2 - y^2}}\mathrm{d}x\mathrm{d}y = \mu_0 a \int_0^{2\pi}\mathrm{d}\theta \int_0^a \dfrac{r}{\sqrt{a^2 - r^2}}\mathrm{d}r = 2\pi\mu_0 a^2.$$

因此,

$$\bar{z} = \dfrac{1}{m}\iint_\Sigma \mu z \mathrm{d}S = \dfrac{1}{2\pi\mu_0 a^2} \cdot \iint_{D_{xy}} \mu_0 \sqrt{a^2 - x^2 - y^2} \cdot \dfrac{a}{\sqrt{a^2 - x^2 - y^2}}\mathrm{d}x\mathrm{d}y$$

$$= \dfrac{a}{2\pi a^2} \cdot \iint_{D_{xy}}\mathrm{d}x\mathrm{d}y = \dfrac{a}{2\pi a^2} \cdot \pi a^2 = \dfrac{a}{2}.$$

因此质心的坐标 $(\bar{x}, \bar{y}, \bar{z}) = \left(0, 0, \dfrac{a}{2}\right)$.

9. 设 $u(x, y)$, $v(x, y)$ 在闭区域 $D$ 上都具有二阶连续偏导数, 分段光滑的曲线 $L$ 为 $D$ 的正向边界曲线. 证明:

(1) $\iint_D v\Delta u \mathrm{d}x\mathrm{d}y = -\iint_D (\mathbf{grad}\, u \cdot \mathbf{grad}\, v)\mathrm{d}x\mathrm{d}y + \oint_L v\dfrac{\partial u}{\partial n}\mathrm{d}s$;

(2) $\iint_D (u\Delta v - v\Delta u)\mathrm{d}x\mathrm{d}y = \oint_L \left(u\dfrac{\partial v}{\partial n} - v\dfrac{\partial u}{\partial n}\right)\mathrm{d}s$,

其中 $\dfrac{\partial u}{\partial n}$ 与 $\dfrac{\partial v}{\partial n}$ 分别是 $u$ 与 $v$ 沿 $L$ 的外法线向量 $\mathbf{n}$ 的方向导数, 符号 $\Delta = \dfrac{\partial^2}{\partial x^2} + \dfrac{\partial^2}{\partial y^2}$ 称为二维拉普拉斯算子.

**解** (1) 如图 11-3 所示, $\mathbf{n}$ 为有向曲线 $L$ 的外法线向量, $\boldsymbol{\tau}$ 为 $L$ 的切线向量. 设 $x$ 轴到 $\mathbf{n}$

和 $\boldsymbol{\tau}$ 的转角分别为 $\varphi$ 和 $\alpha$，则 $\alpha = \varphi + \dfrac{\pi}{2}$，且 $\boldsymbol{n}$ 的方向余弦为 $\cos\varphi$，$\sin\varphi$；$\boldsymbol{\tau}$ 的方向余弦为 $\cos\alpha$，$\sin\alpha$.

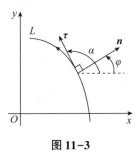

图 11-3

于是

$$\oint_L v\frac{\partial u}{\partial n}\mathrm{d}s = \oint_L v\left(\frac{\partial u}{\partial x}\cos\varphi + \frac{\partial u}{\partial y}\sin\varphi\right)\mathrm{d}s$$

$$= \oint_L v\left(\frac{\partial u}{\partial x}\sin\alpha - \frac{\partial u}{\partial y}\cos\alpha\right)\mathrm{d}s\ (\cos\alpha\mathrm{d}s = \mathrm{d}x,\ \sin\alpha\mathrm{d}s = \mathrm{d}y)$$

$$= \oint_L v\frac{\partial u}{\partial x}\mathrm{d}y - v\frac{\partial u}{\partial y}\mathrm{d}x$$

$$= \iint_D\left[\frac{\partial}{\partial x}\left(v\frac{\partial u}{\partial x}\right) + \frac{\partial}{\partial y}\left(v\frac{\partial u}{\partial y}\right)\right]\mathrm{d}x\mathrm{d}y\ (\text{格林公式})$$

$$= \iint_D\left(\frac{\partial v}{\partial x}\cdot\frac{\partial u}{\partial x} + v\frac{\partial^2 u}{\partial x^2} + \frac{\partial v}{\partial y}\cdot\frac{\partial u}{\partial y} + v\frac{\partial^2 u}{\partial y^2}\right)\mathrm{d}x\mathrm{d}y$$

$$= \iint_D v\left(\frac{\partial^2 u}{\partial x^2} + \frac{\partial^2 u}{\partial y^2}\right)\mathrm{d}x\mathrm{d}y + \iint_D\left(\frac{\partial v}{\partial x}\cdot\frac{\partial u}{\partial x} + \frac{\partial v}{\partial y}\cdot\frac{\partial u}{\partial y}\right)\mathrm{d}x\mathrm{d}y$$

$$= \iint_D v\Delta u\mathrm{d}x\mathrm{d}y + \iint_D(\mathbf{grad}\ u\cdot\mathbf{grad}\ v)\mathrm{d}x\mathrm{d}y,$$

所以 $\iint\limits_D v\Delta u\mathrm{d}x\mathrm{d}y = -\iint\limits_D(\mathbf{grad}\ u\cdot\mathbf{grad}\ v)\mathrm{d}x\mathrm{d}y + \oint_L v\dfrac{\partial u}{\partial n}\mathrm{d}s$.

（2）由（1）知

$$\iint\limits_D u\Delta v\mathrm{d}x\mathrm{d}y = -\iint\limits_D(\mathbf{grad}\ v\cdot\mathbf{grad}\ u)\mathrm{d}x\mathrm{d}y + \oint_L u\frac{\partial v}{\partial n}\mathrm{d}s.$$

两式相减得

$$\iint\limits_D(u\Delta v - v\Delta u)\mathrm{d}x\mathrm{d}y = \oint_L\left(u\frac{\partial v}{\partial n} - v\frac{\partial u}{\partial n}\right)\mathrm{d}s.$$

10 二维码

10. 此处解析请扫二维码查看.

11. 求力 $\boldsymbol{F} = y\boldsymbol{i} + z\boldsymbol{j} + x\boldsymbol{k}$ 沿有向闭曲线 $\varGamma$ 所做的功，其中 $\varGamma$ 为平面 $x + y + z = 1$ 被三个坐标面所截成的三角形的整个边界，从 $z$ 轴正向看去，沿顺时针方向.

**解** 取 $\Sigma$ 为平面 $x + y + z = 1$ 被 $\varGamma$ 所围部分的上侧，则由斯托克斯公式得

$$W = \oint_{\Gamma} \boldsymbol{F} \cdot d\boldsymbol{s} = \oint_{\Gamma} y dx + z dy + x dz = -\iint_{\Sigma} \begin{vmatrix} dydz & dzdx & dxdy \\ \dfrac{\partial}{\partial x} & \dfrac{\partial}{\partial y} & \dfrac{\partial}{\partial z} \\ y & z & x \end{vmatrix}$$

$$= -\iint_{\Sigma} (-1) dy dz + (-1) dz dx + (-1) dx dy$$

$$= \iint_{D_{yz}} dy dz + \iint_{D_{zx}} dz dx + \iint_{D_{xy}} dx dy = \frac{1}{2} + \frac{1}{2} + \frac{1}{2} = \frac{3}{2}.$$

### 三、提高题目

1. (2009 数一) 已知曲线 $L: y = x^2 (0 \leq x \leq \sqrt{2})$,则 $\int_L x ds = $ _____.

【答案】$\dfrac{13}{6}$.

【解析】由 $ds = \sqrt{1 + y'^2} dx = \sqrt{1 + 4x^2} dx$,得

$$\int_L x ds = \int_0^{\sqrt{2}} x\sqrt{1 + 4x^2} dx = \frac{1}{8} \int_0^{\sqrt{2}} (1 + 4x^2)^{\frac{1}{2}} d(1 + 4x^2) = \frac{1}{12} (1 + 4x^2)^{\frac{3}{2}} \Big|_0^{\sqrt{2}} = \frac{13}{6}.$$

2. (2004 数一) 设 $L$ 为正向圆周 $x^2 + y^2 = 2$ 在第一象限中的部分,则曲线积分 $\int_L x dy - 2y dx$ 的值为 _____.

【答案】$\dfrac{3\pi}{2}$.

【解析】方法一:令 $A(\sqrt{2}, 0)$,$B(0, \sqrt{2})$,则

$$\int_L x dy - 2y dx = \oint_{L + BO + OA} x dy - 2y dx + \int_{OB} x dy - 2y dx - \int_{OA} x dy - 2y dx,$$

$$\oint_{L + BO + OA} x dy - 2y dx = 3 \iint_D dx dy = 3 \times \frac{1}{4} \times 2\pi = \frac{3\pi}{2},$$

$$\int_{OB} x dy - 2y dx = 0, \quad \int_{OA} x dy - 2y dx = 0,$$

于是 $\int_L x dy - 2y dx = \dfrac{3\pi}{2}$.

方法二:令 $\begin{cases} x = \sqrt{2} \cos \theta, \\ y = \sqrt{2} \sin \theta \end{cases} \left(0 \leq \theta \leq \dfrac{\pi}{2}\right)$,则

$$\int_L x dy - 2y dx = \int_0^{\frac{\pi}{2}} (\sqrt{2} \cos \theta \cdot \sqrt{2} \cos \theta + 2\sqrt{2} \sin \theta \cdot \sqrt{2} \sin \theta) d\theta = 2\int_0^{\frac{\pi}{2}} (1 + \sin^2 \theta) d\theta = \frac{3\pi}{2}.$$

3. (2010 数一) 已知曲线 $L$ 的方程为 $y = 1 - |x| (x \in [-1, 1])$,起点 $(-1, 0)$,终点为 $(1, 0)$,则曲线积分 $\int_L xy dx + x^2 dy = $ _____.

【答案】0.

【解析】补充 $L_1: y = 0$(起点$(1, 0)$,终点$(-1, 0)$),由格林公式得

$$\int_L xy\mathrm{d}x + x^2\mathrm{d}y = \oint_{L+L_1} xy\mathrm{d}x + x^2\mathrm{d}y - \int_{L_1} xy\mathrm{d}x + x^2\mathrm{d}y,$$

而 $\oint_{L+L_1} xy\mathrm{d}x + x^2\mathrm{d}y = \iint_D x\mathrm{d}x\mathrm{d}y = \int_0^1 \mathrm{d}y \int_{y-1}^{1-y} x\mathrm{d}x = 0$，$\int_{L_1} xy\mathrm{d}x + x^2\mathrm{d}y = \int_{L_1} xy\mathrm{d}x = 0$，

所以原式 = 0.

**4. (2017 数一)** 若曲线积分 $\int_L \dfrac{x\mathrm{d}x - ay\mathrm{d}y}{x^2+y^2-1}$ 在区域 $D = \{(x,y) \mid x^2+y^2 < 1\}$ 内与路径无关，则 $a = $ _____ .

【答案】$-1$.

【解析】$P = \dfrac{x}{x^2+y^2-1}$，$Q = -\dfrac{ay}{x^2+y^2-1}$，

$$\frac{\partial P}{\partial y} = -\frac{2xy}{(x^2+y^2-1)^2}, \quad \frac{\partial Q}{\partial x} = \frac{2axy}{(x^2+y^2-1)^2}.$$

因为曲线积分与路径无关，所以 $\dfrac{\partial Q}{\partial x} = \dfrac{\partial P}{\partial y}$，故 $a = -1$.

**5. (2019 数一)** 设函数 $Q(x,y) = \dfrac{x}{y^2}$. 如果对上半平面 $(y>0)$ 内的任意有向光滑封闭曲线 $C$ 都有 $\oint_C P(x,y)\mathrm{d}x + Q(x,y)\mathrm{d}y = 0$，那么函数 $P(x,y)$ 可取为（　　）.

(A) $y - \dfrac{x^2}{y^3}$ 　　　　(B) $\dfrac{1}{y} - \dfrac{x^2}{y^3}$ 　　　　(C) $\dfrac{1}{x} - \dfrac{1}{y}$ 　　　　(D) $x - \dfrac{1}{y}$

【答案】D.

【解析】因为曲线积分与路径无关，所以 $\dfrac{\partial P}{\partial y} = \dfrac{\partial Q}{\partial x} = \dfrac{1}{y^2}$，且 $P(x,y)$，$Q(x,y)$ 在上半平面内连续可偏导，所以可取 $P(x,y) = x - \dfrac{1}{y}$，应选 D.

**6. (2016 数一)** 设有界区域 $\Omega$ 由平面 $2x+y+2z=2$ 与三个坐标平面围成，$\Sigma$ 为 $\Omega$ 的整个表面的外侧. 计算曲面积分 $I = \iint_\Sigma (x^2+1)\mathrm{d}y\mathrm{d}z - 2y\mathrm{d}z\mathrm{d}x + 3z\mathrm{d}x\mathrm{d}y.$

【解析】由高斯公式得 $I = \iiint_\Omega (2x+1)\mathrm{d}v$，而 $\iiint_\Omega \mathrm{d}v = \dfrac{1}{3} \times \dfrac{1}{2} \times 2 \times 1 \times 1 = \dfrac{1}{3}$，

$$\iiint_\Omega x\mathrm{d}v = \int_0^1 x\mathrm{d}x \int_0^{2(1-x)} \mathrm{d}y \int_0^{1-x-\frac{y}{2}} \mathrm{d}z = \int_0^1 x\mathrm{d}x \int_0^{2(1-x)} \left(1 - x - \frac{y}{2}\right)\mathrm{d}y = \int_0^1 x(1-x)^2 \mathrm{d}x = \frac{1}{12},$$

故 $I = \dfrac{1}{3} + 2 \times \dfrac{1}{12} = \dfrac{1}{2}$.

**7. (2011 数一)** 设 $L$ 为柱面 $x^2+y^2=1$ 与平面 $z=x+y$ 的交线，从 $z$ 轴正向往 $z$ 轴负向看去为逆时针方向，则曲线积分 $\oint_L xz\mathrm{d}x + x\mathrm{d}y + \dfrac{y^2}{2}\mathrm{d}z = $ _____ .

【答案】$\pi$.

【解析】方法一：设 $L$ 所在的截面为 $\Sigma$，按右手法则，$\Sigma$ 的法向量指向上侧，$\Sigma$ 的法向量为 $\boldsymbol{n} = (-1, -1, 1)$，方向余弦为 $\cos\alpha = -\dfrac{1}{\sqrt{3}}$，$\cos\beta = -\dfrac{1}{\sqrt{3}}$，$\cos\gamma = \dfrac{1}{\sqrt{3}}$，则

$$\oint_L xz\,dx + x\,dy + \frac{y^2}{2}dz = \iint_\Sigma \begin{vmatrix} \cos\alpha & \cos\beta & \cos\gamma \\ \frac{\partial}{\partial x} & \frac{\partial}{\partial y} & \frac{\partial}{\partial z} \\ xz & x & \frac{y^2}{2} \end{vmatrix} dS = \frac{1}{\sqrt{3}} \iint_\Sigma \begin{vmatrix} -1 & -1 & 1 \\ \frac{\partial}{\partial x} & \frac{\partial}{\partial y} & \frac{\partial}{\partial z} \\ xz & x & \frac{y^2}{2} \end{vmatrix} dS$$

$$= \frac{1}{\sqrt{3}} \iint_\Sigma (-x - y + 1)\,dS = \frac{1}{\sqrt{3}} \iint_{D_{xy}} \sqrt{3}(-x - y + 1)\,dxdy$$

$$= \iint_{D_{xy}} (-x - y + 1)\,dxdy = \iint_{D_{xy}} dxdy = \pi.$$

方法二：令 $L: \begin{cases} x = \cos t, \\ y = \sin t, \\ z = \sin t + \cos t \end{cases}$ $(0 \leq t \leq 2\pi)$，则

$$\oint_L xz\,dx + x\,dy + \frac{y^2}{2}dz = \int_0^{2\pi} \cos t(\sin t + \cos t)(-\sin t)dt + \cos^2 t\,dt + \frac{1}{2}\sin^2 t(\cos t - \sin t)dt$$

$$= \int_0^{2\pi} \left(-\frac{1}{2}\sin^2 t\cos t - \sin t\cos^2 t + \cos^2 t - \frac{1}{2}\sin^3 t\right)dt$$

$$= \int_{-\pi}^{\pi} \left(-\frac{1}{2}\sin^2 t\cos t - \sin t\cos^2 t + \cos^2 t - \frac{1}{2}\sin^3 t\right)dt$$

$$= \int_{-\pi}^{\pi} \left(-\frac{1}{2}\sin^2 t\cos t + \cos^2 t\right)dt = -\int_0^{\pi} \sin^2 t\cos t\,dt + 2\int_0^{\pi} \cos^2 t\,dt$$

$$= 2\int_0^{\pi} \cos^2 t\,dt = \pi.$$

8. (2000 数一) 设 $S: x^2 + y^2 + z^2 = a^2 (z \geq 0)$，$S_1$ 为 $S$ 在第一卦限中的部分. 则有 ( ).

(A) $\iint_S x\,dS = 4\iint_{S_1} x\,dS$      (B) $\iint_S y\,dS = 4\iint_{S_1} x\,dS$

(C) $\iint_S z\,dS = 4\iint_{S_1} x\,dS$      (D) $\iint_S xyz\,dS = 4\iint_{S_1} xyz\,dS$

【答案】C.

【解析】由对面积的曲面积分的对称性，得 $\iint_S x\,dS = \iint_S y\,dS = 0$，$\iint_S z\,dS = 4\iint_{S_1} z\,dS$. 又因为 $\iint_{S_1} x\,dS = \iint_{S_1} y\,dS = \iint_{S_1} z\,dS$，所以 $\iint_S z\,dS = 4\iint_{S_1} x\,dS$，应选 C.

9. (2005 数一) 设 $\Omega$ 是由锥面 $z = \sqrt{x^2 + y^2}$ 与半球面 $z = \sqrt{R^2 - x^2 - y^2}$ 围成的空间区域，$\Sigma$ 是 $\Omega$ 的整个边界的外侧，则 $\iint_\Sigma x\,dydz + y\,dzdx + z\,dxdy = $ _____ .

【答案】$(2 - \sqrt{2})\pi R^3$.

【解析】由 $\begin{cases} z = \sqrt{x^2 + y^2}, \\ z = \sqrt{R^2 - x^2 - y^2} \end{cases}$ 得 $x^2 + y^2 = \frac{R^2}{2}$. 令 $D: x^2 + y^2 \leq \frac{R^2}{2}$，由高斯公式得

$$\iint_\Sigma x\mathrm{d}y\mathrm{d}z + y\mathrm{d}z\mathrm{d}x + z\mathrm{d}x\mathrm{d}y = 3\iiint_\Omega \mathrm{d}v = 3\iint_D \mathrm{d}x\mathrm{d}y \int_{\sqrt{x^2+y^2}}^{\sqrt{R^2-x^2-y^2}} \mathrm{d}z$$

$$= 3\iint_D (\sqrt{R^2-x^2-y^2} - \sqrt{x^2+y^2})\mathrm{d}x\mathrm{d}y$$

$$= 3\int_0^{2\pi} \mathrm{d}\theta \int_0^{\frac{R}{\sqrt{2}}} r(\sqrt{R^2-r^2} - r)\mathrm{d}r = 6\pi \int_0^{\frac{R}{\sqrt{2}}} r\sqrt{R^2-r^2}\,\mathrm{d}r - \frac{\pi R^3}{\sqrt{2}}$$

$$= -3\pi \int_0^{\frac{R}{\sqrt{2}}} \sqrt{R^2-r^2}\,\mathrm{d}(R^2-r^2) - \frac{\pi R^3}{\sqrt{2}} = (2-\sqrt{2})\pi R^3.$$

10. （2008 数一）设曲面 $\Sigma$ 是 $z = \sqrt{4-x^2-y^2}$ 的上侧，则 $\iint_\Sigma xy\mathrm{d}y\mathrm{d}z + x\mathrm{d}z\mathrm{d}x + x^2\mathrm{d}x\mathrm{d}y = $ _____．

【答案】$4\pi$.

【解析】方法一：高斯公式．

补充 $\Sigma_0: z=0(x^2+y^2 \leqslant 4)$，$\Sigma_0$ 取下侧，则

$$\iint_\Sigma xy\mathrm{d}y\mathrm{d}z + x\mathrm{d}z\mathrm{d}x + x^2\mathrm{d}x\mathrm{d}y = \oiint_{\Sigma+\Sigma_0} xy\mathrm{d}y\mathrm{d}z + x\mathrm{d}z\mathrm{d}x + x^2\mathrm{d}x\mathrm{d}y - \iint_{\Sigma_0} xy\mathrm{d}y\mathrm{d}z + x\mathrm{d}z\mathrm{d}x + x^2\mathrm{d}x\mathrm{d}y,$$

而 $\oiint_{\Sigma+\Sigma_0} xy\mathrm{d}y\mathrm{d}z + x\mathrm{d}z\mathrm{d}x + x^2\mathrm{d}x\mathrm{d}y = \iiint_\Omega y\mathrm{d}v = 0$，

$$\iint_{\Sigma_0} xy\mathrm{d}y\mathrm{d}z + x\mathrm{d}z\mathrm{d}x + x^2\mathrm{d}x\mathrm{d}y = \iint_{\Sigma_0} x^2\mathrm{d}x\mathrm{d}y = -\iint_D x^2\mathrm{d}x\mathrm{d}y = -\frac{1}{2}\iint_D (x^2+y^2)\mathrm{d}x\mathrm{d}y$$

$$= -\frac{1}{2}\int_0^{2\pi} \mathrm{d}\theta \int_0^2 r^3 \mathrm{d}r = -4\pi,$$

故原式 $= 4\pi$.

方法二：二重积分法．

令 $\Sigma_1: x = \sqrt{4-y^2-z^2}\,(y^2+z^2 \leqslant 4(z \geqslant 0))$，取前侧，由对坐标的曲面积分及二重积分的奇偶性得

$$\iint_\Sigma xy\mathrm{d}y\mathrm{d}z = 2\iint_{\Sigma_1} xy\mathrm{d}y\mathrm{d}z = 2\iint_{x^2+y^2 \leqslant 4} y\sqrt{4-y^2-z^2}\,\mathrm{d}y\mathrm{d}z = 0, \quad \iint_\Sigma x\mathrm{d}z\mathrm{d}x = 0,$$

$$\iint_\Sigma x^2\mathrm{d}x\mathrm{d}y = \iint_{x^2+y^2 \leqslant 4} x^2 \mathrm{d}x\mathrm{d}y = \frac{1}{2}\iint_{x^2+y^2 \leqslant 4}(x^2+y^2)\mathrm{d}x\mathrm{d}y = \frac{1}{2}\int_0^{2\pi}\mathrm{d}\theta \int_0^2 r^3\mathrm{d}r = 4\pi,$$

故 $\iint_\Sigma xy\mathrm{d}y\mathrm{d}z + x\mathrm{d}z\mathrm{d}x + x^2\mathrm{d}x\mathrm{d}y = 4\pi.$

11. （2012 数一）设 $\Sigma = \{(x,y,z) \mid x+y+z=1, x\geqslant 0, y\geqslant 0, z\geqslant 0\}$，则 $\iint_\Sigma y^2 \mathrm{d}S = $ _____．

【答案】$\dfrac{\sqrt{3}}{12}$.

【解析】$\Sigma: z=1-x-y((x,y)\in D)$，其中 $D=\{(x,y) \mid x+y\leqslant 1, x\geqslant 0, y\geqslant 0\}$，则

$$\iint_\Sigma y^2 \mathrm{d}S = \iint_D y^2 \cdot \sqrt{1 + \left(\frac{\partial z}{\partial x}\right)^2 + \left(\frac{\partial z}{\partial y}\right)^2}\,\mathrm{d}x\mathrm{d}y = \sqrt{3}\iint_D y^2\,\mathrm{d}x\mathrm{d}y$$

$$= \sqrt{3}\int_0^1 y^2\,\mathrm{d}y\int_0^{1-y}\mathrm{d}x = \sqrt{3}\int_0^1 y^2(1-y)\,\mathrm{d}y = \frac{\sqrt{3}}{12}.$$

**12.** (2014 数一）设 $L$ 是柱面 $x^2 + y^2 = 1$ 与平面 $y + z = 0$ 的交线，从 $z$ 轴正向往 $z$ 轴负向看去为逆时针方向，则 $\oint_L z\mathrm{d}x + y\mathrm{d}z = $ _____.

【答案】$\pi$.

【解析】方法一：令 $\begin{cases} x = \cos t, \\ y = \sin t, \\ z = -\sin t \end{cases}$ （起点 $t = 0$，终点 $t = 2\pi$），则

$$\oint_L z\mathrm{d}x + y\mathrm{d}z = \int_0^{2\pi}\sin^2 t\,\mathrm{d}t + \sin t(-\cos t)\,\mathrm{d}t = \int_{-\pi}^\pi \sin^2 t\,\mathrm{d}t + \sin t(-\cos t)\,\mathrm{d}t$$

$$= 2\int_0^\pi \sin^2 t\,\mathrm{d}t = 4\int_0^{\frac{\pi}{2}}\sin^2 t\,\mathrm{d}t = \pi.$$

方法二：设截口面上侧为 $\Sigma$，则

$$\boldsymbol{n} = (0,\ 1,\ 1),\ \cos\alpha = 0,\ \cos\beta = \frac{1}{\sqrt{2}},\ \cos\gamma = \frac{1}{\sqrt{2}},$$

由斯托克斯公式得

$$\oint_L z\mathrm{d}x + y\mathrm{d}z = \frac{1}{\sqrt{2}}\iint_\Sigma \begin{vmatrix} 0 & 1 & 1 \\ \frac{\partial}{\partial x} & \frac{\partial}{\partial y} & \frac{\partial}{\partial z} \\ z & 0 & y \end{vmatrix}\mathrm{d}S = \frac{1}{\sqrt{2}}\iint_\Sigma \mathrm{d}S,$$

而 $\mathrm{d}S = \sqrt{1 + z_x'^2 + z_y'^2}\,\mathrm{d}x\mathrm{d}y = \sqrt{2}\,\mathrm{d}x\mathrm{d}y$，所以 $\oint_L z\mathrm{d}x + y\mathrm{d}z = \frac{1}{\sqrt{2}}\iint_\Sigma \mathrm{d}S = \iint_{x^2+y^2\leqslant 1}\mathrm{d}x\mathrm{d}y = \pi$.

**13.** (2001 数一）计算 $I = \oint_L (y^2 - z^2)\mathrm{d}x + (2z^2 - x^2)\mathrm{d}y + (3x^2 - y^2)\mathrm{d}z$，其中 $L$ 是平面 $x + y + z = 2$ 与柱面 $|x| + |y| = 1$ 的交线，从 $z$ 轴正向看去，$L$ 为逆时针方向.

【解析】设截口平面为 $\Sigma$，按右手准则 $\Sigma$ 取上侧，$\Sigma$ 的方向向量为 $\boldsymbol{n} = (1,\ 1,\ 1)$，方向余弦为 $\cos\alpha = \frac{1}{\sqrt{3}}$，$\cos\beta = \frac{1}{\sqrt{3}}$，$\cos\gamma = \frac{1}{\sqrt{3}}$，由斯托克斯公式得

$$I = \frac{1}{\sqrt{3}}\iint_\Sigma \begin{vmatrix} 1 & 1 & 1 \\ \frac{\partial}{\partial x} & \frac{\partial}{\partial y} & \frac{\partial}{\partial z} \\ y^2 - z^2 & 2z^2 - x^2 & 3x^2 - y^2 \end{vmatrix}\mathrm{d}S = -\frac{2}{\sqrt{3}}\iint_\Sigma (4x + 2y + 3z)\mathrm{d}S$$

$$= -\frac{2}{\sqrt{3}}\iint_\Sigma (x - y + 6)\mathrm{d}S = -\frac{2}{\sqrt{3}}\iint_{D_{xy}}(x - y + 6)\cdot\sqrt{3}\,\mathrm{d}\sigma = -12\iint_{D_{xy}}\mathrm{d}\sigma = -24.$$

**14.** (2008 数一）计算曲线积分 $\int_L \sin 2x\,\mathrm{d}x + 2(x^2 - 1)y\,\mathrm{d}y$，其中 $L$ 是曲线 $y = \sin x$ 上从点 $(0,\ 0)$ 到点 $(\pi,\ 0)$ 的一段.

【解析】设点 $A(\pi, 0)$，$P(x, y) = \sin 2x$，$Q(x, y) = 2(x^2 - 1)y$，则
$$\int_L \sin 2x dx + 2(x^2 - 1)y dy = \oint_{L+AO} \sin 2x dx + 2(x^2 - 1)y dy + \int_{OA} \sin 2x dx + 2(x^2 - 1)y dy,$$
由格林公式得
$$\oint_{L+AO} \sin 2x dx + 2(x^2 - 1)y dy = -\iint_D 4xy dx dy = -4\int_0^\pi x dx \int_0^{\sin x} y dy$$
$$= -2\int_0^\pi x \sin^2 x dx = -2 \cdot \frac{\pi}{2} \int_0^\pi \sin^2 x dx$$
$$= -\pi \int_0^\pi \sin^2 x dx = -2\pi \int_0^{\frac{\pi}{2}} \sin^2 x dx$$
$$= -2\pi I_2 = -2\pi \cdot \frac{1}{2} \cdot \frac{\pi}{2} = -\frac{\pi^2}{2};$$
$$\int_{OA} \sin 2x dx + 2(x^2 - 1)y dy = \int_0^\pi \sin 2x dx = -\frac{1}{2} \cos 2x \Big|_0^\pi = 0,$$
故
$$\int_L \sin 2x dx + 2(x^2 - 1)y dy = -\frac{\pi^2}{2}.$$

15. （2002 数一）设函数 $f(x)$ 在 $(-\infty, +\infty)$ 内具有一阶连续导数，$L$ 是半平面 $(y > 0)$ 内的有向分段光滑曲线，其起点为 $(a, b)$，终点为 $(c, d)$. 记
$$I = \int_L \frac{1}{y}[1 + y^2 f(xy)] dx + \frac{x}{y^2}[y^2 f(xy) - 1] dy,$$
（1）证明曲线积分 $I$ 与路径 $L$ 无关；
（2）当 $ab = cd$ 时，求 $I$ 的值.

【解析】（1）$P(x, y) = \frac{1}{y}[1 + y^2 f(xy)] = \frac{1}{y} + yf(xy)$，$\frac{\partial P}{\partial y} = -\frac{1}{y^2} + f(xy) + xyf'(xy)$；

$Q(x, y) = \frac{x}{y^2}[y^2 f(xy) - 1] = xf(xy) - \frac{x}{y^2}$，$\frac{\partial Q}{\partial x} = -\frac{1}{y^2} + f(xy) + xyf'(xy)$.

因为 $\frac{\partial Q}{\partial x} = \frac{\partial P}{\partial y}$，所以曲线积分 $I$ 与路径 $L$ 无关；

（2）$I = \int_L \frac{1}{y}[1 + y^2 f(xy)] dx + \frac{x}{y^2}[y^2 f(xy) - 1] dy$
$$= \int_L \frac{1}{y} dx - \frac{x}{y^2} dy + \int_L yf(xy) dx + xf(xy) dy,$$
$$\int_L \frac{1}{y} dx - \frac{x}{y^2} dy = \int_{(a,b)}^{(c,d)} d\left(\frac{x}{y}\right) = \frac{x}{y} \Big|_{(a,b)}^{(c,d)} = \frac{c}{d} - \frac{a}{b} = \frac{bc - ad}{bd};$$
取 $L_1: xy = ab$（起点为 $(a, b)$，终点为 $(c, d)$），因为曲线积分与路径无关，所以
$$\int_L yf(xy) + xf(xy) dy = \int_{L_1} yf(xy) + xf(xy) dy$$
$$= f(ab) \int_{L_1} y dx + x dy = f(ab) \int_{(a,b)}^{(c,d)} d(xy)$$
$$= f(ab) xy \Big|_{(a,b)}^{(c,d)} = 0,$$

于是 $I = \int_L \frac{1}{y}[1 + y^2 f(xy)]dx + \frac{x}{y^2}[y^2 f(xy) - 1]dy = \frac{bc - ad}{bd}$.

16. (2012 数一) 已知 $L$ 是第一象限中从点 $(0, 0)$ 沿圆周 $x^2 + y^2 = 2x$ 到点 $(2, 0)$，再沿圆周 $x^2 + y^2 = 4$ 到点 $(0, 2)$ 的曲线段，计算曲线积分 $I = \int_L 3x^2 y dx + (x^3 + x - 2y)dy$.

【解析】补充 $L_0: x = 0$（起点为 $y = 2$，终点为 $y = 0$），记由 $L$ 与 $L_0$ 围成的区域为 $D$，由格林公式得

$$I = \oint_{L + L_0} 3x^2 y dx + (x^3 + x - 2y)dy - \int_{L_0} 3x^2 y dx + (x^3 + x - 2y)dy$$

$$= \iint_D \left(\frac{\partial Q}{\partial x} - \frac{\partial P}{\partial y}\right) d\sigma - \int_2^0 (-2y)dy = \iint_D dxdy - \int_0^2 2y dy = \frac{\pi}{2} - 4.$$

17. (2009 数一) 计算曲线积分 $I = \oiint_\Sigma \frac{xdydz + ydzdx + zdxdy}{(x^2 + y^2 + z^2)^{\frac{3}{2}}}$，其中 $\Sigma$ 是曲面 $2x^2 + 2y^2 + z^2 = 4$ 的外侧.

【解析】$P = \frac{x}{(x^2 + y^2 + z^2)^{\frac{3}{2}}}$，$Q = \frac{y}{(x^2 + y^2 + z^2)^{\frac{3}{2}}}$，$R = \frac{z}{(x^2 + y^2 + z^2)^{\frac{3}{2}}}$，

$$\frac{\partial P}{\partial x} = \frac{(x^2 + y^2 + z^2)^{\frac{3}{2}} - x \cdot \frac{3}{2}(x^2 + y^2 + z^2)^{\frac{1}{2}} \cdot 2x}{(x^2 + y^2 + z^2)^3} = \frac{y^2 + z^2 - 2x^2}{(x^2 + y^2 + z^2)^{\frac{5}{2}}},$$

$$\frac{\partial Q}{\partial y} = \frac{x^2 + z^2 - 2y^2}{(x^2 + y^2 + z^2)^{\frac{5}{2}}}, \quad \frac{\partial R}{\partial z} = \frac{x^2 + y^2 - 2z^2}{(x^2 + y^2 + z^2)^{\frac{5}{2}}}.$$

令 $\Sigma_0: x^2 + y^2 + z^2 = 1$，取外侧，则设 $\Sigma$ 与 $\Sigma_0^-$ 围成的区域为 $\Omega$，由高斯公式得

$$\oiint_{\Sigma + \Sigma_0^-} \frac{xdydz + ydzdx + zdxdy}{(x^2 + y^2 + z^2)^{\frac{3}{2}}} = \iiint_\Omega \left(\frac{\partial P}{\partial x} + \frac{\partial Q}{\partial y} + \frac{\partial R}{\partial z}\right)dv = 0,$$

故 $\oiint_\Sigma \frac{xdydz + ydzdx + zdxdy}{(x^2 + y^2 + z^2)^{\frac{3}{2}}} = \oiint_{\Sigma_0} \frac{xdydz + ydzdx + zdxdy}{(x^2 + y^2 + z^2)^{\frac{3}{2}}} = \oiint_{\Sigma_0} xdydz + ydzdx + zdxdy$

$$= 3\iiint_{x^2 + y^2 + z^2 \leq 1} dv = 4\pi.$$

18. (2010 数一) 设 $P$ 为椭球面 $S: x^2 + y^2 + z^2 - yz = 1$ 上的动点，若 $S$ 在点 $P$ 处的切平面与 $xOy$ 面垂直，求点 $P$ 的轨迹 $C$，并计算曲面积分 $I = \iint_\Sigma \frac{(x + \sqrt{3})|y - 2z|}{\sqrt{4 + y^2 + z^2 - 4yz}}dS$，其中 $\Sigma$ 是椭球面 $S$ 位于曲线 $C$ 上方的部分.

【解析】令 $P$ 的坐标为 $(x, y, z)$，由 $S: x^2 + y^2 + z^2 - yz - 1 = 0$，得 $S$ 在点 $P$ 处切平面的法向量为 $\boldsymbol{n} = (2x, 2y - z, 2z - y)$. 因为 $S$ 在点 $P$ 处的切平面与 $xOy$ 平面垂直，所以有 $y = 2z$，注意到 $P \in S$，所以点 $P$ 的轨迹方程为 $C: \begin{cases} x^2 + y^2 + z^2 - yz = 1, \\ y = 2z. \end{cases}$ 则

158

$$I = \iint\limits_{\Sigma} \frac{(x+\sqrt{3})|y-2z|}{\sqrt{4+y^2+z^2-4yz}} dS = \iint\limits_{\Sigma} \frac{(x+\sqrt{3})(2z-y)}{\sqrt{4+y^2+z^2-4yz}} dS.$$

将 $S$ 向 $xOy$ 平面投影，得投影区域为 $D_{xy}: x^2 + \dfrac{y^2}{\dfrac{4}{3}} \leqslant 1$. 将 $x^2+y^2+z^2-yz-1=0$ 两边对 $x$ 求导，得 $2x+2z\dfrac{\partial z}{\partial x}-y\dfrac{\partial z}{\partial x}=0$，解得 $\dfrac{\partial z}{\partial x}=\dfrac{2x}{y-2z}$. 将 $x^2+y^2+z^2-yz-1=0$ 两边对 $y$ 求导，得 $2y+2z\dfrac{\partial z}{\partial y}-z-y\dfrac{\partial z}{\partial y}=0$，解得 $\dfrac{\partial z}{\partial y}=\dfrac{z-2y}{2z-y}$，于是

$$dS = \sqrt{1+\left(\frac{\partial z}{\partial x}\right)^2+\left(\frac{\partial z}{\partial y}\right)^2} dxdy = \frac{1}{2z-y}\sqrt{4x^2+5y^2+5z^2-8yz} dxdy$$

$$= \frac{1}{2z-y}\sqrt{4+y^2+z^2-4yz} dxdy,$$

故

$$I = \iint\limits_{\Sigma} \frac{(x+\sqrt{3})|y-2z|}{\sqrt{4+y^2+z^2-4yz}} dS = \iint\limits_{D_{xy}} (x+\sqrt{3}) dxdy = \sqrt{3}\iint\limits_{D_{xy}} dxdy = \sqrt{3}\times\pi\times 1\times\frac{2}{\sqrt{3}} = 2\pi.$$

19. (2019 数一) 设 $\Sigma$ 为曲面 $x^2+y^2+4z^2=4(z\geqslant 0)$ 的上侧，则 $\iint\limits_{\Sigma}\sqrt{4-x^2-4z^2} dxdy = $ _____.

【答案】$\dfrac{32}{3}$.

【解析】$\iint\limits_{\Sigma}\sqrt{4-x^2-4z^2} dxdy = \iint\limits_{\Sigma}\sqrt{y^2} dxdy = \iint\limits_{\Sigma}|y| dxdy.$

令 $D_{xy} = \{(x,y) | x^2+y^2\leqslant 4\}$，则

$$\iint\limits_{\Sigma}\sqrt{4-x^2-4z^2} dxdy = \iint\limits_{\Sigma}|y| dxdy = \iint\limits_{D_{xy}}|y| dxdy$$

$$= 4\int_0^{\frac{\pi}{2}} d\theta \int_0^2 r^2\sin\theta dr = 4\int_0^{\frac{\pi}{2}}\sin\theta d\theta\int_0^2 r^2 dr = \frac{32}{3}.$$

20. (2020 数一) 设 $\Sigma$ 为曲面 $z=\sqrt{x^2+y^2}(x^2+y^2\leqslant 4)$ 的上侧，$f(x)$ 为连续函数，计算

$$I = \iint\limits_{\Sigma}[xf(xy)+2xy-y]dydz + [yf(xy)+2y+x]dzdx + [zf(xy)+z]dxdy.$$

【解析】$P = xf(xy)+2xy-y$，$Q = yf(xy)+2y+x$，$R = zf(xy)+z$，曲面 $\Sigma$ 的法向量为 $\boldsymbol{n} = \left(\dfrac{x}{\sqrt{x^2+y^2}}, \dfrac{y}{\sqrt{x^2+y^2}}, -1\right)$. 方向余弦为 $\cos\alpha = \dfrac{1}{\sqrt{2}}\cdot\dfrac{x}{\sqrt{x^2+y^2}}$，$\cos\beta = \dfrac{1}{\sqrt{2}}\cdot\dfrac{y}{\sqrt{x^2+y^2}}$，$\cos\gamma = -\dfrac{1}{\sqrt{2}}$，由两类曲线积分之间的关系得

$$I = \frac{1}{\sqrt{2}} \iint_{\Sigma} \left[ \frac{x^2 f(xy) + 2x^2 y - xy + y^2 f(xy) + 2y^2 + xy}{\sqrt{x^2 + y^2}} - \sqrt{x^2 + y^2} f(xy) - \sqrt{x^2 + y^2} \right] dS$$

$$= \frac{1}{\sqrt{2}} \iint_{\Sigma} \left( \frac{2x^2 y + 2y^2}{\sqrt{x^2 + y^2}} - \sqrt{x^2 + y^2} \right) dS$$

$$= \iint_{D_{xy}} \left( \frac{2x^2 y + 2y^2}{\sqrt{x^2 + y^2}} - \sqrt{x^2 + y^2} \right) dxdy = \iint_{D_{xy}} \left( \frac{2y^2}{\sqrt{x^2 + y^2}} - \sqrt{x^2 + y^2} \right) dxdy$$

$$= \iint_{D_{xy}} \frac{2y^2}{\sqrt{x^2 + y^2}} dxdy - \iint_{D_{xy}} \sqrt{x^2 + y^2} dxdy.$$

因为 $\iint_{D_{xy}} \frac{y^2}{\sqrt{x^2 + y^2}} dxdy = \iint_{D_{xy}} \frac{x^2}{\sqrt{x^2 + y^2}} dxdy$,所以

$$\iint_{D_{xy}} \frac{2y^2}{\sqrt{x^2 + y^2}} dxdy = \iint_{D_{xy}} \frac{x^2 + y^2}{\sqrt{x^2 + y^2}} dxdy = \iint_{D_{xy}} \sqrt{x^2 + y^2} dxdy,$$

故原式 $= 0$.

21. (2018 数一)设 $\Sigma$ 是曲面 $x = \sqrt{1 - 3y^2 - 3z^2}$ 的前侧,计算曲面积分

$$I = \iint_{\Sigma} x dydz + (y^3 + z) dzdx + z^3 dxdy.$$

【解析】补曲面 $\Sigma_1$: $\begin{cases} x = 0, \\ 3y^2 + 3z^2 = 1, \end{cases}$ 取后侧,$\Omega$ 为 $\Sigma$ 与 $\Sigma_1$ 所围成的立体.利用高斯公式得

$$I = \iint_{\Sigma + \Sigma_1} x dydz + (y^3 + z) dzdx + z^3 dxdy - \iint_{\Sigma_1} x dydz + (y^3 + 2) dzdx + z^3 dxdy$$

$$= \iiint_{\Omega} (1 + 3y^2 + 3z^2) dxdydz - 0 = \iiint_{\Omega} (1 + 3y^2 + 3z^2) dxdydz.$$

利用柱坐标 $y = r\cos\theta$,$z = r\sin\theta$,$x = x$,得

$$\iiint_{\Omega} (1 + 3y^2 + 3z^2) dxdydz = \int_0^{2\pi} d\theta \int_0^{\frac{\sqrt{3}}{3}} dr \int_0^{\sqrt{1-3r^2}} (1 + 3r^2) rdr$$

$$= 2\pi \int_0^{\frac{\sqrt{3}}{3}} \sqrt{1 - 3r^2} (1 + 3r^2) rdr = \frac{2\pi}{3} \int_0^1 (2 - t^2) t^2 dt = \frac{14\pi}{45}.$$

22. (2012 非数学类决赛)设连续可微函数 $z = z(x, y)$ 由方程 $F(xz - y, x - yz) = 0$(其中 $F(u, v)$ 有连续的偏导数)唯一确定,$L$ 为正向单位圆周.试求:

$$I = \oint_L (xz^2 + 2yz) dy - (2xz + yz^2) dx.$$

【解析】设 $P = -2xz - yz^2$,$Q = xz^2 + 2yz$,则 $\frac{\partial Q}{\partial x} - \frac{\partial P}{\partial y} = 2(xz + y) \frac{\partial z}{\partial x} + 2(x + yz) \frac{\partial z}{\partial y} + 2z^2$.

由格林公式得 $I = 2 \iint_{x^2 + y^2 \leq 1} \left[ (xz + y) \frac{\partial z}{\partial x} + (x + yz) \frac{\partial z}{\partial y} + z^2 \right] dxdy.$

方程 $F(xz - y, x - yz) = 0$ 两边对 $x$ 求导,得到 $\left( z + x \frac{\partial z}{\partial x} \right) F_u + \left( 1 - y \frac{\partial z}{\partial x} \right) F_v = 0$,即

$$\frac{\partial z}{\partial x} = -\frac{zF_u + F_v}{xF_u - yF_v}.\ \text{同理可得}\ \frac{\partial z}{\partial y} = \frac{F_u + zF_v}{xF_u - yF_v}.\ \text{从而}\ (xz + y)\frac{\partial z}{\partial x} + (x + yz)\frac{\partial z}{\partial y} + z^2 = 1.\ \text{故}$$

$$I = \oint_L (xz^2 + 2yz)\mathrm{d}y - (2xz + yz^2)\mathrm{d}x = 2\iint_{x+y \leq 1} \mathrm{d}x\mathrm{d}y = 2\pi.$$

**23.**（2010 非数学类决赛）计算 $I = \iint_\Sigma \dfrac{ax\mathrm{d}y\mathrm{d}z + (z+a)^2\mathrm{d}x\mathrm{d}y}{\sqrt{x^2 + y^2 + z^2}}$，其中 $\Sigma$ 为下半球面 $z = -\sqrt{a^2 - y^2 - x^2}$ 的上侧，$a > 0$.

【解析】将 $\Sigma$ 投影到相应坐标平面上化为二重积分计算：

$$I_1 = \frac{1}{a}\iint_\Sigma ax\mathrm{d}y\mathrm{d}z = -2\iint_{D_{yz}} \sqrt{a^2 - (y^2 + z^2)}\,\mathrm{d}y\mathrm{d}z = -2\int_\pi^{2\pi}\mathrm{d}\theta\int_0^a \sqrt{a^2 - \rho^2}\,\rho\mathrm{d}\rho = -\frac{2}{3}\pi a^3,$$

其中 $D_{yz}$ 为 $yOz$ 平面上的半圆周 $y^2 + z^2 \leq a^2$，$z \leq 0$. 又

$$I_2 = \frac{1}{a}\iint_\Sigma (z+a)^2\mathrm{d}x\mathrm{d}y = \frac{1}{a}\iint_{D_{xy}} \left[a - \sqrt{a^2 - (x^2 + y^2)}\right]^2 \mathrm{d}x\mathrm{d}y$$

$$= \frac{1}{a}\int_0^{2\pi}\mathrm{d}\theta\int_0^a (2a^2 - 2a\sqrt{a^2 - \rho^2} - \rho^2)\rho\mathrm{d}\rho = \frac{1}{6}\pi a^3,$$

其中 $D_{xy}$ 为 $xOy$ 平面上的圆域 $x^2 + y^2 \leq a^2$. 因此，$I_1 + I_2 = -\dfrac{1}{2}\pi a^3$.

**24.**（2014 非数学类决赛）设函数 $f(x)$ 具有一阶连续导数，$P = Q = R = f[(x^2 + y^2)z]$，有向曲面 $\Sigma_t$ 是圆柱体 $x^2 + y^2 \leq t^2$，$0 \leq z \leq 1$ 的表面，方向朝外. 记第二型的曲面积分 $I_t = \iint_{\Sigma_t} P\mathrm{d}y\mathrm{d}z + Q\mathrm{d}z\mathrm{d}x + R\mathrm{d}x\mathrm{d}y$. 求极限 $\lim\limits_{t \to 0^+} \dfrac{I_t}{t^4}$.

【解析】由高斯公式得

$$I_t = \iiint_\Omega \left(\frac{\partial P}{\partial x} + \frac{\partial Q}{\partial y} + \frac{\partial R}{\partial z}\right)\mathrm{d}v = \iiint_\Omega (2xz + 2yz + x^2 + y^2)f'[(x^2 + y^2)z]\mathrm{d}v.$$

由对称性得 $\iiint_\Omega (2xz + 2yz)f'[(x^2 + y^2)z]\mathrm{d}v = 0$，从而

$$I_t = \iiint_\Omega (x^2 + y^2)f'[(x^2 + y^2)z]\mathrm{d}v = \int_0^{2\pi}\mathrm{d}\theta\int_0^1\mathrm{d}z\int_0^t f'(\rho^2 z)\rho^3\mathrm{d}\rho = 2\pi\int_0^1\mathrm{d}z\int_0^t f'(\rho^2 z)\rho^3\mathrm{d}\rho,$$

$$\lim_{t \to 0^+}\frac{I_t}{t^4} = \lim_{t \to 0^+}\frac{2\pi\int_0^1\mathrm{d}z\int_0^t f'(\rho^2 z)\rho^3\mathrm{d}\rho}{t^4} = \lim_{t \to 0^+}\frac{2\pi\int_0^1 f'(t^2 z)t^3\mathrm{d}z}{4t^3} = \frac{\pi}{2}\lim_{t \to 0^+}\int_0^1 f'(t^2 z)\mathrm{d}z = \frac{\pi}{2}f'(0).$$

**25.**（2015 非数学类决赛）设曲线积分 $I = \oint_L \dfrac{x\mathrm{d}y - y\mathrm{d}x}{|x| + |y|}$，其中 $L$ 是以 $(1, 0)$，$(0, 1)$，$(-1, 0)$，$(0, -1)$ 为顶点的正方形的边界曲线，方向为逆时针，则 $I = $ _____.

【答案】4.

【解析】曲线 $L$ 的方程为 $|x| + |y| = 1$，记该曲线所围区域为正方形 $D$，其边长为 $\sqrt{2}$，面积为 2. 由格林公式，有 $I = \oint_L \dfrac{x\mathrm{d}y - y\mathrm{d}x}{|x| + |y|} = \oint_L x\mathrm{d}y - y\mathrm{d}x = \iint_D (1 + 1)\mathrm{d}\sigma = 2\iint_D \mathrm{d}\sigma = 4$.

**26.**（2017 非数学类决赛）设函数 $f(x, y, z)$ 在区域 $\Omega = \{(x, y, z) \mid x^2 + y^2 + z^2 \leq 1\}$

上具有连续的二阶偏导数，且满足 $\frac{\partial^2 f}{\partial x^2} + \frac{\partial^2 f}{\partial y^2} + \frac{\partial^2 f}{\partial z^2} = \sqrt{x^2 + y^2 + z^2}$. 计算

$$I = \iiint_\Omega \left( x\frac{\partial f}{\partial x} + y\frac{\partial f}{\partial y} + z\frac{\partial f}{\partial z} \right) dxdydz.$$

【解析】记球面 $\Sigma: x^2 + y^2 + z^2 = 1$ 外侧的单位法向量为 $\boldsymbol{n} = (\cos\alpha, \cos\beta, \cos\gamma)$, 则

$$\frac{\partial f}{\partial n} = \frac{\partial f}{\partial x}\cos\alpha + \frac{\partial f}{\partial y}\cos\beta + \frac{\partial f}{\partial z}\cos\gamma.$$

考虑曲面积分等式

$$\oiint_\Sigma \frac{\partial f}{\partial n} dS = \oiint_\Sigma (x^2 + y^2 + z^2) \frac{\partial f}{\partial n} dS, \tag{1}$$

对两边都用高斯公式，得

$$\oiint_\Sigma \frac{\partial f}{\partial n} dS = \oiint_\Sigma \left( \frac{\partial f}{\partial x}\cos\alpha + \frac{\partial f}{\partial y}\cos\beta + \frac{\partial f}{\partial z}\cos\gamma \right) dS = \iiint_\Omega \left( \frac{\partial^2 f}{\partial x^2} + \frac{\partial^2 f}{\partial y^2} + \frac{\partial^2 f}{\partial z^2} \right) dv, \tag{2}$$

$$\oiint_\Sigma (x^2 + y^2 + z^2) \frac{\partial f}{\partial n} dS = \oiint_\Sigma (x^2 + y^2 + z^2) \left( \frac{\partial f}{\partial x}\cos\alpha + \frac{\partial f}{\partial y}\cos\beta + \frac{\partial f}{\partial z}\cos\gamma \right) dS$$

$$= 2\iiint_\Omega \left( x\frac{\partial f}{\partial x} + y\frac{\partial f}{\partial y} + z\frac{\partial f}{\partial z} \right) dv + \iiint_\Omega (x^2 + y^2 + z^2) \left( \frac{\partial^2 f}{\partial x^2} + \frac{\partial^2 f}{\partial y^2} + \frac{\partial^2 f}{\partial z^2} \right) dv. \tag{3}$$

将式（2）、式（3）代入式（1），再用球坐标计算三重积分，得

$$I = \frac{1}{2}\iiint_\Omega [1 - (x^2 + y^2 + z^2)] \sqrt{x^2 + y^2 + z^2} \, dv = \frac{1}{2}\int_0^{2\pi} d\theta \int_0^\pi \sin\varphi \, d\varphi \int_0^1 (1 - r^2) r^3 dr = \frac{\pi}{6}.$$

### 四、章自测题（章自测题的解析请扫二维码查看）

第十一章自测题
二维码

1. 选择题.

（1）物质沿曲线 $L: x = t, y = \frac{t^2}{2}, z = \frac{t^3}{3} (0 \leq t \leq 1)$ 分布，其线密度为 $\mu = \sqrt{2y}$，则它的质量 $m = ($ 　　$)$.

(A) $\int_0^1 t\sqrt{1 + t^2 + t^4} \, dt$ 　　　　　　(B) $\int_0^1 t^2 \sqrt{1 + t^2 + t^4} \, dt$

(C) $\int_0^1 \sqrt{1 + t^2 + t^4} \, dt$ 　　　　　　(D) $\int_0^1 \sqrt{t}\sqrt{1 + t^2 + t^4} \, dt$

（2）设 $L$ 为 $|x| + |y| = 1$ 的正向，则 $\oint_L \frac{xdx + ydy}{|x| + |y|} = ($ 　　$)$.

(A) 0 　　　　(B) 4 　　　　(C) 2 　　　　(D) $-2$

（3）设 $\Sigma: x^2 + y^2 + z^2 = a^2 (z \geq 0)$，$\Sigma_1$ 是 $\Sigma$ 在第一卦限的部分，则有（ 　　）.

(A) $\iint_\Sigma xdS = 4\iint_{\Sigma_1} xdS$ 　　　　　　(B) $\iint_\Sigma ydS = 4\iint_{\Sigma_1} ydS$

(C) $\iint_\Sigma zdS = 4\iint_{\Sigma_1} zdS$ 　　　　　　(D) $\iint_\Sigma xyzdS = 4\iint_{\Sigma_1} xyzdS$

（4）设 $\Sigma: x^2 + y^2 + z^2 = a^2 (z \geq 0)$，取上侧，则下述积分不正确的是（ 　　）.

(A) $\iint\limits_{\Sigma} x^2 \mathrm{d}y\mathrm{d}z = 0$ \qquad\qquad (B) $\iint\limits_{\Sigma} x\mathrm{d}y\mathrm{d}z = 0$

(C) $\iint\limits_{\Sigma} y^2 \mathrm{d}y\mathrm{d}z = 0$ \qquad\qquad (D) $\iint\limits_{\Sigma} y\mathrm{d}y\mathrm{d}z = 0$

(5) 设 $L$ 是从点 $(0,0)$ 沿折线 $y = 1 - |x-1|$ 至点 $A(2,0)$ 的折线段，则曲线积分 $I = \int_L -y\mathrm{d}x + x\mathrm{d}y$ 为（ ）．

(A) 0 \qquad (B) $-1$ \qquad (C) 2 \qquad (D) $-2$

2. 填空题．

(1) 设平面曲线 $L$ 为下半圆周 $y = -\sqrt{1-x^2}$，则曲线积分 $\int_L (x^2 + y^2)\mathrm{d}s = $ _____．

(2) 设 $L$ 为椭圆 $\dfrac{x^2}{4} + \dfrac{y^2}{3} = 1$，其周长为 $a$，则 $\int_L (2xy + 3x^2 + 4y^2)\mathrm{d}s = $ _____．

(3) 设 $L$ 为正向圆周 $x^2 + y^2 = 2$ 在第一象限中的部分，则曲线积分 $\int_L x\mathrm{d}y - 2y\mathrm{d}x = $ _____．

(4) 设 $\Omega$ 是由锥面 $z = \sqrt{x^2 + y^2}$ 与半球面 $z = \sqrt{R^2 - x^2 - y^2}$ 围成的空间区域，$\Sigma$ 是 $\Omega$ 的整个边界的外侧，则 $\iint\limits_{\Sigma} x\mathrm{d}y\mathrm{d}z + y\mathrm{d}z\mathrm{d}x + z\mathrm{d}x\mathrm{d}y = $ _____．

(5) 设 $\Sigma$ 为球面 $(x-R)^2 + (y-R)^2 + (z-R)^2 = R^2$ 的外侧，则曲面积分 $\oiint\limits_{\Sigma} \dfrac{x\mathrm{d}y\mathrm{d}z + y\mathrm{d}z\mathrm{d}x + z\mathrm{d}x\mathrm{d}y}{(x^2 + y^2 + z^2)^{3/2}} = $ _____．

3. 计算题．

(1) 求 $\oint_L x\mathrm{d}s$，其中 $L$ 为由 $y = x$，$y = x^2$ 所围区域的整个边界．

(2) 验证 $(y^2 + y\mathrm{e}^x)\mathrm{d}x + (2xy + \mathrm{e}^x)\mathrm{d}y$ 在 $xOy$ 面上是某函数 $u(x, y)$ 的全微分，求出 $u(x, y)$．

(3) 计算曲面积分 $\iint\limits_{\Sigma} z\mathrm{d}S$，其中 $\Sigma$ 为锥面 $z = \sqrt{x^2 + y^2}$ 在柱体 $x^2 + y^2 \leqslant 2x$ 内的部分．

(4) 计算曲线积分 $I = \oint_L \dfrac{x\mathrm{d}y - y\mathrm{d}x}{4x^2 + y^2}$，其中 $L$ 是以 $(1, 0)$ 为中心、$R(R > 1)$ 为半径的圆周（取逆时针方向）．

(5) 计算曲面积分 $I = \iint\limits_{\Sigma} 2x^3 \mathrm{d}y\mathrm{d}z + 2y^3 \mathrm{d}z\mathrm{d}x + 3(z^2 - 1)\mathrm{d}x\mathrm{d}y$，其中 $\Sigma$ 是曲面 $z = 1 - x^2 - y^2 (z \geqslant 0)$ 的上侧．

(6) 计算曲面积分 $I = \oiint\limits_{\Sigma} \dfrac{x\mathrm{d}y\mathrm{d}z + z^2 \mathrm{d}x\mathrm{d}y}{x^2 + y^2 + z^2}$，其中 $\Sigma$ 是由曲面 $x^2 + y^2 = R^2$ 与两平面 $z = R$，$z = -R (R > 0)$ 围成立体表面的外侧．

# 第十二章

# 无穷级数

## 一、主要内容

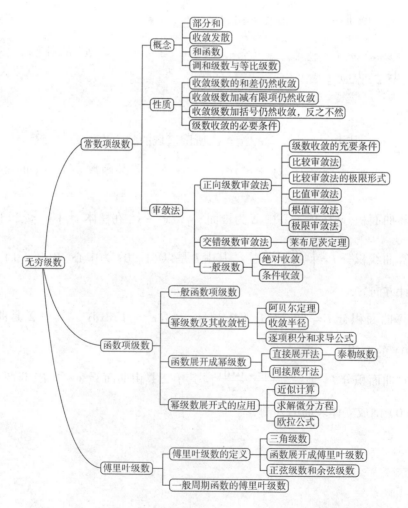

## 二、习题讲解

**习题 12-1 解答 常数项级数的概念和性质**

1. 写出下列级数的前五项:

(1) $\sum_{n=1}^{\infty} \dfrac{1+n}{1+n^2}$;

(2) $\sum_{n=1}^{\infty} \dfrac{1 \cdot 3 \cdot \cdots \cdot (2n-1)}{2 \cdot 4 \cdot \cdots \cdot 2n}$;

(3) $\sum_{n=1}^{\infty} \dfrac{(-1)^{n-1}}{5^n}$;

(4) $\sum_{n=1}^{\infty} \dfrac{n!}{n^n}$.

**解** (1) $\sum_{n=1}^{\infty} \dfrac{1+n}{1+n^2} = \dfrac{1+1}{1+1^2} + \dfrac{1+2}{1+2^2} + \dfrac{1+3}{1+3^2} + \dfrac{1+4}{1+4^2} + \dfrac{1+5}{1+5^2} + \cdots$

$\qquad = 1 + \dfrac{3}{5} + \dfrac{4}{10} + \dfrac{5}{17} + \dfrac{6}{26} + \cdots$.

(2) $\sum_{n=1}^{\infty} \dfrac{1 \cdot 3 \cdot \cdots \cdot (2n-1)}{2 \cdot 4 \cdot \cdots \cdot 2n} = \dfrac{1}{2} + \dfrac{1 \cdot 3}{2 \cdot 4} + \dfrac{1 \cdot 3 \cdot 5}{2 \cdot 4 \cdot 6} + \dfrac{1 \cdot 3 \cdot 5 \cdot 7}{2 \cdot 4 \cdot 6 \cdot 8} + \dfrac{1 \cdot 3 \cdot 5 \cdot 7 \cdot 9}{2 \cdot 4 \cdot 6 \cdot 8 \cdot 10} + \cdots$

$\qquad = \dfrac{1}{2} + \dfrac{3}{8} + \dfrac{15}{48} + \dfrac{105}{384} + \dfrac{945}{3\,840} + \cdots$.

(3) $\sum_{n=1}^{\infty} \dfrac{(-1)^{n-1}}{5^n} = \dfrac{1}{5} - \dfrac{1}{5^2} + \dfrac{1}{5^3} - \dfrac{1}{5^4} + \dfrac{1}{5^5} - \cdots = \dfrac{1}{5} - \dfrac{1}{25} + \dfrac{1}{125} - \dfrac{1}{625} + \dfrac{1}{3\,125} - \cdots$.

(4) $\sum_{n=1}^{\infty} \dfrac{n!}{n^n} = \dfrac{1!}{1^1} + \dfrac{2!}{2^2} + \dfrac{3!}{3^3} + \dfrac{4!}{4^4} + \dfrac{5!}{5^5} + \cdots = \dfrac{1}{1} + \dfrac{2}{4} + \dfrac{6}{27} + \dfrac{24}{256} + \dfrac{120}{3\,125} + \cdots$.

2. 根据级数收敛与发散的定义判定下列级数的收敛性:

(1) $\sum_{n=1}^{\infty} (\sqrt{n+1} - \sqrt{n})$;

(2) $\dfrac{1}{1 \cdot 3} + \dfrac{1}{3 \cdot 5} + \dfrac{1}{5 \cdot 7} + \cdots + \dfrac{1}{(2n-1)(2n+1)} + \cdots$;

(3) $\sin \dfrac{\pi}{6} + \sin \dfrac{2\pi}{6} + \cdots + \sin \dfrac{n\pi}{6} + \cdots$;

(4) $\sum_{n=1}^{\infty} \ln\left(1 + \dfrac{1}{n}\right)$.

**解** (1) 因为前 $n$ 项和

$\qquad s_n = (\sqrt{2} - \sqrt{1}) + (\sqrt{3} - \sqrt{2}) + (\sqrt{4} - \sqrt{3}) + \cdots + (\sqrt{n+1} - \sqrt{n})$

$\qquad\quad = \sqrt{n+1} - \sqrt{1} \to +\infty \ (n \to \infty)$,

所以原级数发散.

(2) 因为前 $n$ 项和

$$s_n = \frac{1}{1 \cdot 3} + \frac{1}{3 \cdot 5} + \frac{1}{5 \cdot 7} + \cdots + \frac{1}{(2n-1)(2n+1)}$$

$$= \frac{1}{2}\left(\frac{1}{1} - \frac{1}{3}\right) + \frac{1}{2}\left(\frac{1}{3} - \frac{1}{5}\right) + \frac{1}{2}\left(\frac{1}{5} - \frac{1}{7}\right) + \cdots + \frac{1}{2}\left(\frac{1}{2n-1} - \frac{1}{2n+1}\right)$$

$$= \frac{1}{2}\left(\frac{1}{1} - \frac{1}{3} + \frac{1}{3} - \frac{1}{5} + \frac{1}{5} - \frac{1}{7} + \cdots + \frac{1}{2n-1} - \frac{1}{2n+1}\right)$$

$$= \frac{1}{2}\left(1 - \frac{1}{2n+1}\right) \to \frac{1}{2} (n \to \infty),$$

所以原级数收敛.

(3) 因为前 $n$ 项和

$$s_n = \sin\frac{\pi}{6} + \sin\frac{2\pi}{6} + \sin\frac{3\pi}{6} + \cdots + \sin\frac{n\pi}{6}$$

$$= \frac{1}{2\sin\frac{\pi}{12}}\left(2\sin\frac{\pi}{12}\sin\frac{\pi}{6} + 2\sin\frac{\pi}{12}\sin\frac{2\pi}{6} + \cdots + 2\sin\frac{\pi}{12}\sin\frac{n\pi}{6}\right)$$

$$= \frac{1}{2\sin\frac{\pi}{12}}\left[\left(\cos\frac{\pi}{12} - \cos\frac{3\pi}{12}\right) + \left(\cos\frac{3\pi}{12} - \cos\frac{5\pi}{12}\right) + \cdots + \left(\cos\frac{2n-1}{12}\pi - \cos\frac{2n+1}{12}\pi\right)\right]$$

$$= \frac{1}{2\sin\frac{\pi}{12}}\left(\cos\frac{\pi}{12} - \cos\frac{2n+1}{12}\pi\right).$$

因为 $\lim\limits_{n\to\infty}\cos\frac{2n+1}{12}\pi$ 极限不存在,所以 $\lim\limits_{n\to\infty}s_n$ 不存在,因而原级数发散.

(4) $s_n(x) = \sum\limits_{i=1}^{n}\ln\left(1 + \frac{1}{i}\right) = \sum\limits_{i=1}^{n}\ln\frac{i+1}{i} = (\ln 2 - \ln 1) + (\ln 3 - \ln 2) + \cdots + [\ln(n+1) - \ln n] = \ln(n+1)$,显然 $\lim\limits_{n\to\infty}s_n = \infty$,所以原级数是发散的.

3. 判定下列级数的收敛性:

(1) $-\frac{8}{9} + \frac{8^2}{9^2} - \frac{8^3}{9^3} + \cdots + (-1)^n\frac{8^n}{9^n} + \cdots$;

(2) $\frac{1}{3} + \frac{1}{6} + \frac{1}{9} + \cdots + \frac{1}{3n} + \cdots$;

(3) $\frac{1}{3} + \frac{1}{\sqrt{3}} + \frac{1}{\sqrt[3]{3}} + \cdots + \frac{1}{\sqrt[n]{3}} + \cdots$;

(4) $\frac{3}{2} + \frac{3^2}{2^2} + \frac{3^3}{2^3} + \cdots + \frac{3^n}{2^n} + \cdots$;

(5) $\left(\frac{1}{2} + \frac{1}{3}\right) + \left(\frac{1}{2^2} + \frac{1}{3^2}\right) + \left(\frac{1}{2^3} + \frac{1}{3^3}\right) + \cdots + \left(\frac{1}{2^n} + \frac{1}{3^n}\right) + \cdots$.

**解** (1) 这是一个公比为 $q = -\frac{8}{9}$ 的等比级数,$|q| = \frac{8}{9} < 1$,原级数收敛.

(2) $\dfrac{1}{3} + \dfrac{1}{6} + \dfrac{1}{9} + \cdots + \dfrac{1}{3n} + \cdots = \dfrac{1}{3}\left(1 + \dfrac{1}{2} + \dfrac{1}{3} + \cdots + \dfrac{1}{n} + \cdots\right)$

因为调和级数 $\sum\limits_{n=1}^{\infty} \dfrac{1}{n}$ 是发散的，所以原级数也是发散的.

(3) 因为级数的一般项 $u_n = \dfrac{1}{\sqrt[n]{3}} = 3^{-\frac{1}{n}} \to 1 \neq 0 (n \to \infty)$,

所以由级数收敛的必要条件可以得到，原级数是发散的.

(4) 这是一个公比为 $q = \dfrac{3}{2}$ 的等比级数，因为公比 $q = \dfrac{3}{2} > 1$，所以原级数发散.

(5) 因为 $\sum\limits_{n=1}^{\infty} \dfrac{1}{2^n}$ 和 $\sum\limits_{n=1}^{\infty} \dfrac{1}{3^n}$ 都是收敛的等比级数，所以原级数

$$\sum_{n=1}^{\infty}\left(\dfrac{1}{2^n} + \dfrac{1}{3^n}\right) = \left(\dfrac{1}{2} + \dfrac{1}{3}\right) + \left(\dfrac{1}{2^2} + \dfrac{1}{3^2}\right) + \left(\dfrac{1}{2^3} + \dfrac{1}{3^3}\right) + \cdots + \left(\dfrac{1}{2^n} + \dfrac{1}{3^n}\right) + \cdots$$

是收敛的.

4. 此处解析请扫二维码查看.

### 习题 12-2 解答 常数项级数的审敛法

1. 用比较审敛法或极限形式的比较审敛法判定下列级数的收敛性：

(1) $1 + \dfrac{1}{3} + \dfrac{1}{5} + \cdots + \dfrac{1}{(2n-1)} + \cdots$；

(2) $1 + \dfrac{1+2}{1+2^2} + \dfrac{1+3}{1+3^2} + \cdots + \dfrac{1+n}{1+n^2} + \cdots$；

(3) $\dfrac{1}{2 \cdot 5} + \dfrac{1}{3 \cdot 6} + \cdots + \dfrac{1}{(n+1)(n+4)} + \cdots$；

(4) $\sin\dfrac{\pi}{2} + \sin\dfrac{\pi}{2^2} + \sin\dfrac{\pi}{2^3} + \cdots + \sin\dfrac{\pi}{2^n} + \cdots$；

(5) $\sum\limits_{n=1}^{\infty} \dfrac{1}{1+a^n} (a > 0)$.

4 二维码

**解** (1) 因为 $\lim\limits_{n \to \infty} \dfrac{\frac{1}{2n-1}}{\frac{1}{n}} = \dfrac{1}{2}$，而调和级数 $\sum\limits_{n=1}^{\infty} \dfrac{1}{n}$ 发散，由比较审敛法得原级数发散.

(2) 因为 $u_n = \dfrac{1+n}{1+n^2} > \dfrac{1+n}{n+n^2} = \dfrac{1}{n}$，而调和级数 $\sum\limits_{n=1}^{\infty} \dfrac{1}{n}$ 发散，故原级数发散.

(3) 因为 $\lim\limits_{n \to \infty} \dfrac{\frac{1}{(n+1)(n+4)}}{\frac{1}{n^2}} = \lim\limits_{n \to \infty} \dfrac{n^2}{n^2 + 5n + 4} = 1$，而级数 $\sum\limits_{n=1}^{\infty} \dfrac{1}{n^2}$ 收敛，故原级数收敛.

(4) 因为 $\lim\limits_{n\to\infty}\dfrac{\sin\dfrac{\pi}{2^n}}{\dfrac{1}{2^n}} = \pi\lim\limits_{n\to\infty}\dfrac{\sin\dfrac{\pi}{2^n}}{\dfrac{\pi}{2^n}} = \pi$，而级数 $\sum\limits_{n=1}^{\infty}\dfrac{1}{2^n}$ 是收敛的，故原级数收敛.

(5) 因为

$$\lim_{n\to\infty}\dfrac{\dfrac{1}{1+a^n}}{\dfrac{1}{a^n}} = \lim_{n\to\infty}\dfrac{a^n}{1+a^n} = l = \begin{cases} 0, & 0<a<1, \\ \dfrac{1}{2}, & a=1, \\ 1, & a>1, \end{cases}$$

所以，当 $a>1$ 时级数 $\sum\limits_{n=1}^{\infty}\dfrac{1}{a^n}$ 收敛，当 $0<a\leqslant 1$ 时级数 $\sum\limits_{n=1}^{\infty}\dfrac{1}{a^n}$ 发散，因此原级数 $\sum\limits_{n=1}^{\infty}\dfrac{1}{1+a^n}$ 当 $a>1$ 时收敛，当 $0<a\leqslant 1$ 时发散.

2. 用比值审敛法判定下列级数的收敛性：

(1) $\dfrac{3}{1\cdot 2} + \dfrac{3^2}{2\cdot 2^2} + \dfrac{3^3}{3\cdot 2^3} + \cdots + \dfrac{3^n}{n\cdot 2^n} + \cdots$;

(2) $\sum\limits_{n=1}^{\infty}\dfrac{n^2}{3^n}$;

(3) $\sum\limits_{n=1}^{\infty}\dfrac{2^n\cdot n!}{n^n}$;

(4) $\sum\limits_{n=1}^{\infty}n\tan\dfrac{\pi}{2^{n+1}}$.

**解** (1) 原级数的一般项为 $u_n = \dfrac{3^n}{n\cdot 2^n}$. 由比值审敛法得

$$\lim_{n\to\infty}\dfrac{u_{n+1}}{u_n} = \lim_{n\to\infty}\dfrac{3^{n+1}}{(n+1)\cdot 2^{n+1}}\cdot\dfrac{n\cdot 2^n}{3^n} = \lim_{n\to\infty}\dfrac{3}{2}\cdot\dfrac{n}{n+1} = \dfrac{3}{2} > 1,$$

所以原级数发散.

(2) 由比值审敛法得

$$\lim_{n\to\infty}\dfrac{u_{n+1}}{u_n} = \lim_{n\to\infty}\dfrac{(n+1)^2}{3^{n+1}}\cdot\dfrac{3^n}{n^2} = \lim_{n\to\infty}\dfrac{1}{3}\cdot\left(\dfrac{n+1}{n}\right)^2 = \dfrac{1}{3} < 1,$$

所以原级数收敛.

(3) 由比值审敛法得

$$\lim_{n\to\infty}\dfrac{u_{n+1}}{u_n} = \lim_{n\to\infty}\dfrac{2^{n+1}\cdot(n+1)!}{(n+1)^{n+1}}\cdot\dfrac{n^n}{2^n\cdot n!} = 2\lim_{n\to\infty}\left(\dfrac{n}{n+1}\right)^n = 2\lim_{n\to\infty}\left(1+\dfrac{1}{n}\right)^{-n} = \dfrac{2}{e} < 1,$$

所以原级数收敛.

(4) 由比值审敛法得

$$\lim_{n\to\infty}\dfrac{u_{n+1}}{u_n} = \lim_{n\to\infty}\dfrac{(n+1)\tan\dfrac{\pi}{2^{n+2}}}{n\tan\dfrac{\pi}{2^{n+1}}} = \lim_{n\to\infty}\dfrac{n+1}{n}\cdot\dfrac{\dfrac{\pi}{2^{n+2}}}{\dfrac{\pi}{2^{n+1}}} = \dfrac{1}{2} < 1,$$

所以原级数收敛.

3. 此处解析请扫二维码查看.

4. 判定下列级数的收敛性:

(1) $\dfrac{3}{4} + 2\left(\dfrac{3}{4}\right)^2 + 3\left(\dfrac{3}{4}\right)^3 + \cdots + n\left(\dfrac{3}{4}\right)^n + \cdots$;

(2) $\dfrac{1^4}{1!} + \dfrac{2^4}{2!} + \dfrac{3^4}{3!} + \cdots + \dfrac{n^4}{n!} + \cdots$;

(3) $\displaystyle\sum_{n=1}^{\infty} \dfrac{n+1}{n(n+2)}$;

(4) $\displaystyle\sum_{n=1}^{\infty} 2^n \sin\dfrac{\pi}{3^n}$;

(5) $\sqrt{2} + \sqrt{\dfrac{3}{2}} + \cdots + \sqrt{\dfrac{n+1}{n}} + \cdots$;

(6) $\dfrac{1}{a+b} + \dfrac{1}{2a+b} + \cdots + \dfrac{1}{na+b} + \cdots \ (a>0, b>0)$.

3 二维码

**解** (1) 一般项为 $u_n = n\left(\dfrac{3}{4}\right)^n$，因为

$$\lim_{n\to\infty} \dfrac{u_{n+1}}{u_n} = \lim_{n\to\infty} \dfrac{(n+1)\left(\dfrac{3}{4}\right)^{n+1}}{n\left(\dfrac{3}{4}\right)^n} = \lim_{n\to\infty} \dfrac{n+1}{n} \cdot \dfrac{3}{4} = \dfrac{3}{4} < 1,$$

所以原级数收敛.

(2) 一般项为 $u_n = \dfrac{n^4}{n!}$，因为

$$\lim_{n\to\infty} \dfrac{u_{n+1}}{u_n} = \lim_{n\to\infty} \dfrac{(n+1)^4}{(n+1)!} \cdot \dfrac{n!}{n^4} = \lim_{n\to\infty} \dfrac{1}{n} \cdot \left(\dfrac{n+1}{n}\right)^3 = 0 < 1,$$

所以原级数收敛.

(3) 因为 $\lim\limits_{n\to\infty} \dfrac{\dfrac{n+1}{n(n+2)}}{\dfrac{1}{n}} = \lim\limits_{n\to\infty} \dfrac{n+1}{n+2} = 1$，而调和级数 $\displaystyle\sum_{n=1}^{\infty} \dfrac{1}{n}$ 发散，故原级数发散.

(4) 因为 $\lim\limits_{n\to\infty} \dfrac{2^{n+1}\sin\dfrac{\pi}{3^{n+1}}}{2^n \sin\dfrac{\pi}{3^n}} = \lim\limits_{n\to\infty} \dfrac{2^{n+1} \cdot \dfrac{\pi}{3^{n+1}}}{2^n \cdot \dfrac{\pi}{3^n}} = \dfrac{2}{3} < 1$，由比值审敛法得原级数收敛.

(5) 因为 $\lim\limits_{n\to\infty} u_n = \lim\limits_{n\to\infty} \sqrt{\dfrac{n+1}{n}} = 1 \neq 0$，所以原级数发散.

(6) 因为 $\lim\limits_{n\to\infty} \dfrac{\dfrac{1}{na+b}}{\dfrac{1}{n}} = \dfrac{1}{a}$，而级数 $\displaystyle\sum_{n=1}^{\infty} \dfrac{1}{n}$ 发散，故所给级数发散.

**5. 判定下列级数是否收敛？如果是收敛的，是绝对收敛还是条件收敛？**

(1) $1 - \dfrac{1}{\sqrt{2}} + \dfrac{1}{\sqrt{3}} - \dfrac{1}{\sqrt{4}} + \cdots + \dfrac{(-1)^{n-1}}{\sqrt{n}} + \cdots$；

(2) $\sum\limits_{n=1}^{\infty} (-1)^{n-1} \dfrac{n}{3^{n-1}}$；

(3) $\dfrac{1}{3} \cdot \dfrac{1}{2} - \dfrac{1}{3} \cdot \dfrac{1}{2^2} + \dfrac{1}{3} \cdot \dfrac{1}{2^3} - \dfrac{1}{3} \cdot \dfrac{1}{2^4} + \cdots + (-1)^{n-1} \dfrac{1}{3} \cdot \dfrac{1}{2^n} + \cdots$；

(4) $\dfrac{1}{\ln 2} - \dfrac{1}{\ln 3} + \dfrac{1}{\ln 4} - \dfrac{1}{\ln 5} + \cdots + (-1)^{n-1} \dfrac{1}{\ln(n+1)} + \cdots$；

(5) $\sum\limits_{n=1}^{\infty} (-1)^{n+1} \dfrac{2^{n^2}}{n!}$.

**解** （1）这是一个交错级数 $\sum\limits_{n=1}^{\infty} (-1)^{n-1} u_n = \sum\limits_{n=1}^{\infty} (-1)^{n-1} \dfrac{1}{\sqrt{n}}$，其中 $u_n = \dfrac{1}{\sqrt{n}}$. 显然 $u_n \geqslant u_{n+1}$，并且 $\lim\limits_{n \to \infty} u_n = 0$，因此这个交错级数是收敛的.

又因为 $\sum\limits_{n=1}^{\infty} |(-1)^{n-1} u_n| = \sum\limits_{n=1}^{\infty} \dfrac{1}{\sqrt{n}}$ 是 $p < 1$ 的 $p$ 级数，所以这个级数是发散的，故原级数是条件收敛的.

（2）$\sum\limits_{n=1}^{\infty} \left|(-1)^{n-1} \dfrac{n}{3^{n-1}}\right| = \sum\limits_{n=1}^{\infty} \dfrac{n}{3^{n-1}}$.

这是一个常数项级数，因为 $\lim\limits_{n \to \infty} \dfrac{\frac{n+1}{3^n}}{\frac{n}{3^{n-1}}} = \dfrac{1}{3} < 1$，所以级数 $\sum\limits_{n=1}^{\infty} \dfrac{n}{3^{n-1}}$ 是收敛的，所以原级数是收敛的，并且是绝对收敛.

（3）原级数是一个交错级数 $\sum\limits_{n=1}^{\infty} (-1)^{n-1} \dfrac{1}{3} \cdot \dfrac{1}{2^n}$，并且 $\sum\limits_{n=1}^{\infty} \left|(-1)^{n-1} \dfrac{1}{3} \cdot \dfrac{1}{2^n}\right| = \sum\limits_{n=1}^{\infty} \dfrac{1}{3} \cdot \dfrac{1}{2^n}$. 因为级数 $\sum\limits_{n=1}^{\infty} \dfrac{1}{3} \cdot \dfrac{1}{2^n}$ 是收敛的，所以原级数也是收敛的，并且是绝对收敛.

（4）原级数是一个交错级数 $\sum\limits_{n=1}^{\infty} (-1)^{n-1} u_n = \sum\limits_{n=1}^{\infty} \dfrac{(-1)^{n-1}}{\ln(n+1)}$，其中 $u_n = \dfrac{1}{\ln(n+1)}$. 显然 $u_n \geqslant u_{n+1}$，并且 $\lim\limits_{n \to \infty} u_n = 0$，因此这个交错级数是收敛的.

又因为 $\dfrac{1}{\ln(n+1)} \geqslant \dfrac{1}{n+1}$，而级数 $\sum\limits_{n=1}^{\infty} \dfrac{1}{n+1}$ 是发散的，所以级数 $\sum\limits_{n=1}^{\infty} |(-1)^{n-1} u_n| = \sum\limits_{n=1}^{\infty} \dfrac{1}{\ln(n+1)}$ 发散，因此原级数是条件收敛的.

（5）原级数的一般项为 $u_n = (-1)^{n+1} \dfrac{2^{n^2}}{n!}$.

因为 $\lim\limits_{n \to \infty} |u_n| = \lim\limits_{n \to \infty} \dfrac{2^{n^2}}{n!} = \lim\limits_{n \to \infty} \dfrac{(2^n)^n}{n!} = \lim\limits_{n \to \infty} \dfrac{2^n}{n} \cdot \dfrac{2^n}{n-1} \cdot \dfrac{2^n}{n-2} \cdot \cdots \cdot \dfrac{2^n}{3} \cdot \dfrac{2^n}{2} \cdot \dfrac{2^n}{1} = \infty$，

所以原级数发散.

## 习题 12-3　解答　幂级数

1. 求下列幂级数的收敛区间：

(1) $x + 2x^2 + 3x^3 + \cdots + nx^n + \cdots$；

(2) $1 - x + \dfrac{x^2}{2^2} + \cdots + (-1)^n \dfrac{x^n}{n^2} + \cdots$；

(3) $\dfrac{x}{2} + \dfrac{x^2}{2 \cdot 4} + \dfrac{x^3}{2 \cdot 4 \cdot 6} + \cdots + \dfrac{x^n}{2 \cdot 4 \cdots (2n)} + \cdots$；

(4) $\dfrac{x}{1 \cdot 3} + \dfrac{x^2}{2 \cdot 3^2} + \dfrac{x^3}{3 \cdot 3^3} + \cdots + \dfrac{x^n}{n \cdot 3^n} + \cdots$；

(5) $\dfrac{2}{2}x + \dfrac{2^2}{5}x^2 + \dfrac{2^3}{10}x^3 + \cdots + \dfrac{2^n}{n^2 + 1}x^n + \cdots$；

(6) $\sum\limits_{n=1}^{\infty} (-1)^n \dfrac{x^{2n+1}}{2n+1}$；

(7) $\sum\limits_{n=1}^{\infty} \dfrac{2n-1}{2^n} x^{2n-2}$；

(8) $\sum\limits_{n=1}^{\infty} \dfrac{(x-5)^n}{\sqrt{n}}$.

**解**　(1) $\lim\limits_{n\to\infty} \left|\dfrac{a_{n+1}}{a_n}\right| = \lim\limits_{n\to\infty} \dfrac{n+1}{n} = 1$，收敛半径为 $R = 1$.

所以原级数的收敛区间为 $(-1, 1)$.

(2) $\lim\limits_{n\to\infty} \left|\dfrac{a_{n+1}}{a_n}\right| = \lim\limits_{n\to\infty} \dfrac{\frac{1}{(n+1)^2}}{\frac{1}{n^2}} = \lim\limits_{n\to\infty} \dfrac{n^2}{(n+1)^2} = 1$，收敛半径为 $R = 1$.

所以原级数的收敛区间为 $(-1, 1)$.

(3) $\lim\limits_{n\to\infty} \left|\dfrac{a_{n+1}}{a_n}\right| = \lim\limits_{n\to\infty} \dfrac{2^n \cdot n!}{2^{n+1} \cdot (n+1)!} = \lim\limits_{n\to\infty} \dfrac{1}{2(n+1)} = 0$，收敛半径为 $R = +\infty$，收敛区间为 $(-\infty, +\infty)$.

(4) $\lim\limits_{n\to\infty} \left|\dfrac{a_{n+1}}{a_n}\right| = \lim\limits_{n\to\infty} \dfrac{n \cdot 3^n}{(n+1) \cdot 3^{n+1}} = \lim\limits_{n\to\infty} \dfrac{1}{3} \cdot \dfrac{n}{n+1} = \dfrac{1}{3}$，收敛半径为 $R = 3$. 所以收敛区间为 $(-3, 3)$.

(5) $\lim\limits_{n\to\infty} \left|\dfrac{a_{n+1}}{a_n}\right| = \lim\limits_{n\to\infty} \dfrac{2^{n+1}}{(n+1)^2 + 1} \cdot \dfrac{n^2 + 1}{2^n} = 2 \lim\limits_{n\to\infty} \dfrac{n^2 + 1}{(n+1)^2 + 1} = 2$，收敛半径为 $R = \dfrac{1}{2}$.

所以收敛区间为 $\left(-\dfrac{1}{2}, \dfrac{1}{2}\right)$.

(6) 这个级数的一般项为 $u_n = (-1)^n \dfrac{x^{2n+1}}{2n+1}$.

因为 $\lim\limits_{n\to\infty} \left|\dfrac{u_{n+1}}{u_n}\right| = \lim\limits_{n\to\infty} \left|\dfrac{x^{2n+3}}{2n+3} \cdot \dfrac{2n+1}{x^{2n+1}}\right| = x^2$，由比值审敛法，当 $x^2 < 1$，即 $|x| < 1$ 时，幂级数绝对收敛；当 $x^2 > 1$，即 $|x| > 1$ 时，幂级数发散，故收敛半径为 $R = 1$. 所以收

敛区间为 $(-1, 1)$.

(7) 这个级数的一般项为 $u_n = \dfrac{2n-1}{2^n} x^{2n-2}$.

因为 $\lim\limits_{n \to \infty} \left| \dfrac{u_{n+1}}{u_n} \right| = \lim\limits_{n \to \infty} \left| \dfrac{(2n+1)x^{2n}}{2^{n+1}} \cdot \dfrac{2^n}{(2n-1)x^{2n-2}} \right| = \dfrac{1}{2} x^2$，由比值审敛法，当 $\dfrac{1}{2} x^2 < 1$，即 $|x| < \sqrt{2}$ 时，幂级数绝对收敛；当 $\dfrac{1}{2} x^2 > 1$，即 $|x| > \sqrt{2}$ 时，幂级数发散，所以级数的收敛半径为 $R = \sqrt{2}$. 所以原级数的收敛区间为 $(-\sqrt{2}, \sqrt{2})$.

(8) $\lim\limits_{n \to \infty} \left| \dfrac{a_{n+1}}{a_n} \right| = \lim\limits_{n \to \infty} \dfrac{\sqrt{n}}{\sqrt{n+1}} = 1$，故级数的收敛半径为 $R = 1$，当 $-1 < x-5 < 1$ 时级数收敛，当 $|x-5| > 1$ 时级数发散；

当 $x - 5 = -1$ 时，$x = 4$；当 $x - 5 = 1$ 时，$x = 6$，所以收敛区间为 $(4, 6)$.

2. 利用逐项求导或逐项积分，求下列级数的和函数：

(1) $\sum\limits_{n=1}^{\infty} n x^{n-1}$；

(2) $\sum\limits_{n=1}^{\infty} \dfrac{x^{4n+1}}{4n+1}$；

(3) $x + \dfrac{x^3}{3} + \dfrac{x^5}{5} + \cdots + \dfrac{x^{2n-1}}{2n-1} + \cdots$；

(4) $\sum\limits_{n=1}^{\infty} (n+2) x^{n+3}$.

**解** (1) 先求收敛域，由 $\lim\limits_{n \to \infty} \left| \dfrac{a_{n+1}}{a_n} \right| = \lim\limits_{n \to \infty} \left| \dfrac{n-1}{n} \right| = 1$，当 $x = \pm 1$ 时，通项不趋近于 0，所以收敛域为 $(-1, 1)$. 在收敛域内，设幂级数的和函数为 $s(x)$，即 $s(x) = \sum\limits_{n=1}^{\infty} n x^{n-1}$，可以得到

$$s(x) = \left( \int_0^x s(x) \mathrm{d}x \right)' = \left( \int_0^x \sum_{n=1}^{\infty} n x^{n-1} \mathrm{d}x \right)' = \left( \sum_{n=1}^{\infty} \int_0^x n x^{n-1} \mathrm{d}x \right)'$$

$$= \left( \sum_{n=1}^{\infty} x^n \right)' = \left( \dfrac{1}{1-x} - 1 \right)' = \dfrac{1}{(1-x)^2} \quad (-1 < x < 1).$$

(2) 先求收敛域，由 $\lim\limits_{n \to \infty} \left| \dfrac{u_{n+1}(x)}{u_n(x)} \right| = \lim\limits_{n \to \infty} \left| \dfrac{\dfrac{1}{4n+5} x^{4n+5}}{\dfrac{1}{4n+1} x^{4n+1}} \right| = x^4$，当 $x = 1$ 时，$\lim\limits_{n \to \infty} \dfrac{\dfrac{1}{4n+1}}{\dfrac{1}{n}} = \dfrac{1}{4}$，

所以 $\sum\limits_{n=1}^{\infty} \dfrac{1}{4n+1}$ 是发散的；当 $x = -1$ 时，$\sum\limits_{n=1}^{\infty} \dfrac{-1}{4n+1}$，也是发散的，所以收敛域为 $(-1, 1)$.

在收敛域内，设幂级数的和函数为 $s(x)$，即 $s(x) = \sum\limits_{n=1}^{\infty} \dfrac{x^{4n+1}}{4n+1}$.

由 $\int_0^x s'(x) \mathrm{d}x = s(x) - s(0)$ 得 $s(x) = s(0) + \int_0^x s'(x) \mathrm{d}x$ 可以得到

$$s(x)=s(0)+\int_0^x s'(x)\mathrm{d}x=\int_0^x\left(\sum_{n=1}^\infty\frac{x^{4n+1}}{4n+1}\right)'\mathrm{d}x=\int_0^x\sum_{n=1}^\infty x^{4n}\mathrm{d}x$$

$$=\int_0^x\left(\frac{1}{1-x^4}-1\right)\mathrm{d}x=\int_0^x\left(-1+\frac{1}{2}\cdot\frac{1}{1+x^2}+\frac{1}{2}\cdot\frac{1}{1-x^2}\right)\mathrm{d}x$$

$$=\frac{1}{4}\ln\frac{1+x}{1-x}+\frac{1}{2}\arctan x-x,\ (-1<x<1).$$

(3) 先求收敛域，由 $\lim\limits_{n\to\infty}\left|\dfrac{a_{n+1}}{a_n}\right|=\lim\limits_{n\to\infty}\left|\dfrac{\dfrac{x^{2n+1}}{2n+1}}{\dfrac{x^{2n-1}}{2n-1}}\right|=1$，当 $x=1$ 时，$\lim\limits_{n\to\infty}\dfrac{\dfrac{1}{2n-1}}{\dfrac{1}{n}}=\dfrac{1}{2}$，

所以 $\sum\limits_{n=1}^\infty\dfrac{1}{2n-1}$ 是发散的；当 $x=-1$ 时，$\sum\limits_{n=1}^\infty\dfrac{-1}{2n-1}$ 也是发散的；所以收敛域为 $(-1,1)$.

在收敛域内，设幂级数的和函数为 $s(x)$，即

$$s(x)=\sum_{n=1}^\infty\frac{x^{2n-1}}{2n-1}=x+\frac{x^3}{3}+\frac{x^5}{5}+\cdots+\frac{x^{2n-1}}{2n-1}+\cdots,$$

由 $\int_0^x s'(x)\mathrm{d}x=s(x)-s(0)$ 得 $s(x)=s(0)+\int_0^x s'(x)\mathrm{d}x$，可以得到

$$s(x)=s(0)+\int_0^x s'(x)\mathrm{d}x=\int_0^x\left(\sum_{n=1}^\infty\frac{x^{2n-1}}{2n-1}\right)'\mathrm{d}x=\int_0^x\sum_{n=1}^\infty x^{2n-2}\mathrm{d}x$$

$$=\int_0^x\frac{1}{1-x^2}\mathrm{d}x=\frac{1}{2}\ln\frac{1+x}{1-x}\ (-1<x<1).$$

(4) 先求收敛域，由 $\lim\limits_{n\to\infty}\left|\dfrac{a_{n+1}}{a_n}\right|=\lim\limits_{n\to\infty}\left|\dfrac{n+3}{n+2}\right|=1$，当 $x=\pm 1$ 时，通项不趋近于 0，所以

收敛域为 $(-1,1)$. 在收敛域内，设和函数 $s(x)=\sum\limits_{n=1}^\infty(n+2)x^{n+3}=x^2\sum\limits_{n=1}^\infty(n+2)x^{n+1}$，

$\int_0^x\sum\limits_{n=1}^\infty(n+2)t^{n+1}\mathrm{d}t=\sum\limits_{n=1}^\infty\int_0^x(n+2)t^{n+1}\mathrm{d}t=\sum\limits_{n=1}^\infty x^{n+2}=\dfrac{x^3}{1-x}$，因此 $s(x)=x^2\cdot\left(\dfrac{x^3}{1-x}\right)'=$

$\dfrac{3x^4-2x^5}{(1-x)^2}\ (-1<x<1)$.

### 习题 12-4 解答 函数展开成幂级数

**1.** 求函数 $f(x)=\cos x$ 的泰勒级数，并验证它在整个数轴上收敛于这函数.

**解** $f^{(n)}(x)=\cos\left(x+n\cdot\dfrac{\pi}{2}\right)(n=1,2,\cdots)$，所以

$$f^{(n)}(x_0)=\cos\left(x_0+n\cdot\frac{\pi}{2}\right)(n=1,2,\cdots),$$

从而得到 $f(x)$ 在 $x_0$ 处的泰勒展开式为

$$f(x)=\cos x_0+\cos\left(x_0+\frac{\pi}{2}\right)(x-x_0)+\frac{\cos(x_0+\pi)}{2!}(x-x_0)^2+\cdots+$$

$$\frac{\cos\left(x_0+\dfrac{n\pi}{2}\right)}{n!}(x-x_0)^n+R_n(x).$$

因为 $|R_n(x)| = \left|\dfrac{\cos\left[x_0 + \theta(x-x_0) + \dfrac{n+1}{2}\pi\right]}{(n+1)!}(x-x_0)^{n+1}\right| \leqslant \dfrac{|x-x_0|^{n+1}}{(n+1)!} \ (0 \leqslant \theta \leqslant 1)$,

又因为级数 $\sum\limits_{n\to\infty}^{\infty} \dfrac{|x-x_0|^{n+1}}{(n+1)!}$ 是收敛的,故通项 $\lim\limits_{n\to\infty} \dfrac{|x-x_0|^{n+1}}{(n+1)!} = 0$,所以余项 $\lim\limits_{n\to\infty} |R_n(x)| = 0$.

因此 $f(x) = \cos x_0 + \cos\left(x_0 + \dfrac{\pi}{2}\right)(x-x_0) + \dfrac{\cos(x_0 + \pi)}{2!}(x-x_0)^2 + \cdots +$
$\dfrac{\cos\left(x_0 + \dfrac{n\pi}{2}\right)}{n!}(x-x_0)^n + \cdots, \ x \in (-\infty, +\infty)$.

2. 将下列函数展开成 $x$ 的幂级数,并求展开式成立的区间:

(1) $\operatorname{sh} x = \dfrac{e^x - e^{-x}}{2}$;

(2) $\ln(a+x) \ (a > 0)$;

(3) $a^x$;

(4) $\sin^2 x$;

(5) $(1+x)\ln(1+x)$;

(6) $\dfrac{x}{\sqrt{1+x^2}}$.

**解** (1) 对于 $e^x$ 我们有如下展开式
$$e^x = \sum_{n=0}^{\infty} \dfrac{x^n}{n!}, \ x \in (-\infty, +\infty),$$

所以 $e^{-x} = \sum\limits_{n=0}^{\infty} (-1)^n \dfrac{x^n}{n!}, \ x \in (-\infty, +\infty)$,因此

$$\operatorname{sh} x = \dfrac{1}{2}\left[\sum_{n=0}^{\infty} \dfrac{x^n}{n!} - \sum_{n=0}^{\infty} (-1)^n \dfrac{x^n}{n!}\right] = \dfrac{1}{2}\sum_{n=0}^{\infty}[1-(-1)^n]\dfrac{x^n}{n!}$$
$$= \sum_{n=1}^{\infty} \dfrac{x^{2n-1}}{(2n-1)!}, \ x \in (-\infty, +\infty).$$

(2) 因为 $\ln(a+x) = \ln\left[a\left(1 + \dfrac{x}{a}\right)\right] = \ln a + \ln\left(1 + \dfrac{x}{a}\right)$,
$$\ln(1+x) = \sum_{n=0}^{\infty} (-1)^n \dfrac{x^{n+1}}{n+1} \ (-1 < x \leqslant 1),$$

因此 $\ln(a+x) = \ln a + \sum\limits_{n=0}^{\infty} (-1)^n \dfrac{1}{n+1}\left(\dfrac{x}{a}\right)^{n+1} \ (-a < x \leqslant a)$.

(3) 因为 $e^x = \sum\limits_{n=0}^{\infty} \dfrac{x^n}{n!}, \ x \in (-\infty, +\infty)$,所以
$$a^x = e^{x\ln a} = \sum_{n=0}^{\infty} \dfrac{(x\ln a)^n}{n!} = \sum_{n=0}^{\infty} \dfrac{(\ln a)^n}{n!} x^n, \ x \in (-\infty, +\infty).$$

(4) 因为 $\sin^2 x = \dfrac{1-\cos 2x}{2} = \dfrac{1}{2} - \dfrac{1}{2}\cos 2x$,

$$\cos x = \sum_{n=0}^{\infty}(-1)^n \frac{x^{2n}}{(2n)!}, \quad x \in (-\infty, +\infty),$$

所以 $\sin^2 x = \frac{1}{2} - \frac{1}{2}\sum_{n=0}^{\infty}(-1)^n \frac{(2x)^{2n}}{(2n)!} = \sum_{n=1}^{\infty}(-1)^n \frac{2^{2n-1} \cdot x^{2n}}{(2n)!}, x \in (-\infty, +\infty).$

(5) 因为 $\ln(1+x) = \sum_{n=0}^{\infty}(-1)^n \frac{x^{n+1}}{n+1} \ (-1 < x \leq 1)$, 所以

$$(1+x)\ln(1+x) = (1+x)\sum_{n=0}^{\infty}(-1)^n \frac{x^{n+1}}{n+1}$$

$$= \sum_{n=0}^{\infty}(-1)^n \frac{x^{n+1}}{n+1} + \sum_{n=0}^{\infty}(-1)^n \frac{x^{n+2}}{n+1}$$

$$= x + \sum_{n=1}^{\infty}(-1)^n \frac{x^{n+1}}{n+1} + \sum_{n=1}^{\infty}(-1)^{n+1} \frac{x^{n+1}}{n}$$

$$= x + \sum_{n=1}^{\infty}\left[\frac{(-1)^n}{n+1} + \frac{(-1)^{n+1}}{n}\right]x^{n+1}$$

$$= x + \sum_{n=1}^{\infty}\frac{(-1)^{n-1}}{n(n+1)}x^{n+1} \ (-1 < x \leq 1).$$

(6) 因为 $\frac{1}{(1+x^2)^{1/2}} = 1 + \sum_{n=1}^{\infty}(-1)^n \frac{(2n-1)!!}{(2n)!!}x^{2n} \ (-1 \leq x \leq 1)$, 所以

$$\frac{x}{\sqrt{1+x^2}} = x + \sum_{n=1}^{\infty}(-1)^n \frac{(2n-1)!!}{(2n)!!}x^{2n+1} = x + \sum_{n=1}^{\infty}(-1)^n \frac{2 \cdot (2n)!}{(n!)^2}\left(\frac{x}{2}\right)^{2n+1} (-1 \leq x \leq 1).$$

3. 将下列函数展开成 $(x-1)$ 的幂级数, 并求展开式成立的区间:

(1) $\sqrt{x^3}$ ;

(2) $\lg x.$

**解** (1) 因为

$$(1+x)^m = 1 + mx + \frac{m(m-1)}{2!}x^2 + \cdots + \frac{m(m-1)\cdots(m-n+1)}{n!}x^n + \cdots \ (-1 < x < 1),$$

所以代入展开得

$$\sqrt{x^3} = [1+(x-1)]^{\frac{3}{2}}$$

$$= 1 + \frac{3}{2}(x-1) + \frac{\frac{3}{2}\left(\frac{3}{2}-1\right)}{2!}(x-1)^2 + \cdots +$$

$$\frac{\frac{3}{2}\left(\frac{3}{2}-1\right)\cdots\left(\frac{3}{2}-n+1\right)}{n!}(x-1)^n + \cdots \ (-1 < x-1 < 1),$$

即 $\sqrt{x^3} = 1 + \frac{3}{2}(x-1) + \frac{3 \cdot 1}{2^2 \cdot 2!}(x-1)^2 + \cdots +$

$$\frac{3 \cdot 1 \cdot (-1) \cdot (-3)\cdots(5-2n)}{2^n \cdot n!}(x-1)^n + \cdots \ (0 < x < 2).$$

当 $x=0$ 和 $x=2$ 时都是收敛的, 所以展开式收敛的区间是 $[0,2]$.

(2) $\lg x = \frac{\ln x}{\ln 10} = \frac{1}{\ln 10}\ln[1+(x-1)] = \frac{1}{\ln 10}\sum_{n=1}^{\infty}(-1)^{n-1}\frac{(x-1)^n}{n} \ (-1 < x-1 \leq 1),$

因此 $\lg x = \dfrac{1}{\ln 10} \sum\limits_{n=1}^{\infty} (-1)^{n-1} \dfrac{(x-1)^n}{n}$ $(0 < x \leq 2)$.

4. 将函数 $f(x) = \cos x$ 展开成 $\left(x + \dfrac{\pi}{3}\right)$ 的幂级数.

**解** 已知 $\cos x = \cos\left[\left(x + \dfrac{\pi}{3}\right) - \dfrac{\pi}{3}\right] = \cos\left(x + \dfrac{\pi}{3}\right)\cos\dfrac{\pi}{3} + \sin\left(x + \dfrac{\pi}{3}\right)\sin\dfrac{\pi}{3}$

$= \dfrac{1}{2}\cos\left(x + \dfrac{\pi}{3}\right) + \dfrac{\sqrt{3}}{2}\sin\left(x + \dfrac{\pi}{3}\right)$

$= \dfrac{1}{2}\sum\limits_{n=0}^{\infty} \dfrac{(-1)^n}{(2n)!}\left(x + \dfrac{\pi}{3}\right)^{2n} + \dfrac{\sqrt{3}}{2}\sum\limits_{n=0}^{\infty} \dfrac{(-1)^n}{(2n+1)!}\left(x + \dfrac{\pi}{3}\right)^{2n+1}$

$= \dfrac{1}{2}\sum\limits_{n=0}^{\infty} (-1)^n \left[\dfrac{1}{(2n)!}\left(x + \dfrac{\pi}{3}\right)^{2n} + \dfrac{\sqrt{3}}{(2n+1)!}\left(x + \dfrac{\pi}{3}\right)^{2n+1}\right]$ $(-\infty < x < +\infty)$.

5. 将函数 $f(x) = \dfrac{1}{x}$ 展开成 $(x-3)$ 的幂级数.

**解** $\dfrac{1}{x} = \dfrac{1}{3+x-3} = \dfrac{1}{3}\dfrac{1}{1+\dfrac{x-3}{3}} = \dfrac{1}{3}\sum\limits_{n=0}^{\infty} (-1)^n \left(\dfrac{x-3}{3}\right)^n$ $\left(-1 < \dfrac{x-3}{3} < 1\right)$,

即 $\dfrac{1}{x} = \dfrac{1}{3}\sum\limits_{n=0}^{n} (-1)^n \left(\dfrac{x-3}{3}\right)^n$ $(0 < x < 6)$.

6. 将函数 $f(x) = \dfrac{1}{x^2+3x+2}$ 展开成 $(x+4)$ 的幂级数.

**解** $f(x) = \dfrac{1}{x^2+3x+2} = \dfrac{1}{x+1} - \dfrac{1}{x+2}$,因为

$\dfrac{1}{x+1} = \dfrac{1}{-3+(x+4)} = -\dfrac{1}{3}\dfrac{1}{1-\dfrac{x+4}{3}} = -\dfrac{1}{3}\sum\limits_{n=0}^{\infty}\left(\dfrac{x+4}{3}\right)^n$ $\left(\left|\dfrac{x+4}{3}\right| < 1\right)$,

即 $\dfrac{1}{x+1} = -\sum\limits_{n=0}^{\infty} \dfrac{(x+4)^n}{3^{n+1}}$ $(-7 < x < -1)$;而

$\dfrac{1}{x+2} = \dfrac{1}{-2+(x+4)} = \left(-\dfrac{1}{2}\right)\dfrac{1}{1-\dfrac{x+4}{2}} = \left(-\dfrac{1}{2}\right)\sum\limits_{n=0}^{\infty}\left(\dfrac{x+4}{2}\right)^n$ $\left(\left|\dfrac{x+4}{2}\right| < 1\right)$,

即 $\dfrac{1}{x+2} = -\sum\limits_{n=0}^{\infty} \dfrac{(x+4)^n}{2^{n+1}}$ $(-6 < x < -2)$.

因此 $f(x) = \dfrac{1}{x^2+3x+2} = -\sum\limits_{n=0}^{\infty} \dfrac{(x+4)^n}{3^{n+1}} + \sum\limits_{n=0}^{\infty} \dfrac{(x+4)^n}{2^{n+1}}$

$= \sum\limits_{n=0}^{\infty} \left(\dfrac{1}{2^{n+1}} - \dfrac{1}{3^{n+1}}\right)(x+4)^n$ $(-6 < x < -2)$.

## 习题 12-5 解答 函数的幂函数展开式的应用

1. 利用函数的幂级数展开式求下列各数的近似值:
(1) $\ln 3$（误差不超过 0.000 1）;
(2) $\sqrt{e}$（误差不超过 0.001）;
(3) $\sqrt[9]{522}$（误差不超过 0.000 01）;
(4) $\cos 2°$（误差不超过 0.000 1）.

**解** (1) 讨论函数 $\ln\dfrac{1+x}{1-x}$，可以知道

$$\ln\frac{1+x}{1-x} = 2\left(x + \frac{1}{3}x^3 + \frac{1}{5}x^5 + \cdots + \frac{1}{2n-1}x^{2n-1} + \cdots\right) \quad (-1 < x < 1),$$

$$\ln 3 = \ln\frac{1+\frac{1}{2}}{1-\frac{1}{2}} = 2\left(\frac{1}{2} + \frac{1}{3}\cdot\frac{1}{2^3} + \frac{1}{5}\cdot\frac{1}{2^5} + \cdots + \frac{1}{2n-1}\cdot\frac{1}{2^{2n-1}} + \cdots\right).$$

又 $|r_n| = 2\left[\dfrac{1}{(2n+1)\cdot 2^{2n+1}} + \dfrac{1}{(2n+3)\cdot 2^{2n+3}} + \cdots\right]$

$$= \frac{2}{(2n+1)2^{2n+1}}\left[1 + \frac{(2n+1)\cdot 2^{2n+1}}{(2n+3)\cdot 2^{2n+3}} + \frac{(2n+1)\cdot 2^{2n+1}}{(2n+5)\cdot 2^{2n+5}} + \cdots\right]$$

$$< \frac{2}{(2n+1)2^{2n+1}}\left(1 + \frac{1}{2^2} + \frac{1}{2^4} + \cdots\right) = \frac{1}{3(2n+1)2^{2n-2}},$$

故 $|r_5| < \dfrac{1}{3\cdot 11\cdot 2^8} \approx 0.000\,12$，$|r_6| < \dfrac{1}{3\cdot 13\cdot 2^{10}} \approx 0.000\,03$.

因而取 $n = 6$，此时

$$\ln 3 = 2\left(\frac{1}{2} + \frac{1}{3}\cdot\frac{1}{2^3} + \frac{1}{5}\cdot\frac{1}{2^5} + \frac{1}{7}\cdot\frac{1}{2^7} + \frac{1}{9}\cdot\frac{1}{2^9} + \frac{1}{11}\cdot\frac{1}{2^{11}}\right) \approx 1.098\,6.$$

(2) $e^x = 1 + x + \dfrac{1}{2!}x^2 + \cdots + \dfrac{1}{n!}x^n + \cdots \quad (-\infty < x < +\infty)$，故

$$\sqrt{e} = 1 + \frac{1}{2} + \frac{1}{2!}\cdot\frac{1}{2^2} + \cdots + \frac{1}{n!}\cdot\frac{1}{2^n} + \cdots.$$

由于 $r_n = \dfrac{1}{(n+1)!}\cdot\dfrac{1}{2^{n+1}} + \dfrac{1}{(n+2)!}\cdot\dfrac{1}{2^{n+2}} + \cdots$

$$= \frac{1}{(n+1)!\cdot 2^{n+1}}\left[1 + \frac{1}{n+2}\cdot\frac{1}{2} + \frac{1}{(n+2)\cdot(n+3)}\cdot\frac{1}{2^2} + \cdots\right]$$

$$< \frac{1}{(n+1)!\cdot 2^{n+1}}\cdot\frac{1}{1-\frac{1}{2}} = \frac{1}{(n+1)!\cdot 2^n},$$

故 $r_4 = \dfrac{1}{5!\cdot 2^4} \approx 0.000\,5.$

因此可以取 $n = 4$，得

$$\sqrt{e} \approx 1 + \frac{1}{2} + \frac{1}{2!}\cdot\frac{1}{2^2} + \frac{1}{3!}\cdot\frac{1}{2^3} + \frac{1}{4!}\cdot\frac{1}{2^4} \approx 1.648.$$

(3) $(1+x)^m = 1 + mx + \dfrac{m(m-1)}{2!}x^2 + \cdots + \dfrac{m(m-1)\cdots(m-n+1)}{n!}x^n + \cdots \ (-1 < x < 1)$,故

$$\sqrt[9]{522} = 2\left(1 + \dfrac{10}{2^9}\right)^{1/9} = 2\left[1 + \dfrac{1}{9}\cdot\dfrac{10}{2^9} - \dfrac{8}{9^2\cdot 2!}\cdot\left(\dfrac{10}{2^9}\right)^2 + \dfrac{8\cdot 17}{3^2\cdot 3!}\cdot\left(\dfrac{10}{2^9}\right)^3 - \cdots\right].$$

又由于 $\dfrac{1}{9}\cdot\dfrac{10}{2^9} \approx 0.002\,170$,$\dfrac{8}{9^2\cdot 2!}\cdot\left(\dfrac{10}{2^9}\right)^2 \approx 0.000\,019$,因此取前三项,即

$$\sqrt[9]{522} \approx 2(1 + 0.002\,170 - 0.000\,019) \approx 2.004\,30.$$

(4) $\cos x = 1 - \dfrac{x^2}{2!} + \dfrac{x^4}{4!} - \cdots + (-1)^n \dfrac{x^{2n}}{(2n)!} + \cdots \ (-\infty < x < +\infty)$,故

$$\cos 2° = \cos\dfrac{\pi}{90} = 1 - \dfrac{1}{2!}\cdot\left(\dfrac{\pi}{90}\right)^2 + \dfrac{1}{4!}\cdot\left(\dfrac{\pi}{90}\right)^4 - \dfrac{1}{6!}\cdot\left(\dfrac{\pi}{90}\right)^6 + \cdots.$$

由于 $\dfrac{1}{2!}\cdot\left(\dfrac{\pi}{90}\right)^2 \approx 6 \times 10^{-4}$,$\dfrac{1}{4!}\cdot\left(\dfrac{\pi}{90}\right)^4 \approx 10^{-8}$,取前两项,即

$$\cos 2° \approx 1 - \dfrac{1}{2!}\cdot\left(\dfrac{\pi}{90}\right)^2 \approx 1 - 0.000\,6 = 0.999\,4.$$

2. 利用被积函数的幂级数展开式求下列定积分的近似值:

(1) $\displaystyle\int_0^{0.5} \dfrac{1}{1+x^4}\mathrm{d}x$(误差不超过 $0.000\,1$);

(2) $\displaystyle\int_0^{0.5} \dfrac{\arctan x}{x}\mathrm{d}x$(误差不超过 $0.001$).

**解** (1) $\displaystyle\int_0^{0.5}\dfrac{1}{1+x^4}\mathrm{d}x = \int_0^{0.5}[1 - x^4 + x^8 - x^{12} + \cdots + (-1)^n x^{4n} + \cdots]\mathrm{d}x$

$$= \left(x - \dfrac{1}{5}x^5 + \dfrac{1}{9}x^9 - \dfrac{1}{13}x^{13} + \cdots\right)\Big|_0^{0.5}$$

$$= \dfrac{1}{2} - \dfrac{1}{5}\cdot\dfrac{1}{2^5} + \dfrac{1}{9}\cdot\dfrac{1}{2^9} - \dfrac{1}{13}\cdot\dfrac{1}{2^{13}} + \cdots.$$

又因为 $\dfrac{1}{5}\cdot\dfrac{1}{2^5} \approx 0.006\,25$,$\dfrac{1}{9}\cdot\dfrac{1}{2^9} \approx 0.000\,28$,$\dfrac{1}{13}\cdot\dfrac{1}{2^{13}} \approx 0.000\,009$,所以

$$\int_0^{0.5}\dfrac{1}{1+x^4}\mathrm{d}x \approx \dfrac{1}{2} - \dfrac{1}{5}\cdot\dfrac{1}{2^5} + \dfrac{1}{9}\cdot\dfrac{1}{2^9} \approx 0.494\,0.$$

(2) $\arctan x = x - \dfrac{1}{3}x^3 + \dfrac{1}{5}x^5 - \cdots + (-1)^n \dfrac{1}{2n+1}x^{2n+1} + \cdots \ (-1 < x < 1)$,故

$$\int_0^{0.5}\dfrac{\arctan x}{x}\mathrm{d}x = \int_0^{0.5}\left[1 - \dfrac{1}{3}x^2 + \dfrac{1}{5}x^4 - \cdots + (-1)^n \dfrac{1}{2n+1}x^{2n} + \cdots\right]\mathrm{d}x$$

$$= \left(x - \dfrac{1}{9}x^3 + \dfrac{1}{25}x^5 - \dfrac{1}{49}x^7 + \cdots\right)\Big|_0^{0.5}$$

$$= \dfrac{1}{2} - \dfrac{1}{9}\cdot\dfrac{1}{2^3} + \dfrac{1}{25}\cdot\dfrac{1}{2^5} - \dfrac{1}{49}\cdot\dfrac{1}{2^7} + \cdots.$$

又因为 $\dfrac{1}{9}\cdot\dfrac{1}{2^3} \approx 0.013\,9$,$\dfrac{1}{25}\cdot\dfrac{1}{2^5} \approx 0.001\,3$,$\dfrac{1}{49}\cdot\dfrac{1}{2^7} \approx 0.000\,2$,所以

$$\int_0^{0.5} \frac{\arctan x}{x}dx \approx \frac{1}{2} - \frac{1}{9}\cdot\frac{1}{2^3} + \frac{1}{25}\cdot\frac{1}{2^5} \approx 0.487\,4.$$

3. 试用幂级数求下列各微分方程的解：

(1) $y' - xy - x = 1$；

(2) $y'' + xy' + y = 0$；

(3) $(1-x)y' = x^2 - y$.

**解** (1) 设微分方程的解为 $y(x) = \sum_{n=0}^{\infty} a_n x^n$，该微分方程为一阶微分方程，设 $a_0$ 为任意常数. 可以得到

$$\begin{cases} y' = a_1 + 2a_2 x + 3a_3 x^2 + \cdots + (n+1)a_{n+1}x^n + \cdots, \\ -xy = -a_0 x - a_1 x^2 - \cdots - a_{n-1}x^n - \cdots, \\ -x = -x, \end{cases}$$

代入方程

$$a_1 + (2a_2 - a_0 - 1)x + (3a_3 - a_1)x^2 + \cdots + [(n+1)a_{n+1} - a_{n-1}]x^n + \cdots = 1,$$

两边比较系数得 $a_1 = 1$, $a_3 = \frac{1}{3}$, $a_5 = \frac{a_3}{5} = \frac{1}{3\cdot 5}$, $\cdots$, $a_{2n-1} = \frac{1}{3\cdot 5\cdots(2n-1)}$. $a_2 = \frac{a_0+1}{2}$, $a_4 = \frac{a_2}{4} = \frac{a_0+1}{2\cdot 4}$, $a_6 = \frac{a_4}{6} = \frac{a_0+1}{2\cdot 4\cdot 6}$, $\cdots$, $a_{2n} = \frac{a_0+1}{2\cdot 4\cdot 6\cdots 2n} = \frac{a_0+1}{2^n\cdot n!}$. 又由于 $\sum_{n=1}^{\infty} a_{2n-1}x^{2n-1}$ 以及 $\sum_{n=0}^{\infty} a_{2n}x^{2n}$ 在区间 $(-\infty, +\infty)$ 内都是收敛的，因此

$$y(x) = \sum_{n=0}^{\infty} a_n x^n = \sum_{n=1}^{\infty} a_{2n-1}x^{2n-1} + \sum_{n=0}^{\infty} a_{2n}x^{2n} = \sum_{n=1}^{\infty} a_{2n-1}x^{2n-1} + (a_0+1)\sum_{n=0}^{\infty} \frac{x^{2n}}{2^n\cdot n!} - 1$$

$$= \sum_{n=1}^{\infty} \frac{1}{3\cdot 5\cdots(2n-1)}x^{2n-1} + (a_0+1)\sum_{n=0}^{\infty} \frac{1}{n!}\frac{x^{2n}}{2^n} - 1$$

$$= \sum_{n=1}^{\infty} \frac{1}{3\cdot 5\cdots(2n-1)}x^{2n-1} + (a_0+1)\sum_{n=0}^{\infty} \frac{1}{n!}\left(\frac{x^2}{2}\right)^n - 1$$

$$= \sum_{n=1}^{\infty} \frac{1}{(2n-1)!!}x^{2n-1} + (a_0+1)e^{\frac{x^2}{2}} - 1,$$

其中 $a_0$ 为任意常数，$x \in (-\infty, +\infty)$.

(2) 设微分方程的解为 $y(x) = \sum_{n=0}^{\infty} a_n x^n$，该微分方程为二阶微分方程，设 $a_0$, $a_1$ 为任意常数. 可以得到

$$\begin{cases} y' = \sum_{n=1}^{\infty} na_n x^{n-1}, \\ y'' = \sum_{n=2}^{\infty} n(n-1)a_n x^{n-2} = \sum_{n=0}^{\infty} (n+2)(n+1)a_{n+2}x^n, \end{cases}$$

代入方程

$$\sum_{n=0}^{\infty} [(n+2)(n+1)a_{n+2} + na_n + a_n]x^n = 0,$$

两边比较系数得

$$(n+2)(n+1)a_{n+2} + na_n + a_n = 0,$$

因此 $a_{n+2} = -\dfrac{a_n}{n+2}$ $(n=0,1,2,\cdots)$.

故当 $n$ 为偶数时，设 $n = 2(k-1)$，有

$$a_{2k} = -\frac{1}{2k}a_{2k-2} = \left(-\frac{1}{2k}\right)\left(-\frac{1}{2k-2}\right)\cdots\left(-\frac{1}{2}\right)a_0 = \frac{a_0(-1)^k}{2^k \cdot k!}.$$

当 $n$ 为奇数时，设 $n = 2k-1$，有

$$a_{2k+1} = -\frac{1}{2k+1}a_{2k-1} = \left(-\frac{1}{2k+1}\right)\left(-\frac{1}{2k-1}\right)\cdots\left(-\frac{1}{3}\right)a_1 = \frac{a_1(-1)^k}{(2k+1)!!}.$$

又由于 $\sum\limits_{n=0}^{\infty} a_{2n+1}x^{2n+1}$ 以及 $\sum\limits_{n=0}^{\infty} a_{2n}x^{2n}$ 在区间 $(-\infty, +\infty)$ 内都是收敛的，因此

$$y(x) = \sum_{n=0}^{\infty} a_n x^n = \sum_{n=0}^{\infty} a_{2n}x^{2n} + \sum_{n=0}^{\infty} a_{2n+1}x^{2n+1} = \sum_{n=0}^{\infty}\frac{a_0(-1)^n}{2^n \cdot n!}x^{2n} + \sum_{n=0}^{\infty}\frac{a_1(-1)^n}{(2n+1)!!}x^{2n+1}$$

$$= a_0 e^{-\frac{x^2}{2}} + \sum_{n=0}^{\infty}\frac{a_1(-1)^n}{(2n+1)!!}x^{2n+1},\ x \in (-\infty, +\infty).$$

(3) 设微分方程的解为 $y(x) = \sum\limits_{n=0}^{\infty} a_n x^n$，该微分方程为一阶微分方程，设 $a_0$ 为任意常数. 可以得到 $y' = a_1 + 2a_2 x + 3a_3 x^2 + \cdots + (n+1)a_{n+1}x^n + \cdots$，代入得 $(1-x)\sum\limits_{n=1}^{\infty} na_n x^{n-1} = x^2 - \sum\limits_{n=0}^{\infty} a_n x^n$，整理可得 $\sum\limits_{n=1}^{\infty} na_n x^{n-1} - \sum\limits_{n=0}^{\infty} na_n x^n + \sum\limits_{n=0}^{\infty} a_n x^n = x^2$，因此 $\sum\limits_{n=0}^{\infty} [(n+1)a_{n+1} + (1-n)a_n]x^n = x^2$. 两边比较系数得

$$a_0 + a_1 = 0,\ 2a_2 = 0,\ 3a_3 - a_2 = 1,\ (n+1)a_{n+1} + (1-n)a_n = 0\ (n \geqslant 3),$$

即 $a_0 = -a_1$，$a_2 = 0$，$a_3 = \dfrac{1}{3}$，$a_{n+1} = \dfrac{n-1}{n+1}a_n$ $(n \geqslant 3)$，因此

$$y(x) = a_0 - a_0 x + \frac{1}{3}x^3 + \frac{1}{6}x^4 + \frac{1}{10}x^5 + \cdots + \frac{2}{n(n-1)}x^n.$$

4. 试用幂级数求下列方程满足所给初值条件的特解：

(1) $y' = y^2 + x^3$，$y|_{x=0} = \dfrac{1}{2}$；

(2) $(1-x)y' + y = 1 + x$，$y|_{x=0} = 0$.

**解** (1) 设微分方程的解为 $y(x) = \sum\limits_{n=0}^{\infty} a_n x^n$，由于 $y|_{x=0} = \dfrac{1}{2}$，可以得到 $a_0 = \dfrac{1}{2}$，

$y(x) = \dfrac{1}{2} + \sum\limits_{n=1}^{\infty} a_n x^n$. 又因为 $y'(x) = \sum\limits_{n=1}^{\infty} n a_n x^{n-1}$，代入方程可以得到

$$\sum_{n=1}^{\infty} n a_n x^{n-1} = \left(\dfrac{1}{2} + \sum_{n=1}^{\infty} a_n x^n\right)^2 + x^3 = \dfrac{1}{4} + \sum_{n=1}^{\infty} a_n x^n + \left(\sum_{n=1}^{\infty} a_n x^n\right)^2 + x^3,$$

整理得 $\sum\limits_{n=1}^{\infty} n a_n x^{n-1} = \dfrac{1}{4} + \sum\limits_{n=1}^{\infty} a_n x^n + a_1^2 x^2 + (1 + 2a_1 a_2) x^3 + (a_2^2 + 2a_1 a_3) x^4 + \cdots$，两边比较系数得

$$a_1 = \dfrac{1}{4},\ 2a_2 = a_1,\ 3a_3 = a_2 + a_1^2,\ 4a_4 = a_3 + 1 + 2a_1 a_2,\ 5a_5 = a_4 + a_2^2 + 2a_1 a_3, \cdots,$$

因此 $a_1 = \dfrac{1}{4}$, $a_2 = \dfrac{1}{8}$, $a_3 = \dfrac{1}{16}$, $a_4 = \dfrac{9}{32}$, $\cdots$.

故微分方程的解为 $y(x) = \dfrac{1}{2} + \dfrac{1}{4}x + \dfrac{1}{8}x^2 + \dfrac{1}{16}x^3 + \cdots$.

(2) 设微分方程的解为 $y(x) = \sum\limits_{n=0}^{\infty} a_n x^n$，由于 $y|_{x=0} = 0$，可以得到 $a_0 = 0$，$y(x) = \sum\limits_{n=1}^{\infty} a_n x^n$. 又因为 $y'(x) = \sum\limits_{n=1}^{\infty} n a_n x^{n-1}$，代入方程可以得到 $(1-x)\sum\limits_{n=1}^{\infty} n a_n x^{n-1} + \sum\limits_{n=1}^{\infty} a_n x^n = 1 + x$，整理得到

$$a_1 + \sum_{n=1}^{\infty} [(n+1)a_{n+1} + (1-n)a_n] x^n = 1 + x.$$

式子两边对比系数可得 $a_1 = 1$，$2a_2 = 1$，即 $a_2 = \dfrac{1}{2}$.

$$(n+1)a_{n+1} + (1-n)a_n = 0,$$

当 $n \geq 3$ 时，$a_n = \dfrac{n-2}{n} a_{n-1} = \dfrac{n-2}{n} \cdot \dfrac{n-3}{n-1} a_{n-2} = \dfrac{n-2}{n} \cdot \dfrac{n-3}{n-1} \cdots \dfrac{1}{3} a_2 = \dfrac{1}{n(n-1)}$.

故微分方程的解为 $y(x) = x + \dfrac{1}{1 \times 2} x^2 + \dfrac{1}{2 \times 3} x^3 + \cdots + \dfrac{1}{n(n-1)} x^n + \cdots$.

5. 验证函数 $y(x) = 1 + \dfrac{x^3}{3!} + \dfrac{x^6}{6!} + \cdots + \dfrac{x^{3n}}{(3n)!} + \cdots$ $(-\infty < x < +\infty)$ 满足微分方程 $y'' + y' + y = e^x$，并利用此结果求幂级数 $\sum\limits_{n=0}^{\infty} \dfrac{x^{3n}}{(3n)!}$ 的和函数.

**解** 根据题意有

$$\begin{cases} y'(x) = \dfrac{x^2}{2!} + \dfrac{x^5}{5!} + \cdots + \dfrac{x^{3n-1}}{(3n-1)!} + \cdots, \\ y''(x) = x + \dfrac{x^4}{4!} + \cdots + \dfrac{x^{3n-2}}{(3n-2)!} + \cdots, \end{cases}$$

代入微分方程得到

$$y'' + y' + y = x + \frac{x^4}{4!} + \cdots + \frac{x^{3n-2}}{(3n-2)!} + \cdots + \frac{x^2}{2!} + \frac{x^5}{5!} + \cdots +$$

$$\frac{x^{3n-1}}{(3n-1)!} + \cdots + 1 + \frac{x^3}{3!} + \frac{x^6}{6!} + \cdots + \frac{x^{3n}}{(3n)!} + \cdots$$

$$= 1 + x + \frac{x^2}{2!} + \frac{x^3}{3!} + \frac{x^4}{4!} + \cdots + \frac{x^n}{n!} + \cdots = e^x.$$

所以函数 $y(x)$ 满足微分方程 $y'' + y' + y = e^x$. 根据题意可知微分方程的解即为和函数. 微分方程 $y'' + y' + y = e^x$ 对应的齐次方程的特征方程为 $r^2 + r + 1 = 0$, 可以得到特征根 $r_{1,2} = -\frac{1}{2} \pm \frac{\sqrt{3}}{2}i$, 齐次方程的通解为 $Y = e^{-\frac{x}{2}}\left(C_1\cos\frac{\sqrt{3}}{2}x + C_2\sin\frac{\sqrt{3}}{2}x\right)$. 设微分方程的特解为 $y^* = Ae^x$, 代入微分方程可以得到 $A = \frac{1}{3}$, 所以 $y^* = \frac{1}{3}e^x$. 因此微分方程的通解为

$$y(x) = e^{-\frac{x}{2}}\left(C_1\cos\frac{\sqrt{3}}{2}x + C_2\sin\frac{\sqrt{3}}{2}x\right) + \frac{1}{3}e^x.$$

又因为 $y(0) = 1$, $y'(0) = 0$, 代入通解可以得到 $C_1 = \frac{2}{3}$, $C_2 = 0$. 所以微分方程的解也就是所求幂级数的和函数, 为

$$y(x) = \frac{2}{3}e^{-\frac{x}{2}}\cos\frac{\sqrt{3}}{2}x + \frac{1}{3}e^x, \quad x \in (-\infty, +\infty).$$

6. 利用欧拉公式将函数 $e^x\cos x$ 展开成 $x$ 的幂级数.

**解** 函数 $e^x\cos x = e^x\text{Re}(e^{ix}) = \text{Re}(e^{ix+x}) = \text{Re}[e^{\sqrt{2}\left(\cos\frac{\pi}{4} + i\sin\frac{\pi}{4}\right)x}]$, 又根据 $e^x = \sum_{n=0}^{\infty}\frac{x^n}{n!}$ 可得

$$e^{\sqrt{2}\left(\cos\frac{\pi}{4} + i\sin\frac{\pi}{4}\right)x} = \sum_{n=0}^{\infty}\frac{\left[\sqrt{2}\left(\cos\frac{\pi}{4} + i\sin\frac{\pi}{4}\right)x\right]^n}{n!} = \sum_{n=0}^{\infty}\frac{2^{\frac{n}{2}}}{n!}x^n\left(\cos\frac{n\pi}{4} + i\sin\frac{n\pi}{4}\right).$$

因此 $e^x\cos x = \sum_{n=0}^{\infty}\frac{2^{\frac{n}{2}}}{n!}\cos\frac{n\pi}{4}x^n$, $x \in (-\infty, +\infty)$.

习题 12-6 的解析请扫二维码查看.

习题12-6 二维码

### 习题 12-7 解答 傅里叶级数

1. 下列周期函数 $f(x)$ 的周期为 $2\pi$, 试将 $f(x)$ 展开成傅里叶级数, 如果 $f(x)$ 在 $[-\pi, \pi)$ 内的表达式为:

(1) $f(x) = 3x^2 + 1 \ (-\pi \leqslant x < \pi)$;

(2) $f(x) = e^{2x}(-\pi \leqslant x < \pi)$;

(3) $f(x) = \begin{cases} bx, & -\pi \leqslant x < 0, \\ ax, & 0 \leqslant x < \pi \end{cases}$ ($a, b$ 为常数, 且 $a > b > 0$).

**解** (1) 根据傅里叶系数定义可得

$$a_0 = \frac{1}{\pi}\int_{-\pi}^{\pi}(3x^2 + 1)dx = 2(\pi^2 + 1);$$

$$a_n = \frac{1}{\pi}\int_{-\pi}^{\pi}(3x^2+1)\cos nx\mathrm{d}x = (-1)^n\frac{12}{n^2}, \quad n=1,2,\cdots,$$

$$b_n = \frac{1}{\pi}\int_{-\pi}^{\pi}f(x)\sin nx\mathrm{d}x = \frac{1}{\pi}\int_{-\pi}^{\pi}(3x^2+1)\sin nx\mathrm{d}x = 0, \quad n=1,2,\cdots.$$

故 $f(x) = \pi^2 + 1 + 12\sum_{n=1}^{\infty}\frac{(-1)^n}{n^2}\cos nx, \quad x \in (-\infty, +\infty).$

（2）根据傅里叶系数定义可得

$$a_0 = \frac{1}{\pi}\int_{-\pi}^{\pi}\mathrm{e}^{2x}\mathrm{d}x = \frac{\mathrm{e}^{2\pi}-\mathrm{e}^{-2\pi}}{2\pi},$$

$$a_n = \frac{1}{\pi}\int_{-\pi}^{\pi}\mathrm{e}^{2x}\cos nx\mathrm{d}x = \frac{(-1)^n(\mathrm{e}^{2\pi}-\mathrm{e}^{-2\pi})}{2\pi}\cdot\frac{2}{n^2+4}, \quad n=1,2,\cdots,$$

$$b_n = \frac{1}{\pi}\int_{-\pi}^{\pi}\mathrm{e}^{2x}\sin nx\mathrm{d}x = \frac{(-1)^n(\mathrm{e}^{2\pi}-\mathrm{e}^{-2\pi})}{2\pi}\cdot\frac{-n}{n^2+4}, \quad n=1,2,\cdots,$$

因此 $f(x)$ 的傅里叶展开式为

$$f(x) = \frac{\mathrm{e}^{2\pi}-\mathrm{e}^{-2\pi}}{\pi}\left[\frac{1}{4} + \sum_{n=1}^{\infty}\frac{(-1)^n}{(n^2+4)}(2\cos nx - n\sin nx)\right]$$

$$(x \neq (2n+1)\pi, \quad n=0, \pm 1, \pm 2, \cdots),$$

（3）根据傅里叶系数定义可得

$$a_0 = \frac{1}{\pi}\int_{-\pi}^{0}bx\mathrm{d}x + \frac{1}{\pi}\int_{0}^{\pi}ax\mathrm{d}x = \frac{\pi}{2}(a-b),$$

$$a_n = \frac{1}{\pi}\int_{-\pi}^{0}bx\cos nx\mathrm{d}x + \frac{1}{\pi}\int_{0}^{\pi}ax\cos nx\mathrm{d}x = \frac{b-a}{n^2\pi}[1-(-1)^n], \quad n=1,2,\cdots,$$

$$b_n = \frac{1}{\pi}\int_{-\pi}^{0}bx\sin nx\mathrm{d}x + \frac{1}{\pi}\int_{0}^{\pi}ax\sin nx\mathrm{d}x = \frac{a+b}{n}(-1)^{n-1}, \quad n=1,2,\cdots,$$

因而

$$f(x) = \frac{\pi}{4}(a-b) + \sum_{n=1}^{\infty}\left\{\frac{[1-(-1)^n](b-a)}{n^2\pi}\cos nx + \frac{(-1)^{n-1}(a+b)}{n}\sin nx\right\}, \quad x \neq$$

$(2n+1)\pi, n=0, \pm 1, \pm 2, \cdots.$

2. 将下列函数 $f(x)$ 展开成傅里叶级数：

（1）$f(x) = 2\sin\frac{x}{3}(-\pi \leq x \leq \pi)$；

（2）$f(x) = \begin{cases} \mathrm{e}^x, & -\pi \leq x < 0, \\ 1, & 0 \leq x \leq \pi. \end{cases}$

**解**（1）将 $f(x)$ 周期延拓得到函数 $F(x)$，根据题意知 $F(x)$ 在区间 $(-\pi, \pi)$ 中连续，$x = \pm\pi$ 是 $F(x)$ 的间断点，且 $[F(-\pi-0)+F(-\pi+0)]/2 \neq f(-\pi)$，$[F(\pi-0)+F(\pi+0)]/2 \neq f(\pi)$.

根据定理，在 $(-\pi, \pi)$ 中，$F(x)$ 的傅里叶级数收敛于 $f(x)$，在 $x = \pm\pi$ 点 $F(x)$ 的傅里叶级数不收敛于 $f(x)$，根据定义计算傅里叶系数：

$$a_n = 0, \quad n = 0, 1, 2, \cdots,$$

$$b_n = \frac{2}{\pi}\int_0^\pi 2\sin\frac{x}{3}\sin nx\,dx = \frac{2}{\pi}\int_0^\pi \left[\cos\left(\frac{1}{3}-n\right)x - \cos\left(\frac{1}{3}+n\right)x\right]dx$$

$$= (-1)^{n+1}\frac{18\sqrt{3}}{\pi}\frac{n}{9n^2-1},\ n=1,2,\cdots,$$

因此 $f(x) = \dfrac{18\sqrt{3}}{\pi}\sum_{n=1}^\infty (-1)^{n+1}\dfrac{n\sin nx}{9n^2-1}\ (-\pi < x < \pi)$.

(2) 将 $f(x)$ 周期延拓得到函数 $F(x)$，在 $(-\pi,\pi)$ 中 $F(x)$ 连续，$x=\pm\pi$ 是 $F(x)$ 的间断点，且 $[F(-\pi-0)+F(-\pi+0)]/2 \neq f(-\pi)$，$[F(\pi-0)+F(\pi+0)]/2 \neq f(\pi)$.

根据定理，在 $(-\pi,\pi)$ 中，$F(x)$ 的傅里叶级数收敛于 $f(x)$，在 $x=\pm\pi$ 点 $F(x)$ 的傅里叶级数不收敛于 $f(x)$，计算傅里叶系数：

$$a_0 = \frac{1}{\pi}\left(\int_{-\pi}^0 e^x\,dx + \int_0^\pi 1\,dx\right) = \frac{1+\pi-e^{-\pi}}{\pi},$$

$$a_n = \frac{1}{\pi}\left(\int_{-\pi}^0 e^x\cos nx\,dx + \int_0^\pi \cos nx\,dx\right) = \frac{1-(-1)^n e^{-\pi}}{\pi(1+n^2)},\ n=1,2,\cdots,$$

$$b_n = \frac{1}{\pi}\left(\int_{-\pi}^0 e^x\sin nx\,dx + \int_0^\pi \sin nx\,dx\right) = \frac{1}{\pi}\left\{\frac{-n[1-(-1)^n e^{-\pi}]}{1+n^2} + \frac{1-(-1)^n}{n}\right\},\ n=1,2,\cdots,$$

因此

$$f(x) = \frac{1+\pi-e^{-\pi}}{2\pi} + \frac{1}{\pi}\sum_{n=1}^\infty\left[\frac{1-(-1)^n e^{-\pi}}{1+n^2}\right]\cos nx +$$

$$\frac{1}{\pi}\sum_{n=1}^\infty\left[\frac{-n+(-1)^n n e^{-\pi}}{1+n^2} + \frac{1-(-1)^n}{n}\right]\sin nx\ (-\pi < x < \pi).$$

3. 将函数 $f(x) = \cos\dfrac{x}{2}\ (-\pi \leq x \leq \pi)$ 展开成傅里叶级数.

**解** 因为 $f(x) = \cos\dfrac{x}{2}$ 为偶函数，故 $b_n = 0\ (n=1,2,\cdots)$，根据定义有

$$a_0 = \frac{2}{\pi}\int_0^\pi \cos\frac{x}{2}\,dx = \frac{4}{\pi},$$

$$a_n = \frac{1}{\pi}\int_{-\pi}^\pi \cos\frac{x}{2}\cos nx\,dx = \frac{2}{\pi}\int_0^\pi \cos\frac{x}{2}\cos nx\,dx = (-1)^{n+1}\frac{4}{\pi}\left(\frac{1}{4n^2-1}\right),\ n=1,2,\cdots,$$

又因为 $f(x) = \cos\dfrac{x}{2}$ 在 $[-\pi,\pi]$ 区间上连续，所以

$$\cos\frac{x}{2} = \frac{2}{\pi} + \frac{4}{\pi}\sum_{n=1}^\infty (-1)^{n+1}\frac{\cos nx}{4n^2-1},\ (-\pi \leq x \leq \pi).$$

4. 设 $f(x)$ 是周期为 $2\pi$ 的周期函数，它在 $[-\pi,\pi)$ 上的表达式为

$$f(x) = \begin{cases} -\dfrac{\pi}{2}, & -\pi \leq x < -\dfrac{\pi}{2}, \\ x, & -\dfrac{\pi}{2} \leq x < \dfrac{\pi}{2}, \\ \dfrac{\pi}{2}, & \dfrac{\pi}{2} \leq x < \pi, \end{cases}$$

将 $f(x)$ 展开成傅里叶级数.

**解** 因为 $f(x)$ 为奇函数，故 $a_n = 0$ $(n = 0, 1, 2, \cdots)$，根据定义有

$$b_n = \frac{2}{\pi}\int_0^\pi f(x)\sin nx\mathrm{d}x = -\frac{1}{n}(-1)^n + \frac{2}{n^2\pi}\sin\frac{n\pi}{2}, \quad n = 1, 2, \cdots.$$

$f(x)$ 的间断点 $x = (2n+1)\pi$，$n = 0, \pm 1, \pm 2, \cdots$，则

$$f(x) = \sum_{n=1}^\infty \left[\frac{(-1)^{n+1}}{n} + \frac{2}{n^2\pi}\sin\frac{n\pi}{2}\right]\sin nx, \quad x \neq (2n+1)\pi, \quad n = 0, \pm 1, \pm 2, \cdots.$$

5. 将函数 $f(x) = \dfrac{\pi - x}{2}(0 \leqslant x \leqslant \pi)$ 展开成正弦级数.

**解** 对函数 $f(x)$ 作奇延拓得

$$F(x) = \begin{cases} f(x), & x \in (0, \pi], \\ 0, & x = 0, \\ -f(-x), & x \in (-\pi, 0). \end{cases}$$

再对 $F(x)$ 进行周期延拓到 $(-\infty, +\infty)$，显然当 $x \in (0, \pi]$ 时，$F(x) = f(x)$. 则

$$F(0) = 0 \neq \frac{\pi}{2} = f(0),$$

计算傅里叶系数：

$$a_n = 0, \quad n = 0, 1, 2, \cdots,$$

$$b_n = \frac{2}{\pi}\int_0^\pi \frac{\pi - x}{2}\sin nx\mathrm{d}x = \frac{1}{n}, \quad n = 1, 2, \cdots,$$

故 $f(x) = \sum\limits_{n=1}^\infty \dfrac{1}{n}\sin nx$ $(0 < x \leqslant \pi)$，根据定理，傅里叶级数在 $x = 0$ 处收敛于 $\dfrac{F(0-0) + F(0+0)}{2} = 0.$

6. 将函数 $f(x) = 2x^2(0 \leqslant x \leqslant \pi)$ 分别展开成正弦级数和余弦级数.

**解** (1) 如果展开成正弦级数，需要对函数 $f(x)$ 作奇延拓，得函数

$$F(x) = \begin{cases} 2x^2, & x \in (0, \pi], \\ 0, & x = 0, \\ -2x^2 & x \in (-\pi, 0). \end{cases}$$

再对 $F(x)$ 作周期延拓到 $(-\infty, +\infty)$，显然 $x = \pi$，为 $F(x)$ 的一个间断点.
又 $F(x)$ 的傅里叶系数为

$$a_n = 0, \quad n = 0, 1, 2, \cdots,$$

$$b_n = \frac{2}{\pi}\int_0^\pi F(x)\sin nx\mathrm{d}x = \frac{4}{\pi}\left[\left(\frac{2}{n^3} - \frac{\pi^2}{n}\right)(-1)^n - \frac{2}{n^3}\right], \quad n = 1, 2, \cdots,$$

由于在 $x = \pi$ 处，$f(\pi) = 2\pi^2 \neq \dfrac{F(\pi-0) + F(\pi+0)}{2}$，因此

$$f(x) = \frac{4}{\pi}\sum_{n=1}^\infty\left[(-1)^n\left(\frac{2}{n^3} - \frac{\pi^2}{n}\right) - \frac{2}{n^3}\right]\sin nx \ (0 \leqslant x < \pi).$$

(2) 如果展开成余弦级数，需要对函数 $f(x)$ 作偶延拓，可以得到 $F(x) = 2x^2$，$x \in (-\pi, \pi]$. 再对 $F(x)$ 作周期延拓到 $(-\infty, +\infty)$，显然 $F(x)$ 在 $(-\infty, +\infty)$ 内处处连续，且 $F(x) = f(x)$，$x \in [0, \pi]$，$F(x)$ 的傅里叶系数为

$$b_n = 0, \quad n = 1, 2, \cdots,$$
$$a_0 = \frac{2}{\pi}\int_0^\pi 2x^2 dx = \frac{4}{3}\pi^2,$$
$$a_n = \frac{2}{\pi}\int_0^\pi 2x^2 \cos nx dx = (-1)^n \frac{8}{n^2}, \quad n = 1, 2, \cdots,$$

代入可得 $f(x) = \frac{2}{3}\pi^2 + 8\sum_{n=1}^{\infty}\frac{(-1)^n}{n^2}\cos nx \ (0 \leq x \leq \pi)$.

7. 设周期函数 $f(x)$ 的周期为 $2\pi$. 证明:

(1) 若 $f(x-\pi) = -f(x)$, 则 $f(x)$ 的傅里叶系数 $a_0 = 0$, $a_{2k} = 0$, $b_{2k} = 0 (k = 1, 2, \cdots)$;

(2) 若 $f(x-\pi) = f(x)$, 则 $f(x)$ 的傅里叶系数 $a_{2k+1} = 0$, $b_{2k+1} = 0 \ (k = 0, 1, 2, \cdots)$.

**证** (1) $a_0 = \frac{1}{\pi}\int_{-\pi}^{\pi} f(x) dx = \frac{1}{\pi}\left[\int_{-\pi}^{0} f(x) dx + \int_0^{\pi} f(x) dx\right]$,

而 $\int_{-\pi}^{0} f(x) dx \xrightarrow{\text{令} x = t - \pi} \int_0^{\pi} f(t-\pi) dt = -\int_0^{\pi} f(x) dx$, 故

$$a_0 = 0,$$

$$a_n = \frac{1}{\pi}\int_{-\pi}^{\pi} f(x)\cos nx dx = \frac{1}{\pi}\left[\int_{-\pi}^{0} f(x)\cos nx dx + \int_0^{\pi} f(x)\cos nx dx\right],$$

又

$$\int_{-\pi}^{0} f(x)\cos nx dx \xrightarrow{\text{令} x = t - \pi} \int_0^{\pi} f(t-\pi)\cos(nt - n\pi) dt$$
$$= -\int_0^{\pi} f(t)(-1)^n \cos nt dt = (-1)^{n+1}\int_0^{\pi} f(x)\cos nx dx,$$

故 $a_n = \frac{1}{\pi}\left[(-1)^{n+1}\int_0^{\pi} f(x)\cos nx dx + \int_0^{\pi} f(x)\cos nx dx\right]$, 因而 $a_{2k} = 0$. 同理, 有

$$b_n = \frac{1}{\pi}\int_{-\pi}^{\pi} f(x)\sin nx dx = \frac{1}{\pi}\left[\int_{-\pi}^{0} f(x)\sin nx dx + \int_0^{\pi} f(x)\sin nx dx\right]$$
$$= \frac{1}{\pi}\left[(-1)^{n+1}\int_0^{\pi} f(x)\sin nx dx + \int_0^{\pi} f(x)\sin nx dx\right],$$

因而 $b_{2k} = 0$, $k = 1, 2, \cdots$.

(2) 同 (1) 一样, 有 $a_n = \frac{1}{\pi}\left[(-1)^n\int_0^{\pi} f(x)\cos nx dx + \int_0^{\pi} f(x)\cos nx dx\right]$,

$$b_n = \frac{1}{\pi}\left[(-1)^n\int_0^{\pi} f(x)\sin nx dx + \int_0^{\pi} f(x)\sin nx dx\right],$$

故 $a_{2k+1} = 0$, $b_{2k+1} = 0$, $k = 0, 1, 2, \cdots$.

**习题 12-8 解答 一般周期函数的傅里叶级数**

1. 将下列各周期函数展开成傅里叶级数 (下面给出函数在一个周期内的表达式):

(1) $f(x) = 1 - x^2 \left(-\frac{1}{2} \leq x < \frac{1}{2}\right)$;

(2) $f(x) = \begin{cases} x, & -1 \leq x < 0, \\ 1, & 0 \leq x < \dfrac{1}{2}, \\ -1, & \dfrac{1}{2} \leq x < 1; \end{cases}$

(3) $f(x) = \begin{cases} 2x + 1, & -3 \leq x < 0, \\ 1, & 0 \leq x < 3. \end{cases}$

**解** (1) 因为 $f(x)$ 为偶函数，所以 $b_n = 0$ ($n = 1, 2, \cdots$)，代入公式得傅里叶系数

$$a_0 = \frac{2}{1/2}\int_0^{\frac{1}{2}}(1 - x^2)\,\mathrm{d}x = 4\int_0^{\frac{1}{2}}(1 - x^2)\,\mathrm{d}x = \frac{11}{6},$$

$$a_n = \frac{2}{1/2}\int_0^{\frac{1}{2}}(1 - x^2)\cos\frac{n\pi x}{1/2}\,\mathrm{d}x$$

$$= 4\int_0^{\frac{1}{2}}(1 - x^2)\cos 2n\pi x\,\mathrm{d}x = \frac{(-1)^{n+1}}{n^2\pi^2},\ n = 1, 2, \cdots.$$

又由于 $f(x)$ 在区间 $(-\infty, +\infty)$ 内连续，因此

$$f(x) = \frac{11}{12} + \frac{1}{\pi^2}\sum_{n=1}^{\infty}\frac{(-1)^{n+1}}{n^2}\cos 2n\pi x,\ x \in (-\infty, +\infty).$$

(2) 根据定义可以得到傅里叶系数

$$a_0 = \int_{-1}^{1}f(x)\,\mathrm{d}x = \int_{-1}^{0}x\,\mathrm{d}x + \int_0^{\frac{1}{2}}\mathrm{d}x - \int_{\frac{1}{2}}^{1}\mathrm{d}x = -\frac{1}{2},$$

$$a_n = \int_{-1}^{1}f(x)\cos(n\pi x)\,\mathrm{d}x = \int_{-1}^{0}x\cos(n\pi x)\,\mathrm{d}x + \int_0^{\frac{1}{2}}\cos(n\pi x)\,\mathrm{d}x - \int_{\frac{1}{2}}^{1}\cos(n\pi x)\,\mathrm{d}x$$

$$= \frac{1}{n^2\pi^2}[1 - (-1)^n] + \frac{2}{n\pi}\sin\frac{n\pi}{2},\ n = 1, 2, \cdots,$$

$$b_n = \int_{-1}^{1}f(x)\sin(n\pi x)\,\mathrm{d}x = \int_{-1}^{0}x\sin(n\pi x)\,\mathrm{d}x + \int_0^{\frac{1}{2}}\sin(n\pi x)\,\mathrm{d}x - \int_{\frac{1}{2}}^{1}\sin(n\pi x)\,\mathrm{d}x$$

$$= -\frac{2}{n\pi}\cos\frac{n\pi}{2} + \frac{1}{n\pi},\ n = 1, 2, \cdots.$$

可以判定 $(-\infty, +\infty)$ 区间上 $f(x)$ 的间断点为 $x = 2k, 2k + \dfrac{1}{2}, k = 0, \pm 1, \pm 2, \cdots$，代入

可得 $f(x) = -\dfrac{1}{4} + \sum_{n=1}^{\infty}\left\{\left[\dfrac{1-(-1)^n}{n^2\pi^2} + \dfrac{2\sin\dfrac{n\pi}{2}}{n\pi}\right]\cos n\pi x + \dfrac{1 - 2\cos\dfrac{n\pi}{2}}{n\pi}\sin n\pi x\right\}$,

$$x \neq 2k,\ x \neq 2k + \frac{1}{2},\ k = 0, \pm 1, \pm 2, \cdots.$$

(3) 根据定义可以得到傅里叶系数

$$a_0 = \frac{1}{3}\int_{-3}^{3}f(x)\,\mathrm{d}x = \frac{1}{3}\left[\int_{-3}^{0}(2x + 1)\,\mathrm{d}x + \int_0^{3}\mathrm{d}x\right] = -1,$$

$$a_n = \frac{1}{3}\int_{-3}^{3} f(x)\cos\frac{n\pi x}{3}dx = \frac{1}{3}\left[\int_{-3}^{0}(2x+1)\cos\frac{n\pi x}{3}dx + \int_{0}^{3}\cos\frac{n\pi x}{3}dx\right]$$

$$= \frac{6}{n^2\pi^2}[1-(-1)^n], \quad n = 1, 2, \cdots,$$

$$b_n = \frac{1}{3}\int_{-3}^{3} f(x)\sin\frac{n\pi x}{3}dx = \frac{1}{3}\left[\int_{-3}^{0}(2x+1)\sin\frac{n\pi x}{3}dx + \int_{0}^{3}\sin\frac{n\pi x}{3}dx\right]$$

$$= \frac{6}{n\pi}(-1)^{n+1}, \quad n = 1, 2, \cdots,$$

可以判定 $(-\infty, +\infty)$ 区间上 $f(x)$ 的间断点为 $x = 3(2k+1)$, $k = 0, \pm 1, \pm 2, \cdots$, 代入可得到 $f(x)$ 的傅里叶级数 $f(x) = -\frac{1}{2} + \sum_{n=1}^{\infty}\left\{\frac{6}{n^2\pi^2}[1-(-1)^n]\cos\frac{n\pi x}{3} + (-1)^{n+1}\frac{6}{n\pi}\sin\frac{n\pi x}{3}\right\}$, 其中, $x \neq 3(2k+1)$, $k = 0, \pm 1, \pm 2, \cdots$.

2. 将下列函数分别展开成正弦级数和余弦级数:

(1) $f(x) = \begin{cases} x, & 0 \leq x < \frac{l}{2}, \\ l-x, & \frac{l}{2} \leq x \leq l; \end{cases}$

(2) $f(x) = x^2$ $(0 \leq x \leq 2)$.

**解** (1) 如果展开成正弦级数, 需要对函数 $f(x)$ 进行奇延拓, 函数 $f(x)$ 的傅里叶系数为

$$a_0 = 0, \quad n = 0, 1, 2, \cdots,$$

$$b_n = \frac{2}{l}\left[\int_{0}^{\frac{l}{2}} x\sin\frac{n\pi x}{l}dx + \int_{\frac{l}{2}}^{l}(l-x)\sin\frac{n\pi x}{l}dx\right] = \frac{4l}{n^2\pi^2}\sin\frac{n\pi}{2}, \quad n = 1, 2, \cdots,$$

代入得 $f(x) = \frac{4l}{\pi^2}\sum_{n=1}^{\infty}\frac{1}{n^2}\sin\frac{n\pi}{2}\sin\frac{n\pi x}{l}$, $x \in [0, l]$.

如果展开成余弦级数, 需要对函数 $f(x)$ 进行偶延拓, 函数 $f(x)$ 的傅里叶系数为

$$a_0 = \frac{2}{l}\left[\int_{0}^{\frac{l}{2}} x\,dx + \int_{\frac{l}{2}}^{l}(l-x)dx\right] = \frac{l}{2},$$

$$a_n = \frac{2}{l}\left[\int_{0}^{\frac{l}{2}} x\cos\frac{n\pi x}{l}dx + \int_{\frac{l}{2}}^{l}(l-x)\cos\frac{n\pi x}{l}dx\right],$$

$$= \frac{2l}{n^2\pi^2}\left[2\cos\frac{n\pi}{2} - 1 - (-1)^n\right], \quad n = 1, 2, \cdots,$$

$$b_n = 0, \quad n = 1, 2, \cdots,$$

代入得 $f(x) = \frac{l}{4} + \frac{2l}{\pi^2}\sum_{n=1}^{\infty}\frac{1}{n^2}\left[2\cos\frac{n\pi}{2} - 1 - (-1)^n\right]\cos\frac{n\pi x}{l}$, $x \in [0, l]$.

(2) 如果要展开成正弦级数, 需要对函数 $f(x)$ 进行奇延拓, 函数 $f(x)$ 的傅里叶系数为

$$a_0 = 0, \quad n = 0, 1, 2, \cdots,$$

$$b_n = \frac{2}{2}\int_{0}^{2} x^2\sin\frac{n\pi x}{2}dx = (-1)^{n+1}\frac{8}{n\pi} + \frac{16}{(n\pi)^3}[(-1)^n - 1], \quad n = 1, 2, \cdots,$$

代入得 $f(x) = \sum_{n=1}^{\infty} \left\{ (-1)^{n+1} \frac{8}{n\pi} + \frac{16}{(n\pi)^3} [(-1)^n - 1] \right\} \sin \frac{n\pi x}{2}$

$= \frac{8}{\pi} \sum_{n=1}^{\infty} \left\{ \frac{(-1)^{n+1}}{n} + \frac{2[(-1)^n - 1]}{n^3 \pi^2} \right\} \sin \frac{n\pi x}{2}, \quad x \in [0, 2].$

如果要展开成余弦级数，需要对函数 $f(x)$ 进行偶延拓，函数 $f(x)$ 的傅里叶系数为

$$a_0 = \frac{2}{2} \int_0^2 x^2 \, dx = \frac{8}{3},$$

$$a_n = \frac{2}{2} \int_0^2 x^2 \cos \frac{n\pi x}{2} dx = (-1)^n \frac{16}{(n\pi)^2}, \quad n = 1, 2, \cdots,$$

$$b_n = 0, \quad n = 1, 2, \cdots,$$

代入得 $f(x) = \frac{4}{3} + \sum_{n=1}^{\infty} \frac{(-1)^n 16}{(n\pi)^2} \cos \frac{n\pi x}{2}$

$= \frac{4}{3} + \frac{16}{\pi^2} \sum_{n=1}^{\infty} \frac{(-1)^n}{n^2} \cos \frac{n\pi x}{2}, \quad x \in [0, 2].$

3、4. 此处解析请扫二维码查看.

3、4 二维码

**总习题十二  解答**

1. 填空题.

(1) 对级数 $\sum_{n=1}^{\infty} u_n$, $\lim_{n \to \infty} u_n = 0$ 是它收敛的_____条件，不是它收敛的_____条件；

(2) 部分和数列 $\{s_n\}$ 有界是正项级数 $\sum_{n=1}^{\infty} u_n$ 收敛的_____条件；

(3) 若级数 $\sum_{n=1}^{\infty} u_n$ 绝对收敛，则级数 $\sum_{n=1}^{\infty} u_n$ 必定_____；若级数 $\sum_{n=1}^{\infty} u_n$ 条件收敛，则级数 $\sum_{n=1}^{\infty} |u_n|$ 必定_____.

【答案】(1) 必要，充分；(2) 充分必要；(3) 收敛，发散.

2. 下题中给出了四个结果，从中选出一个正确的结果.

设 $f(x)$ 是以 $2\pi$ 为周期的周期函数，它在 $[-\pi, \pi)$ 内的表达式为 $|x|$，则 $f(x)$ 的傅里叶级数为（  ）.

(A) $\frac{\pi}{2} - \frac{4}{\pi} \left[ \cos x + \frac{1}{3^2} \cos 3x + \frac{1}{5^2} \cos 5x + \cdots + \frac{1}{(2n-1)^2} \cos(2n-1)x + \cdots \right]$

(B) $\frac{2}{\pi} \left[ \frac{1}{2^2} \sin 2x + \frac{1}{4^2} \sin 4x + \frac{1}{6^2} \sin 6x + \cdots + \frac{1}{(2n)^2} \sin 2nx + \cdots \right]$

(C) $\frac{4}{\pi} \left[ \cos x + \frac{1}{3^2} \cos 3x + \frac{1}{5^2} \cos 5x + \cdots + \frac{1}{(2n-1)^2} \cos(2n-1)x + \cdots \right]$

(D) $\frac{1}{\pi} \left[ \frac{1}{2^2} \cos 2x + \frac{1}{4^2} \cos 4x + \frac{1}{6^2} \cos 6x + \cdots + \frac{1}{(2n)^2} \cos 2nx + \cdots \right]$

【答案】(A).

3. 判断下列级数的收敛性：

(1) $\sum_{n=1}^{\infty} \dfrac{1}{n\sqrt[n]{n}}$；

(2) $\sum_{n=1}^{\infty} \dfrac{(n!)^2}{2n^2}$；

(3) $\sum_{n=1}^{\infty} \dfrac{n\cos^2\dfrac{n\pi}{3}}{2^n}$；

(4) $\sum_{n=2}^{\infty} \dfrac{1}{\ln^{10} n}$；

(5) $\sum_{n=1}^{\infty} \dfrac{a^n}{n^s} (a>0, s>0)$.

**解** (1) 由 $\lim\limits_{n\to\infty} n u_n = \lim \dfrac{1}{\sqrt[n]{n}} = 1$ 可知级数发散；

(2) 由比值审敛法可得 $\lim\limits_{n\to\infty} \dfrac{u_{n+1}}{u_n} = \lim \dfrac{[(n+1)!]^2}{2(n+1)^2} \dfrac{2n^2}{(n!)^2} = \lim\limits_{n\to\infty} n^2 = +\infty$，因此级数发散；

(3) 由比值审敛法可得 $\lim\limits_{n\to\infty} \dfrac{\dfrac{n+1}{2^{n+1}}}{\dfrac{n}{2^n}} = \dfrac{1}{2}$，则级数 $\sum_{n=1}^{\infty} \dfrac{n}{2^n}$ 收敛，又因为 $\dfrac{\cos^2\dfrac{n\pi}{3}}{2^n} \leqslant \dfrac{n}{2^n}$，因此级数收敛；

(4) 比较审敛法的极限形式为 $\lim\limits_{n\to\infty} n u_n = \lim\limits_{n\to\infty} \dfrac{n}{(\ln n)^{10}} = \lim\limits_{n\to\infty} \left(\dfrac{n^{\frac{1}{10}}}{\ln n}\right)^{10} = +\infty$，因此原级数发散；

(5) 由根值法得 $\lim\limits_{n\to\infty} \sqrt[n]{u_n} = \lim\limits_{n\to\infty} \dfrac{a}{\sqrt[n]{n^s}} = a$，

当 $a<1$ 时收敛，$a>1$ 时发散；

当 $a=1$ 时，级数变为 $\sum_{n=1}^{\infty} \dfrac{1}{n^s}$，当 $s>1$ 时级数收敛，当 $s \leqslant 1$ 时级数发散.

4. 设正项级数 $\sum_{n=1}^{\infty} u_n$ 和 $\sum_{n=1}^{\infty} v_n$ 都收敛，证明级数 $\sum_{n=1}^{\infty} (u_n + v_n)^2$ 也收敛.

**证** 因为级数 $\sum_{n=1}^{\infty} u_n$，$\sum_{n=1}^{\infty} v_n$ 都收敛，故 $u_n \to 0$，$v_n \to 0 (n\to\infty)$，所以 $\lim\limits_{n\to\infty} \dfrac{u_n^2}{u_n} = \lim u_n = 0$，$\lim \dfrac{v_n^2}{v_n} = 0$. 因此由比较审敛法知 $\sum_{n=1}^{\infty} u_n^2$，$\sum_{n=1}^{\infty} v_n^2$ 也都收敛，又因为 $u_n v_n \leqslant \dfrac{1}{2}(u_n^2 + v_n^2)$，因此 $\sum u_n v_n$ 也收敛，从而 $\sum_{n=1}^{\infty} (u_n+v_n)^2 = \sum_{n=1}^{\infty} (u_n^2 + 2u_n v_n + v_n^2)$ 也收敛.

5. 设级数 $\sum_{n=1}^{\infty} u_n$ 收敛，且 $\lim\limits_{n\to\infty} \dfrac{v_n}{u_n} = 1$. 问：级数 $\sum_{n=1}^{\infty} v_n$ 是否也收敛？试说明理由.

**解** 不一定,当两级数都是非正项级数时,结论不一定是正确的. 例如级数 $\sum_{n=1}^{\infty} u_n = \sum_{n=1}^{\infty} (-1)^n \frac{1}{\sqrt{n}}$ 及 $\sum_{n=1}^{\infty} u_n = \sum_{n=1}^{\infty} \left[ (-1)^n \frac{1}{\sqrt{n}} + \frac{1}{n} \right]$ 满足条件,但 $\sum u_n$ 收敛, $\sum v_n$ 发散. 所以结论不一定正确.

6. 讨论下列级数的绝对收敛性与条件收敛性:

(1) $\sum_{n=1}^{\infty} (-1)^n \frac{1}{n^p}$;

(2) $\sum_{n=1}^{\infty} (-1)^{n+1} \frac{\sin \frac{\pi}{n+1}}{\pi^{n+1}}$;

(3) $\sum_{n=1}^{\infty} (-1)^n \ln \frac{n+1}{n}$;

(4) $\sum_{n=1}^{\infty} (-1)^n \frac{(n+1)!}{n^{n+1}}$.

**解** (1) $\sum_{n=1}^{\infty} |u_n| = \sum_{n=1}^{\infty} \frac{1}{n^p}$,这是 $P$-级数. 分情况讨论:

当 $p > 1$ 时,级数 $\sum_{n=1}^{\infty} |u_n|$ 收敛,级数 $\sum_{n=1}^{\infty} (-1)^n \frac{1}{n^p}$ 绝对收敛;

当 $p \leq 1$ 时,级数 $\sum_{n=1}^{\infty} |u_n|$ 发散;

当 $0 < p \leq 1$ 时,级数 $\sum_{n=1}^{\infty} (-1)^n \frac{1}{n^p}$ 是交错级数,$\lim_{n \to \infty} u_n = 0$,$u_n \geq u_{n+1}$,满足莱布尼茨定理的条件,因此级数是收敛的,故级数条件收敛;

当 $p \leq 0$ 时,由于 $\lim_{n \to \infty} (-1)^n \frac{1}{n^p} \neq 0$,所以级数是发散的.

综上所述,当 $p > 1$ 时级数 $\sum_{n=1}^{\infty} (-1)^n \frac{1}{n^p}$ 绝对收敛,当 $0 < p \leq 1$ 时条件收敛,当 $p \leq 0$ 时发散.

(2) 由于 $|u_n| \leq \frac{1}{\pi^{n+1}} = \left(\frac{1}{\pi}\right)^{n+1}$,且级数 $\sum_{n=1}^{\infty} \left(\frac{1}{\pi}\right)^{n+1}$ 是收敛的,由比较判别法知原级数是绝对收敛的.

(3) 由于 $u_n = (-1)^n \ln \frac{n+1}{n}$,由比较审敛法得 $\lim_{n \to \infty} \frac{|u_n|}{\frac{1}{n}} = \lim_{n \to \infty} n \ln \frac{n+1}{n} = \lim_{n \to \infty} \ln \left(1 + \frac{1}{n}\right)^n = \ln e = 1$. 又级数 $\sum_{n=1}^{\infty} \frac{1}{n}$ 发散,故知级数 $\sum_{n=1}^{\infty} |u_n|$ 发散;另一方面,由于级数 $\sum_{n=1}^{\infty} (-1)^n \ln \frac{n+1}{n}$ 是交错级数,$\lim_{n \to \infty} u_n = 0$,$u_n \geq u_{n+1}$,满足莱布尼茨定理的条件,所以交错级数是收敛的,因此原级数条件收敛.

(4) $\lim\limits_{n\to\infty}\dfrac{|u_{n+1}|}{|u_n|}=\lim\limits_{n\to\infty}\dfrac{\dfrac{(n+2)!}{(n+1)^{n+2}}}{\dfrac{(n+1)!}{n^{n+1}}}=\lim\limits_{n\to\infty}(n+2)\cdot\dfrac{n^{n+1}}{(n+1)^{n+2}}=\lim\limits_{n\to\infty}\dfrac{(n+2)}{(n+1)}\cdot$

$\dfrac{1}{\left(1+\dfrac{1}{n}\right)^{n+1}}=\dfrac{1}{\mathrm{e}}<1$,由比值审敛法知级数 $\sum\limits_{n=1}^{\infty}|u_n|$ 收敛,因此原级数绝对收敛.

7. 求下列极限:

(1) $\lim\limits_{n\to\infty}\dfrac{1}{n}\sum\limits_{k=1}^{n}\dfrac{1}{3^k}\left(1+\dfrac{1}{k}\right)^{k^2}$;

(2) $\lim\limits_{n\to\infty}\left[2^{\frac{1}{3}}\cdot 4^{\frac{1}{9}}\cdot 8^{\frac{1}{27}}\cdot\cdots\cdot(2^n)^{\frac{1}{3^n}}\right]$.

**解** (1) 由根值审敛法知级数 $\sum\limits_{n=1}^{\infty}\dfrac{1}{3^n}\left(1+\dfrac{1}{n}\right)^{n^2}$ 收敛,故 $\lim\limits_{n\to\infty}\dfrac{1}{n}\sum\limits_{k=1}^{n}\dfrac{1}{3^k}\left(1+\dfrac{1}{k}\right)^{k^2}=0$.

(2) $\lim\limits_{n\to\infty}\left[2^{\frac{1}{3}}\cdot 4^{\frac{1}{9}}\cdot\cdots\cdot(2^n)^{\frac{1}{3^n}}\right]=\lim\limits_{n\to\infty}2^{\left(\frac{1}{3}+\frac{2}{9}+\cdots+\frac{n}{3^n}\right)}$.

考查幂级数 $s(x)=1+2x+3x^2+\cdots+nx^{n-1}+\cdots=\dfrac{1}{1-x}$ $(|x|<1)$,

可以得到 $\int_0^x s(x)\mathrm{d}x=x+x^2+\cdots+x^n+\cdots=\dfrac{x}{1-x}$ $(|x|<1)$,

故 $s(x)=\left(\dfrac{x}{1-x}\right)'=\dfrac{1}{(1-x)^2}$,$s\left(\dfrac{1}{3}\right)=\dfrac{9}{4}$,得 $\lim\limits_{n\to\infty}2^{\frac{1}{3}+\frac{2}{3^2}+\cdots+\frac{n}{3^n}}=2^{\lim\limits_{n\to\infty}\left(\frac{1}{3}+\frac{2}{3^2}+\cdots+\frac{n}{3^n}\right)}=\sqrt[4]{8}$.

8. 求下列幂级数的收敛区间:

(1) $\sum\limits_{n=1}^{\infty}\dfrac{3^n+5^n}{n}x^n$;

(2) $\sum\limits_{n=1}^{\infty}\left(1+\dfrac{1}{n}\right)^{n^2}x^n$;

(3) $\sum\limits_{n=1}^{\infty}n(x+1)^n$;

(4) $\sum\limits_{n=1}^{\infty}\dfrac{n}{2^n}x^{2n}$.

**解** (1) $u_n=\dfrac{3^n+5^n}{n}x^n$,$a_n=\dfrac{3^n+5^n}{n}$,$\lim\limits_{n\to\infty}\sqrt[n]{a_n}=5$.

所以收敛半径为 $R=\dfrac{1}{5}$,因此该级数的收敛区间为 $\left(-\dfrac{1}{5},\dfrac{1}{5}\right)$.

(2) $u_n=\left(1+\dfrac{1}{n}\right)^{n^2}x^n$,$\lim\limits_{n\to\infty}\sqrt[n]{|u_n|}=\lim\limits_{n\to\infty}\left(1+\dfrac{1}{n}\right)^n|x|=\mathrm{e}|x|$. 由根值审敛法知,当 $\mathrm{e}|x|<1$,即 $|x|<\dfrac{1}{\mathrm{e}}$ 时,幂级数收敛. 而当 $\mathrm{e}|x|>1$,即 $|x|>\dfrac{1}{\mathrm{e}}$ 时幂级数发散. 因此,原级数的收敛区间为 $\left(-\dfrac{1}{\mathrm{e}},\dfrac{1}{\mathrm{e}}\right)$.

(3) $u_n=n(x+1)^n$,

$$\lim_{n\to\infty}\frac{|u_{n+1}|}{|u_n|}=\lim_{n\to\infty}\left|\frac{(n+1)(x+1)^{n+1}}{n(x+1)^n}\right|=\lim_{n\to\infty}\frac{n+1}{n}|x+1|=|x+1|.$$

故由比值审敛法知,当 $|x+1|<1$ 时幂级数绝对收敛;而当 $|x+1|>1$ 时幂级数发散. 因而收敛区间为 $(-2,0)$.

(4) $u_n=\frac{n}{2^n}x^{2n}$,$\lim_{n\to\infty}\sqrt[n]{|u_n|}=\lim_{n\to\infty}\frac{\sqrt[n]{n}}{2}x^2=\frac{x^2}{2}$,由根值审敛法知,当 $\frac{x^2}{2}<1$,即 $|x|<\sqrt{2}$ 时幂级数绝对收敛;当 $\frac{x^2}{2}>1$,即 $|x|>\sqrt{2}$ 时幂级数发散,因此该幂级数的收敛区间为 $(-\sqrt{2},\sqrt{2})$.

9. 求下列幂级数的和函数:

(1) $\sum_{n=1}^{\infty}\frac{2n-1}{2^n}x^{2(n-1)}$;

(2) $\sum_{n=1}^{\infty}\frac{(-1)^{n-1}}{2n-1}x^{2n-1}$;

(3) $\sum_{n=1}^{\infty}n(x-1)^n$;

(4) $\sum_{n=1}^{\infty}\frac{x^n}{n(n+1)}$;

**解** (1) $\rho=\lim_{n\to\infty}\frac{\left|\frac{2n+1}{2^{n+1}}x^{2n}\right|}{\left|\frac{2n-1}{2^n}x^{2(n-1)}\right|}=\left|\frac{x^2}{2}\right|<1$,因此 $-\sqrt{2}<x<\sqrt{2}$.

在收敛域内设和函数为 $s(x)$,可得

$$s(x)=\sum_{n=1}^{\infty}\frac{2n-1}{2^n}x^{2(n-1)}=\frac{1}{2}\sum_{n=1}^{\infty}(2n-1)\left(\frac{x}{\sqrt{2}}\right)^{2n-2}=\frac{\sqrt{2}}{2}\sum_{n=1}^{\infty}\left[\left(\frac{x}{\sqrt{2}}\right)^{2n-1}\right]'$$

$$=\frac{\sqrt{2}}{2}\left[\sum_{n=1}^{\infty}\left(\frac{x}{\sqrt{2}}\right)^{2n-1}\right]'=\frac{\sqrt{2}}{2}\left[\frac{\sqrt{2}}{x}\sum_{n=1}^{\infty}\left(\frac{x}{\sqrt{2}}\right)^{2n}\right]'=\left(\frac{x}{2-x^2}\right)'=\frac{2+x^2}{(2-x^2)^2}.$$

(2) $\rho=\lim_{n\to\infty}\frac{\left|\frac{(-1)^n}{2n+1}x^{2n+1}\right|}{\left|\frac{(-1)^{n-1}}{2n-1}x^{2n-1}\right|}=|x^2|<1$,因此 $-1<x<1$. 当 $x=\pm1$ 时,级数收敛,故 $x\in[-1,1]$.

在收敛域内设和函数为 $s(x)$,可得 $s(x)=\sum_{n=1}^{\infty}\frac{(-1)^{n-1}}{2n-1}x^{2n-1}$,两边求导得

$$s'(x)=\left(\sum_{n=1}^{\infty}\frac{(-1)^{n-1}}{2n-1}x^{2n-1}\right)'=\sum_{n=1}^{\infty}(-1)^{n-1}x^{2n-2}=\sum_{n=1}^{\infty}(-x^2)^{n-1}=\frac{1}{1+x^2}.$$

对上式两边积分,得 $s(x)-s(0)=\int_0^x\frac{1}{1+t^2}dt=\arctan x$,又 $s(0)=0$,因此

$$s(x)=\arctan x,\ x\in[-1,1].$$

(3) 先求收敛域,由 $\lim_{n\to\infty}\left|\frac{a_{n+1}}{a_n}\right|=\lim_{n\to\infty}\left|\frac{n+1}{n}\right|=1$,当 $x=0$ 时,$s(0)=0$;当 $x=-1$ 时,

通项不趋近于 0, 所以收敛域为 $(-1, 1)$. 在收敛域内, 有

$$s(x) = \sum_{n=1}^{\infty} n(x-1)^n = (x-1)\sum_{n=1}^{\infty} n(x-1)^{n-1} = (x-1)\sum_{n=1}^{\infty} [(x-1)^n]'$$

$$= (x-1)\left[\sum_{n=1}^{\infty}(x-1)^n\right]' = (x-1)\left[\frac{x-1}{1-(x-1)}\right]',$$

当 $|x-1| < 1$ 时, $s(x) = \frac{x-1}{(2-x)^2}$, $x \in (0, 2)$.

(4) 先求收敛域, $\lim_{n\to\infty}\left|\frac{a_{n+1}}{a_n}\right| = \lim_{n\to\infty}\left|\frac{n(n+1)}{(n+1)(n+2)}\right| = 1$, 当 $x = \pm 1$ 时, 级数都收敛, 在收敛域内可以设

$$s(x) = \sum_{n=1}^{\infty} \frac{x^n}{n(n+1)} = \sum_{n=1}^{\infty}\left(\frac{1}{n} - \frac{1}{n+1}\right)x^n = \sum_{n=1}^{\infty}\frac{1}{n}x^n - \sum_{n=1}^{\infty}\frac{1}{n+1}x^n$$

$$= \sum_{n=1}^{\infty}\frac{1}{n}x^n - \frac{1}{x}\sum_{n=1}^{\infty}\frac{1}{n+1}x^{n+1} \quad (x \neq 0)$$

$$= \sum_{n=1}^{\infty}\int_0^x t^{n-1}dt + \frac{1}{x}\sum_{n=1}^{\infty}\int_0^x t^n dt \quad (x \neq 0)$$

$$= \int_0^x \sum_{n=1}^{\infty} t^{n-1}dt - \frac{1}{x}\int_0^x \sum_{n=1}^{\infty} t^n dt \quad (x \neq 0)$$

$$= \int_0^x \frac{1}{1-t}dt - \frac{1}{x}\int_0^x \frac{t}{1-t}dt \quad (x \in [-1, 1) \text{ 且 } x \neq 0)$$

$$= -\ln(1-x) - \frac{1}{x}[-x - \ln(1-x)] \quad (x \in [-1, 1) \text{ 且 } x \neq 0)$$

$$= 1 + \frac{1-x}{x}\ln(1-x) \quad (x \in [-1, 1) \text{ 且 } x \neq 0).$$

又 $s(0) = 0$, $s(1) = \sum_{n=1}^{\infty}\left(\frac{1}{n} - \frac{1}{n+1}\right) = \lim_{n\to\infty}\left(1 - \frac{1}{n+1}\right) = 1$, 因此

$$s(x) = \begin{cases} 1 + \left(\frac{1}{x} - 1\right)\ln(1-x), & x \in [-1, 0) \cup (0, 1), \\ 0, & x = 0, \\ 1, & x = 1. \end{cases}$$

10. 求下列数项级数的和:

(1) $\sum_{n=1}^{\infty} \frac{n^2}{n!}$;

(2) $\sum_{n=0}^{\infty} (-1)^n \frac{n+1}{(2n+1)!}$.

**解** (1) $\sum_{n=1}^{\infty} \frac{n^2}{n!} = \sum_{n=1}^{\infty} \frac{n(n-1) + n}{n!} = \sum_{n=0}^{\infty} \frac{n}{n!} + \sum_{n=0}^{\infty} \frac{1}{n!}$,

$$\sum_{n=0}^{\infty} \frac{n}{n!} = \sum_{n=1}^{\infty} \frac{1}{(n-1)!} = \sum_{n=0}^{\infty} \frac{1}{n!},$$

又因为

$$e^x = \sum_{n=0}^{\infty} \frac{x^n}{n!}, \text{ 取 } x = 1 \text{ 时, 可以得到 } e = \sum_{n=0}^{\infty} \frac{1}{n!}, \text{ 因此 } \sum_{n=1}^{\infty} \frac{n^2}{n!} = \sum_{n=0}^{\infty} \frac{n}{n!} + \sum_{n=0}^{\infty} \frac{1}{n!} = 2e.$$

(2) 由于 $\sin x = \sum_{n=0}^{\infty} \frac{(-1)^n}{(2n+1)!} x^{2n+1}$, $\cos x = \sum_{n=0}^{\infty} \frac{(-1)^n}{(2n)!} x^{2n}$, 当 $x = 1$ 时,

$$\sin 1 = \sum_{n=0}^{\infty} \frac{(-1)^n}{(2n+1)!}, \quad \cos 1 = \sum_{n=0}^{\infty} \frac{(-1)^n}{(2n)!}, \text{ 而}$$

$$\sum_{n=0}^{\infty} (-1)^n \frac{n+1}{(2n+1)!} = \frac{1}{2} \sum_{n=0}^{\infty} (-1)^n \frac{2n+2}{(2n+1)!}$$

$$= \frac{1}{2} \left[ \sum_{n=0}^{\infty} (-1)^n \frac{2n+1}{(2n+1)!} + \sum_{n=0}^{\infty} (-1)^n \frac{1}{(2n+1)!} \right],$$

又可以得到 $\sum_{n=0}^{\infty} (-1)^n \frac{2n+1}{(2n+1)!} = \sum_{n=0}^{\infty} (-1)^n \frac{1}{(2n)!}$, 所以

$$\sum_{n=0}^{\infty} (-1)^n \frac{n+1}{(2n+1)!} = \frac{1}{2} (\sin 1 + \cos 1).$$

11. 将下列函数展开成 $x$ 的幂级数:

(1) $\ln\left(x + \sqrt{x^2 + 1}\right)$;

(2) $\frac{1}{(2-x)^2}$.

**解** (1) $\ln\left(x + \sqrt{x^2+1}\right) = \int_0^x (1+t^2)^{-\frac{1}{2}} dt = \int_0^x \left[1 + \sum_{n=1}^{\infty} (-1)^n \frac{(2n-1)!!}{(2n)!!} t^{2n}\right] dt$

$$= x + \sum_{n=1}^{\infty} (-1)^n \frac{(2n-1)!!}{(2n)!!} \frac{1}{2n+1} x^{2n+1}.$$

又因为级数在端点 $x = \pm 1$ 处收敛,$\ln\left(x + \sqrt{x^2+1}\right)$ 在 $x = \pm 1$ 处有定义且连续,故展开式成立区间为 $[-1, 1]$.

(2) 由于 $\frac{1}{2-x} = \frac{1}{2} \frac{1}{1-\frac{x}{2}} = \frac{1}{2} \sum_{n=0}^{\infty} \left(\frac{x}{2}\right)^n$, 因此

$$\frac{1}{(2-x)^2} = \left(\frac{1}{2-x}\right)' = \left[\frac{1}{2} \sum_{n=0}^{\infty} \left(\frac{x}{2}\right)^n\right]' = \sum_{n=1}^{\infty} \frac{n}{2^{n+1}} x^{n-1}, \quad x \in (-2, 2).$$

12. 设 $f(x)$ 是周期为 $2\pi$ 的函数,它在 $[-\pi, \pi)$ 内的表达式为

$$f(x) = \begin{cases} 0, & x \in [-\pi, 0), \\ e^x, & x \in [0, \pi). \end{cases}$$

将 $f(x)$ 展开成傅里叶级数.

**解** $a_0 = \frac{1}{\pi} \int_{-\pi}^{\pi} f(x) dx = \frac{1}{\pi} \int_0^x e^x dx = \frac{e^\pi - 1}{\pi},$

$$a_n = \frac{1}{\pi}\int_{-\pi}^{\pi} f(x)\cos nx\,\mathrm{d}x = \frac{1}{\pi}\int_0^{\pi} e^x \cos nx\,\mathrm{d}x$$

$$= \frac{1}{\pi}\int_0^{\pi} \cos nx\,\mathrm{d}(e^x) = \frac{1}{\pi}\left(e^x \cos nx\big|_0^{\pi} + n\int_0^{\pi} e^x \sin nx\,\mathrm{d}x\right)$$

$$= \frac{(-1)^n e^{\pi} - 1}{\pi} + \frac{n}{\pi}\left(e^x \sin nx\big|_0^{\pi} - n\int_0^{\pi} e^x \cos nx\,\mathrm{d}x\right) = \frac{(-1)^n e^{\pi} - 1}{\pi} - n^2 a_n,$$

即 $a_n = \dfrac{(-1)^n e^{\pi} - 1}{(n^2+1)\pi}$，$n = 1, 2, 3, \cdots$，

$$b_n = \frac{1}{\pi}\int_{-\pi}^{\pi} f(x)\sin nx\,\mathrm{d}x = \frac{1}{\pi}\int_0^{\pi} e^x \sin nx\,\mathrm{d}x = (-n)a_n,\ n = 1, 2, 3, \cdots,$$

所以 $f(x)$ 的傅里叶级数展开式为

$$f(x) = \frac{e^{\pi}-1}{2\pi} + \sum_{n=1}^{\infty} \frac{(-1)^n e^{\pi} - 1}{(n^2+1)\pi}(\cos nx - n\sin nx) \quad (-\infty < x < +\infty \text{ 且 } x \neq n\pi,\ n = 0,$$
$\pm 1, \pm 2, \cdots)$.

13. 将函数 $f(x) = \begin{cases} 1, & 0 \leq x \leq h, \\ 0, & h < x \leq \pi \end{cases}$ 分别展开成正弦级数和余弦级数．

**解** （1）如果要展成正弦级数，需要将 $f(x)$ 作奇延拓到 $[-\pi, \pi]$ 上，再作周期延拓到整个数轴上，

$$a_n = 0,\ n = 0, 1, 2, \cdots,$$

$$b_n = \frac{2}{\pi}\int_0^{\pi} f(x)\sin nx\,\mathrm{d}x = \frac{2}{\pi}\int_0^h \sin nx\,\mathrm{d}x = \frac{2}{n\pi}(1 - \cos nh),$$

$x = h$ 处为间断点．

故有 $f(x) = \dfrac{2}{\pi}\sum_{n=1}^{\infty} \dfrac{1 - \cos nh}{n}\sin nx$, $x \in (0, h) \cup (h, \pi]$.

（2）如果要展成余弦级数，需要将 $f(x)$ 进行偶延拓到 $[-\pi, \pi]$ 上，再作周期延拓到整个数轴上，

$$b_n = 0,\ n = 1, 2, \cdots,$$

$$a_n = \frac{2}{\pi}\int_0^h \cos nx\,\mathrm{d}x = \frac{2}{n\pi}\sin nh,\ n = 1, 2, \cdots,$$

$$a_0 = \frac{2}{\pi}\int_0^h \mathrm{d}x = \frac{2h}{\pi}.$$

故 $f(x)$ 的余弦级数为 $f(x) = \dfrac{h}{\pi} + \dfrac{2}{\pi}\sum_{n=1}^{\infty} \dfrac{\sin nh}{n}\cos nx$, $x \in [0, h) \cup (h, \pi]$.

### 三、提高题目

1. （2011 数一）设数列 $\{a_n\}$ 单调减少，$\lim\limits_{n \to \infty} a_n = 0$，$s_n = \sum\limits_{k=1}^n a_k\ (n = 1, 2, \cdots)$ 无界，则幂级数 $\sum\limits_{n=1}^{\infty} a_n(x-1)^n$ 的收敛域为（　　）．

(A) $(-1, 1]$　　　　(B) $[-1, 1)$　　　　(C) $[0, 2)$　　　　(D) $(0, 2)$

【答案】C.

【解析】观察选项：A，B，C，D 四个选项的收敛半径均为 1，幂级数收敛区间的中心在 $x=1$ 处，故 A，B 错误；因为 $\{a_n\}$ 单调减少，$\lim\limits_{n\to\infty}a_n=0$，所以 $a_n\geq 0$，所以 $\sum\limits_{n=1}^{\infty}a_n$ 为正项级数，将 $x=2$ 代入幂级数得 $\sum\limits_{n=1}^{\infty}a_n$，而已知 $s_n=\sum\limits_{k=1}^{n}a_k$ 无界，故原幂级数在 $x=2$ 处发散，D 不正确；当 $x=0$ 时，交错级数 $\sum\limits_{n=1}^{\infty}(-1)^n a_n$ 满足莱布尼茨判别法，故 $x=0$ 时 $\sum\limits_{n=1}^{\infty}(-1)^n a_n$ 收敛．故正确答案为 C.

2. （2008 数一）已知幂级数 $\sum\limits_{n=0}^{\infty}a_n(x+2)^n$ 在 $x=0$ 处收敛，在 $x=-4$ 时发散，则幂级数 $\sum\limits_{n=0}^{\infty}a_n(x-3)^n$ 的收敛域为 _____．

【答案】$(1,5]$．

【解析】因为幂级数 $\sum\limits_{n=0}^{\infty}a_n(x+2)^n$ 收敛区间的对称点为 $x=-2$，又由题设可知该级数在 $x=0$ 处收敛，在 $x=-4$ 处发散，即级数 $\sum\limits_{n=0}^{\infty}a_n 2^n$ 收敛，$\sum\limits_{n=0}^{\infty}a_n(-2)^n$ 发散，从而幂级数 $\sum\limits_{n=0}^{\infty}a_n x^n$ 的收敛域为 $(-2,2]$．故幂级数 $\sum\limits_{n=0}^{\infty}a_n(x-3)^n$ 的收敛域为 $(-2+3,2+3]$，即 $(1,5]$．

3. （2015 数一）若级数 $\sum\limits_{n=1}^{\infty}a_n$ 条件收敛，则 $x=\sqrt{3}$ 与 $x=3$ 依次为幂级数 $\sum\limits_{n=1}^{\infty}na_n(x-1)^n$ 的（　　）．

(A) 收敛点，收敛点  (B) 收敛点，发散点
(C) 发散点，收敛点  (D) 发散点，发散点

【答案】B.

【解析】此题考查幂级数收敛半径、收敛区间和幂级数的性质．因为 $\sum\limits_{n=1}^{\infty}a_n$ 条件收敛，即 $x=2$ 为幂级数 $\sum\limits_{n=1}^{\infty}a_n(x-1)^n$ 的条件收敛点，所以 $\sum\limits_{n=1}^{\infty}a_n(x-1)^n$ 的收敛半径为 1，收敛区间为 $(0,2)$．而幂级数逐项求导不改变收敛区间，故 $\sum\limits_{n=1}^{\infty}na_n(x-1)^n$ 的收敛区间还是 $(0,2)$．因而 $x=\sqrt{3}$ 与 $x=3$ 依次为幂级数 $\sum\limits_{n=1}^{\infty}na_n(x-1)^n$ 的收敛点、发散点．故选 B.

4. （2020 数一）设 $R$ 为幂级数 $\sum\limits_{n=1}^{\infty}a_n x^n$ 的收敛半径，$r$ 是实数，则（　　）．

(A) 当 $\sum\limits_{n=1}^{\infty}a_n r^n$ 发散时，$|r|\geq R$
(B) 当 $\sum\limits_{n=1}^{\infty}a_n r^n$ 收敛时，$|r|<R$
(C) 当 $|r|\geq R$ 时，$\sum\limits_{n=1}^{\infty}a_n r^n$ 发散
(D) 当 $|r|\leq R$ 时，$\sum\limits_{n=1}^{\infty}a_n r^n$ 收敛

【答案】A.

【解析】由题知当 $|r| < R$ 时,幂级数 $\sum_{n=1}^{\infty} a_n r^n$ 收敛,故其逆否命题也成立,所以选 A.

5. (2009 数一)设有两个数列 $\{a_n\}$,$\{b_n\}$,若 $\lim_{n \to \infty} a_n = 0$,则(　　).

(A) 当 $\sum_{n=1}^{\infty} b_n$ 收敛时,$\sum_{n=1}^{\infty} a_n b_n$ 收敛　　　(B) 当 $\sum_{n=1}^{\infty} b_n$ 发散时,$\sum_{n=1}^{\infty} a_n b_n$ 发散

(C) 当 $\sum_{n=1}^{\infty} |b_n|$ 收敛时,$\sum_{n=1}^{\infty} a_n^2 b_n^2$ 收敛　　　(D) 当 $\sum_{n=1}^{\infty} |b_n|$ 发散时,$\sum_{n=1}^{\infty} a_n^2 b_n^2$ 发散

【答案】C.

【解析】A 取反例 $a_n = b_n = (-1)^n \frac{1}{\sqrt{n}}$,B 取反例 $a_n = b_n = \frac{1}{n}$,C 选项中,因为 $\lim_{n \to \infty} a_n = 0$,所以 $\exists N_1 > 0$,使得 $n > N_1$ 时,有 $|a_n| < 1$. 又 $\sum_{n=1}^{\infty} |b_n|$ 收敛,故 $\lim_{n \to \infty} |b_n| = 0$,所以 $\exists N_2 > 0$,使得 $n > N_2$ 时,有 $|b_n| < 1$. 从而当 $n > \max\{N_1, N_2\}$,有 $a_n^2 b_n^2 < |b_n|$,则由正项级数的比较判别法可知 $\sum_{n=1}^{\infty} a_n^2 b_n^2$ 收敛. D 取反例 $a_n = b_n = \frac{1}{n}$.

6. (2006 数一)若级数 $\sum_{n=1}^{\infty} a_n$ 收敛,则级数(　　).

(A) $\sum_{n=1}^{\infty} |a_n|$ 收敛　　　(B) $\sum_{n=1}^{\infty} (-1)^n a_n$ 收敛

(C) $\sum_{n=1}^{\infty} a_n a_{n+1}$ 收敛　　　(D) $\sum_{n=1}^{\infty} \frac{a_n + a_{n+1}}{2}$ 收敛

【答案】D.

【解析】可以通过举反例及级数的性质来判定. 由 $\sum_{n=1}^{\infty} a_n$ 收敛知 $\sum_{n=1}^{\infty} a_{n+1}$ 也收敛,所以 D 正确. 取反例,$a_n = (-1)^n \frac{1}{n}$,可排除 A,B. 取 $a_n = (-1)^n \frac{1}{\sqrt{n}}$,可排除 C.

7. (2004 数一)设 $\sum_{n=1}^{\infty} a_n$ 为正项级数,下列结论中正确的是(　　).

(A) 若 $\lim_{n \to \infty} n a_n = 0$,则级数 $\sum_{n=1}^{\infty} a_n$ 收敛

(B) 若存在非零常数 $\lambda$,使得 $\lim_{n \to \infty} n a_n = \lambda$,则级数 $\sum_{n=1}^{\infty} a_n$ 发散

(C) 若级数 $\sum_{n=1}^{\infty} a_n$ 收敛,则 $\lim_{n \to \infty} n^2 a_n = 0$

(D) 若级数 $\sum_{n=1}^{\infty} a_n$ 发散,则存在非零常数 $\lambda$,使得 $\lim_{n \to \infty} n a_n = \lambda$

【答案】B.

【解析】对于敛散性的判定问题,若不便直接推证,往往可用反例通过排除法找到正确选项. 取 $a_n = \frac{1}{n \ln n}$,则 $\lim_{n \to \infty} n a_n = 0$,但 $\sum_{n=1}^{\infty} a_n = \sum_{n=1}^{\infty} \frac{1}{n \ln n}$ 发散,排除 A,D;

又取 $a_n = \dfrac{1}{n\sqrt{n}}$，则级数 $\sum\limits_{n=1}^{\infty} a_n$ 收敛，但 $\lim\limits_{n \to \infty} n^2 a_n = \infty$，排除 C，故应选 B.

B 选项可用比较判别法的极限形式，$\lim\limits_{n \to \infty} n a_n = \lim\limits_{n \to \infty} \dfrac{a_n}{\dfrac{1}{n}} = \lambda \neq 0$，而级数 $\sum\limits_{n=1}^{\infty} \dfrac{1}{n}$ 发散，因此级数 $\sum\limits_{n=1}^{\infty} a_n$ 也发散，故应选 B.

8. （2019 数一） 设 $\{u_n\}$ 是单调增加的有界数列，则下列级数中收敛的是（　　）.

(A) $\sum\limits_{n=1}^{\infty} \dfrac{u_n}{n}$ 　　(B) $\sum\limits_{n=1}^{\infty} (-1)^n \dfrac{1}{u_n}$ 　　(C) $\sum\limits_{n=1}^{\infty} \left(1 - \dfrac{u_n}{u_{n+1}}\right)$ 　　(D) $\sum\limits_{n=1}^{\infty} (u_{n+1}^2 - u_n^2)$

【答案】D.

【解析】由 $\{u_n\}$ 是单调增加的有界数列，所以 $\lim\limits_{n \to \infty} u_n = u$.

A 选项中 $\dfrac{u_n}{n} \sim \dfrac{1}{n}$，所以 $\sum\limits_{n=1}^{\infty} \dfrac{u_n}{n}$ 发散；B 选项 $\lim\limits_{n \to \infty} \dfrac{1}{u_n} \neq 0$，所以 $\lim\limits_{n \to \infty} (-1)^n \dfrac{1}{u_n} \neq 0$，故 $\sum\limits_{n=1}^{\infty} (-1)^n \dfrac{1}{u_n}$ 发散；C 选项令 $u_n = -\dfrac{1}{n}$，则 $\sum\limits_{n=1}^{\infty} \left(1 - \dfrac{u_n}{u_{n+1}}\right) = \sum\limits_{n=1}^{\infty} \left(-\dfrac{1}{n}\right)$ 发散；选项 D 中 $\sum\limits_{k=1}^{n} (u_{n+1}^2 - u_n^2) = u_{n+1}^2 - u_1^2$，部分和极限存在，所以级数 $\sum\limits_{n=1}^{\infty} (u_{n+1}^2 - u_n^2)$ 收敛.

9. （2002 数一） 设 $u_n \neq 0$，且 $\lim\limits_{n \to \infty} \dfrac{n}{u_n} = 1$，则级数 $\sum\limits_{n=1}^{\infty} (-1)^{n+1} \left(\dfrac{1}{u_n} + \dfrac{1}{u_{n+1}}\right)$ 为（　　）.

(A) 发散 　　　　　　　　　　　(B) 绝对收敛
(C) 条件收敛 　　　　　　　　　(D) 收敛性不能判定

【答案】C.

【解析】由 $\lim\limits_{n \to \infty} \dfrac{\dfrac{1}{u_n}}{\dfrac{1}{n}} = 1 > 0$ 知 $\exists N$，当 $n > N$ 时 $\dfrac{1}{u_n} > 0$ 且 $\lim\limits_{n \to \infty} \dfrac{1}{u_n} = 0$. 不妨认为 $\forall n$，$u_n > 0$，因而所考虑级数是交错级数，但不能保证 $\dfrac{1}{u_n}$ 的单调性.

按定义考查部分和

$$s_n = \sum_{k=1}^{n} (-1)^{k+1} \left(\dfrac{1}{u_k} + \dfrac{1}{u_{k+1}}\right) = \sum_{k=1}^{n} (-1)^{k+1} \dfrac{1}{u_k} + \sum_{k=1}^{n} (-1)^{k+1} \dfrac{1}{u_{k+1}}$$

$$= -\sum_{k=1}^{n} (-1)^{k} \dfrac{1}{u_k} + \sum_{k=1}^{n} (-1)^{k+1} \dfrac{1}{u_{k+1}} = \dfrac{1}{u_1} + \dfrac{(-1)^{n+1}}{u_{n+1}} \to \dfrac{1}{u_1} (n \to +\infty).$$

所以原级数收敛. 再考查取绝对值后的级数 $\sum\limits_{n=1}^{\infty} \left(\dfrac{1}{u_n} + \dfrac{1}{u_{n+1}}\right)$. 注意 $\dfrac{\dfrac{1}{u_n} + \dfrac{1}{u_{n+1}}}{\dfrac{1}{n}} = \dfrac{n}{u_n} + \dfrac{n+1}{u_{n+1}} \cdot \dfrac{n}{n+1} \to 2$，由 $\sum\limits_{n=1}^{\infty} \dfrac{1}{n}$ 发散知 $\sum\limits_{n=1}^{\infty} \left(\dfrac{1}{u_n} + \dfrac{1}{u_{n+1}}\right)$ 发散. 因此选 C.

10. (2004 数一) 设有方程 $x^n + nx - 1 = 0$, 其中 $n$ 为正整数. 证明此方程存在唯一正实根 $x_n$, 并证明当 $\alpha > 1$ 时, 级数 $\sum_{n=1}^{\infty} x_n^{\alpha}$ 收敛.

【解析】利用介值定理证明存在性, 利用单调性证明唯一性. 而正项级数的敛散性可用比较法判定.

记 $f_n(x) = x^n + nx - 1$. 由 $f_n(0) = -1 < 0$, $f_n(1) = n > 0$, 及连续函数的介值定理知, 方程 $x^n + nx - 1 = 0$ 存在正实数根 $x_n \in (0, 1)$.

当 $x > 0$ 时, $f_n'(x) = nx^{n-1} + n > 0$, 可见 $f_n(x)$ 在 $[0, +\infty)$ 内单调增加, 故方程 $x^n + nx - 1 = 0$ 存在唯一正实数根 $x_n$.

由 $x^n + nx - 1 = 0$ 与 $x_n > 0$ 知 $0 < x_n = \frac{1 - x_n^n}{n} < \frac{1}{n}$, 故当 $\alpha > 1$ 时, $0 < x_n^{\alpha} < \left(\frac{1}{n}\right)^{\alpha}$. 而正项级数 $\sum_{n=1}^{\infty} \frac{1}{n^{\alpha}}$ 收敛, 所以当 $\alpha > 1$ 时, 级数 $\sum_{n=1}^{\infty} x_n^{\alpha}$ 收敛.

11. (2014 数一) 设数列 $\{a_n\}$, $\{b_n\}$ 满足 $0 < a_n < \frac{\pi}{2}$, $0 < b_n < \frac{\pi}{2}$, $\cos a_n - a_n = \cos b_n$, 且级数 $\sum_{n=1}^{\infty} b_n$ 收敛.

(1) 证明: $\lim_{n \to \infty} a_n = 0$.

(2) 证明: 级数 $\sum_{n=1}^{\infty} \frac{a_n}{b_n}$ 收敛.

【解析】(1) 因为 $a_n = \cos a_n - \cos b_n > 0$, 所以有 $0 < a_n < b_n$. 由比较审敛法, 知 $\sum_{n=1}^{\infty} b_n$ 收敛, 故 $\sum_{n=1}^{\infty} a_n$ 收敛. 从而 $\lim_{n \to \infty} a_n = 0$.

(2) $\frac{a_n}{b_n} = \frac{\cos a_n - \cos b_n}{b_n} = \frac{-2\sin\frac{a_n + b_n}{2} \sin\frac{a_n - b_n}{2}}{b_n} \sim \frac{b_n^2 - a_n^2}{2b_n}$,

因为 $0 \le \frac{b_n^2 - a_n^2}{2b_n} \le \frac{b_n}{2}$ 且 $\sum_{n=1}^{\infty} b_n$ 收敛, 所以 $\sum_{n=1}^{\infty} \frac{b_n^2 - a_n^2}{2b_n}$ 收敛, 从而 $\sum_{n=1}^{\infty} \frac{a_n}{b_n}$ 收敛.

12. (2021 数学竞赛决赛) 设 $\{u_n\}$ 是正数列, 满足 $\frac{u_{n+1}}{u_n} = 1 - \frac{\alpha}{n} + o\left(\frac{1}{n^{\beta}}\right)$, 其中常数 $\alpha > 0$, $\beta > 1$,

(1) 对于 $v_n = n^{\alpha} u_n$, 判断级数 $\sum_{n=1}^{\infty} \ln\frac{v_{n+1}}{v_n}$ 的敛散性.

(2) 讨论级数 $\sum_{n=1}^{\infty} u_n$ 的敛散性.

注: 设数列 $\{a_n\}$, $\{b_n\}$ 满足 $\lim_{n \to \infty} a_n = 0$, $\lim_{n \to \infty} b_n = 0$, 则 $a_n = o(b_n) \Leftrightarrow$ 存在常数 $M > 0$ 及正整数 $N$, 使得 $|a_n| \le M |b_n|$ 对任意 $n > N$ 成立.

【解析】(1) $\ln\frac{v_{n+1}}{v_n} = \alpha \ln\left(1 + \frac{1}{n}\right) + \ln\frac{u_{n+1}}{u_n} = \left[\frac{\alpha}{n} + o\left(\frac{1}{n^2}\right)\right] + \left[-\frac{\alpha}{n} + \frac{\alpha^2}{n^2} + o\left(\frac{1}{n^{\beta}}\right)\right] =$

$o\left(\dfrac{1}{n^\gamma}\right)$,其中 $\gamma = \min\{2, \beta\} > 1$,故存在常数 $C > 0$ 及正整数 $N$,使得 $\left|\ln\dfrac{v_{n+1}}{v_n}\right| \leq C\left|\dfrac{1}{n^\gamma}\right|$ 对任意 $n > N$ 成立,所以级数 $\sum\limits_{n=1}^{\infty} \ln\dfrac{v_{n+1}}{v_n}$ 收敛.

(2)$\sum\limits_{k=1}^{n} \ln\dfrac{v_{k+1}}{v_k} = \ln v_{n+1} - \ln v_1$,所以由(1)的结论知,$\lim\limits_{n\to\infty} \ln v_n$ 存在,设 $\lim\limits_{n\to\infty} \ln v_n = a$,则 $\lim\limits_{n\to\infty} v_n = \mathrm{e}^a > 0$. 即 $\lim\limits_{n\to\infty} \dfrac{u_n}{1/n^\alpha} = \mathrm{e}^a > 0$.

根据正项级数的比较判别法,级数 $\sum\limits_{n=1}^{\infty} u_n$ 当 $\alpha > 1$ 时收敛,$\alpha \leq 1$ 时发散.

13.(2018 数学竞赛决赛)设 $0 < a_n < 1$,$n = 1, 2, \cdots$,且 $\lim\limits_{n\to\infty}\dfrac{\ln\dfrac{1}{a_n}}{\ln n} = q$(有限或 $+\infty$).

(1)证明:当 $q > 1$ 时级数 $\sum\limits_{n=1}^{\infty} a_n$ 收敛,当 $q < 1$ 时级数 $\sum\limits_{n=1}^{\infty} a_n$ 发散;

(2)讨论 $q = 1$ 时级数 $\sum\limits_{n=1}^{\infty} a_n$ 的敛散性并阐述理由.

【解析】(1)若 $q > 1$,则 $\exists p \in \mathbf{R}$,使得 $q > p > 1$. 根据极限性质,存在 $N \in \mathbf{N}_+$,$\forall n > N$,有 $\dfrac{\ln\dfrac{1}{a_n}}{\ln n} > p$,即 $a_n < \dfrac{1}{n^p}$,而 $p > 1$ 时 $\sum\limits_{n=1}^{\infty}\dfrac{1}{n^p}$ 收敛,所以 $\sum\limits_{n=1}^{\infty} a_n$ 收敛.

若 $q < 1$,则 $\exists p \in \mathbf{R}$,使得 $q < p < 1$. 根据极限性质,存在 $N \in \mathbf{N}_+$,$\forall n > N$,有 $\dfrac{\ln\dfrac{1}{a_n}}{\ln n} < p$,即 $a_n > \dfrac{1}{n^p}$,而 $p < 1$ 时 $\sum\limits_{n=1}^{\infty}\dfrac{1}{n^p}$ 发散,所以 $\sum\limits_{n=1}^{\infty} a_n$ 发散.

(2)若 $q = 1$,级数 $\sum\limits_{n=1}^{\infty} a_n$ 可能收敛也可能发散. 例如:$a_n = \dfrac{1}{n}$ 满足条件,但级数 $\sum\limits_{n=1}^{\infty} a_n$ 发散;又如:$a_n = \dfrac{1}{n \ln^2 n}$ 满足条件,但级数 $\sum\limits_{n=1}^{\infty} a_n$ 收敛.

14.(2017 数一)幂级数 $\sum\limits_{n=1}^{\infty}(-1)^{n-1} n x^{n-1}$ 在区间 $(-1, 1)$ 内的和函数 $S(x) = $ _____.

【答案】$S(x) = \dfrac{1}{(1+x)^2}$.

【解析】$\sum\limits_{n=1}^{\infty}(-1)^{n-1} n x^{n-1} = \left[\sum\limits_{n=1}^{\infty}(-1)^{n-1} x^n\right]' = \left(\dfrac{x}{1+x}\right)' = \dfrac{1}{(1+x)^2}$.

15.(2018 数一)$\sum\limits_{n=0}^{\infty}(-1)^n \dfrac{2n+3}{(2n+1)!} = $(  ).

(A)$\sin 1 + \cos 1$  (B)$2\sin 1 + \cos 1$
(C)$2\sin 1 + 2\cos 1$  (D)$2\sin 1 + 3\cos 1$

【答案】B.

【解析】因为 $\sin x = \sum_{n=0}^{\infty} \frac{(-1)^n}{(2n+1)!} x^{2n+1}$, $\cos x = \sum_{n=0}^{\infty} \frac{(-1)^n}{(2n)!} x^{2n}$, 而

$$\sum_{n=0}^{\infty} (-1)^n \frac{2n+3}{(2n+1)!} = \sum_{n=0}^{\infty} (-1)^n \frac{2n+1}{(2n+1)!} + \sum_{n=0}^{\infty} (-1)^n \frac{2}{(2n+1)!}$$

$$= \sum_{n=0}^{\infty} \frac{(-1)^n}{(2n)!} + 2\sum_{n=0}^{\infty} \frac{(-1)^n}{(2n+1)!} = \cos 1 + 2\sin 1,$$

故选 B.

16. (2003 数一) 将函数 $f(x) = \arctan \frac{1-2x}{1+2x}$ 展开成 $x$ 的幂级数,并求级数 $\sum_{n=0}^{\infty} \frac{(-1)^n}{2n+1}$ 的和.

【解析】幂级数展开有直接法与间接法,一般考查间接法展开,即通过适当的恒等变形、求导或积分等,转化为可利用已知幂级数展开的情形. 本题可先求导,再利用函数 $\frac{1}{1-x}$ 的幂级数展开 $\frac{1}{1-x} = 1 + x + x^2 + \cdots + x^n + \cdots$ 即可,然后取 $x$ 为某特殊值,得所求级数的和.

因为 $f'(x) = -\frac{2}{1+4x^2} = -2\sum_{n=0}^{\infty} (-1)^n 4^n x^{2n}$, $x \in \left(-\frac{1}{2}, \frac{1}{2}\right)$. 又 $f(0) = \frac{\pi}{4}$,所以

$$f(x) = f(0) + \int_0^x f'(t) dt = \frac{\pi}{4} - 2\int_0^x \left[\sum_{n=0}^{\infty} (-1)^n 4^n t^{2n}\right] dt$$

$$= \frac{\pi}{4} - 2\sum_{n=0}^{\infty} \frac{(-1)^n 4^n}{2n+1} x^{2n+1}, \quad x \in \left(-\frac{1}{2}, \frac{1}{2}\right).$$

因为级数 $\sum_{n=0}^{\infty} \frac{(-1)^n}{2n+1}$ 收敛,函数 $f(x)$ 在 $x = \frac{1}{2}$ 处连续,所以

$$f(x) = \frac{\pi}{4} - 2\sum_{n=0}^{\infty} \frac{(-1)^n 4^n}{2n+1} x^{2n+1}, \quad x \in \left(-\frac{1}{2}, \frac{1}{2}\right].$$

令 $x = \frac{1}{2}$,得

$$f\left(\frac{1}{2}\right) = \frac{\pi}{4} - 2\sum_{n=0}^{\infty} \left[\frac{(-1)^n 4^n}{2n+1} \cdot \frac{1}{2^{2n+1}}\right] = \frac{\pi}{4} - \sum_{n=0}^{\infty} \frac{(-1)^n}{2n+1},$$

再由 $f\left(\frac{1}{2}\right) = 0$,得

$$\sum_{n=0}^{\infty} \frac{(-1)^n}{2n+1} = \frac{\pi}{4} - f\left(\frac{1}{2}\right) = \frac{\pi}{4}.$$

17. (2012 数一) 求幂级数 $\sum_{n=0}^{\infty} \frac{4n^2+4n+3}{2n+1} x^{2n}$ 的收敛域及和函数.

【解析】令 $u(x) = \frac{4n^2+4n+3}{2n+1} x^{2n}$,

$$\lim_{n\to\infty}\left|\frac{u_{n+1}(x)}{u_n(x)}\right| = \lim_{n\to\infty}\left|\frac{\dfrac{4(n+1)^2+4(n+1)+3}{2(n+1)+1}x^{2n+2}}{\dfrac{4n^2+4n+3}{2n+1}x^{2n}}\right|$$

$$= \lim_{n\to\infty}\left|\frac{2n+1}{4n^2+4n+3}\cdot\frac{4(n+1)^2+4(n+1)+3}{2(n+1)+1}\right|x^2 = x^2,$$

当 $x^2 < 1$ 时，级数收敛，即收敛域为 $(-1, 1)$；

当 $x = \pm 1$ 时，$\sum_{n=0}^{\infty}\dfrac{4n^2+4n+3}{2n+1}$ 发散，所以收敛域为 $(-1, 1)$.

设 $s(x) = \sum_{n=0}^{\infty}\dfrac{4n^2+4n+3}{2n+1}x^{2n} = \sum_{n=0}^{\infty}\dfrac{(2n+1)^2+2}{2n+1}x^{2n} = \sum_{n=0}^{\infty}\left[(2n+1)x^{2n}+\dfrac{2}{2n+1}x^{2n}\right]$.

当 $|x| < 1$ 时，设 $s_1(x) = \sum_{n=0}^{\infty}(2n+1)x^{2n}$，$s_2(x) = \sum_{n=0}^{\infty}\dfrac{2}{2n+1}x^{2n}$.

因为 $\int_0^x s_1(t)\mathrm{d}t = \sum_{n=0}^{\infty}\int_0^x (2n+1)t^{2n}\mathrm{d}t = \sum_{n=0}^{\infty}x^{2n+1} = \dfrac{x}{1-x^2}$，所以 $s_1(x) = \left(\dfrac{x}{1-x^2}\right)' = \dfrac{1+x^2}{(1-x^2)^2}$ $(|x| < 1)$.

因为 $xs_2(x) = \sum_{n=0}^{\infty}\dfrac{2}{2n+1}x^{2n+1}$，所以 $[xs_2(x)]' = \sum_{n=0}^{\infty}2x^{2n} = \dfrac{2}{1-x^2}$，

$$xs_2(x) = \int_0^x \dfrac{2}{1-x^2}\mathrm{d}x = \int_0^x\left(\dfrac{1}{1+x}+\dfrac{1}{1-x}\right)\mathrm{d}x = \ln\left|\dfrac{1+x}{1-x}\right|.$$

从而当 $x \neq 0$ 时，$s_2(x) = \dfrac{\ln\left|\dfrac{1+x}{1-x}\right|}{x}$，当 $x = 0$ 时，$s_1(x) = 1$，$s_2(x) = 2$.

所以 $s(x) = s_1(x) + s_2(x) = \begin{cases}\dfrac{1+x^2}{(1-x^2)^2}+\dfrac{\ln\left|\dfrac{1+x}{1-x}\right|}{x}, & x \neq 0, |x| < 1, \\ 3, & x = 0.\end{cases}$

18. （2010 数一）求幂级数 $\sum_{n=1}^{\infty}\dfrac{(-1)^{n-1}}{2n-1}x^{2n}$ 的收敛域及和函数.

【解析】由 $\lim_{n\to\infty}\left|\dfrac{u_{n+1}(x)}{u_n(x)}\right| = x^2$，得幂级数 $\sum_{n=1}^{\infty}\dfrac{(-1)^{n-1}}{2n-1}x^{2n}$ 的收敛半径为 1，当 $x = \pm 1$ 时，$\sum_{n=1}^{\infty}\dfrac{(-1)^{n-1}}{2n-1}$ 为交错级数，由交错级数审敛法得 $\sum_{n=1}^{\infty}\dfrac{(-1)^{n-1}}{2n-1}$ 收敛，故幂级数 $\sum_{n=1}^{\infty}\dfrac{(-1)^{n-1}}{2n-1}x^{2n}$ 的收敛域为 $[-1, 1]$.

令 $\sum_{n=1}^{\infty}\dfrac{(-1)^{n-1}}{2n-1}x^{2n} = s(x)$，则

$$s(x) = x\sum_{n=1}^{\infty}\dfrac{(-1)^{n-1}}{2n-1}x^{2n-1} = xs_1(x),$$

其中 $s_1(x) = \sum_{n=1}^{\infty} \frac{(-1)^{n-1}}{2n-1} x^{2n-1}$.

则 $s_1'(x) = \left[ \sum_{n=1}^{\infty} \frac{(-1)^{n-1}}{2n-1} x^{2n-1} \right]' = \sum_{n=1}^{\infty} (-1)^{n-1} x^{2n-2} = \frac{1}{1+x^2}$，所以 $s_1(x) = \int_0^x \frac{1}{1+t^2} dt = \arctan x$，

从而 $s(x) = x \arctan x$，$|x| \leq 1$.

19. (2021 数一) 设 $u_n(x) = e^{-nx} + \frac{1}{n(n+1)} x^{n+1}$ $(n=1, 2, \cdots)$，求级数 $\sum_{n=1}^{\infty} u_n(x)$ 的收敛域及和函数.

【解析】$s(x) = \sum_{n=1}^{\infty} u_n(x) = \sum_{n=1}^{\infty} \left[ e^{-nx} + \frac{1}{n(n+1)} x^{n+1} \right]$，收敛域为 $(0, 1]$.

当 $x \in (0, 1]$ 时，$s_1(x) = \sum_{n=1}^{\infty} e^{-nx} = \frac{e^{-x}}{1-e^{-x}}$，$s_2(x) = \sum_{n=1}^{\infty} \frac{1}{n(n+1)} x^{n+1}$，则

$$s_2''(x) = \left[ \sum_{n=1}^{\infty} \frac{1}{n(n+1)} x^{n+1} \right]'' = \sum_{n=1}^{\infty} x^{n-1} = \frac{1}{1-x},$$

$$s_2'(x) = \int_0^x \frac{1}{1-t} dt = -\ln(1-x),$$

$$s_2(x) = \int_0^x -\ln(1-t) dt = -x\ln(1-x) + x + \ln(1-x)$$
$$= (1-x)\ln(1-x) + x, \quad x \in (0, 1).$$

当 $x = 1$ 时，$\lim_{x \to 1} s_2(x) = 1$.

所以 $s(x) = \begin{cases} \dfrac{e^{-x}}{1-e^{-x}} + (1-x)\ln(1-x) + x, & x \in (0, 1), \\ \dfrac{e}{e-1}, & x = 1. \end{cases}$

20. (2005 数一) 求幂级数 $\sum_{n=1}^{\infty} (-1)^{n-1} \left[ 1 + \frac{1}{n(2n-1)} \right] x^{2n}$ 的收敛域与和函数 $f(x)$.

【解析】先求收敛半径，进而可确定收敛域. 而和函数可利用逐项求导得到.

因为 $\lim_{n \to \infty} \left| \frac{u_{n+1}(x)}{u_n(x)} \right| = \lim_{n \to \infty} \left| \frac{[(n+1)(2n+1)+1] x^{2n+2}}{(n+1)(2n+1)} \times \frac{n(2n-1)}{[n(2n-1)+1] x^{2n}} \right| = x^2$，所以当 $x^2 < 1$ 时，原级数绝对收敛，当 $x^2 > 1$ 时，原级数发散，因此原级数的收敛半径为 1，收敛区间为 $(-1, 1)$.

$$\sum_{n=1}^{\infty} (-1)^{n-1} \left[ 1 + \frac{1}{n(2n-1)} \right] x^{2n} = \sum_{n=1}^{\infty} (-1)^{n-1} x^{2n} + 2 \sum_{n=1}^{\infty} \frac{(-1)^{n-1}}{2n(2n-1)} x^{2n}, \quad \text{又}$$

$\sum_{n=1}^{\infty} (-1)^{n-1} x^{2n} = \dfrac{x^2}{1+x^2}$，$x \in (-1, 1)$，记 $S(x) = \sum_{n=1}^{\infty} \dfrac{(-1)^{n-1}}{2n(2n-1)} x^{2n}$，$x \in (-1, 1)$，则

$$S''(x) = \sum_{n=1}^{\infty} (-1)^{n-1} x^{2n-2} = \frac{1}{1+x^2}, \quad x \in (-1, 1).$$

因为 $S(0) = 0$，$S'(0) = 0$，所以 $S'(x) = \int_0^x S''(t) dt = \int_0^x \frac{1}{1+t^2} dt = \arctan x$,

$$S(x) = \int_0^x S'(t) dt = \int_0^x \arctan t \, dt = x \arctan x - \frac{1}{2} \ln(1+x^2).$$

从而 $f(x) = 2S(x) + \dfrac{x^2}{1+x^2} = 2x\arctan x - \ln(1+x^2) + \dfrac{x^2}{1+x^2}$, $x \in (-1, 1)$.

21. （2001 数一） 设 $f(x) = \begin{cases} \dfrac{1+x^2}{x}\arctan x, & x \neq 0, \\ 1, & x = 0, \end{cases}$ 将 $f(x)$ 展开成 $x$ 的幂级数，并求级数 $\displaystyle\sum_{n=1}^{\infty} \dfrac{(-1)^n}{1-4n^2}$ 的和.

【解析】关键是将 $\arctan x$ 展成幂级数，然后约去因子 $x$，再乘上 $1+x^2$ 并化简即可.

直接将 $\arctan x$ 展开办不到，但 $(\arctan x)'$ 易展开，即

$$(\arctan x)' = \dfrac{1}{1+x^2} = \sum_{n=0}^{\infty}(-1)^n x^{2n}, \quad |x|<1, \quad ①$$

积分得

$$\arctan x = \int_0^x \sum_{n=0}^{\infty}(-1)^n t^{2n} \mathrm{d}t = \sum_{n=0}^{\infty}(-1)^n \dfrac{x^{2n+1}}{2n+1}, \quad |x| \leqslant 1. \quad ②$$

因为右端积分在 $x = \pm 1$ 时均收敛，又 $\arctan x$ 在 $x = \pm 1$ 连续，所以展开式在收敛区间端点 $x = \pm 1$ 成立.

现将式②两边同乘以 $\dfrac{1+x^2}{x}$ 得

$$\dfrac{1+x^2}{x}\arctan x = (1+x^2)\sum_{n=0}^{\infty}\dfrac{(-1)^n x^{2n}}{2n+1} = \sum_{n=0}^{\infty}(-1)^n \dfrac{x^{2n}}{2n+1} + \sum_{n=0}^{\infty}(-1)^n \dfrac{x^{2n+2}}{2n+1}$$

$$= \sum_{n=0}^{\infty}(-1)^n \dfrac{x^{2n}}{2n+1} + \sum_{n=1}^{\infty}(-1)^{n-1}\dfrac{x^{2n}}{2n-1}$$

$$= 1 + \sum_{n=1}^{\infty}(-1)^n\left(\dfrac{1}{2n+1} - \dfrac{1}{2n-1}\right)x^{2n}$$

$$= 1 + \sum_{n=1}^{\infty}(-1)^n \dfrac{2}{1-4n^2}x^{2n}, \quad x \in [-1, 1], \ x \neq 0.$$

上式右端当 $x = 0$ 时取值为 1，于是

$$f(x) = 1 + \sum_{n=1}^{\infty}(-1)^n \dfrac{2}{1-4n^2}x^{2n}, \quad x \in [-1, 1].$$

上式中令 $x = 1$，得 $\displaystyle\sum_{n=1}^{\infty}\dfrac{(-1)^n}{1-4n^2} = \dfrac{1}{2}[f(1)-1] = \dfrac{1}{2}\left(2 \times \dfrac{\pi}{4} - 1\right) = \dfrac{\pi}{4} - \dfrac{1}{2}$.

22. （2007 数一） 设幂级数 $\displaystyle\sum_{n=0}^{\infty} a_n x^n$ 在 $(-\infty, +\infty)$ 内收敛，其和函数 $y(x)$ 满足 $y'' - 2xy' - 4y = 0$, $y(0) = 0$, $y'(0) = 1$.

（1）证明：$a_{n+2} = \dfrac{2}{n+1}a_n$, $n = 1, 2, \cdots$;

（2）求 $y(x)$ 的表达式.

【解析】先将和函数求一阶、二阶导，再代入微分方程，引出系数之间的递推关系.

（1）记 $y(x) = \displaystyle\sum_{n=0}^{\infty} a_n x^n$，则 $y' = \displaystyle\sum_{n=1}^{\infty} na_n x^{n-1}$, $y'' = \displaystyle\sum_{n=2}^{\infty} n(n-1)a_n x^{n-2}$，代入微分方程

$y'' - 2xy' - 4y = 0$, 有 $\sum_{n=2}^{\infty} n(n-1)a_n x^{n-2} - 2\sum_{n=1}^{\infty} na_n x^n - 4\sum_{n=0}^{\infty} a_n x^n = 0$, 即

$$\sum_{n=0}^{\infty}(n+2)(n+1)a_{n+2}x^n - 2\sum_{n=0}^{\infty} na_n x^n - 4\sum_{n=0}^{\infty} a_n x^n = 0,$$

故有 $(n+2)(n+1)a_{n+2} - 2na_n - 4a_n = 0$, 即 $a_{n+2} = \dfrac{2}{n+1}a_n$, $n = 1, 2, \cdots$.

(2) 由初始条件 $y(0) = 0$, $y'(0) = 1$, 知 $a_0 = 0$, $a_1 = 1$. 于是根据递推关系式 $a_{n+2} = \dfrac{2}{n+1}a_n$, 有 $a_{2n} = 0$, $a_{2n+1} = \dfrac{1}{n!}$. 故

$$y(x) = \sum_{n=0}^{\infty} a_n x^n = \sum_{n=0}^{\infty} a_{2n+1}x^{2n+1} = \sum_{n=0}^{\infty} \dfrac{1}{n!}x^{2n+1} = x\sum_{n=0}^{\infty} \dfrac{1}{n!}(x^2)^n = xe^{x^2}.$$

**23.** (2003 数一) 设 $x^2 = \sum_{n=0}^{\infty} a_n \cos nx$ $(-\pi \leq x \leq \pi)$, 则 $a_2 = $ _____.

【答案】 1.

【解析】 将 $f(x) = x^2$ $(-\pi \leq x \leq \pi)$ 展开为余弦级数 $x^2 = \sum_{n=0}^{\infty} a_n \cos nx$ $(-\pi \leq x \leq \pi)$, 其系数计算公式为 $a_n = \dfrac{2}{\pi}\int_0^{\pi} f(x)\cos nx \, dx$.

根据余弦级数的定义, 有

$$a_2 = \dfrac{2}{\pi}\int_0^{\pi} x^2 \cdot \cos 2x \, dx = \dfrac{1}{\pi}\int_0^{\pi} x^2 \, d(\sin 2x)$$

$$= \dfrac{1}{\pi}\left(x^2 \sin 2x \Big|_0^{\pi} - \int_0^{\pi} \sin 2x \cdot 2x \, dx\right)$$

$$= \dfrac{1}{\pi}\int_0^{\pi} x \, d(\cos 2x) = \dfrac{1}{\pi}\left(x\cos 2x \Big|_0^{\pi} - \int_0^{\pi} \cos 2x \, dx\right) = 1.$$

**24.** (2013 数一) 设 $f(x) = \left|x - \dfrac{1}{2}\right|$, $b_n = 2\int_0^1 f(x)\sin n\pi x \, dx$ $(n = 1, 2, \cdots)$. 令 $s(x) = \sum_{n=1}^{\infty} b_n \sin n\pi x$, 则 $s\left(-\dfrac{9}{4}\right) = ($  $)$.

(A) $\dfrac{3}{4}$      (B) $\dfrac{1}{4}$      (C) $-\dfrac{1}{4}$      (D) $-\dfrac{3}{4}$

【答案】 C.

【解析】 $f(x) = \left|x - \dfrac{1}{2}\right| = \begin{cases} \dfrac{1}{2} - x, & x \in \left[0, \dfrac{1}{2}\right], \\ x - \dfrac{1}{2}, & x \in \left[\dfrac{1}{2}, 1\right], \end{cases}$ 将 $f(x)$ 作奇延拓, 得周期函数 $F(x)$, $T = 2$, 则 $F(x)$ 在点 $x = -\dfrac{9}{4}$ 处连续, 从而 $s\left(-\dfrac{9}{4}\right) = F\left(-\dfrac{9}{4}\right) = F\left(-\dfrac{1}{4}\right) = -F\left(\dfrac{1}{4}\right) = -f\left(\dfrac{1}{4}\right) = -\dfrac{1}{4}$. 故选 C.

**25.** (2008 数一) 将函数 $f(x) = 1 - x^2$ $(0 \leq x \leq \pi)$ 展开成余弦级数, 并求级数

$\sum_{n=0}^{\infty} \dfrac{(-1)^{n-1}}{n^2}$ 的和.

【解析】将 $f(x)$ 作偶周期延拓，则有
$$b_n = 0, \quad n = 1, 2, \cdots,$$
$$a_0 = \dfrac{2}{\pi}\int_0^{\pi}(1-x^2)\mathrm{d}x = 2\left(1-\dfrac{\pi^2}{3}\right), \quad a_n = \dfrac{2}{\pi}\int_0^{\pi}f(x)\cos nx\mathrm{d}x$$
$$= \dfrac{2}{\pi}\left[\int_0^{\pi}\cos nx\mathrm{d}x - \int_0^{\pi}x^2\cos nx\mathrm{d}x\right]$$
$$= \dfrac{2}{\pi}\left(0 - \int_0^{\pi}x^2\cos nx\mathrm{d}x\right) = -\dfrac{2}{\pi}\left(\dfrac{x^2\sin nx}{n}\bigg|_0^{\pi} - \int_0^{\pi}\dfrac{2x\sin nx}{n}\mathrm{d}x\right)$$
$$= \dfrac{2}{\pi}\dfrac{2\pi(-1)^{n-1}}{n^2} = \dfrac{4(-1)^{n-1}}{n^2}, \quad n = 1, 2, \cdots.$$

所以 $f(x) = 1 - x^2 = \dfrac{a_0}{2} + \sum_{n=1}^{\infty}a_n\cos nx = 1 - \dfrac{\pi^2}{3} + 4\sum_{n=1}^{\infty}\dfrac{(-1)^{n-1}}{n^2}\cos nx, \quad 0 \leqslant x \leqslant \pi.$

令 $x = 0$，有 $f(0) = 1 - \dfrac{\pi^2}{3} + 4\sum_{n=1}^{\infty}\dfrac{(-1)^{n-1}}{n^2}$，又 $f(0) = 1$，所以 $\sum_{n=1}^{\infty}\dfrac{(-1)^{n-1}}{n^2} = \dfrac{\pi^2}{12}.$

## 四、章自测题（章自测题的解析请扫二维码查看）

第十二章自测题二维码

1. 判断题.

(1) 若 $\sum_{n=1}^{\infty}u_n$ 收敛，则 $\sum_{n=1}^{\infty}(u_n + 10)$ 收敛. （　　）

(2) 若 $\sum_{n=1}^{\infty}u_n$ 收敛，则 $\sum_{n=1}^{\infty}u_{n+2}$ 也收敛. （　　）

(3) 若级数 $\sum_{n=1}^{\infty}u_n$ 发散，则 $\lim_{n\to\infty}u_n \neq 0$. （　　）

(4) 若级数 $\sum_{n=1}^{\infty}u_n$ 收敛，则 $\lim_{n\to\infty}u_n = 0$. （　　）

(5) 若 $\lim_{n\to\infty}u_n = 0$，则级数 $\sum_{n=1}^{\infty}u_n$ 一定收敛. （　　）

2. 填空题.

(1) 级数 $\dfrac{\sqrt{x}}{2} + \dfrac{x}{2\cdot 4} + \dfrac{x\sqrt{x}}{2\cdot 4\cdot 6} + \dfrac{x^2}{2\cdot 4\cdot 6\cdot 8} + \cdots$ 的一般项为 _____．

(2) 级数 $\sum_{n=1}^{\infty}(\sqrt{n+1} - \sqrt{n})$ 的部分和 $s_n = $ _____，则该级数的敛散性为 _____．

(3) 级数 $\sum_{n=1}^{\infty}\dfrac{1}{n^p}$，当 _____ 时收敛，当 _____ 时发散．

(4) 级数 $\sum_{n=1}^{\infty}aq^n$ 当 $|q| < 1$ 时是 _____ 的，此时 $\sum_{n=1}^{\infty}aq^n = \dfrac{aq}{1-q}$，而当 $|q| \geqslant 1$ 级数是

_____的，则级数 $\sum_{n=1}^{\infty}\left(\dfrac{1}{2^n}+\dfrac{1}{3^n}\right)=$ _____.

3. 选择题.

(1) 若级数 $\sum_{n=1}^{\infty} u_n$ 是发散的，则级数 $\sum_{n=1}^{\infty} a u_n\ (a\neq 0)$ (　　).

(A) 一定发散　　　　　　　　　(B) 可能发散，也可能收敛

(C) $a>0$ 时收敛，$a<0$ 时发散　　(D) $|a|<1$ 时收敛，$|a|>1$ 时发散

(2) $a_1+(a_2+a_3)+(a_4+a_5+a_6)+\cdots$ 为收敛的常数项级数，则去括号后得到的新级数 $a_1+a_2+\cdots$ (　　).

(A) 必收敛于原来级数之和　　　　(B) 必定发散

(C) 必收敛，但不一定收敛于原来级数　(D) 不一定收敛

4. 判断级数 $\sum_{n=1}^{\infty}\dfrac{(-1)^{n-1}}{3\cdot 2^n}$ 的敛散性.

5. 判断级数 $\sum_{n=1}^{\infty}\dfrac{1}{n^2+a^2}$ 的敛散性.

6. 求级数 $\sum_{n=0}^{\infty}\dfrac{x^n}{n+1}\ (-1<x<1)$ 的和函数.

7. 将 $f(x)=\dfrac{1}{x^2+3x+2}$ 展开成 $(x+4)$ 的幂级数.

8. 判定级数 $\sum_{n=1}^{\infty}(-1)^n\ln\dfrac{n+1}{n}$ 是否收敛. 若收敛，判断级数是条件收敛还是绝对收敛.

# 第二部分

## 《高等数学》试卷选编

# 《高等数学》(下) 试卷 (一)

1. 填空题(每空 3 分,共 15 分).

(1) 向量 $a$ 与 $b$ 构成夹角 $\varphi = 135°$,且 $|a| = \sqrt{2}$,$|b| = 3$,则 $|a+b| = $ _____.

(2) 设 $z = y\cos(x - 2y)$,则 $\mathrm{d}z \big|_{(0, \frac{\pi}{4})} = $ _____.

(3) 平面曲线 $\dfrac{x^2}{4} + \dfrac{y^2}{9} = 1$ 绕 $x$ 轴旋转一周所生成的旋转曲面的方程是 _____.

(4) $\Sigma$ 是平面 $\dfrac{x}{2} + \dfrac{y}{3} + \dfrac{z}{4} = 1$ 在第一卦限的部分,则曲面积分 $\iint\limits_{\Sigma}\left(z + 2x + \dfrac{4}{3}y\right)\mathrm{d}S = $ _____.

(5) $\dfrac{1}{1+x}$ 展开成幂级数为 _____.

2. 选择题(每小题 3 分,共 15 分).

(1) 设直线方程为 $L: \dfrac{x - x_0}{m} = \dfrac{y - y_0}{n} = \dfrac{z - z_0}{p}$,平面方程为 $\Pi: Ax + By + Cz + D = 0$,若直线与平面平行,则( ).

(A) 充要条件是:$Am + Bn + Cp = 0$

(B) 充要条件是:$\dfrac{A}{m} = \dfrac{B}{n} = \dfrac{C}{p}$

(C) 充分但不必要条件是:$Am + Bn + Cp = 0$

(D) 充分但不必要条件是:$\dfrac{A}{m} = \dfrac{B}{n} = \dfrac{C}{p}$

(2) 设 $f(x, y)$ 为连续函数,则 $\int_0^a \mathrm{d}x \int_0^x f(x, y)\mathrm{d}y$ 交换积分次序的结果为( ).

(A) $\int_0^a \mathrm{d}y \int_0^y f(x, y)\mathrm{d}x$  (B) $\int_0^a \mathrm{d}y \int_a^y f(x, y)\mathrm{d}x$

(C) $\int_0^a \mathrm{d}y \int_y^a f(x, y)\mathrm{d}x$  (D) $\int_0^a \mathrm{d}y \int_0^x f(x, y)\mathrm{d}x$

(3) 二元函数 $f(x, y)$ 在点 $(x, y)$ 处连续是它在该点处偏导数存在的( ).

(A) 必要条件而非充分条件  (B) 充分条件而非必要条件

(C) 既非充分又非必要条件  (D) 充分必要条件

(4) 下列说法正确的是( ).

(A) 若 $\lim\limits_{n \to +\infty} u_n = 0$,则级数 $\sum\limits_{n=1}^{\infty} u_n$ 必收敛

(B) 若级数 $\sum\limits_{n=1}^{\infty} u_n$ 发散,则必有 $\lim\limits_{n \to +\infty} u_n \neq 0$

(C) 若级数 $\sum\limits_{n=1}^{\infty} u_n$ 发散，则 $\lim\limits_{n\to+\infty} s_n = \infty$

(D) 若 $\lim\limits_{n\to+\infty} u_n \neq 0$，则级数 $\sum\limits_{n=1}^{\infty} u_n$ 必发散

(5) 设 $\Sigma$ 为球面 $x^2 + y^2 + z^2 = 1$，$\Sigma_1$ 为 $\Sigma$ 的上半球面，则下面错误的是（　　）．

(A) $\iint\limits_{\Sigma} z\,dS = 2\iint\limits_{\Sigma_1} x\,dS$ 　　　　(B) $\iint\limits_{\Sigma} z\,dS = 2\iint\limits_{\Sigma_1} z\,dS$

(C) $\iint\limits_{\Sigma} z^2\,dS = 2\iint\limits_{\Sigma_1} z^2\,dS$ 　　　(D) $\iint\limits_{\Sigma} 1\,dS = 2\iint\limits_{\Sigma_1} 1\,dS$

3. （6 分）设 $z = f(x^2 - y^2, 2xy)$，其中 $f$ 具有二阶连续偏导数，求 $\dfrac{\partial^2 z}{\partial y^2}$．

4. （8 分）求过点 $(2, 0, -3)$ 且与直线 $\begin{cases} x - 2y + 4z - 7 = 0, \\ 3x + 5y - 2z + 1 = 0 \end{cases}$ 垂直的平面方程．

5. （8 分）计算二重积分 $\iint\limits_{D} |x^2 + y^2 - 4|\,dxdy$，其中 $D$ 是圆域 $x^2 + y^2 \leq 9$．

6. （8 分）计算三重积分 $\iiint\limits_{\Omega} z\,dv$，其中 $\Omega$ 为 $z = x^2 + y^2$ 与 $z = 1$ 所围成的立体．

7. （10 分）已知曲线 $L$ 为正方形边界 $|x| + |y| = 1$ 的正向，求 $I = \oint\limits_{L} \dfrac{y\,dx - x\,dy}{x^2 + y^2}$．

8. （8 分）求内接于球面 $x^2 + y^2 + z^2 = a^2$ 的长方体的最大体积．

9. （12 分）求常数项级数 $\sum\limits_{n=0}^{\infty} (-1)^n \dfrac{n^2 - n + 1}{2^n}$ 的和．

10. （10 分）已知函数 $f(x^2, y, z)$ 在任意点都可微，曲面 $\Sigma: \dfrac{x^2}{a^2} + \dfrac{y^2}{b^2} + \dfrac{z^2}{c^2} = 1$（取 $z \geq 0$ 的上侧）．计算积分 $\iint\limits_{\Sigma} \dfrac{f(x^2, y, z) + x^3}{3a^2}\,dydz - xy^2z\,dzdx + xyz^2\,dxdy$．

试卷（一）的解析请扫二维码查看．

试卷（一）二维码

# 《高等数学》（下）试卷（二）

1. 选择题（每题 3 分，共 15 分）．

(1) 对于二元函数 $f(x, y)$，下列有关偏导数与全微分关系中正确的是（　　）．

(A) 偏导数不连续，则全微分必不存在　　(B) 偏导数连续，则全微分必存在

(C) 全微分存在，则偏导数必连续　　(D) 全微分存在，而偏导数不一定存在

(2) 设有二元函数 $f(x, y) = \begin{cases} \dfrac{x^2 y}{x^4 + y^2}, & (x, y) \neq (0, 0) \\ 0, & (x, y) = (0, 0) \end{cases}$，则（　　）．

(A) $\lim\limits_{(x, y) \to (0, 0)} f(x, y)$ 存在

(B) $\lim\limits_{(x, y) \to (0, 0)} f(x, y)$ 不存在

(C) $\lim\limits_{(x, y) \to (0, 0)} f(x, y)$ 存在，但 $f(x, y)$ 在 $(0, 0)$ 处不连续

(D) $\lim\limits_{(x, y) \to (0, 0)} f(x, y)$ 存在，且 $f(x, y)$ 在 $(0, 0)$ 处连续

(3) 设 $D$ 是由不等式 $|x| + |y| \leq 1$ 所确定的有界区域，则二重积分 $\iint\limits_D (|x| + y) dx dy$ 为（　　）．

(A) $0$ 　　(B) $\dfrac{2}{3}$ 　　(C) $\dfrac{1}{3}$ 　　(D) $1$

(4) 设 $\Omega$ 是由曲面 $x^2 + y^2 = 2z$ 及 $z = 2$ 所围成的空间有界域，在柱面坐标系下将三重积分 $\iiint\limits_\Omega f(x, y, z) dx dy dz$ 表示为累次积分，则 $I = $（　　）．

(A) $\int_0^{2\pi} d\theta \int_0^1 d\rho \int_0^{\frac{\rho^2}{2}} f(\rho \cos\theta, \rho \sin\theta, z) dz$ 　　(B) $\int_0^{2\pi} d\theta \int_0^2 d\rho \int_{\frac{\rho^2}{2}}^2 f(\rho \cos\theta, \rho \sin\theta, z) \rho dz$

(C) $\int_0^{2\pi} d\theta \int_0^2 d\rho \int_0^{\frac{\rho^2}{2}} f(\rho \cos\theta, \rho \sin\theta, z) \rho dz$ 　　(D) $\int_0^{2\pi} d\theta \int_0^2 d\rho \int_0^2 f(\rho \cos\theta, \rho \sin\theta, z) \rho dz$

(5) 下列级数中绝对收敛的级数是（　　）．

(A) $\sum\limits_{n=1}^{\infty} (-1)^n \dfrac{n}{2^n}$ 　　(B) $\sum\limits_{n=1}^{\infty} \ln\left(1 + \dfrac{1}{n}\right)$

(C) $\sum\limits_{n=1}^{\infty} (-1)^n \sin\dfrac{1}{n}$ 　　(D) $\sum\limits_{n=1}^{\infty} (-1)^n \dfrac{n}{n+1}$

2. 填空题（每题 3 分，共 15 分）．

(1) 曲面 $z = x^2 + y^2 - 1$ 在点 $(2, 1, 4)$ 的切平面的方程为_____．

(2) 设 $z = \sin(xy^2)$，则 $dz = $ _____．

(3) 若函数 $f(x, y) = 2x^2 + ax + xy^2 + 2y$ 在点 $(1, -1)$ 处取得极值，则 $a = $ _____．

(4) $\Omega$ 为单位球面围成的闭区域，$\iiint\limits_\Omega \dfrac{z \ln(x^2 + y^2 + z^2 + 1)}{x^2 + y^2 + z^2 + 1} dv = $ _____．

(5) 设幂级数 $\sum\limits_{n=1}^{\infty} a_n x^n$ 在 $x = 2$ 处条件收敛，则幂级数 $\sum\limits_{n=1}^{\infty} \dfrac{a_n}{3^n} x^n$ 的收敛半径 $R = $ _____．

3. (6 分) 设 $z = f\left(xy, \dfrac{y}{x}\right) + g\left(\dfrac{x}{y}\right)$，其中 $f$ 具有二阶连续偏导数、$g$ 具有二阶连续导数，求 $\dfrac{\partial^2 z}{\partial x \partial y}$．

4. (8 分) 求过点 $(1, -2, 4)$ 且与两平面 $x + 2z = 1$ 和 $2x + y - 3z = 2$ 都平行的直线方程．

5. (8 分) 设区域 $D = \{(x, y) \mid x^2 + y^2 \leq 1\}$，求二重积分 $I = \iint\limits_{D} \dfrac{1 + xy}{1 + x^2 + y^2} dx dy$．

6. (8 分) 求 $\int_L (x^2 - y) dx - (x + \sin^2 y) dy$，其中 $L$ 是圆周 $y = \sqrt{2x - x^2}$ 上由点 $O(0, 0)$ 到 $A(1, 1)$ 的一段弧．

7. (10 分) 计算 $\iiint\limits_{\Omega} z dx dy dz$，其中 $\Omega$ 是由锥面 $z = \dfrac{h}{R}\sqrt{x^2 + y^2}$ 与平面 $z = h$ ($R > 0$, $h > 0$) 所围成的闭区域．

8. (10 分) 求函数 $z = x^2 y(4 - x - y)$ 在 $x + y = 6$、$x$ 轴和 $y$ 轴所围的有界闭区域上的最大值和最小值．

9. (10 分) 求幂级数 $\sum\limits_{n=0}^{\infty} \dfrac{(-1)^n x^{2n+1}}{2n + 1}$ 的收敛域及和函数．

10. (10 分) 设 $S$ 为区域 $\Omega: 0 \leq z \leq a^2 - x^2 - y^2$ 的外侧（$a > 0$ 为常数）．求积分 $\oiint\limits_{S} x^2 yz^2 dy dz - xy^2 z^2 dz dx + z(1 + xyz) dx dy$．

试卷（二）的解析请扫二维码查看．

试卷（二）二维码

# 《高等数学》（下）试卷（三）

1. 选择题（每题3分，共15分）.

(1) 若函数 $f(x, y) = 2x^2 + ax + bxy^2 + 2y$ 在点 $(-1, 1)$ 处取得极值，则关于 $a, b$ 的值下面四个选项中哪一组是对的？（　　）

　　(A) $(5, 1)$　　　　(B) $(-5, 1)$　　　　(C) $(3, 1)$　　　　(D) $(-3, 1)$

(2) 设 $f(u)$ 连续且严格单调减少，$I_1 = \iint\limits_{x^2+y^2\leqslant 1} f\left(\dfrac{1}{1+\sqrt{x^2+y^2}}\right)\mathrm{d}\sigma$，$I_2 = \iint\limits_{x^2+y^2\leqslant 1} f\left(\dfrac{1}{1+\sqrt[3]{x^2+y^2}}\right)\mathrm{d}\sigma$，则有（　　）.

　　(A) $I_1 < I_2$　　　　　　　　　　(B) $I_1 > I_2$

　　(C) $I_1 = \dfrac{2}{3} I_2$　　　　　　　(D) $I_1$ 与 $I_2$ 大小关系不确定

(3) 设 $L$ 关于 $x$ 轴对称，$L_1$ 表示 $L$ 在 $x$ 轴上侧的部分，当 $f(x, y)$ 关于 $y$ 是偶函数时，$\int_L f(x, y)\,\mathrm{d}s = $（　　）.

　　(A) 0　　　(B) $2\int_{L_1} f(x, y)\,\mathrm{d}s$　　　(C) $-2\int_{L_1} f(x, y)\,\mathrm{d}s$　　　(D) ABC 都不对

(4) 曲线 $\begin{cases} x^2 + y^2 + z^2 = 50, \\ z^2 = x^2 + y^2 \end{cases}$ 在点 $(3, 4, 5)$ 处的法平面方程为（　　）.

　　(A) $3x - 4y = 0$　　　　　　　　(B) $4x + 3y = 0$

　　(C) $4x - 3y = 0$　　　　　　　　(D) $3x + 4y = 0$

(5) 幂级数 $\sum\limits_{n=1}^{\infty} \dfrac{(-1)^{n-1}}{2^{n-1}\sqrt{n}}(x-2)^n$ 的收敛域为（　　）.

　　(A) $(0, 4]$　　　(B) $[0, 4]$　　　(C) $(0, 4)$　　　(D) $[0, 4)$

2. 填空题（每题3分，共15分）.

(1) 设 $z = \arctan\dfrac{x}{1+y^2}$，求 $\mathrm{d}z|_{(1, 1)} = $ _____ .

(2) 已知 $\boldsymbol{a}, \boldsymbol{b}, \boldsymbol{c}$ 为单位向量，且满足 $\boldsymbol{a} + \boldsymbol{b} + \boldsymbol{c} = \boldsymbol{0}$，则 $\boldsymbol{a}\cdot\boldsymbol{b} + \boldsymbol{b}\cdot\boldsymbol{c} + \boldsymbol{c}\cdot\boldsymbol{a} = $ _____ .

(3) 螺旋线 $x = 2\cos t, y = 2\sin t, z = 3t$ 在对应于 $t = \dfrac{\pi}{4}$ 处的切线方程为 _____ .

(4) 交换积分次序 $\int_1^2 \mathrm{d}x \int_{2-x}^{\sqrt{2x-x^2}} f(x, y)\,\mathrm{d}y = $ _____ .

(5) 若级数 $\sum\limits_{n=1}^{\infty} u_n$ 收敛于 $S$，则级数 $\sum\limits_{n=1}^{\infty} (u_n + u_{n+1})$ 收敛于 _____ .

3. (6分) $z = f(xy, x^2 + y^2)$，且 $f$ 具有二阶连续偏导数，求 $\dfrac{\partial^2 z}{\partial x \partial y}$.

4. （8分）求过点 $(3, 1, -2)$ 且过直线 $\dfrac{x-4}{5} = \dfrac{y+3}{2} = \dfrac{z}{1}$ 的平面方程.

5. （6分）判断级数 $\sum\limits_{n=0}^{\infty} \dfrac{(-1)^{n-1}}{\ln(n+2)}$ 是否收敛. 是绝对收敛还是条件收敛？

6. （8分）计算二重积分 $\iint\limits_{D} \dfrac{x+y}{x^2+y^2} d\sigma$，其中 $D$ 为 $x^2 + y^2 \leq 1$，$x + y \geq 1$ 围成区域.

7. （10分）计算 $I = \oint\limits_{L} \dfrac{(x+y)dx - (x-y)dy}{x^2 + y^2}$，其中 $L$：$3x^2 + y^2 = 1$ 取正向.

8. （10分）求曲面积分 $\iint\limits_{\Sigma} \dfrac{1}{x^2 + y^2 + z^2} dS$，其中 $\Sigma$ 是介于平面 $z = 0$ 和 $z = 2$ 之间的圆柱面 $x^2 + y^2 = 4$ 的在第一卦限的部分.

9. （10分）修建一个容积为 $V$ 的长方体地下仓库，已知仓顶和墙壁每单位面积造价分别是地面每单位面积造价的 3 倍和 2 倍，问：如何设计仓库的长、宽和高，可使它的造价最小？

10. （12分）设 $\Sigma$ 为 $z = \sqrt{1 - x^2 - y^2}$ 取上侧，求 $\iint\limits_{\Sigma} xz^2 dydz + x^2 y dzdx + (zy^2 + 1)dxdy$.

试卷（三）的解析请扫二维码查看.

试卷（三）二维码

# 《高等数学》(下) 试卷(四)

1. 选择题(每题3分,共15分).

(1) 函数 $f(x, y)$ 在 $P_0(x_0, y_0)$ 各一阶偏导数存在且连续是 $f(x, y)$ 在 $P_0(x_0, y_0)$ 连续的( ).

(A) 必要条件      (B) 充分条件
(C) 充要条件      (D) 既非必要也非充分条件

(2) 设 $f(x, y) = xy + \dfrac{a^3}{x} + \dfrac{b^3}{y}$ ($a > 0, b > 0$),则( ).

(A) $\left(\dfrac{a^2}{b}, \dfrac{b^2}{a}\right)$ 是 $f(x, y)$ 的驻点,但非极值点

(B) $\left(\dfrac{a^2}{b}, \dfrac{b^2}{a}\right)$ 是 $f(x, y)$ 的极大值点

(C) $\left(\dfrac{a^2}{b}, \dfrac{b^2}{a}\right)$ 是 $f(x, y)$ 的极小值点

(D) $f(x, y)$ 无驻点

(3) 设 $L$ 为 $x^2 + y^2 = a^2$ 的正向,则曲线积分 $\oint_L \dfrac{(x+y)\mathrm{d}x - (x-y)\mathrm{d}y}{x^2 + y^2} = ($ ).

(A) $2\pi$   (B) $-2\pi$   (C) $0$   (D) $\pi$

(4) 设 $\Omega$ 是由 $x = 0$,$y = 0$,$z = 0$ 及 $x + 2y - z = 1$ 所围成的空间有界域,则 $\iiint\limits_{\Omega} x\,\mathrm{d}x\mathrm{d}y\mathrm{d}z = ($ ).

(A) $\dfrac{1}{48}$   (B) $-\dfrac{1}{48}$   (C) $\dfrac{1}{24}$   (D) $-\dfrac{1}{24}$

(5) 下列级数中收敛的是( ).

(A) $\sum\limits_{n=1}^{\infty} \dfrac{1}{n+1}$   (B) $\sum\limits_{n=1}^{\infty} \dfrac{1}{n\sqrt{n}}$   (C) $\sum\limits_{n=1}^{\infty} \dfrac{1}{\sqrt[5]{n^2}}$   (D) $\sum\limits_{n=1}^{\infty} (-1)^n$

2. 填空题(每题3分,共15分).

(1) 已知三角形的顶点 $A(1, 2, 3)$,$B(3, 4, 5)$ 和 $C(2, 4, 7)$,则三角形 $ABC$ 面积为 _____.

(2) 设 $u = \arctan\dfrac{x+y}{1-xy}$,求 $\mathrm{d}u = $ _____.

(3) $S$ 为平面 $z = 6 - 2x - 2y$ 在第一卦限的部分,则曲面积分 $\iint\limits_{\Sigma}(2x + 2y + z)\mathrm{d}S = $ _____.

(4) 交换积分次序 $\int_0^1 \mathrm{d}y \int_0^y f(x, y)\mathrm{d}x + \int_1^2 \mathrm{d}y \int_0^{2-y} f(x, y)\mathrm{d}x = $ _____.

(5) 设 $f(x) = \begin{cases} x, & x \in \left[0, \dfrac{1}{2}\right], \\ 2 - 2x, & x \in \left(\dfrac{1}{2}, 1\right), \end{cases}$ $S(x) = \dfrac{a_0}{2} + \sum\limits_{n=1}^{\infty} a_n \cos n\pi x$, $x \in \mathbf{R}$, 其中 $a_n = 2\int_0^1 f(x) \cos n\pi x \mathrm{d}x$, $n = 0, 1, 2, 3, \cdots$, 则 $S\left(\dfrac{7}{2}\right) = $ _____ .

3. （6 分）求曲面 $2x^2 + 3y^2 + z^2 = 9$ 在点 $M(1, -1, 2)$ 处的切平面以及法线方程.

4. （8 分）设 $x + y + z = \mathrm{e}^z$, 求 $\dfrac{\partial^2 z}{\partial y^2}$.

5. （8 分）求圆柱体 $x^2 + y^2 \leqslant 2Rx$ 包含在抛物面 $x^2 + y^2 = 2Rz$ 和 $xOy$ 平面之间那部分立体的体积.

6. （8 分）计算积分 $\iiint\limits_{\Omega} \dfrac{x^2}{a^2} \mathrm{d}x\mathrm{d}y\mathrm{d}z$, 其中 $\Omega: \dfrac{x^2}{a^2} + \dfrac{y^2}{b^2} + \dfrac{z^2}{c^2} \leqslant 1$.

7. （10 分）求 $\oiint\limits_{\Sigma} xz^2 \mathrm{d}y\mathrm{d}z + (x^2y - z^3) \mathrm{d}z\mathrm{d}x + (2xy + y^2z) \mathrm{d}x\mathrm{d}y$, 其中 $\Sigma$ 是 $z = \sqrt{a^2 - x^2 - y^2}$ 及 $z = 0$ 所围曲面的外侧.

8. （10 分）求曲线积分 $I = \oint_L \dfrac{x\mathrm{d}y - y\mathrm{d}x}{x^2 + y^2}$, 其中 $L$ 是以 $(0, 0)$ 为中心, 半径为 $a$ 的圆周（取逆时针方向）.

9. （10 分）求幂级数 $\sum\limits_{n=1}^{\infty} n(n+1)x^{n-1}$ 的收敛域及其和函数, 并求级数 $\sum\limits_{n=1}^{\infty} \dfrac{n^2 + n}{2^n}$ 的和.

10. （10 分）求平面 $x + y + z = 1$ 和柱面 $x^2 + y^2 = 1$ 的交线上与 $xOy$ 面距离最近和最远的点.

试卷（四）的解析请扫二维码查看.

试卷（四）二维码